KB018981

수학 좀 한다면

디딤돌

디딤돌 초등수학 기본+응용 5-2

펴낸날 [개정판 1쇄] 2023년 11월 10일 [개정판 4쇄] 2024년 8월 13일 | **펴낸이** 이기열 | **펴낸곳** (주)디딤돌 교육 | **주소** (03972) 서울특별시 마포구 월드컵북로 122 청원선와이즈타워 | **대표전화** 02-3142-9000 | **구입문의** 02-322-8451 | **내용문의** 02-323-9166 | **팩시밀리** 02-338-3231 | **홈페이지** www.didimdol.co.kr | **등록번호** 제10-718호 | 구입한 후에는 철회되지 않으며 잘못 인쇄된 책은 바꾸어 드립니다.

내 실력에 딱! 최상위로 가는 '맞춤 학습 플랜'

STEP 1 On-line

나에게 맞는 공부법은?
맞춤 학습 가이드를 만나요.

교재 선택부터 공부법까지! 디딤돌에서 제공하는 시기별 맞춤 학습 가이드를 통해 아이에게 맞는 학습 계획을 세워 주세요.
(학습 가이드는 디딤돌 학부모카페 '맘이가'를 통해 상시 공지합니다.
cafe.naver.com/didimdolmom)

STEP 2 Book

맞춤 학습 스케줄표
계획에 따라 공부해요.

교재에 첨부된 '맞춤 학습 스케줄표'에 맞춰 공부 목표를 달성합니다.

STEP 3 On-line

이럴 땐 이렇게!
'맞춤 Q&A'로 해결해요.

궁금하거나 모르는 문제가 있다면,
'맘이가' 카페를 통해 질문을 남겨 주세요.
디딤돌 수학쌤 및 선배맘님들이 친절히 답변해 드립니다.

STEP 4 Book

다음에는 뭐 풀지?
다음 교재를 추천받아요.

학습 결과에 따라 후속 학습에 사용할 교재를 제시해 드립니다.
(교재 마지막 페이지 수록)

★ 디딤돌 플래너 만나러 가기

디딤돌 초등수학 기본+응용 5-2

8주 완성 학습 스케줄표

짧은 기간에 집중력 있게 한 학기 과정을 완성할 수 있도록 설계하였습니다.
방학 때 미리 공부하고 싶다면 주 5일 8주 완성 과정을 이용해요.

공부한 날짜를 쓰고 하루 분량 학습을 마친 후, 부모님께 확인 check ☑를 받으세요.

1 수의 범위와 어림하기						
1주 ☐	☐	☐	☐	☐	2주 ☐	☐
월 일	월 일	월 일	월 일	월 일	월 일	월 일
8~11쪽	12~15쪽	16~19쪽	20~23쪽	24~27쪽	28~31쪽	32~34쪽

2 분수의 곱셈				3 합동		
3주 ☐	☐	☐	☐	☐	4주 ☐	☐
월 일	월 일	월 일	월 일	월 일	월 일	월 일
48~53쪽	54~57쪽	58~60쪽	61~63쪽	66~69쪽	70~73쪽	74~81쪽

4 소수의 곱셈						
5주 ☐	☐	☐	☐	☐	6주 ☐	☐
월 일	월 일	월 일	월 일	월 일	월 일	월 일
94~97쪽	98~101쪽	102~105쪽	106~109쪽	110~114쪽	115~118쪽	119~121쪽

5 직육면체				6 평균		
7주 ☐	☐	☐	☐	☐	8주 ☐	☐
월 일	월 일	월 일	월 일	월 일	월 일	월 일
136~140쪽	141~146쪽	147~149쪽	150~152쪽	156~159쪽	160~163쪽	164~166쪽

MEMO

자르는 선

	2 분수의 곱셈	
☐	☐	☐
월 일	월 일	월 일
35~37쪽	40~43쪽	44~47쪽

…과 대칭		
☐	☐	☐
월 일	월 일	월 일
82~85쪽	86~88쪽	89~91쪽

	5 직육면체	
☐	☐	☐
월 일	월 일	월 일
122~124쪽	128~131쪽	132~135쪽

…과 가능성		
☐	☐	☐
월 일	월 일	월 일
167~170쪽	171~173쪽	174~176쪽

효과적인 수학 공부 비법

X 시켜서 억지로 / O 내가 스스로

억지로 하는 일과 즐겁게 하는 일은 결과가 달라요.
목표를 가지고 스스로 즐기면 능률이 배가 돼요.

X 가끔 한꺼번에 / O 매일매일 꾸준히

급하게 쌓은 실력은 무너지기 쉬워요.
조금씩이라도 매일매일 단단하게 실력을 쌓아가요.

X 정답을 몰래 / O 개념을 꼼꼼히

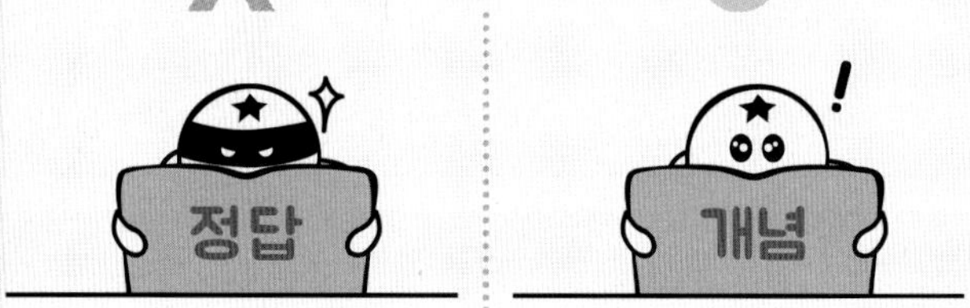

모든 문제는 개념을 바탕으로 출제돼요.
쉽게 풀리지 않을 땐, 개념을 펼쳐 봐요.

X 채점하면 끝 / O 틀린 문제는 다시

왜 틀렸는지 알아야 다시 틀리지 않겠죠?
틀린 문제와 어림짐작으로 맞힌 문제는 꼭 다시 풀어 봐요.

자르는 선

수학 좀 한다면 디딤돌

초등수학 기본+응용

상위권으로 가는 **응용심화** 학습서

5-2

기본부터 실력까지 한 권으로 끝내는 공부 전략!

1 한 권에 보이는 개념 정리로 개념 이해!

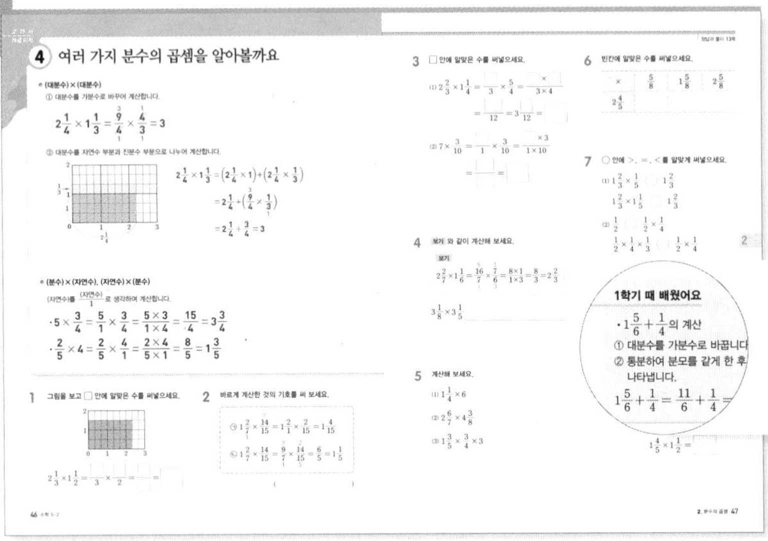

개념 정리를 읽고 교과서 기본 문제를 풀어 보며 개념을 확실히 내 것으로 만들어 봅니다.

앞에서 배운 개념이 연계 학습을 통해 자연스럽게 확장됩니다.

2 개념 대표 문제로 개념 확인!

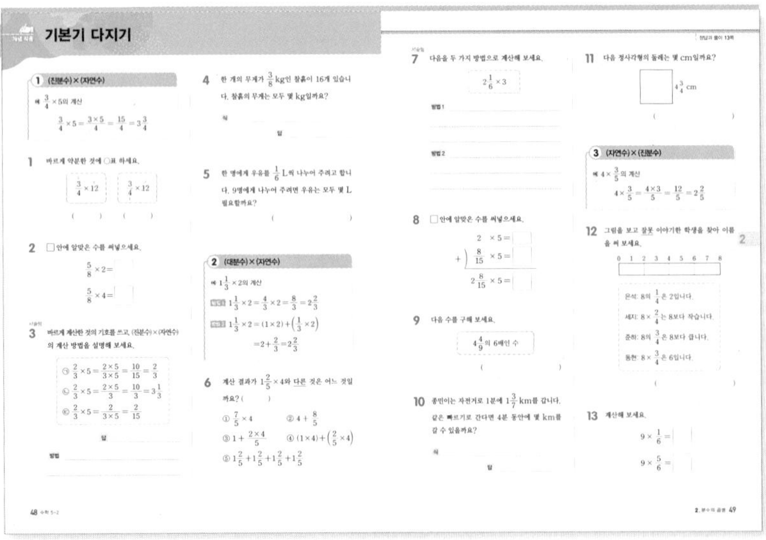

개념별 집중 문제로 교과서, 익힘책은 물론 서술형 문제까지 기본기에 필요한 모든 문제를 풀어 봅니다.

3 응용 문제로 실력 완성!

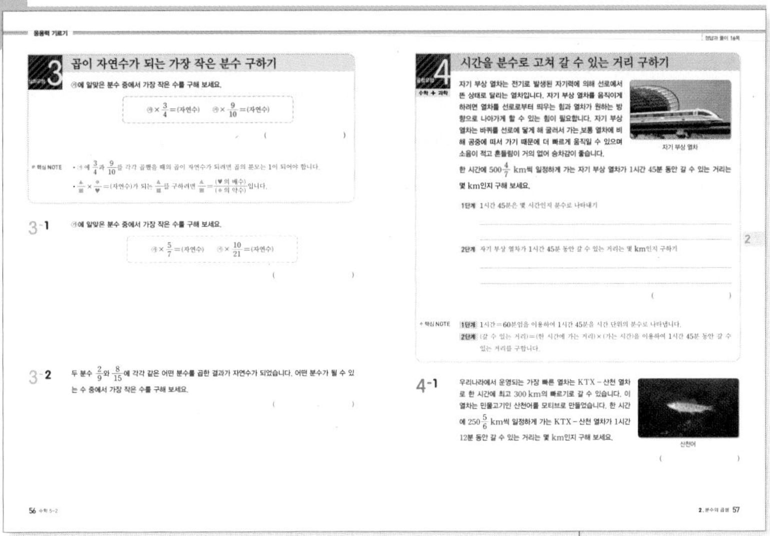

단원별 대표 응용 문제를 풀어 보며 실력을 완성해 봅니다.

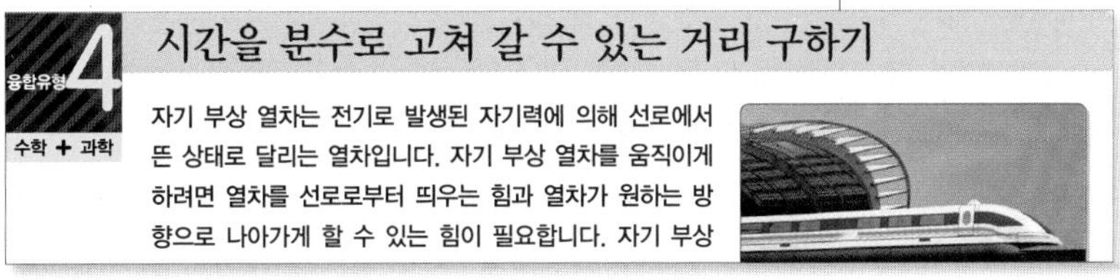

창의・융합 문제를 통해 문제 해결력과 더불어 정보 처리 능력까지 완성할 수 있습니다.

4 단원 평가로 실력 점검!

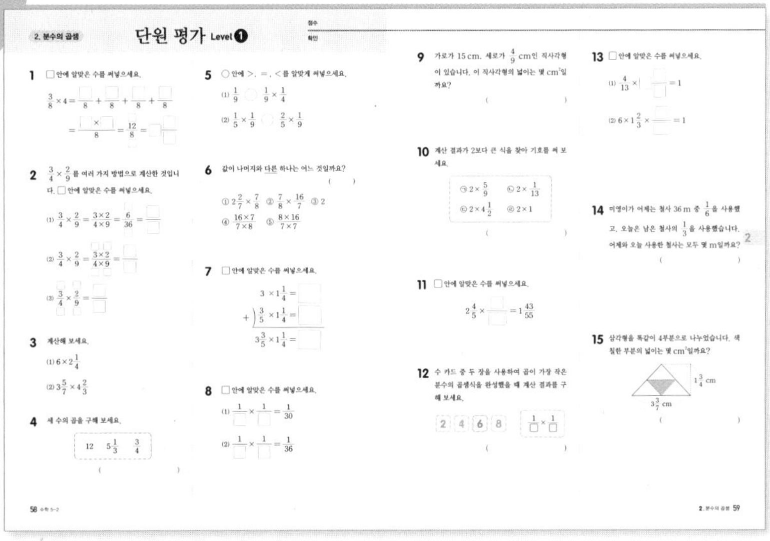

공부한 내용을 마무리하며 틀린 문제나 헷갈렸던 문제는 반드시 개념을 살펴 봅니다.

1 수의 범위와 어림하기

7, 8, 9, 10, 11, ...

수의 범위를 간단하게 표현할 수 있을까?

수의 범위를 나타내는 말이 있어!

7을 포함한다.

이하

7 이하인 수

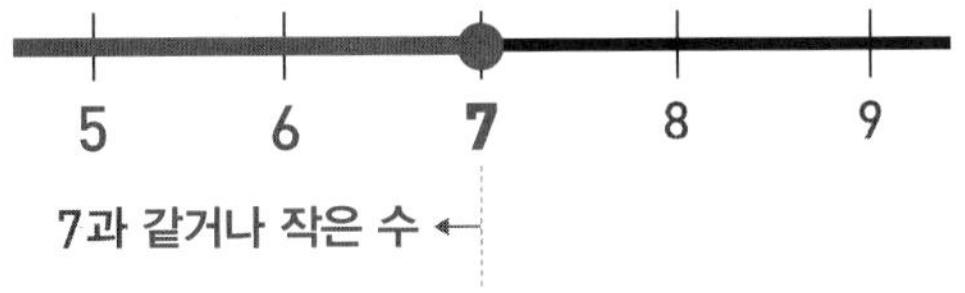

이상

7 이상인 수

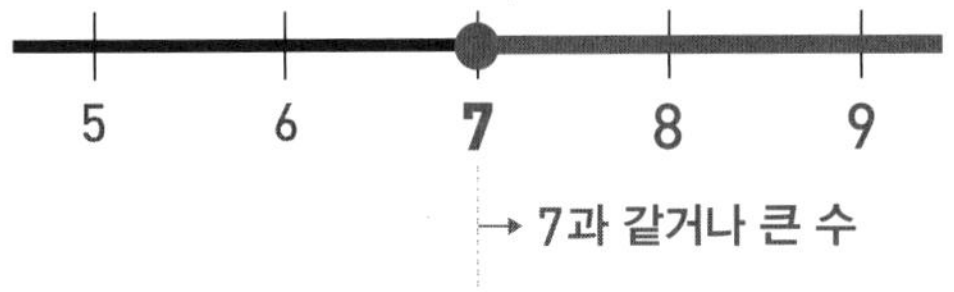

미만

7 미만인 수

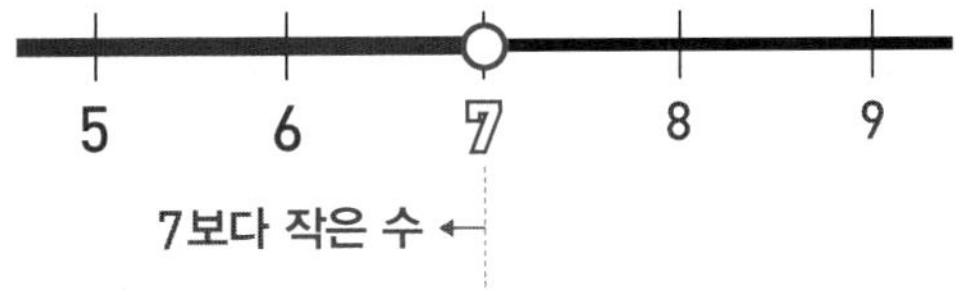

초과

7 초과인 수

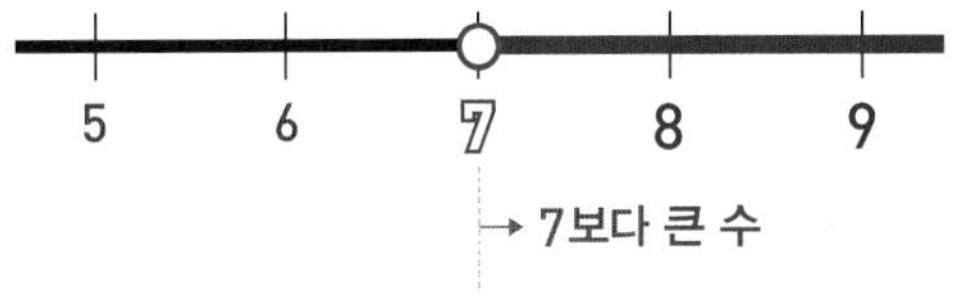

7을 포함하지 않는다.

1 이상과 이하를 알아볼까요

개념 강의

● **이상**

125 이상인 수: 125, 125.2, 126, 128.5 등과 같이 125와 **같거나 큰 수**

• 125에 색칠된 원으로 표시합니다.

➡ 수직선에서 125부터 오른쪽의 수입니다.

● **이하**

160 이하인 수: 160, 159.8, 158, 154.4 등과 같이 160과 **같거나 작은 수**

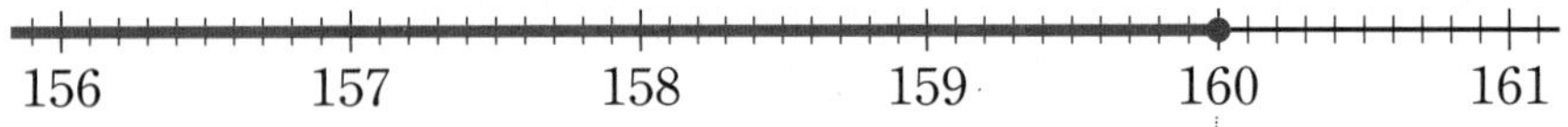

160에 색칠된 원으로 표시합니다. •

➡ 수직선에서 160부터 왼쪽의 수입니다.

■ 이상인 수는 기준이 되는 수(경곗값) ■를 포함합니다.

• 12 이상인 수

➡ 12, 13, 14, 15, …
12 이상인 수는 무수히 많습니다.

▲ 이하인 수는 기준이 되는 수(경곗값) ▲를 포함합니다.

• 16 이하인 수

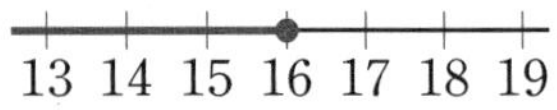

➡ 16, 15, 14, 13, …
16 이하인 수는 무수히 많습니다.

• 20, 20.8, 22, 25.5 등과 같이 20과 같거나 큰 수를 20 (이상 , 이하)인 수라고 합니다.

• 55, 54.2, 49, 42.6 등과 같이 55와 같거나 작은 수를 55 (이상 , 이하)인 수라고 합니다.

1 수를 보고 ☐ 안에 알맞은 수를 써넣으세요.

30	31	45	65	20
35	40	13	57	26

(1) 40과 같거나 큰 수는

45, ☐, ☐, ☐입니다.

(2) 40 이상인 수는 ☐개입니다.

(3) 30과 같거나 작은 수는

30, ☐, ☐, ☐입니다.

(4) 30 이하인 수는 ☐개입니다.

2 ☐ 안에 알맞은 말을 써넣으세요.

(1)

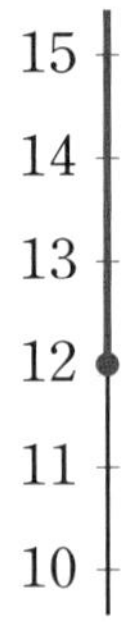

12 ☐인 수

(2)

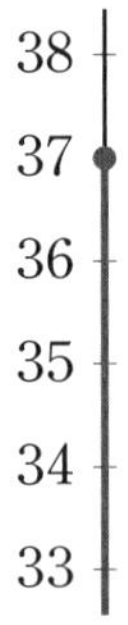

37 ☐인 수

(3)

79 ☐인 수

3 **세윤이네 모둠 학생들의 키를 조사하여 나타낸 표입니다. 물음에 답하세요.**

세윤이네 모둠 학생들의 키

이름	키(cm)	이름	키(cm)
세윤	140	무진	134
찬주	135	예은	145
우영	143	승희	140

(1) 세윤이와 키가 같은 학생은 누구일까요?

( )

(2) 세윤이와 키가 같거나 큰 학생은 모두 몇 명일까요?

( )

(3) 키가 140 cm 이상인 학생의 키를 모두 써 보세요.

( )

4 **수를 보고 물음에 답하세요.**

21	22	23	24	25
26	27	28	29	30

(1) 24 이상인 수를 모두 써 보세요.

( )

(2) 25 이하인 수를 모두 써 보세요.

( )

5 **38 이하인 수는 모두 몇 개일까요?**

38.6	50	$48\frac{2}{7}$	60.1	38
29.5	16	39.4	50.3	30

( )

6 **수의 범위를 수직선에 나타내어 보세요.**

(1) 25 이상인 수

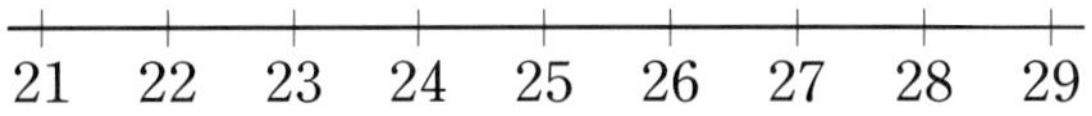

(2) 67 이하인 수

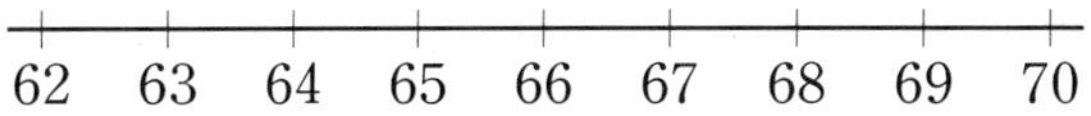

7 **수직선에 나타낸 수의 범위를 써 보세요.**

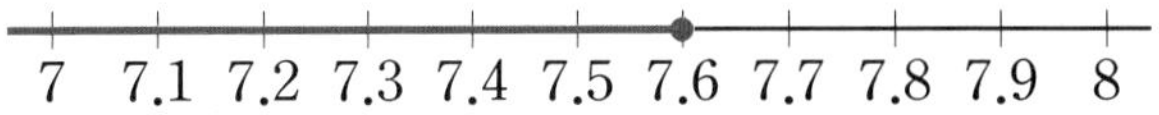

( )

8 **채연이네 모둠 학생들의 수학 점수를 조사하여 나타낸 표를 보고 수학 점수가 85점 이상 90점 이하인 학생은 모두 몇 명인지 구해 보세요.**

채연이네 모둠 학생들의 수학 점수

이름	점수(점)	이름	점수(점)
채연	84	민수	92
나리	90	현재	88
성주	80	보리	96

( )

2 초과와 미만을 알아볼까요

● 초과

125 **초과**인 수: 125.6, 126.0, 129.4, 132.3 등과 같이 125보다 **큰 수**

➡ 수직선에서 125보다 오른쪽의 수입니다.

■ 초과인 수는 기준이 되는 수(경곗값) ■를 포함하지 않습니다.

• 12 초과인 수

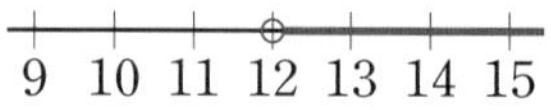

➡ 13, 14, 15, 16, …
12 초과인 수는 무수히 많습니다.

● 미만

160 **미만**인 수: 159.9, 157.6, 155.3, 151.0 등과 같이 160보다 **작은 수**

➡ 수직선에서 160보다 왼쪽의 수입니다.

▲ 미만인 수는 기준이 되는 수(경곗값) ▲를 포함하지 않습니다.

• 16 미만인 수

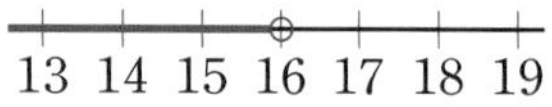

➡ 15, 14, 13, 12, …
16 미만인 수는 무수히 많습니다.

- 41.5, 46, 52.3, 55 등과 같이 41보다 큰 수를 41 (초과 , 미만)인 수라고 합니다.
- 107.7, 106, 97, 85.6 등과 같이 108보다 작은 수를 108 (초과 , 미만)인 수라고 합니다.

1 수를 보고 □ 안에 알맞은 수를 써넣으세요.

75	49	81	70	50
93	36	86	79	15

(1) 75보다 큰 수는 □, □, □, □입니다.

(2) 75 초과인 수는 □개입니다.

(3) 50보다 작은 수는 □, □, □입니다.

(4) 50 미만인 수는 □개입니다.

2 □ 안에 알맞은 수를 써넣으세요.

(1) 26부터 35까지의 자연수 중에서 31 초과인 자연수는 32, 33, □, □입니다.

(2) 41부터 48까지의 자연수 중에서 45 미만인 자연수는 44, 43, □, □입니다.

3 □ 안에 알맞은 말을 써넣으세요.

43 □인 수

4 9월 어느 날 오후 1시의 도시별 기온을 조사하여 나타낸 표입니다. 물음에 답하세요.

도시별 기온

도시	기온(℃)	도시	기온(℃)
서울	17	인천	18
부산	22.6	강릉	21
대구	20.3	서귀포	23

(1) 기온이 21 ℃ 미만인 도시를 모두 찾아 써 보세요.

( )

(2) 기온이 21 ℃ 초과인 도시를 모두 찾아 써 보세요.

( )

5 수를 보고 물음에 답하세요.

29	30	31	32	33
34	35	36	37	38

(1) 33 초과인 수는 모두 몇 개일까요?

( )

(2) 33 미만인 수는 모두 몇 개일까요?

( )

6 57 초과인 수에 ○표, 50 미만인 수에 △표 하세요.

57 42 80 62
50 53 32

7 수의 범위를 수직선에 나타내어 보세요.

32 미만인 수

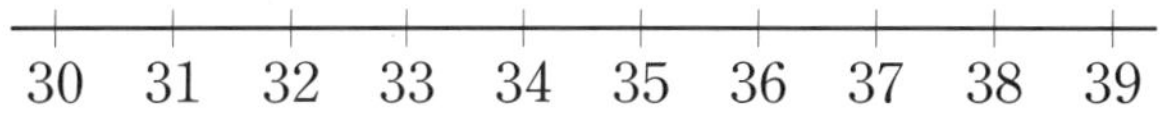

8 바르게 설명한 것에 ○표, 잘못 설명한 것에 ×표 하세요.

(1) 30 초과인 수에 30.7이 포함됩니다.

( )

(2) 0.5 미만인 수에 0.5가 포함됩니다.

( )

9 만 18세 미만은 투표를 할 수 없습니다. 투표를 할 수 있는 나이를 모두 찾아 기호를 써 보세요.

㉠ 만 15세 ㉡ 만 8세
㉢ 만 28세 ㉣ 만 18세

( )

10 성민이네 모둠 학생들의 줄넘기 기록을 조사하여 나타낸 표입니다. 줄넘기 기록이 120회 초과인 학생은 모두 몇 명일까요?

성민이네 모둠 학생들의 줄넘기 기록

이름	횟수(회)	이름	횟수(회)
성민	120	가은	103
기현	145	승연	121
유이	87	지희	118

( )

1

3 수의 범위를 활용하여 문제를 해결해 볼까요

수의 범위를 이상, 이하, 초과, 미만을 이용하여 수직선에 나타내기

- 2 이상 6 이하인 수: 2와 같거나 크고 6과 같거나 작은 수
  - 이상과 이하는 색칠된 원으로 표시합니다.

- 2 이상 6 미만인 수: 2와 같거나 크고 6보다 작은 수

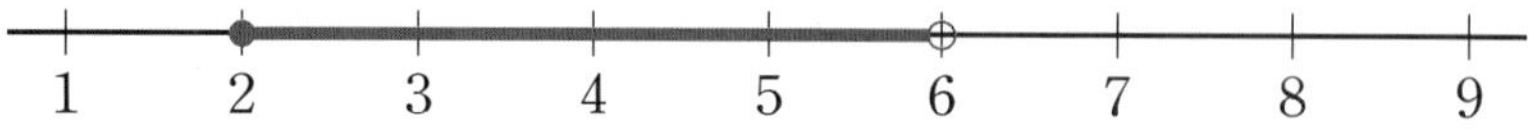

- 2 초과 6 이하인 수: 2보다 크고 6과 같거나 작은 수

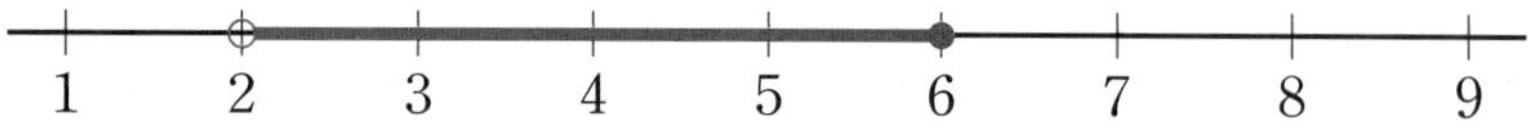

- 2 초과 6 미만인 수: 2보다 크고 6보다 작은 수
  - 초과와 미만은 빈 원으로 표시합니다.

수의 범위 나타내기

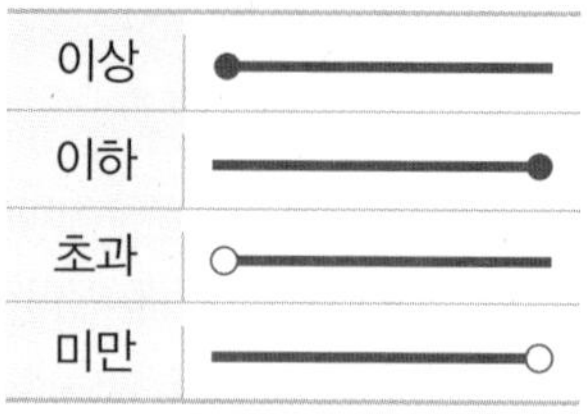

➡ 이상, 이하는 경곗값을 포함하므로 점 ●을 사용하고, 초과, 미만은 경곗값을 포함하지 않으므로 점 ○을 사용합니다.

1 수의 범위를 수직선에 나타내었습니다. ☐ 안에 들어갈 말을 보기 에서 찾아 써넣으세요.

보기			
이상	이하	초과	미만

(1)
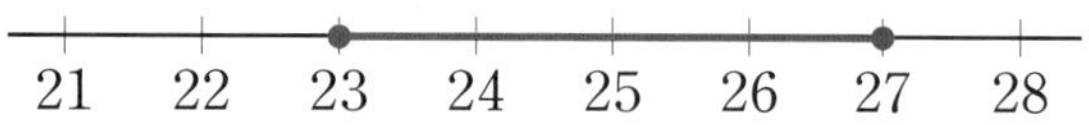

23 ☐ 27 ☐ 인 수

(2)

6 ☐ 9 ☐ 인 수

(3)
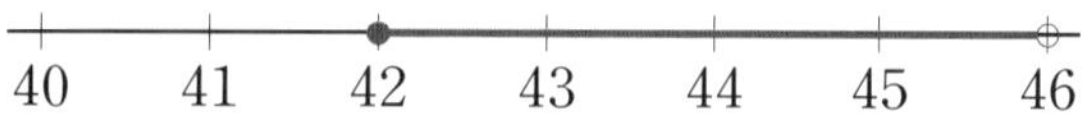

42 ☐ 46 ☐ 인 수

2 수의 범위를 수직선에 나타낸 것을 보기 에서 찾아 ☐ 안에 알맞게 써넣으세요.

보기

가
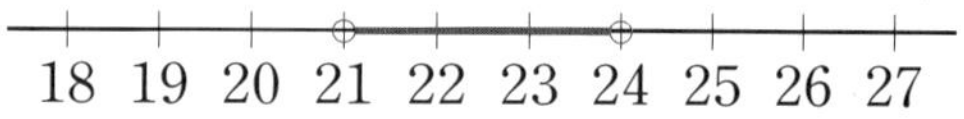

나
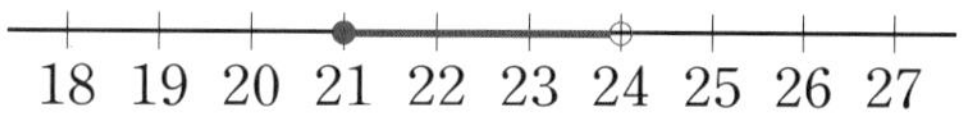

다
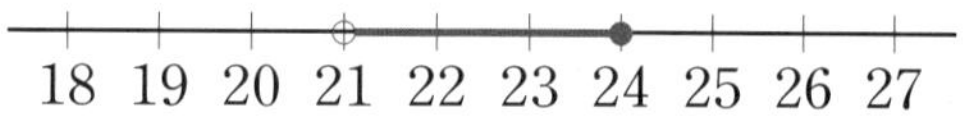

(1) 21 초과 24 이하인 수는 ☐ 입니다.

(2) 21 초과 24 미만인 수는 ☐ 입니다.

(3) 21 이상 24 미만인 수는 ☐ 입니다.

(4) 21을 포함하는 수의 범위는 ☐ 입니다.

(5) 24를 포함하는 수의 범위는 ☐ 입니다.

3 6 초과 15 미만인 수에 모두 ○표 하세요.

7	5	10	6	22	13	15

4 현수네 학교 태권도부 학생들의 몸무게와 몸무게에 따른 선수들의 태권도 체급을 나타낸 표입니다. 물음에 답하세요.

태권도부 학생들의 몸무게

이름	몸무게(kg)	이름	몸무게(kg)
현수	53.1	경환	48
재민	51.6	상목	47.7
태수	50.3	민성	50

태권도 체급(초등학생용)

몸무게(kg)	체급
47 초과 50 이하	라이트미들급
50 초과 53 이하	미들급
53 초과 56 이하	라이트헤비급
56 초과	헤비급

(1) 미들급에 속한 학생의 이름을 모두 써 보세요.

( )

(2) 현수가 속한 체급과 체급 몸무게의 범위를 써 보세요.

체급 ( )

범위 ( )

(3) 현수가 속한 체급 몸무게의 범위를 수직선에 나타내어 보세요.

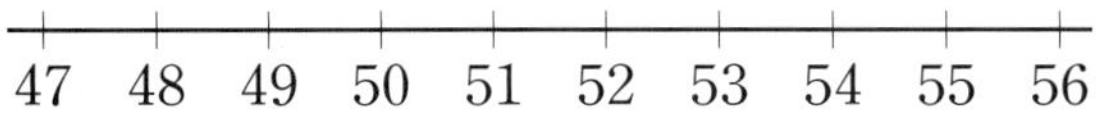

5 수의 범위를 수직선에 나타내어 보세요.

(1) 11 이상 16 미만인 수

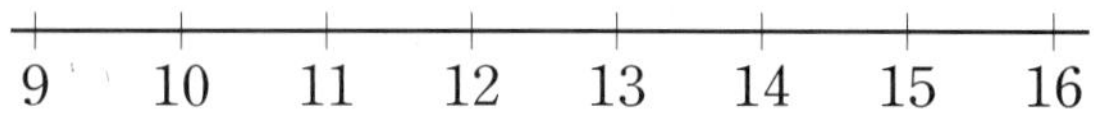

(2) 15 초과 20 미만인 수

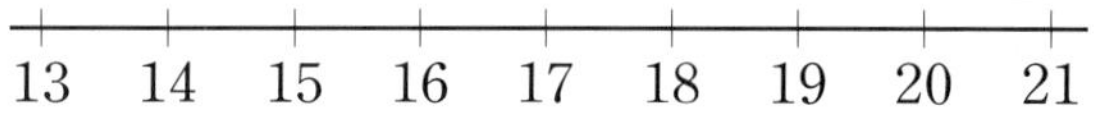

6 수직선에 나타낸 수의 범위에 속하는 수가 <u>아닌</u> 것을 찾아 써 보세요.

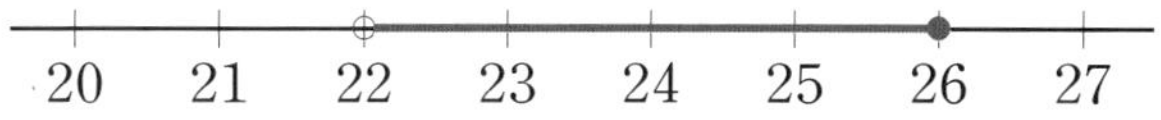

24.2	26	22.3	22	25.5

( )

7 각 버스는 승객이 24명 이상 48명 미만으로 타야 출발할 수 있습니다. 출발할 수 <u>없는</u> 버스를 찾아 기호를 써 보세요.

버스별 탑승한 승객 수

버스	가	나	다	라
승객 수(명)	24	40	48	39

( )

8 57을 포함하는 수의 범위를 모두 찾아 기호를 써 보세요.

㉠ 57 이상 60 미만인 수
㉡ 50 초과 57 미만인 수
㉢ 57 초과 60 이하인 수
㉣ 50 이상 57 이하인 수

( )

4 올림을 알아볼까요

● **올림**: 구하려는 자리 아래 수를 올려서 나타내는 방법

● **올림하여 나타내기**

① 십의 자리까지 나타내기

십의 자리 아래 수는 0이 되고 십의 자리 숫자는 1 커집니다.

$$\overset{10}{32\underline{1}} \rightarrow 330$$

> 십의 자리 아래 수인 1을 10으로 봅니다.

② 백의 자리까지 나타내기

백의 자리 아래 수는 모두 0이 되고 백의 자리 숫자는 1 커집니다.

$$\overset{100}{3\underline{21}} \rightarrow 400$$

> 백의 자리 아래 수인 21을 100으로 봅니다.

184를 올림하기

• 십의 자리까지 나타내기

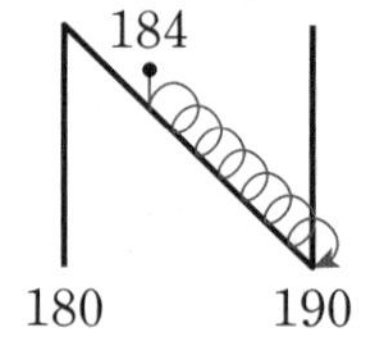

• 백의 자리까지 나타내기

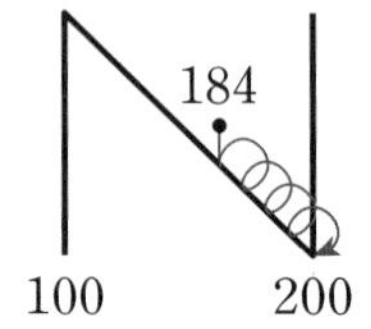

• 251을 올림하여
- (십 , 백)의 자리까지 나타내면 260입니다.
- (십 , 백)의 자리까지 나타내면 300입니다.

1 올림하여 십의 자리까지 나타내어 보세요.

(1) 1 6 8 → 1 □ □ (8 위에 10)

(2) 3 0 2 4 → 3 0 □ □ (4 위에 10)

2 올림하여 백의 자리까지 나타내어 보세요.

(1) 8 7 5 → □ □ □ (75 위에 100)

(2) 4 5 9 1 → 4 □ □ □ (91 위에 100)

3 4학년 학생 241명에게 연필을 1자루씩 나누어 주려고 합니다. 연필은 최소 몇 자루를 사야 하는지 □ 안에 알맞은 수를 써넣으세요.

(1) 10자루씩 묶음으로 산다면 최소 □자루를 사야 합니다.

(2) 241을 올림하여 십의 자리까지 나타내면 □입니다.

(3) 100자루씩 묶음으로 산다면 최소 □자루를 사야 합니다.

(4) 241을 올림하여 백의 자리까지 나타내면 □입니다.

4 주어진 수를 올림하여 십의 자리까지 나타낸 수에 ○표 하세요.

(1) 354 ➡ (340 , 350 , 360)

(2) 1726 ➡ (1720 , 1730 , 1740)

5 수를 올림하여 천의 자리까지 나타내어 보세요.

(1) 1456 ➡ (　　　　　)

(2) 50764 ➡ (　　　　　)

6 올림하여 주어진 자리까지 나타내어 보세요.

수	십의 자리까지	백의 자리까지
209		
5376		

7 수를 올림하여 천의 자리까지 나타내었습니다. 잘못 나타낸 사람은 누구인지 써 보세요.

- 호진: 7852 ➡ 8000
- 연우: 5037 ➡ 5000
- 근영: 1789 ➡ 2000

(　　　　　)

8 소수를 올림해 보세요.

(1) 0.807을 올림하여 소수 첫째 자리까지 나타내어 보세요.

(　　　　　)

(2) 3.058을 올림하여 소수 둘째 자리까지 나타내어 보세요.

(　　　　　)

9 올림하여 십의 자리까지 나타낸 수가 가장 작은 수를 찾아 써 보세요.

246　　260　　206　　289

(　　　　　)

10 올림하여 백의 자리까지 나타내면 17600이 되는 수를 찾아 기호를 써 보세요.

㉠ 17000　　㉡ 17501
㉢ 17250　　㉣ 16700

(　　　　　)

11 다음 수를 올림하여 백의 자리까지 나타내면 2200입니다. □ 안에 알맞은 수를 써넣으세요.

□ □ 1 8

5 버림을 알아볼까요

- **버림**: 구하려는 자리 아래 수를 버려서 나타내는 방법

- **버림하여 나타내기**

① 십의 자리까지 나타내기

십의 자리 아래 수는 0이 되고 십의 자리 숫자는 그대로입니다.

32~~1~~(0) → 320

십의 자리 아래 수인 1을 0으로 봅니다.

② 백의 자리까지 나타내기

백의 자리 아래 수는 모두 0이 되고 백의 자리 숫자는 그대로입니다.

3~~2~~(0)~~1~~(0) → 300

백의 자리 아래 수인 21을 0으로 봅니다.

184를 버림하기

- 십의 자리까지 나타내기

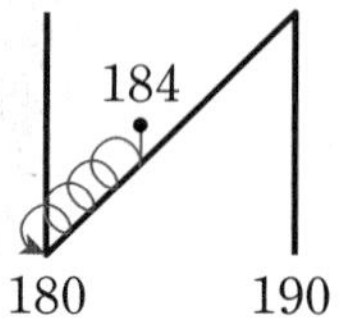

- 백의 자리까지 나타내기

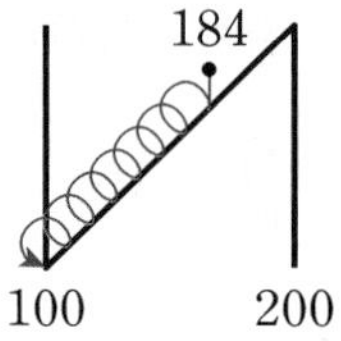

- 324를 버림하여
  - (십 , 백)의 자리까지 나타내면 320입니다.
  - (십 , 백)의 자리까지 나타내면 300입니다.

1 버림하여 십의 자리까지 나타내어 보세요.

(1) 4 9 ~~5~~(0) → 4 ☐ ☐

(2) 6 2 1 ~~7~~(0) → 6 2 ☐ ☐

2 버림하여 백의 자리까지 나타내어 보세요.

(1) 3 ~~0~~(0) ~~2~~(0) → ☐ ☐ ☐

(2) 1 4 ~~8~~(0) ~~4~~(0) → 1 ☐ ☐ ☐

3 은정이가 모은 돈은 35270원입니다. 지폐로 바꾼다면 최대 얼마까지 바꿀 수 있는지 ☐ 안에 알맞은 수를 써넣으세요.

(1) 모은 돈을 1000원짜리 지폐로 바꾼다면 최대 ☐원까지 바꿀 수 있습니다.

(2) 35270을 버림하여 천의 자리까지 나타내면 ☐입니다.

(3) 모은 돈을 10000원짜리 지폐로 바꾼다면 최대 ☐원까지 바꿀 수 있습니다.

(4) 35270을 버림하여 만의 자리까지 나타내면 ☐입니다.

4 주어진 수를 버림하여 십의 자리까지 나타낸 수에 ○표 하세요.

(1) 495 ➡ (480 , 490 , 500)

(2) 6278 ➡ (6000 , 6200 , 6270)

5 수를 버림하여 천의 자리까지 나타내어 보세요.

(1) 2430 ➡ (　　　　)

(2) 65029 ➡ (　　　　)

6 버림하여 주어진 자리까지 나타내어 보세요.

수	십의 자리까지	백의 자리까지
329		
1259		

7 소수를 버림해 보세요.

(1) 1.24를 버림하여 일의 자리까지 나타내어 보세요.

(　　　　)

(2) 2.543을 버림하여 소수 첫째 자리까지 나타내어 보세요.

(　　　　)

8 바르게 설명한 것에 ○표, 잘못 설명한 것에 ×표 하세요.

(1) 4286을 버림하여 백의 자리까지 나타내면 4280입니다. (　　)

(2) 53916을 버림하여 천의 자리까지 나타내면 53000입니다. (　　)

9 성냥의 길이는 몇 cm인지 버림하여 일의 자리까지 나타내어 보세요.

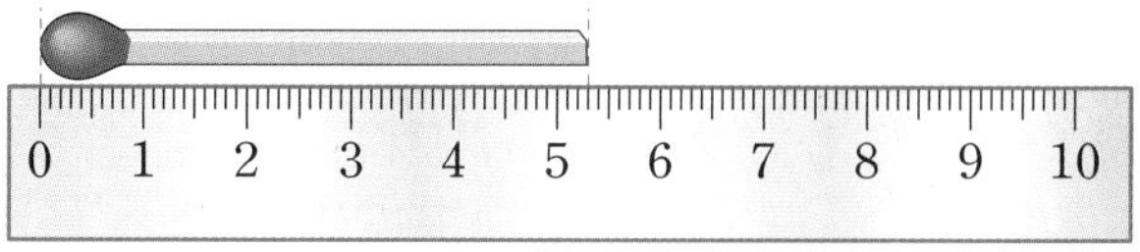

(　　　　)

10 버림하여 십의 자리까지 나타낸 수가 가장 작은 수를 찾아 써 보세요.

347　365　311　329

(　　　　)

11 버림하여 백의 자리까지 나타내면 3100이 되는 자연수 중에서 가장 큰 수를 써 보세요.

(　　　　)

1

6 반올림을 알아볼까요

● **반올림**

구하려는 자리 바로 아래 자리의 숫자가 ⟨ 0, 1, 2, 3, 4 ➡ 버림 / 5, 6, 7, 8, 9 ➡ 올림 ⟩ 하는 방법

● **반올림하여 나타내기**

① 십의 자리까지 나타내기 ···• 일의 자리 숫자를 살펴봅니다.

버림 / 0

4652 ➡ 4652 ➡ 4650

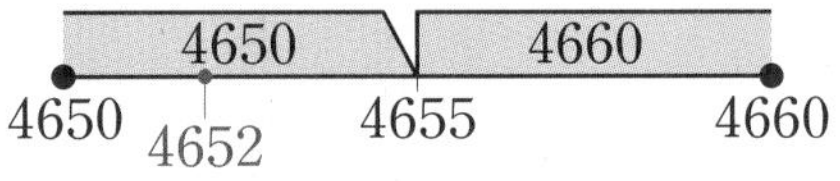

② 백의 자리까지 나타내기 ···• 십의 자리 숫자를 살펴봅니다.

올림 / 1 0 0

4652 ➡ 4652 ➡ 4700

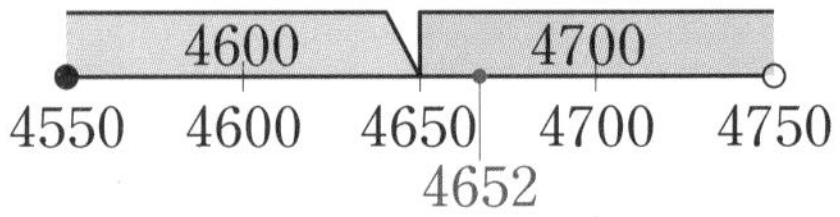

184를 반올림하기

• 십의 자리까지 나타내기

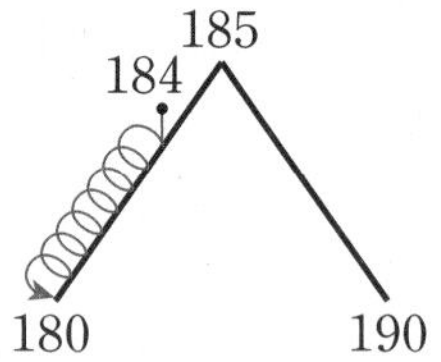

• 백의 자리까지 나타내기

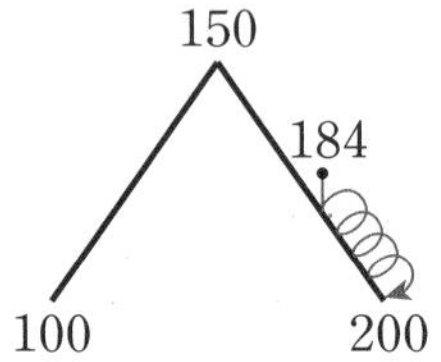

● 1274를 반올림하여 ⎡ (십 , 백)의 자리까지 나타내면 1270입니다.
⎣ (십 , 백)의 자리까지 나타내면 1300입니다.

1 반올림하여 십의 자리까지 나타내어 보세요.

(1) 2 6 3 (버림) ➡ 2 ☐ ☐

(2) 3 8 0 7 (올림) ➡ 3 8 ☐ ☐

2 반올림하여 백의 자리까지 나타내어 보세요.

(1) 9 2 5 ➡ ☐ ☐ ☐

(2) 2 4 7 0 ➡ 2 ☐ ☐ ☐

3 1653은 약 몇십인지 반올림하여 나타내려고 합니다. 수를 수직선에 나타내고 ☐ 안에 알맞은 수를 써넣으세요.

(1) 1653을 수직선에 ↓로 나타내어 보세요.

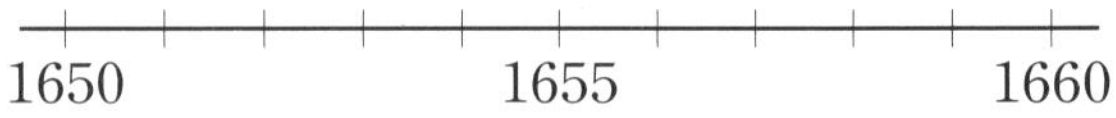

(2) 1653은 1650과 1660 중 ☐에 더 가깝습니다.

(3) 1653을 약 몇십으로 나타내면 약 ☐입니다.

4 주어진 수를 반올림하여 십의 자리까지 나타낸 수에 ○표 하세요.

(1) 205 ➡ (200 , 210 , 220)

(2) 4364 ➡ (4300 , 4360 , 4370)

5 반올림하여 주어진 자리까지 나타내어 보세요.

수	십의 자리	백의 자리	천의 자리
3284			
62035			

6 마라톤 대회에 1246명이 참가했습니다. 물음에 답하세요.

(1) 참가자 수를 반올림하여 십의 자리까지 나타내면 몇 명일까요?

( )

(2) 참가자 수를 반올림하여 백의 자리까지 나타내면 몇 명일까요?

( )

7 소수를 반올림해 보세요.

(1) 0.514를 반올림하여 소수 첫째 자리까지 나타내어 보세요.

( )

(2) 3.629를 반올림하여 소수 둘째 자리까지 나타내어 보세요.

( )

8 바르게 설명한 것에 ○표, 잘못 설명한 것에 ×표 하세요.

(1) 1320을 반올림하여 백의 자리까지 나타내면 1300입니다. ( )

(2) 24781을 반올림하여 천의 자리까지 나타내면 24000입니다. ( )

9 수를 반올림하여 천의 자리까지 나타낸 수가 다른 것을 찾아 기호를 써 보세요.

㉠ 4532 ㉡ 4018 ㉢ 4237

( )

10 반올림하여 천의 자리까지 나타낼 때 3000이 되는 수가 아닌 것은 어느 것일까요? ( )

① 2599 ② 2708 ③ 2958
④ 3126 ⑤ 3512

11 다음 수를 반올림하여 십의 자리까지 나타내면 860입니다. □ 안에 들어갈 수 있는 일의 자리 숫자를 모두 구해 보세요.

86□

( )

7 올림, 버림, 반올림을 활용하여 문제를 해결해 볼까요

• 올림, 버림, 반올림 중에서 어떤 방법으로 어림해야 좋을지 생각해 봅니다.

올림 활용하기

귤 34개를 10개씩 상자에 남김없이 담아 포장하려면 상자는 최소 몇 개가 필요한지 구해 보세요.

➡ 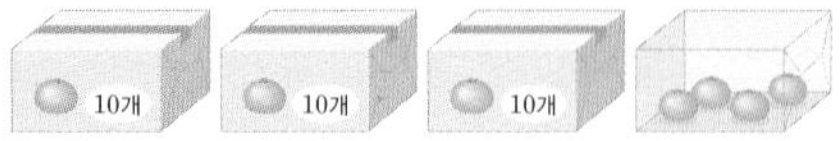

남은 4개도 상자에 담아야 하므로 34를 **올림**하여 십의 자리까지 나타내면 40입니다. ➡ 필요한 상자는 최소 4개입니다.

버림 활용하기

귤 34개를 10개씩 상자에 담아 포장한다면 최대 몇 개까지 포장할 수 있는지 구해 보세요.

➡ 

남은 4개는 상자에 담을 수 없으므로 34를 **버림**하여 십의 자리까지 나타내면 30입니다. ➡ 최대 30개까지 포장할 수 있습니다.

반올림 활용하기

34.7 kg인 몸무게를 1 kg 단위로 가까운 쪽의 눈금을 읽으면 몇 kg인지 구해 보세요.

➡ 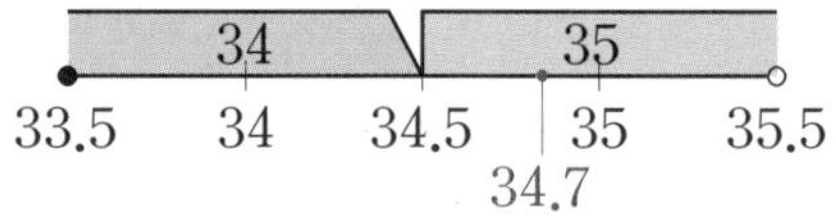

0.7 kg은 0 kg과 1 kg 중 1 kg에 더 가까우므로 34.7을 **반올림**하여 일의 자리까지 나타내면 35입니다. ➡ 몸무게는 35 kg입니다.

1 **물고기 1326마리를 100마리씩 어항에 남김없이 넣으려고 합니다. 어항은 최소 몇 개 필요한지 □ 안에 알맞게 써넣으세요.**

(1) 물고기를 100마리씩 어항 □개에 넣으면 물고기 26마리가 남습니다.

(2) 남은 물고기 26마리도 어항에 넣어야 하므로 1326마리를 □마리로 생각합니다.

(3) 올림, 버림, 반올림 중 □의 방법으로 어림해야 합니다.

(4) 어항은 최소 □개가 필요합니다.

2 **공장에서 빵을 354개 만들었습니다. 한 상자에 10개씩 담아서 판다면 빵은 최대 몇 개까지 팔 수 있는지 □ 안에 알맞게 써넣으세요.**

(1) 빵을 10개씩 상자에 담으면 □상자에 담고 빵 4개가 남습니다.

(2) 남은 빵 4개는 팔 수 없으므로 354개를 □개로 생각합니다.

(3) 올림, 버림, 반올림 중 □의 방법으로 어림해야 합니다.

(4) 팔 수 있는 빵은 최대 □개입니다.

정답과 풀이 4쪽

3 국수를 만드는 데 밀가루 1547 g이 필요합니다. 밀가루를 100 g 단위로 판다면 밀가루를 최소 몇 g 사야 하는지 물음에 답하세요.

(1) 올림, 버림, 반올림 중 어떤 방법으로 어림해야 할까요?

(　　　　　　　　　　)

(2) 밀가루를 몇 g 사야 할까요?

(　　　　　　　　　　)

4 모자 3014개를 10개씩 묶음으로 포장했습니다. 알맞은 말에 ○표 하고, □ 안에 알맞은 수를 써넣으세요.

> 포장한 모자의 수를 알아보려면
> (올림 , 버림 , 반올림)으로 나타내어야 하며,
> 이때 묶음으로 포장한 모자는 최대 □개
> 입니다.

5 864 kg의 팥을 한 자루에 10 kg씩 담으려고 합니다. 팥을 남김없이 자루에 담으려면 자루는 최소 몇 개 필요할까요?

(　　　　　　　　　　)

6 배추 1452포기를 한 상자에 10포기씩 담아서 팔려고 합니다. 최대 몇 상자까지 팔 수 있을까요?

(　　　　　　　　　　)

7 실생활에서 반올림이 이용되는 예를 찾아 써 보세요.

> 집에서 시청까지의 거리는 15.8 km인데 반올림하여 일의 자리까지 나타내면 16 km야!

....

....

8 500원짜리 동전 82개를 10000원짜리 지폐로 바꾸려고 합니다. 10000원짜리 지폐는 최대 몇 장까지 바꿀 수 있을까요?

(　　　　　　　　　　)

9 과자를 사는 데 필요한 돈을 어림했습니다. 더 적절하게 어림한 사람의 이름을 써 보세요.

1580원

990원

> 민호: 나는 1500원, 900원으로 어림했어.
> 　　　2400원이면 살 수 있을 거야.
> 영지: 나는 1600원, 1000원으로 어림했어.
> 　　　2600원으로 사 봐야지.

(　　　　　　　　　　)

기본기 다지기

1 이상과 이하

- 15 이상인 수: 15와 같거나 큰 수
- 13 이하인 수: 13과 같거나 작은 수

[1~2] 수를 보고 물음에 답하세요.

16	20.4	18	25	22.3
29	19	15.9	26	20

1 18 이하인 수를 모두 찾아 써 보세요.

( )

2 20 이상 25 이하인 수를 모두 찾아 써 보세요.

( )

3 보기 의 수들을 모두 포함하는 수의 범위를 찾아 기호를 써 보세요.

보기
83 77 90 99 75

㉠ 75 이상 99 이하인 수
㉡ 75 이상 90 이하인 수

( )

4 52 이상 56 이하인 수를 수직선에 나타내어 보세요.

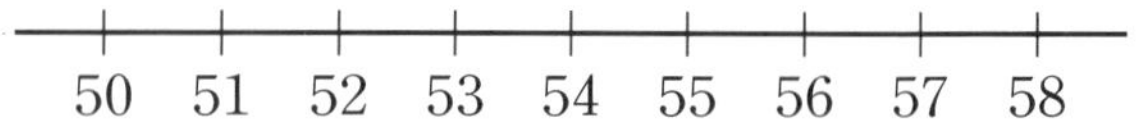

서술형

5 11 이상 22 이하인 자연수는 모두 몇 개인지 구하려고 합니다. 풀이 과정을 쓰고 답을 구해 보세요.

풀이

답

6 종하네 모둠 학생들의 50 m 달리기 기록을 조사하여 나타낸 표입니다. 기록이 8초 이하인 학생을 이어달리기 선수로 뽑았을 때 선수로 뽑힌 학생을 모두 찾아 이름을 써 보세요.

50 m 달리기 기록

이름	종하	윤지	민수	채영
기록(초)	8.2	7.9	8.0	7.7

( )

7 자연수 부분이 2 이상 4 이하이고, 소수 첫째 자리 숫자가 5 이상 7 이하인 소수 한 자리 수를 만들려고 합니다. 만들 수 있는 소수 한 자리 수는 모두 몇 개일까요?

( )

2 초과와 미만

- 15 초과인 수: 15보다 큰 수
- 13 미만인 수: 13보다 작은 수

8 31 초과 35 미만인 수는 모두 몇 개일까요?

36.1	30	34	30.9	35	32.5

( )

9 수직선에 나타낸 수의 범위를 써 보세요.

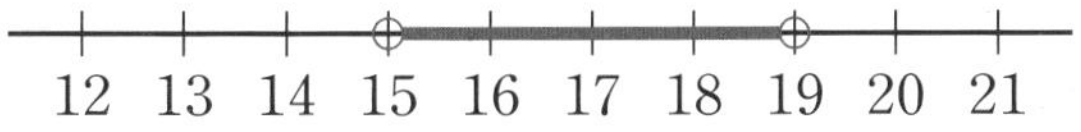

( )

10 20을 포함하는 수의 범위를 모두 찾아 기호를 써 보세요.

㉠ 21 이하인 수　㉡ 20 이상인 수
㉢ 20 미만인 수　㉣ 19 초과인 수

( )

11 수학 시험에서 65점 미만이면 재시험을 봐야 한다고 합니다. 재시험을 보는 점수의 범위를 수직선에 나타내어 보세요.

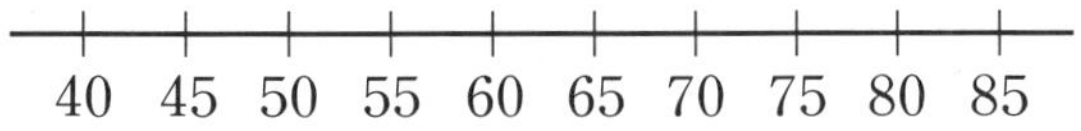

12 다음은 ▲ 초과인 자연수를 작은 수부터 차례로 쓴 것입니다. ▲에 알맞은 자연수는 얼마일까요?

33	34	35	36	37	38	…

( )

13 높이가 3 m 미만인 자동차만 통과할 수 있는 육교가 있습니다. 이 육교 아래를 통과할 수 있는 자동차를 모두 찾아 기호를 써 보세요.

자동차	㉠	㉡	㉢	㉣
높이(cm)	350	290	250	300

( )

14 4명의 어린이가 박물관에 갔습니다. 박물관은 ■살 미만이면 입장료가 무료입니다. 우혁이와 지민이만 무료로 입장했다면 ■에 알맞은 수는 얼마일까요?

어린이들의 나이

이름	우혁	세린	서유	지민
나이(살)	6	9	11	8

( )

15 수직선에 나타낸 수의 범위에 속하는 자연수는 5개입니다. ㉠에 알맞은 자연수를 구해 보세요.

( )

3 수의 범위

• 12 이상 16 미만인 수

• 12 초과 16 이하인 수

16 15 이상 19 미만인 수에 모두 ○표 하세요.

12 13 14 15 16 17 18 19 20

17 36을 포함하는 수의 범위를 모두 찾아 기호를 써 보세요.

㉠ 33 이상 36 이하인 수
㉡ 33 초과 36 미만인 수
㉢ 36 이상 40 미만인 수
㉣ 36 초과 40 이하인 수

( )

서술형

18 수직선에 나타낸 수의 범위에 속하는 자연수 중 가장 작은 수와 가장 큰 수의 합을 구하려고 합니다. 풀이 과정을 쓰고 답을 구해 보세요.

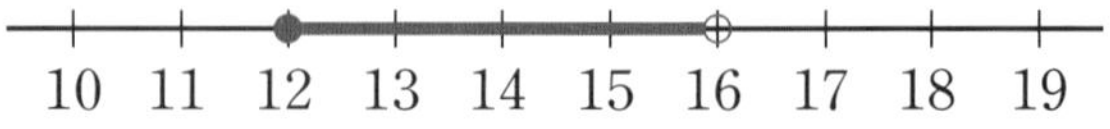

풀이

답

19 종하네 학교 씨름 선수들의 몸무게와 체급별 몸무게를 나타낸 표입니다. 종하와 같은 체급에 속하는 학생의 이름을 써 보세요.

씨름 선수들의 몸무게

이름	종하	우석	민수	경진
몸무게(kg)	45.6	42	53.1	48

체급별 몸무게(초등학생용)

체급	몸무게(kg)
경장급	40 이하
소장급	40 초과 45 이하
청장급	45 초과 50 이하
용장급	50 초과 55 이하

( )

20 무게가 4.8 kg인 물건을 무게가 0.3 kg인 상자에 넣어 택배로 보내려고 합니다. 요금으로 얼마를 내야 할까요?

무게별 택배 요금

무게(kg)	요금(원)
2 이하	3500
2 초과 5 이하	4000
5 초과 10 이하	5500

( )

21 두 수직선에 나타낸 수의 범위에 공통으로 속하는 자연수를 모두 구해 보세요.

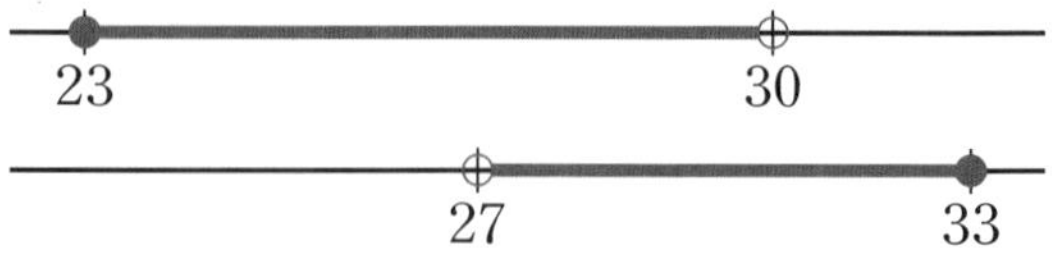

( )

4 올림

• 올림: 구하려는 자리 아래 수를 올려서 나타내는 방법

예 527

- 올림하여 십의 자리까지 나타내면 530
- 올림하여 백의 자리까지 나타내면 600

22 각각의 수를 올림하여 십의 자리까지 나타냈습니다. 잘못 나타낸 사람은 누구일까요?

재호: 2153 ➡ 2160
영빈: 1270 ➡ 1270
서은: 3861 ➡ 3860

(　　　　　　　　)

23 올림하여 천의 자리까지 나타내면 35000이 되는 자연수 중 가장 작은 수를 구해 보세요.

(　　　　　　　　)

24 어떤 수를 올림하여 백의 자리까지 나타내면 700이 됩니다. 어떤 수가 될 수 있는 수의 범위를 초과와 이하를 사용하여 나타내어 보세요.

(　　　　　) 초과 (　　　　　) 이하

25 다음 수를 올림하여 백의 자리까지 나타내면 4400이 됩니다. □ 안에 알맞은 수를 구해 보세요.

4□01

(　　　　　　　　)

서술형

26 다음 수를 올림하여 백의 자리까지 나타낸 수와 올림하여 십의 자리까지 나타낸 수의 차를 구하려고 합니다. 풀이 과정을 쓰고 답을 구해 보세요.

5642

풀이

답

5 버림

• 버림: 구하려는 자리 아래 수를 버려서 나타내는 방법

예 372

- 버림하여 십의 자리까지 나타내면 370
- 버림하여 백의 자리까지 나타내면 300

27 각각의 수를 버림하여 천의 자리까지 나타냈습니다. 잘못 나타낸 사람은 누구일까요?

지아: 21300 ➡ 22000
동호: 38079 ➡ 38000
세준: 60864 ➡ 60000

(　　　　　　　　)

28 더 큰 수를 찾아 기호를 써 보세요.

㉠ 479를 버림하여 십의 자리까지 나타낸 수
㉡ 486을 버림하여 백의 자리까지 나타낸 수

(　　　　　　　　)

29 5392를 버림하여 나타낼 수 있는 수가 아닌 것을 찾아 기호를 써 보세요.

㉠ 5300 ㉡ 5400 ㉢ 5000 ㉣ 5390

( )

30 버림하여 백의 자리까지 나타내면 1900이 되는 자연수 중 가장 작은 수와 가장 큰 수를 각각 구해 보세요.

가장 작은 수 ( )

가장 큰 수 ( )

31 60□5를 버림하여 백의 자리까지 나타내면 6000이 됩니다. □ 안에 들어갈 수 있는 수는 모두 몇 개일까요?

( )

32 어떤 자연수에 8을 곱해서 나온 수를 버림하여 십의 자리까지 나타내면 70이 됩니다. 처음 자연수를 구해 보세요.

( )

6 반올림

- 반올림: 구하려는 자리 바로 아래 자리의 숫자가 0, 1, 2, 3, 4이면 버리고, 5, 6, 7, 8, 9이면 올리는 방법

예 635

- 반올림하여 십의 자리까지 나타내면 640
- 반올림하여 백의 자리까지 나타내면 600

33 머리핀의 길이는 몇 cm인지 반올림하여 일의 자리까지 나타내어 보세요.

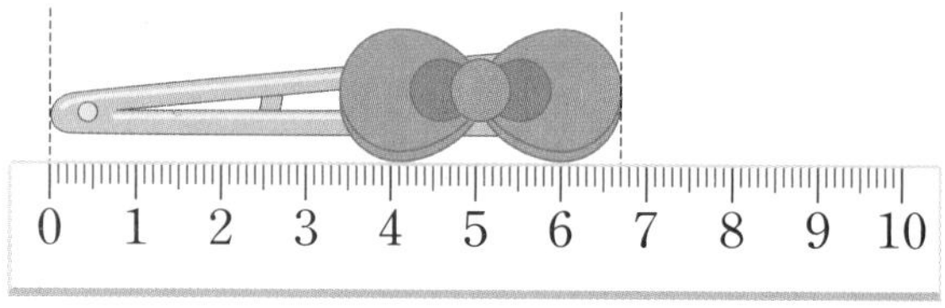

( )

34 반올림하여 십의 자리까지 나타낸 수와 십의 자리에서 반올림한 수가 같은 것을 찾아 기호를 써 보세요.

㉠ 1328 ㉡ 3997 ㉢ 5064

( )

35 284□를 반올림하여 십의 자리까지 나타내면 2850이 됩니다. □ 안에 들어갈 수 있는 수를 모두 구해 보세요.

( )

36 세 자리 수 중 반올림하여 십의 자리까지 나타내면 100이 되는 자연수를 모두 구해 보세요.

( )

37 수 카드 4장을 한 번씩만 사용하여 가장 큰 네 자리 수를 만들고, 만든 네 자리 수를 반올림하여 백의 자리까지 나타내어 보세요.

3 9 1 6

( )

38 반올림하여 백의 자리까지 나타내면 500이 되는 자연수 중 가장 작은 수와 가장 큰 수를 각각 구해 보세요.

가장 작은 수 ( )

가장 큰 수 ( )

39 어떤 수를 반올림하여 십의 자리까지 나타내면 660이 됩니다. 어떤 수가 될 수 있는 수의 범위를 이상과 미만을 사용하여 나타내어 보세요.

( ) 이상 ( ) 미만

7 올림, 버림, 반올림을 활용하여 문제 해결하기

생활 속 문제를 올림, 버림, 반올림을 활용하여 해결할 수 있습니다.

40 현수네 학교 5학년 학생 217명이 오리배를 타려고 합니다. 오리배 한 대에 탈 수 있는 정원이 10명이고 한 번에 오리배를 모두 타려면 오리배는 최소 몇 대 필요할까요?

( )

41 제과점에서 쿠키를 2450개 만들었습니다. 이 쿠키를 한 봉지에 100개씩 담아서 판다면 팔 수 있는 쿠키는 최대 몇 개일까요?

( )

42 어느 도시의 인구는 230951명입니다. 이 도시의 인구를 반올림하면 약 몇만 명일까요?

( )

43 어림하는 방법이 다른 사람을 찾아 이름을 써 보세요.

혜빈: 밀가루 216 kg을 한 봉지에 10 kg씩 담으려고 해. 밀가루를 모두 담으려면 몇 봉지가 필요할까?

은우: 한 상자를 묶으려면 끈이 100 cm 필요해. 끈 680 cm로 몇 상자를 묶을 수 있을까?

윤석: 내가 사려는 바지 값이 9200원이야. 1000원짜리 지폐로 바지 값을 내려면 얼마를 내야 하지?

( )

응용력 기르기

문제 풀이

심화유형 1 조건을 만족하는 수 구하기

다음 조건을 모두 만족하는 다섯 자리 수를 구해 보세요.

㉠ 70000 이상 90000 미만인 수입니다.
㉡ 만의 자리 숫자는 4로 나누어떨어집니다.
㉢ 천의 자리 숫자는 3 이상 5 미만이고, 2로 나누어떨어집니다.
㉣ 백의 자리 숫자는 가장 큰 한 자리 수입니다.
㉤ 십의 자리 숫자는 5 초과 8 미만이고, 일의 자리 숫자의 3배입니다.

(　　　　　　　　)

● 핵심 NOTE　수의 범위와 조건을 이용하여 각 자리 숫자를 구합니다.

1-1 다음 조건을 모두 만족하는 다섯 자리 수를 구해 보세요.

㉠ 10000 초과 40000 미만인 수이고, 만의 자리 숫자는 3 이상입니다.
㉡ 천의 자리 숫자는 가장 작은 한 자리 수입니다.
㉢ 백의 자리 숫자는 7 이상 9 이하이고, 3으로 나누어떨어집니다.
㉣ 십의 자리 숫자는 일의 자리 숫자의 4배입니다.
㉤ 일의 자리 숫자는 1 초과 3 미만입니다.

(　　　　　　　　)

1-2 다음 조건을 모두 만족하는 다섯 자리 수를 모두 구해 보세요.

㉠ 50000 이상 80000 미만인 수이고, 만의 자리 숫자는 6 미만입니다.
㉡ 천의 자리 숫자는 9 이상인 한 자리 수입니다.
㉢ 백의 자리 숫자는 2 초과 5 이하이고, 2로 나누어떨어집니다.
㉣ 십의 자리 숫자는 7 초과 9 미만입니다.
㉤ 일의 자리 숫자는 6 이상인 한 자리 수이고, 3으로 나누어떨어집니다.

(　　　　　　　　)

심화유형 2 □ 안에 들어갈 수 있는 수 구하기

다음 수를 버림하여 백의 자리까지 나타낸 수와 반올림하여 백의 자리까지 나타낸 수가 같습니다. □ 안에 들어갈 수 있는 한 자리 수를 모두 구해 보세요.

28□4

( )

● 핵심 NOTE 어림할 수 있는 수를 먼저 구한 후 □ 안에 들어갈 수 있는 수를 구합니다.

2-1 다음 수를 올림하여 천의 자리까지 나타낸 수와 반올림하여 천의 자리까지 나타낸 수가 같습니다. □ 안에 들어갈 수 있는 한 자리 수를 모두 구해 보세요.

1□07

( )

2-2 다음 수를 반올림하여 천의 자리까지 나타낸 수와 반올림하여 백의 자리까지 나타낸 수가 같습니다. □ 안에 들어갈 수 있는 한 자리 수를 모두 구해 보세요.

40□9

( )

심화유형 3 수의 범위 나타내기

재호네 학교 5학년 학생들이 모두 체험학습을 가려면 40인승 버스가 적어도 5대 필요합니다. 재호네 학교 5학년 학생은 몇 명 이상 몇 명 이하인지 구해 보세요.

( )

핵심 NOTE ■인승 버스가 적어도 ▲대 필요할 때 학생 수의 범위 나타내기
➡ (■×(▲−1)+1)명 이상 (■×▲)명 이하
➡ (■×(▲−1))명 초과 (■×▲+1)명 미만

3-1 서빈이네 학교 5학년 학생들이 모두 체험학습을 가려면 42인승 버스가 적어도 6대 필요합니다. 서빈이네 학교 5학년 학생은 몇 명 초과 몇 명 이하인지 구해 보세요.

( )

3-2 지수네 학교 5학년 학생들이 모두 놀이 기구를 타려면 20인승 놀이 기구를 적어도 9번 운행해야 합니다. 지수네 학교 5학년 학생은 몇 명 이상 몇 명 미만인지 구해 보세요.

( )

3-3 민준이네 학교 5학년 학생들이 모두 전망대에 오르려면 18인승 케이블카를 적어도 7번 운행해야 합니다. 민준이네 학교 5학년 학생은 몇 명 초과 몇 명 미만인지 구해 보세요.

( )

융합유형 4 수학 + 실과 키의 범위를 수직선에 나타내기

놀이공원에는 여러 가지 놀이 기구가 있습니다. 놀이 기구는 재미있고 신나지만 위험할 수도 있기 때문에 놀이 기구를 탈 때 안전에 불필요한 행동은 하지 말고 정확한 자세를 갖춘 다음 안전벨트를 착용했는지 점검해야 합니다. 안전장치가 없는 놀이 기구를 탈 때에는 일어서거나 뛰어내리는 등의 행위를 하지 말아야 합니다. 놀이 기구에는 키 제한이 있는데 키 제한은 가장 기본이 되는 안전 보장 조건입니다.

놀이 기구별 탈 수 있는 키의 범위

우주전투기	110 cm 미만
마술나라	110 cm 이상 150 cm 미만
범퍼카	120 cm 이상
번개열차	130 cm 이상

동호는 놀이공원에서 마술나라를 탈 수 있었지만 번개열차는 탈 수 없었습니다. 동호의 키의 범위를 구하고 수직선에 나타내어 보세요.

1단계 동호의 키의 범위 구하기

2단계 동호의 키의 범위를 수직선에 나타내기

95 100 105 110 115 120 125 130 135 140 145 150 155

핵심 NOTE

1단계 마술나라와 번개열차를 탈 수 있는 키의 범위를 이용하여 동호의 키의 범위를 구합니다.

2단계 동호의 키의 범위를 점 ●, 점 ○을 이용하여 수직선에 나타냅니다.

단원 평가 Level 1

점수

확인

1 수를 보고 물음에 답하세요.

15　19　5　30　45　7　23　36

(1) 30 이상인 수를 모두 찾아 써 보세요.

(　　　　　　　　　　)

(2) 20 미만인 수를 모두 찾아 써 보세요.

(　　　　　　　　　　)

2 어림의 방법과 의미를 옳게 이어 보세요.

올림 •		• 구하려는 자리 아래 수를 올려서 나타내는 방법
버림 •		• 구하려는 자리 바로 아래 자리의 숫자가 0, 1, 2, 3, 4이면 버리고, 5, 6, 7, 8, 9이면 올리는 방법
반올림 •		• 구하려는 자리 아래 수를 버려서 나타내는 방법

3 9 이상 13 미만인 자연수를 모두 써 보세요.

(　　　　　　　　　　)

4 주어진 수를 올림하여 백의 자리까지 나타낸 수에 ○표 하세요.

(1) 325 ➡ (200 , 300 , 400)

(2) 1247 ➡ (1200 , 1250 , 1300)

5 반올림하여 주어진 자리까지 나타내어 보세요.

수	십의 자리	백의 자리
6237		

6 55를 포함하는 수의 범위를 모두 찾아 기호를 써 보세요.

㉠ 58 미만인 수
㉡ 55 초과인 수
㉢ 50 이상인 수

(　　　　　　　　　　)

7 수의 범위를 수직선에 나타내어 보세요.

18 이상 23 미만인 수

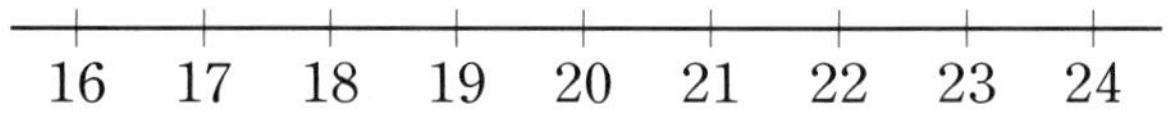

8 어림한 후, 크기를 비교하여 더 큰 수를 찾아 기호를 써 보세요.

㉠ 6071을 올림하여 십의 자리까지 나타낸 수
㉡ 6071을 버림하여 백의 자리까지 나타낸 수

(　　　　　　　　　　)

[9~10] 유민이네 모둠 학생들이 1분 동안 팔 굽혀 펴기를 한 횟수를 조사하여 나타낸 표입니다. 물음에 답하세요.

1분 동안 팔 굽혀 펴기를 한 횟수

이름	유민	문수	지혜	경미	현진
횟수(회)	15	8	22	10	16

9 빈칸에 알맞은 횟수의 범위를 써 보세요.

점수(점)	횟수(회)
1	10 이하
2	10 초과 15 이하
3	
4	20 초과 25 이하

10 팔 굽혀 펴기 1점을 받은 학생의 이름을 모두 써 보세요.

( )

11 미영이네 모둠 학생들의 몸무게를 조사하여 나타낸 표입니다. 몸무게를 반올림하여 일의 자리까지 나타내고, 반올림한 몸무게가 40 kg 이하인 학생의 이름을 써 보세요.

미영이네 모둠 학생들의 몸무게

학생	몸무게(kg)	반올림한 몸무게(kg)
미영	38.2	
지연	40.6	
효찬	45.7	

( )

12 □ 안에 이상, 이하, 초과, 미만 중 알맞은 말을 써넣으세요.

> 만 16살 미만은 헌혈할 수 없습니다.
>
> ➡ 만 16살 □은 헌혈할 수 있습니다.

13 지은이네 학교 5학년 학생 342명이 소형 버스에 타려고 합니다. 소형 버스 한 대에 10명씩 탈 수 있을 때 소형 버스는 최소 몇 대 필요할까요?

( )

14 영준이네 학교는 남학생이 1472명, 여학생이 1395명입니다. 남학생과 여학생의 수를 올림하여 백의 자리까지 나타내어 보세요.

남학생 ( )

여학생 ( )

15 수 카드 4장을 한 번씩만 사용하여 가장 큰 네 자리 수를 만들고, 만든 네 자리 수를 반올림하여 백의 자리까지 나타내어 보세요.

2 7 4 0

( )

16 수직선에 나타낸 수의 범위에 속하는 자연수가 30개일 때 ㉠에 알맞은 자연수를 구해 보세요.

( )

17 현우는 문구점에서 7300원짜리 색연필 한 타와 5500원짜리 물감 한 개, 800원짜리 지우개 한 개를 샀습니다. 1000원짜리 지폐로만 물건값을 낸다면 최소 얼마를 내야 하고, 얼마의 거스름돈을 받게 되는지 차례로 써 보세요.

( ), ( )

18 어떤 수를 반올림하여 백의 자리까지 나타내었더니 5900이 되었습니다. 어떤 수가 될 수 있는 자연수 중에서 가장 큰 수와 가장 작은 수를 각각 구해 보세요.

가장 큰 수 ( )

가장 작은 수 ( )

19 어떤 자연수에 9를 곱해서 나온 수를 올림하여 십의 자리까지 나타내면 60입니다. 어떤 수는 얼마인지 풀이 과정을 쓰고 답을 구해 보세요.

풀이

답

20 3527을 어림하였더니 3500이 되었습니다. 어떻게 어림하였는지 두 가지 방법으로 설명하세요.

방법 1

방법 2

단원 평가 Level 2

점수

확인

1 12 이상인 수에 ○표, 8 미만인 수에 △표 하세요.

10	5	8	14	9	12	6

2 반올림하여 십의 자리까지 나타내어 보세요.

(1) 245 ➡ (　　　　　　　　　　)

(2) 3891 ➡ (　　　　　　　　　　)

3 몸무게가 50 kg 초과 53 kg 이하인 초등학생 태권도 선수의 체급은 미들급입니다. 미들급에 속한 몸무게의 범위를 수직선에 나타내어 보세요.

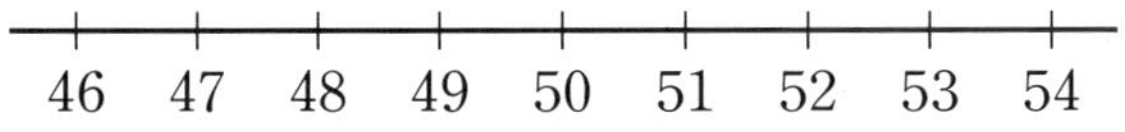

4 버림하여 백의 자리까지 나타낸 수가 가장 작은 것은 어느 것일까요? (　　　　)

① 4806　② 4599　③ 4915

④ 4620　⑤ 4720

5 36을 포함하는 수의 범위를 모두 찾아 기호를 써 보세요.

㉠ 35 이상인 수　㉡ 36 초과인 수

㉢ 35 미만인 수　㉣ 36 이하인 수

(　　　　　　　　　　)

[6~7] 수아네 모둠 학생들의 100 m 달리기 기록을 조사하여 나타낸 표입니다. 물음에 답하세요.

100 m 달리기 기록

이름	기록(초)	이름	기록(초)
수아	20.2	은재	24.0
재호	17.9	지우	18.8
석준	19.0	동석	16.7
윤민	21.8	가영	22.5

6 100 m 달리기 기록이 19초 이하인 학생을 모두 찾아 이름을 써 보세요.

(　　　　　　　　　　)

7 100 m 달리기 기록이 20초 초과 22초 미만인 학생을 모두 찾아 이름을 써 보세요.

(　　　　　　　　　　)

8 34 이상 42 미만인 자연수는 모두 몇 개일까요?

( )

9 2803을 올림하여 나타낼 수 있는 수가 아닌 것을 찾아 기호를 써 보세요.

㉠ 2910 ㉡ 3000 ㉢ 2900 ㉣ 2810

( )

10 큰 수부터 차례로 기호를 써 보세요.

㉠ 1638을 올림하여 천의 자리까지 나타낸 수
㉡ 1900을 버림하여 백의 자리까지 나타낸 수
㉢ 1762를 반올림하여 십의 자리까지 나타낸 수

( )

11 다음은 ■ 초과 ▲ 이하인 자연수를 작은 수부터 차례로 모두 쓴 것입니다. ■, ▲에 알맞은 자연수를 각각 구해 보세요.

40	41	42	43	44	45

■ ( )

▲ ( )

12 재민이의 몸무게는 32.4 kg입니다. 재민이의 몸무게를 반올림하여 일의 자리까지 나타내면 몇 kg일까요?

( )

13 윤수가 문구점에서 1600원짜리 펜과 3700원짜리 가위를 샀습니다. 1000원짜리 지폐로 물건값을 낸다면 얼마를 내야 할까요?

( )

14 다음 수를 반올림하여 백의 자리까지 나타내면 7500이 됩니다. □ 안에 알맞은 수를 구해 보세요.

7□81

( )

15 어떤 자연수를 버림하여 십의 자리까지 나타내면 100이 됩니다. 어떤 자연수가 될 수 있는 수는 모두 몇 개일까요?

( )

16 103과 어떤 수를 각각 반올림하여 십의 자리까지 나타낸 후 더했더니 200이 되었습니다. 어떤 수의 범위를 이상과 미만을 사용하여 나타내어 보세요.

(　　　　　　　　　　)

17 다음 조건을 모두 만족하는 네 자리 수를 구해 보세요.

㉠ 4000 이상 6000 미만인 수입니다.
㉡ 천의 자리 숫자는 5로 나누어떨어집니다.
㉢ 백의 자리 숫자는 1 초과 3 미만입니다.
㉣ 십의 자리 숫자는 가장 작은 한 자리 수입니다.
㉤ 일의 자리 숫자는 백의 자리 숫자의 3배입니다.

(　　　　　　　　　　)

18 민하네 학교 학생들에게 연필을 한 자루씩 나누어 주려면 연필이 적어도 41타 필요합니다. 민하네 학교 학생은 몇 명 이상 몇 명 이하인지 구해 보세요. (단, 연필 한 타는 12자루입니다.)

(　　　　　　　　　　)

19 두 수직선에 나타낸 수의 범위에 공통으로 속하는 자연수는 모두 몇 개인지 구하려고 합니다. 풀이 과정을 쓰고 답을 구해 보세요.

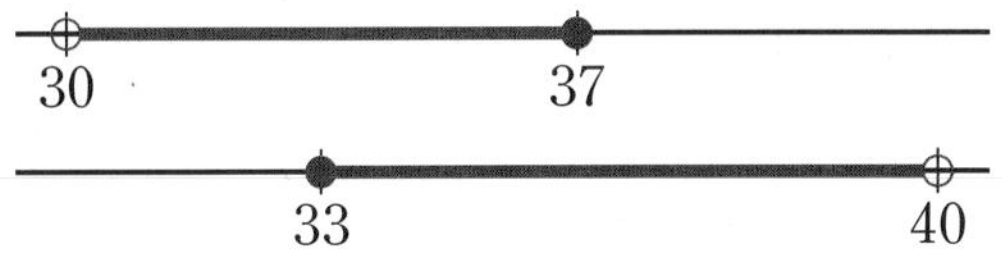

풀이

답

20 다음 수를 올림하여 천의 자리까지 나타낸 수와 반올림하여 천의 자리까지 나타낸 수가 같습니다. □ 안에 들어갈 수 있는 한 자리 수를 모두 구하려고 합니다. 풀이 과정을 쓰고 답을 구해 보세요.

5□20

풀이

답

2 분수의 곱셈

분수, 수를 나눈(分분)수

그런데 **분수를 곱한다고?**

분자는 분자끼리, 분모는 분모끼리 곱해!

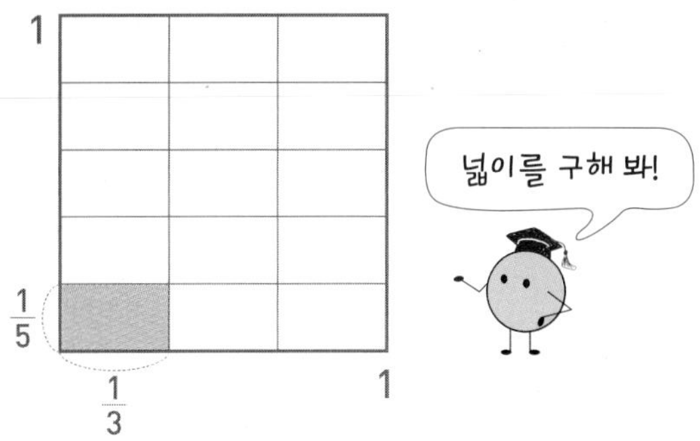

$$\frac{1}{3} \times \frac{1}{5} = \frac{1}{15}$$

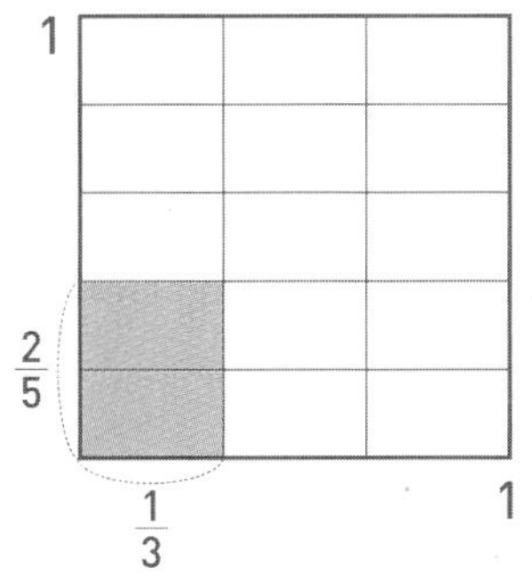

$$\frac{1}{3} \times \frac{2}{5} = \left(\frac{1}{3} \times \frac{1}{5}\right)\text{의 2배} = \frac{2}{15}$$

$$\frac{1}{3} \times \frac{2}{5} = \frac{1 \times 2}{3 \times 5} = \frac{2}{15}$$

1 (분수) × (자연수)를 알아볼까요

개념 강의

● 곱셈식을 덧셈식으로 나타내어 계산합니다. (분자끼리만 더합니다.)

$$\frac{1}{5}\times 3=\frac{1}{5}+\frac{1}{5}+\frac{1}{5}=\frac{1\times 3}{5}=\frac{3}{5}$$

● 분자와 자연수를 곱하여 계산합니다.

$$\frac{1}{5}\times 3=\frac{1\times 3}{5}=\frac{3}{5}$$

이때 분모와 자연수가 약분이 되면 약분하여 계산하면 편리합니다.

- 분모와 자연수가 약수와 배수의 관계일 때

$$\frac{5}{\cancel{8}_{4}}\times \cancel{2}^{1}=\frac{5\times 1}{4}=\frac{5}{4}=1\frac{1}{4}$$

- 분모와 자연수가 1 이외의 다른 공약수를 가지고 있을 때

$$\frac{5}{\cancel{6}_{3}}\times \cancel{8}^{4}=\frac{5\times 4}{3}=\frac{20}{3}=6\frac{2}{3}$$

● 대분수의 경우 가분수로 바꾸어 계산합니다.

$$1\frac{2}{9}\times 3=\frac{11}{\cancel{9}_{3}}\times \cancel{3}^{1}=\frac{11\times 1}{3}=\frac{11}{3}=3\frac{2}{3}$$

다른 방법 $1\frac{2}{9}$를 1과 $\frac{2}{9}$로 나눈 후 계산합니다.

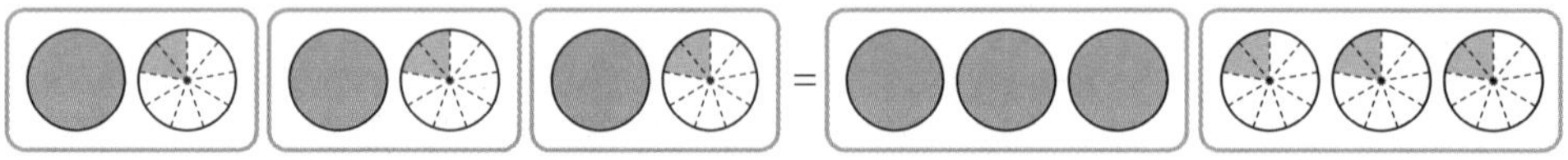

$$1\frac{2}{9}\times 3=\left(1+\frac{2}{9}\right)\times 3=(1\times 3)+\left(\frac{2}{\cancel{9}_{3}}\times \cancel{3}^{1}\right)$$

$$=3+\frac{2}{3}=3\frac{2}{3}$$

$● \times 1 = ●$
$● \times 2 = ● + ●$
$● \times 3 = ● + ● + ●$
⋮

다양한 방법으로 약분하여 계산할 수 있습니다.

- $\frac{1}{6}\times 4=\frac{1\times 4}{6}=\frac{\cancel{4}^{2}}{\cancel{6}_{3}}=\frac{2}{3}$
- $\frac{1}{6}\times 4=\frac{1\times \cancel{4}^{2}}{\cancel{6}_{3}}=\frac{2}{3}$
- $\frac{1}{\cancel{6}_{3}}\times \cancel{4}^{2}=\frac{2}{3}$

$1\times 3=3$
$+)\ \frac{2}{9}\times 3=\frac{6}{9}\left(=\frac{2}{3}\right)$
$1\frac{2}{9}\times 3=3\frac{6}{9}\left(=3\frac{2}{3}\right)$

1 그림을 보고 □ 안에 알맞은 수를 써넣으세요.

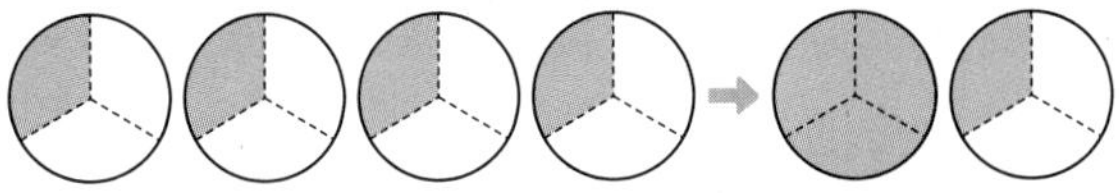

$$\frac{1}{3}\times4=\frac{1}{3}+\frac{1}{3}+\frac{1}{3}+\frac{1}{3}$$
$$=\frac{1\times\square}{3}=\frac{\square}{\square}=\square$$

2 □ 안에 알맞은 수를 써넣으세요.

$\frac{3}{7}$ ➡ $\frac{1}{7}$이 □개

$\frac{3}{7}\times3$ ➡ $\frac{1}{7}$이 (□×□)개

$$\frac{3}{7}\times3=\frac{\square\times\square}{7}=\frac{\square}{7}=\square\frac{\square}{7}$$

3 □ 안에 알맞은 수를 써넣으세요.

(1) $\frac{1}{10}\times4=\frac{1\times\square}{10}=\frac{\overset{\square}{\cancel{4}}}{\underset{\square}{\cancel{10}}}=\frac{\square}{5}$

(2) $\frac{3}{8}\times6=\frac{3\times\overset{\square}{\cancel{6}}}{\underset{\square}{\cancel{8}}}=\frac{\square}{4}=\square$

(3) $\frac{4}{\underset{\square}{\cancel{15}}}\times\overset{\square}{\cancel{10}}=\frac{4\times\square}{\square}=\frac{\square}{3}=\square$

4 계산해 보세요.

(1) $\frac{2}{3}\times12$

(2) $4\frac{3}{8}\times2$

5 보기 와 같이 계산해 보세요.

보기

$$3\frac{4}{9}\times2=\left(3+\frac{4}{9}\right)\times2$$
$$=(3\times2)+\left(\frac{4}{9}\times2\right)$$
$$=6+\frac{8}{9}=6\frac{8}{9}$$

$1\frac{1}{5}\times4$

6 계산해 보세요.

$\frac{4}{9}\times3$

$1\frac{4}{9}\times3$

$2\frac{4}{9}\times3$

7 리본의 전체 길이는 몇 cm일까요?

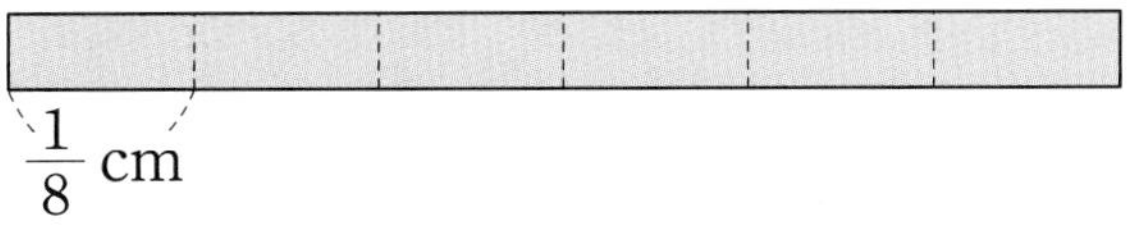

(　　　　　　　　)

2

2 (자연수) × (분수)를 알아볼까요

● **두 수를 바꾸어 곱하여 (분수) × (자연수)로 계산합니다.**

$$3 \times \frac{1}{5} = \frac{1}{5} \times 3 = \frac{1 \times 3}{5} = \frac{3}{5}$$

● **자연수와 분자를 곱하여 계산합니다.**

$$3 \times \frac{1}{5} = \frac{3 \times 1}{5} = \frac{3}{5}$$

이때 자연수와 분모가 약분이 되면 약분하여 계산하면 편리합니다.

• 자연수와 분모가 약수와 배수의 관계일 때

$$\overset{1}{\cancel{2}} \times \frac{5}{\underset{4}{\cancel{8}}} = \frac{1 \times 5}{4} = \frac{5}{4} = 1\frac{1}{4}$$

• 자연수와 분모가 1 이외의 다른 공약수를 가지고 있을 때

$$\overset{4}{\cancel{8}} \times \frac{5}{\underset{3}{\cancel{6}}} = \frac{4 \times 5}{3} = \frac{20}{3} = 6\frac{2}{3}$$

● **대분수의 경우 가분수로 바꾸어 계산합니다.**

$$3 \times 1\frac{2}{9} = \overset{1}{\cancel{3}} \times \frac{11}{\underset{3}{\cancel{9}}} = \frac{1 \times 11}{3} = \frac{11}{3} = 3\frac{2}{3}$$

다른 방법 $1\frac{2}{9}$를 1과 $\frac{2}{9}$로 나눈 후 계산합니다.

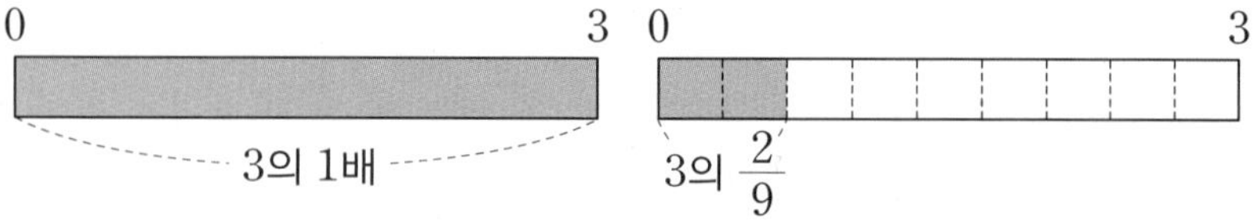

$$3 \times 1\frac{2}{9} = 3 \times \left(1 + \frac{2}{9}\right) = (3 \times 1) + \left(\overset{1}{\cancel{3}} \times \frac{2}{\underset{3}{\cancel{9}}}\right)$$

$$= 3 + \frac{2}{3} = 3\frac{2}{3}$$

- 두 수를 바꾸어 곱해도 계산 결과는 같습니다.

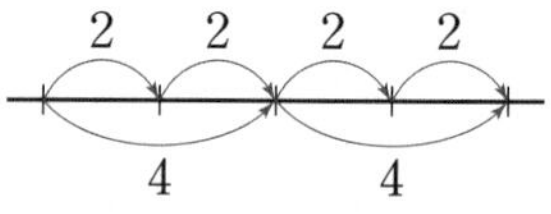

$2 \times 4 = 8 = 4 \times 2$

- 다양한 방법으로 약분하여 계산할 수 있습니다.

• $4 \times \frac{1}{6} = \frac{4 \times 1}{6} = \frac{\overset{2}{\cancel{4}}}{\underset{3}{\cancel{6}}} = \frac{2}{3}$

• $4 \times \frac{1}{6} = \frac{\overset{2}{\cancel{4}} \times 1}{\underset{3}{\cancel{6}}} = \frac{2}{3}$

• $\overset{2}{\cancel{4}} \times \frac{1}{\underset{3}{\cancel{6}}} = \frac{2}{3}$

- (자연수) × (진분수) < (자연수)

$5 \times \frac{1}{6} = \frac{5 \times 1}{6} = \frac{5}{6} (< 5)$

(자연수) × (대분수) > (자연수)

$5 \times 1\frac{1}{6} = 5 \times \frac{7}{6} = \frac{5 \times 7}{6} = \frac{35}{6} = 5\frac{5}{6} (> 5)$

1 그림을 보고 □ 안에 알맞은 수를 써넣으세요.

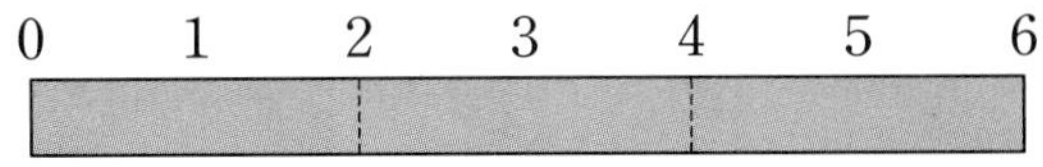

6의 $\frac{1}{3}$ ➡ $6\times\frac{1}{3}=$ □

6의 $\frac{2}{3}$ ➡ $6\times\frac{2}{3}=$ □

2 □ 안에 알맞은 수를 써넣으세요.

(1) $4\times\frac{5}{6}=\frac{4\times\square}{6}=\frac{\overset{\square}{\cancel{20}}}{\underset{\square}{\cancel{6}}}=$ □

(2) $8\times\frac{3}{10}=\frac{\overset{\square}{\cancel{8}}\times3}{\underset{\square}{\cancel{10}}}=\frac{\square}{5}=$ □

(3) $\overset{\square}{\cancel{14}}\times\frac{5}{\underset{\square}{\cancel{8}}}=\frac{\square}{4}=$ □

3 $5\times3\frac{1}{2}$을 계산하는 과정입니다. □ 안에 알맞은 수를 써넣으세요.

(1) $5\times3\frac{1}{2}=5\times\frac{\square}{2}=\frac{\square}{2}=$ □

(2) $5\times3\frac{1}{2}=(5\times\square)+\left(\square\times\frac{1}{2}\right)$

$=\square+\frac{\square}{2}$

$=\square+2\frac{\square}{2}=$ □

4 계산해 보세요.

(1) $12\times\frac{5}{8}$

(2) $5\times2\frac{3}{4}$

5 계산 결과가 같은 것끼리 이어 보세요.

$5\times\frac{2}{3}$ •	• $\frac{11}{6}\times7$
$7\times1\frac{5}{6}$ •	• $5\times1\frac{1}{3}$
$1\frac{1}{3}\times5$ •	• $\frac{2}{3}\times5$

6 ○ 안에 >, =, <를 알맞게 써넣으세요.

(1) $5\times1\frac{1}{5}$ ○ 5

(2) $6\times\frac{7}{8}$ ○ 6

7 어머니가 딴 포도는 영지가 딴 포도의 $1\frac{1}{6}$배입니다. 어머니가 딴 포도는 몇 kg일까요?

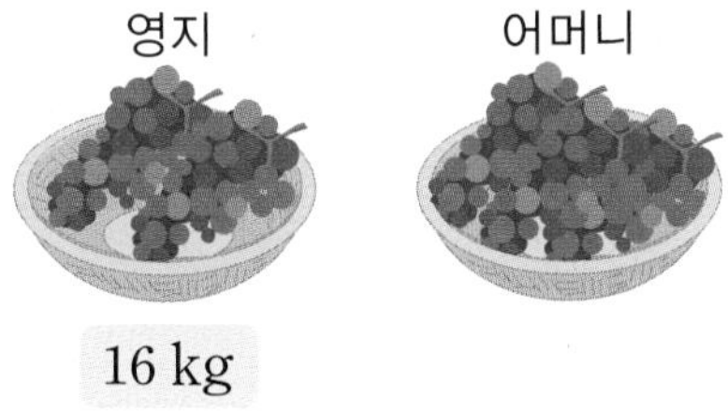

(　　　　　　　　)

2

3 진분수의 곱셈을 알아볼까요

- **분자는 분자끼리, 분모는 분모끼리 곱하여 계산합니다.**

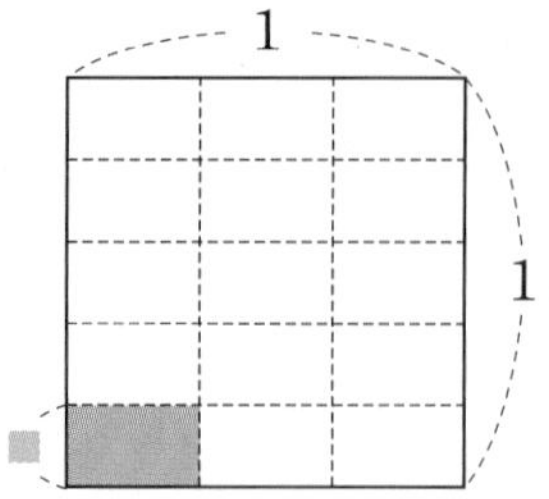

$$\frac{1}{5}\times\frac{1}{3}=\frac{1}{5\times3}=\frac{1}{15}$$

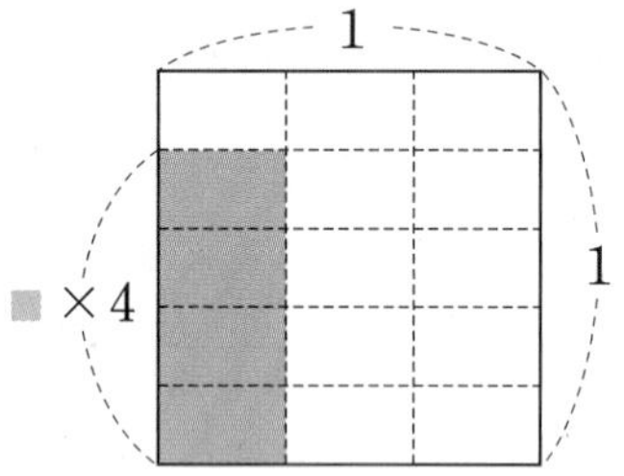

$$\frac{4}{5}\times\frac{1}{3}=\left(\frac{1}{5}\times\frac{1}{3}\right)\times4=\frac{1}{5\times3}\times4$$
$$=\frac{1\times4}{5\times3}=\frac{4\times1}{5\times3}=\frac{4}{15}$$

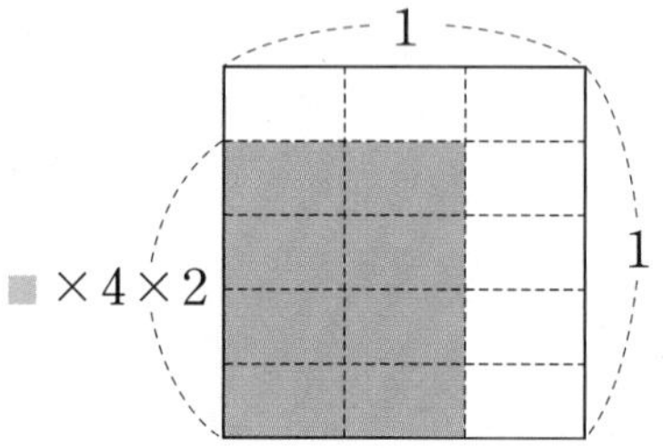

$$\frac{4}{5}\times\frac{2}{3}=\left(\frac{1}{5}\times\frac{1}{3}\right)\times4\times2$$
$$=\frac{4\times2}{5\times3}=\frac{8}{15}$$

이때 분모와 분자가 약분이 되면 약분하여 계산하면 편리합니다.

$$\frac{5}{\cancel{8}_{4}}\times\frac{\cancel{2}^{1}}{3}=\frac{5\times1}{4\times3}=\frac{5}{12}$$

이렇게 약분할 수도 있습니다.

$$\frac{5}{8}\times\frac{2}{3}=\frac{5\times\cancel{2}^{1}}{\cancel{8}_{4}\times3}=\frac{5}{12},\ \frac{5}{8}\times\frac{2}{3}=\frac{5\times2}{8\times3}=\frac{\cancel{10}^{5}}{\cancel{24}_{12}}=\frac{5}{12}$$

- **세 분수의 곱셈은 두 수씩 곱하여 계산하거나 한꺼번에 계산합니다.**

① $\frac{5}{\cancel{8}_{4}}\times\frac{\cancel{2}^{1}}{3}\times\frac{1}{2}=\frac{5}{12}\times\frac{1}{2}=\frac{5\times1}{12\times2}=\frac{5}{24}$ (앞의 두 분수의 곱 $=\frac{5}{12}$)

곱하는 순서를 바꾸어 곱해도 됩니다.

$\frac{5}{8}\times\frac{\cancel{2}^{1}}{3}\times\frac{1}{\cancel{2}_{1}}=\frac{5}{8}\times\frac{1}{3}=\frac{5}{24}$ (뒤의 두 분수의 곱 $=\frac{1}{3}$)

② $\frac{5}{8}\times\frac{2}{3}\times\frac{1}{2}=\frac{5\times\cancel{2}^{1}\times1}{\cancel{8}_{4}\times3\times2}=\frac{5}{24}$

여러 가지 방법으로 약분하여 계산할 수 있습니다.

$\frac{5}{8}\times\frac{2}{3}\times\frac{1}{2}=\frac{5\times\cancel{2}^{1}\times1}{8\times3\times\cancel{2}_{1}}=\frac{5}{24}$

1 그림을 보고 □ 안에 알맞은 수를 써넣으세요.

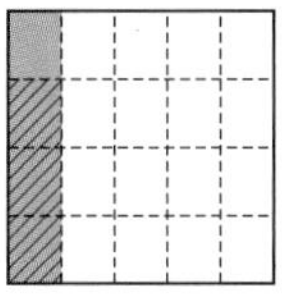

$$\frac{1}{5}\times\frac{3}{4}=\frac{1\times 3}{\square\times\square}=\frac{\square}{\square}$$

2 □ 안에 알맞은 수를 써넣으세요.

(1) $\frac{2}{5}\times\frac{3}{10}=\frac{2\times 3}{5\times 10}=\frac{\overset{\square}{\cancel{6}}}{\underset{\square}{\cancel{50}}}=\square$

(2) $\frac{5}{6}\times\frac{4}{9}=\frac{\square\times\overset{\square}{\cancel{4}}}{\underset{\square}{\cancel{6}}\times\square}=\square$

(3) $\frac{\overset{\square}{\cancel{5}}}{\underset{\square}{\cancel{8}}}\times\frac{\overset{\square}{\cancel{4}}}{\underset{\square}{\cancel{15}}}=\frac{1}{\square}$

3 그림을 보고 □ 안에 알맞은 수를 써넣으세요.

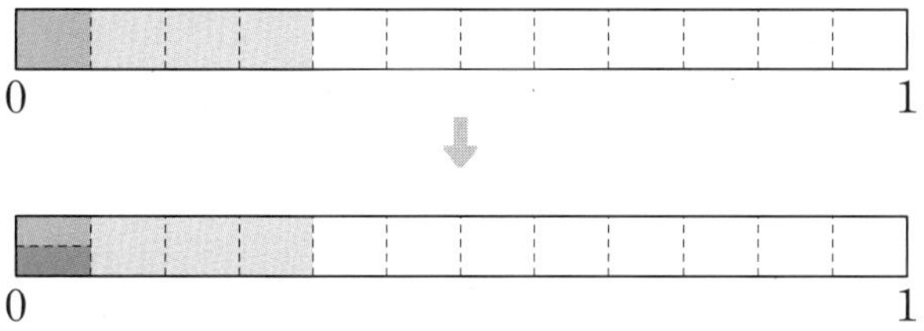

$$\frac{1}{3}\times\frac{1}{4}\times\frac{1}{2}=\frac{\square}{\square}\times\frac{1}{2}=\frac{\square}{\square}$$

4 계산해 보세요.

(1) $\frac{1}{3}\times\frac{1}{5}$

(2) $\frac{4}{9}\times\frac{6}{7}$

(3) $\frac{7}{8}\times\frac{4}{5}\times\frac{1}{2}$

5 ○ 안에 >, =, <를 알맞게 써넣으세요.

(1) $\frac{1}{5}$ ○ $\frac{1}{5}\times\frac{1}{3}$

(2) $\frac{5}{6}\times\frac{1}{2}$ ○ $\frac{5}{6}\times\frac{1}{3}$

(3) $\frac{2}{9}\times\frac{3}{8}$ ○ $\frac{3}{8}\times\frac{2}{9}$

6 계산해 보세요.

(1) $\left(\frac{4}{9}\times\frac{3}{5}\right)\times\frac{1}{3}$

(2) $\frac{4}{9}\times\left(\frac{3}{5}\times\frac{1}{3}\right)$

7 □ 안에 알맞은 수를 써넣으세요.

$$\frac{3}{4}\times\frac{\square}{\square}=\frac{15}{28}$$

4 여러 가지 분수의 곱셈을 알아볼까요

● **(대분수)×(대분수)**

① 대분수를 가분수로 바꾸어 계산합니다.

$$2\frac{1}{4}\times1\frac{1}{3}=\frac{\overset{3}{\cancel{9}}}{\underset{1}{\cancel{4}}}\times\frac{\overset{1}{\cancel{4}}}{\underset{1}{\cancel{3}}}=3$$

② 대분수를 자연수 부분과 진분수 부분으로 나누어 계산합니다.

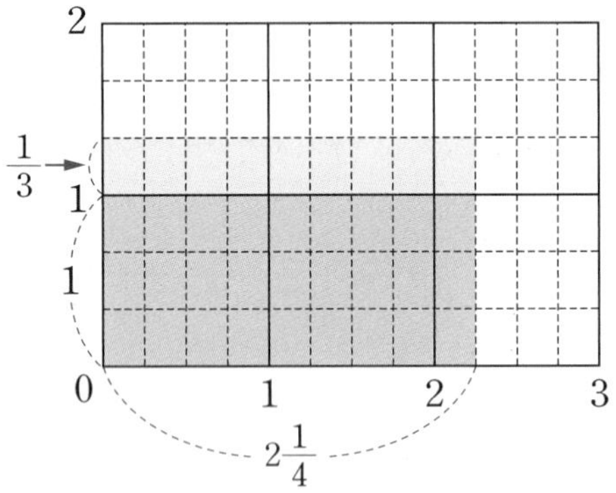

$$2\frac{1}{4}\times1\frac{1}{3}=\left(2\frac{1}{4}\times1\right)+\left(2\frac{1}{4}\times\frac{1}{3}\right)$$
$$=2\frac{1}{4}+\left(\frac{\overset{3}{\cancel{9}}}{4}\times\frac{1}{\underset{1}{\cancel{3}}}\right)$$
$$=2\frac{1}{4}+\frac{3}{4}=3$$

● **(분수)×(자연수), (자연수)×(분수)**

(자연수)를 $\frac{(\text{자연수})}{1}$로 생각하여 계산합니다.

- $5\times\frac{3}{4}=\frac{5}{1}\times\frac{3}{4}=\frac{5\times3}{1\times4}=\frac{15}{4}=3\frac{3}{4}$
- $\frac{2}{5}\times4=\frac{2}{5}\times\frac{4}{1}=\frac{2\times4}{5\times1}=\frac{8}{5}=1\frac{3}{5}$

1 그림을 보고 □ 안에 알맞은 수를 써넣으세요.

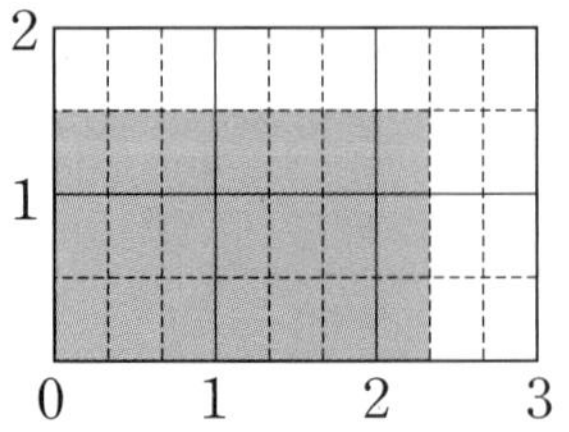

$$2\frac{1}{3}\times1\frac{1}{2}=\frac{\square}{3}\times\frac{\square}{2}=\frac{\square}{\square}=\square$$

2 바르게 계산한 것의 기호를 써 보세요.

㉠ $1\frac{2}{\underset{1}{\cancel{7}}}\times\frac{\overset{2}{\cancel{14}}}{15}=1\frac{2}{1}\times\frac{2}{15}=1\frac{4}{15}$

㉡ $1\frac{2}{7}\times\frac{14}{15}=\frac{\overset{3}{\cancel{9}}}{\underset{1}{\cancel{7}}}\times\frac{\overset{2}{\cancel{14}}}{\underset{5}{\cancel{15}}}=\frac{6}{5}=1\frac{1}{5}$

(　　　　　　　　)

3 □ 안에 알맞은 수를 써넣으세요.

(1) $2\frac{2}{3}\times1\frac{1}{4}=\frac{\square}{3}\times\frac{5}{4}=\frac{\square\times\square}{3\times4}$

$=\frac{\square}{12}=3\frac{\square}{12}=\square$

(2) $7\times\frac{3}{10}=\frac{\square}{1}\times\frac{3}{10}=\frac{\square\times3}{1\times10}$

$=\frac{\square}{\square}=\square$

4 보기 와 같이 계산해 보세요.

보기

$2\frac{2}{7}\times1\frac{1}{6}=\frac{\overset{8}{\cancel{16}}}{\underset{1}{\cancel{7}}}\times\frac{\overset{1}{\cancel{7}}}{\underset{3}{\cancel{6}}}=\frac{8\times1}{1\times3}=\frac{8}{3}=2\frac{2}{3}$

$3\frac{1}{8}\times3\frac{1}{5}$ ....

5 계산해 보세요.

(1) $1\frac{1}{4}\times6$

(2) $2\frac{6}{7}\times4\frac{3}{8}$

(3) $1\frac{3}{5}\times\frac{3}{4}\times3$

6 빈칸에 알맞은 수를 써넣으세요.

×	$\frac{5}{8}$	$1\frac{5}{8}$	$2\frac{5}{8}$
$2\frac{4}{5}$			

7 ○ 안에 >, =, <를 알맞게 써넣으세요.

(1) $1\frac{2}{3}\times\frac{1}{5}$ ○ $1\frac{2}{3}$

$1\frac{2}{3}\times1\frac{1}{5}$ ○ $1\frac{2}{3}$

(2) $\frac{1}{2}$ ○ $\frac{1}{2}\times\frac{1}{4}$

$\frac{1}{2}\times\frac{1}{4}\times\frac{1}{3}$ ○ $\frac{1}{2}\times\frac{1}{4}$

1학기 때 배웠어요

• $1\frac{5}{6}+\frac{1}{4}$의 계산

① 대분수를 가분수로 바꿉니다.

② 통분하여 분모를 같게 한 후 계산 결과를 대분수로 나타냅니다.

$1\frac{5}{6}+\frac{1}{4}=\frac{11}{6}+\frac{1}{4}=\frac{22}{12}+\frac{3}{12}=\frac{25}{12}=2\frac{1}{12}$

8 계산해 보세요.

$1\frac{4}{5}\times\ 1\ =\square$

$+)\ 1\frac{4}{5}\times\frac{1}{2}=\square$

$1\frac{4}{5}\times1\frac{1}{2}=\square$

기본기 다지기

1 (진분수)×(자연수)

예) $\frac{3}{4}\times5$의 계산

$$\frac{3}{4}\times5=\frac{3\times5}{4}=\frac{15}{4}=3\frac{3}{4}$$

1 바르게 약분한 것에 ○표 하세요.

$\frac{\overset{1}{\cancel{3}}}{4}\times\overset{4}{\cancel{12}}$	$\frac{3}{\underset{1}{\cancel{4}}}\times\overset{3}{\cancel{12}}$
(　　)	(　　)

2 □ 안에 알맞은 수를 써넣으세요.

$$\frac{5}{8}\times2=\square$$

$$\frac{5}{8}\times4=\square$$

서술형

3 바르게 계산한 것의 기호를 쓰고, (진분수)×(자연수)의 계산 방법을 설명해 보세요.

㉠ $\frac{2}{3}\times5=\frac{2\times5}{3\times5}=\frac{10}{15}=\frac{2}{3}$

㉡ $\frac{2}{3}\times5=\frac{2\times5}{3}=\frac{10}{3}=3\frac{1}{3}$

㉢ $\frac{2}{3}\times5=\frac{2}{3\times5}=\frac{2}{15}$

답 ....

방법 ....

4 한 개의 무게가 $\frac{3}{8}$kg인 찰흙이 16개 있습니다. 찰흙의 무게는 모두 몇 kg일까요?

식 ....

답 ....

5 한 명에게 우유를 $\frac{1}{6}$L씩 나누어 주려고 합니다. 9명에게 나누어 주려면 우유는 모두 몇 L 필요할까요?

(　　　　　　)

2 (대분수)×(자연수)

예) $1\frac{1}{3}\times2$의 계산

방법 1 $1\frac{1}{3}\times2=\frac{4}{3}\times2=\frac{8}{3}=2\frac{2}{3}$

방법 2 $1\frac{1}{3}\times2=(1\times2)+\left(\frac{1}{3}\times2\right)$

$=2+\frac{2}{3}=2\frac{2}{3}$

6 계산 결과가 $1\frac{2}{5}\times4$와 다른 것은 어느 것일까요? (　　　)

① $\frac{7}{5}\times4$　　② $4+\frac{8}{5}$

③ $1+\frac{2\times4}{5}$　　④ $(1\times4)+\left(\frac{2}{5}\times4\right)$

⑤ $1\frac{2}{5}+1\frac{2}{5}+1\frac{2}{5}+1\frac{2}{5}$

서술형

7 다음을 두 가지 방법으로 계산해 보세요.

$$2\frac{1}{6}\times 3$$

방법 1 ....

방법 2 ....

8 □ 안에 알맞은 수를 써넣으세요.

$$2 \quad \times 5 = \square$$
$$+\ \frac{8}{15}\times 5 = \square$$
$$2\frac{8}{15}\times 5 = \square$$

9 다음 수를 구해 보세요.

$4\frac{4}{9}$의 6배인 수

(　　　　　　)

10 종민이는 자전거로 1분에 $1\frac{3}{7}$ km를 갑니다. 같은 빠르기로 간다면 4분 동안에 몇 km를 갈 수 있을까요?

식 ....

답 ....

11 다음 정사각형의 둘레는 몇 cm일까요?

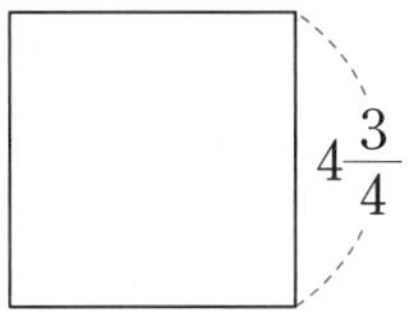

$4\frac{3}{4}$ cm

(　　　　　　)

3 (자연수)×(진분수)

예 $4\times\frac{3}{5}$의 계산

$$4\times\frac{3}{5}=\frac{4\times 3}{5}=\frac{12}{5}=2\frac{2}{5}$$

12 그림을 보고 잘못 이야기한 학생을 찾아 이름을 써 보세요.

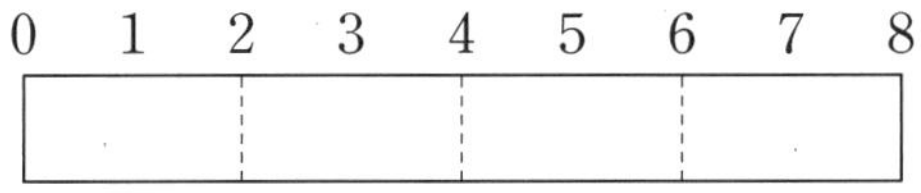

은석: 8의 $\frac{1}{4}$은 2입니다.

세지: $8\times\frac{2}{4}$는 8보다 작습니다.

준하: 8의 $\frac{3}{4}$은 8보다 큽니다.

동현: $8\times\frac{3}{4}$은 6입니다.

(　　　　　　)

13 계산해 보세요.

$$9\times\frac{1}{6}=\square$$

$$9\times\frac{5}{6}=\square$$

서술형

14 ○ 안에 >, =, <를 알맞게 써넣고, 알 수 있는 점을 써 보세요.

$4 \bigcirc 4 \times \frac{1}{4}$　　　$4 \bigcirc \frac{5}{8} \times 4$

15 가로가 3 m, 세로가 $\frac{3}{5}$ m인 직사각형이 있습니다. 이 직사각형의 넓이는 몇 m^2일까요?

식

답

16 □ 안에 들어갈 수 있는 자연수는 모두 몇 개인지 구해 보세요.

$6 \times \frac{5}{8} < \square < 18 \times \frac{4}{9}$

(　　　　　　　　)

17 바르게 말한 것의 기호를 써 보세요.

㉠ 1 m의 $\frac{1}{4}$은 40 cm입니다.

㉡ 1시간의 $\frac{2}{3}$는 40분입니다.

(　　　　　　　　)

4 (자연수)×(대분수)

예 $6 \times 1\frac{3}{7}$의 계산

방법 1 $6 \times 1\frac{3}{7} = 6 \times \frac{10}{7} = \frac{60}{7} = 8\frac{4}{7}$

방법 2 $6 \times 1\frac{3}{7} = (6 \times 1) + \left(6 \times \frac{3}{7}\right)$

$= 6 + \frac{18}{7} = 6 + 2\frac{4}{7} = 8\frac{4}{7}$

18 계산 결과가 같은 것끼리 이어 보세요.

$4 \times \frac{3}{7}$ •	• $2\frac{1}{3} \times 6$
$6 \times 2\frac{1}{3}$ •	• $\frac{4}{7} \times 3$
$3 \times 3\frac{2}{5}$ •	• $\frac{17}{5} \times 3$

19 □ 안에 알맞은 수를 써넣으세요.

$3 \times 2 = \square$

$+ \big)\ 3 \times \frac{1}{6} = \square$

$3 \times 2\frac{1}{6} = \square$

20 두 수의 곱을 구해 보세요.

8　　　$1\frac{5}{6}$

(　　　　　　　　)

21 계산 결과가 5보다 큰 식을 모두 찾아 ○표 하세요.

$5\times1\frac{1}{3}$ $\quad 5\times\frac{4}{5}$ $\quad 5\times1$ $\quad 5\times2\frac{3}{10}$

22 굵기가 일정한 철근 1 m의 무게가 12 kg입니다. 이 철근 $2\frac{3}{8}$ m의 무게는 몇 kg일까요?

식 ....

답 ....

23 어떤 수는 20의 $1\frac{2}{5}$배입니다. 어떤 수의 $1\frac{3}{7}$배는 얼마일까요?

( )

서술형

24 분수의 곱셈식에 알맞은 문제를 만들고, 풀이 과정을 쓰고 답을 구해 보세요.

$3\times5\frac{1}{3}$

문제

풀이 ....

....

답 ....

5 진분수의 곱셈

예 $\frac{4}{5}\times\frac{2}{3}$의 계산

$$\frac{4}{5}\times\frac{2}{3}=\frac{4\times2}{5\times3}=\frac{8}{15}$$

25 계산해 보세요.

$\frac{1}{2}\times\frac{1}{3}=\square$

$\frac{1}{7}\times\frac{1}{4}=\square$

26 빈칸에 알맞은 수를 써넣으세요.

$\frac{4}{9}$ → $\times\frac{3}{4}$ → $\times\frac{6}{7}$ → $\square$

27 계산 결과가 더 큰 것의 기호를 써 보세요.

㉠ $\frac{5}{8}\times\frac{2}{15}$ $\quad$ ㉡ $\frac{1}{6}\times\frac{3}{8}$

( )

28 ○ 안에 >, =, <를 알맞게 써넣으세요.

(1) $\frac{4}{5}$ ○ $\frac{4}{5}\times\frac{1}{5}$

(2) $\frac{3}{7}\times\frac{1}{4}$ ○ $\frac{3}{7}\times\frac{1}{3}$

29 수 카드 중 두 장을 사용하여 분수의 곱셈식을 완성하려고 합니다. 계산 결과가 가장 큰 식을 완성하고 계산해 보세요.

3 4 5 6 7 8

$\frac{1}{\square} \times \frac{1}{\square} =$ (　　　　　　)

30 수지네 학교 5학년 학생은 전체 학생 수의 $\frac{1}{7}$입니다. 5학년 학생의 $\frac{3}{8}$은 여학생이고, 그중 $\frac{1}{3}$은 안경을 썼습니다. 안경을 쓴 5학년 여학생은 전체 학생 수의 몇 분의 몇일까요?

식 ....

답 ....

31 채성이는 어제 동화책 한 권의 $\frac{3}{4}$을 읽고, 오늘은 어제 읽고 난 나머지의 $\frac{1}{6}$을 읽었습니다. 오늘 읽은 양은 동화책 전체의 몇 분의 몇일까요?

(　　　　　　)

32 □ 안에 들어갈 수 있는 자연수를 모두 구해 보세요.

$\frac{1}{5} \times \frac{1}{\square} > \frac{1}{25}$

(　　　　　　)

6 여러 가지 분수의 곱셈

예 $1\frac{2}{3} \times 2\frac{1}{2}$의 계산

$1\frac{2}{3} \times 2\frac{1}{2} = \frac{5}{3} \times \frac{5}{2} = \frac{25}{6} = 4\frac{1}{6}$

서술형

33 계산에서 잘못된 부분을 찾아 이유를 쓰고, 바르게 계산해 보세요.

$1\frac{1}{\cancel{4}_{1}} \times 1\frac{\cancel{4}^{1}}{5} = 2 \times 1\frac{1}{5} = 2 \times \frac{6}{5}$

$= \frac{12}{5} = 2\frac{2}{5}$

이유 ....

....

$1\frac{1}{4} \times 1\frac{4}{5} =$ ....

34 가장 큰 수와 가장 작은 수의 곱을 구해 보세요.

$3\frac{2}{9}$　$2\frac{4}{5}$　$2\frac{1}{3}$　$3\frac{3}{4}$

(　　　　　　)

35 □ 안에 알맞은 수를 써넣으세요.

□ → $\div\frac{3}{5}$ → $1\frac{1}{4}$

36 수 카드를 한 번씩만 사용하여 대분수를 만들려고 합니다. 만들 수 있는 가장 큰 대분수와 가장 작은 대분수의 곱을 구해 보세요.

2　3　4

(　　　　　　　　)

37 1부터 9까지의 자연수 중에서 □ 안에 들어갈 수 있는 수를 모두 구해 보세요.

$$4\frac{1}{5}\times1\frac{1}{7}<\square\frac{2}{5}$$

(　　　　　　　　)

38 우석이는 한 시간에 $2\frac{7}{9}$ km를 걷습니다. 같은 빠르기로 걷는다면 $1\frac{4}{5}$시간 동안 몇 km를 걸을 수 있을까요?

식

답

39 윤하의 몸무게는 35 kg입니다. 지훈이의 몸무게는 윤하 몸무게의 $1\frac{1}{7}$배이고, 동민이의 몸무게는 지훈이 몸무게의 $1\frac{1}{12}$배입니다. 동민이의 몸무게는 몇 kg일까요?

(　　　　　　　　)

7 괄호가 있는 분수의 곱셈

괄호가 있는 식은 괄호 안을 먼저 계산합니다.

예 $\frac{3}{4}\times\left(\frac{1}{2}+\frac{1}{3}\right)=\frac{\overset{1}{\cancel{3}}}{4}\times\frac{5}{\underset{2}{\cancel{6}}}=\frac{5}{8}$

① $\frac{1}{2}+\frac{1}{3}$, ② $\frac{3}{4}\times(\ )$

40 계산해 보세요.

(1) $\frac{2}{3}\times\left(\frac{2}{5}+\frac{1}{2}\right)$

(2) $\left(\frac{1}{3}-\frac{2}{9}\right)\times\frac{4}{5}$

서술형

41 도형에서 색칠한 부분의 넓이는 몇 cm^2인지 풀이 과정을 쓰고 답을 구해 보세요.

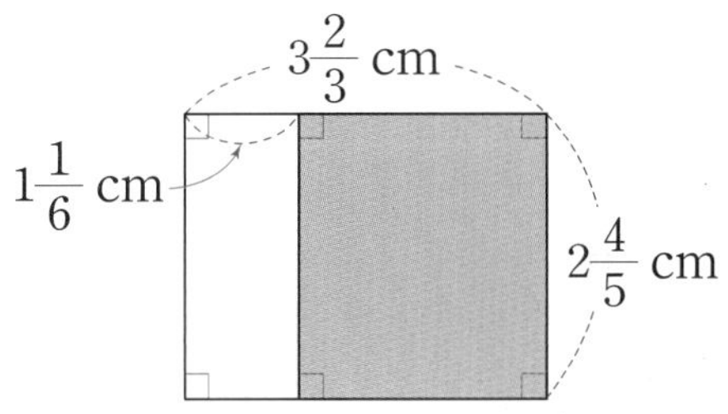

풀이

답

42 길이가 각각 $\frac{3}{4}$ m, $\frac{3}{8}$ m인 두 끈을 겹치지 않게 길게 이은 후 전체의 $\frac{5}{6}$를 사용하였습니다. 사용한 끈의 길이는 몇 m일까요?

(　　　　　　　　)

응용력 기르기

문제 풀이

심화유형 1 곱셈과 나눗셈의 관계를 이용하여 어떤 수 구하기

어떤 수를 5로 나누었더니 $2\frac{1}{3}$이 되었습니다. 어떤 수는 얼마일까요?

( )

● 핵심 NOTE

• 어떤 수를 □라 하고 식을 세웁니다.

• 곱셈과 나눗셈의 관계를 이용하여 나눗셈식을 곱셈식으로 바꾸어 계산합니다.

■ ÷ ▲ = ● → ● × ▲ = ■

■ ÷ ▲ = ● → ▲ × ● = ■

1-1 어떤 수를 4로 나누었더니 $1\frac{5}{8}$가 되었습니다. 어떤 수는 얼마일까요?

( )

1-2 어떤 수에 6을 곱해야 할 것을 잘못하여 6으로 나누었더니 $\frac{3}{4}$이 되었습니다. 바르게 계산하면 얼마일까요?

( )

1-3 $1\frac{1}{3}$에 어떤 수를 곱해야 할 것을 잘못하여 더했더니 $4\frac{1}{2}$이 되었습니다. 바르게 계산하면 얼마일까요?

( )

심화유형 2 부분은 전체의 몇 분의 몇인지 구하기

재하네 반 학급문고에 있는 전체 책의 $\frac{7}{8}$은 아동 도서입니다. 아동 도서 중 $\frac{1}{3}$은 동화책이고, 동화책 중 $\frac{2}{7}$는 전래동화입니다. 학급문고에 있는 책이 모두 120권이라면 이 중 전래동화는 몇 권일까요?

( )

● 핵심 NOTE $\frac{●}{■}$의 $\frac{★}{▲}$ ➡ $\frac{●}{■} \times \frac{★}{▲}$임을 이용하여 계산합니다.

2-1 수혁이네 학교 5학년 학생 수의 $\frac{1}{2}$은 남학생입니다. 남학생 중 $\frac{2}{9}$는 문학을 좋아하고, 문학을 좋아하는 남학생 중 $\frac{3}{8}$은 수필을 좋아합니다. 5학년 학생이 모두 360명이라면 이 중 수필을 좋아하는 남학생은 몇 명일까요?

( )

2-2 종혜는 어제 책 한 권의 $\frac{1}{5}$을 읽고, 오늘은 어제 읽고 난 나머지의 $\frac{1}{6}$을 읽었습니다. 책 한 권의 쪽수가 90쪽이라면 어제와 오늘 읽고 난 나머지는 몇 쪽일까요?

( )

심화유형 3 곱이 자연수가 되는 가장 작은 분수 구하기

㉮에 알맞은 분수 중에서 가장 작은 수를 구해 보세요.

$$㉮\times\frac{3}{4}=(\text{자연수}) \qquad ㉮\times\frac{9}{10}=(\text{자연수})$$

(　　　　　　　　)

핵심 NOTE
- ㉮에 $\frac{3}{4}$과 $\frac{9}{10}$를 각각 곱했을 때의 곱이 자연수가 되려면 곱의 분모는 1이 되어야 합니다.
- $\frac{▲}{■}\times\frac{◆}{♥}=(\text{자연수})$가 되는 $\frac{▲}{■}$를 구하려면 $\frac{▲}{■}=\frac{(♥\text{의 배수})}{(◆\text{의 약수})}$입니다.

3-1 ㉮에 알맞은 분수 중에서 가장 작은 수를 구해 보세요.

$$㉮\times\frac{5}{7}=(\text{자연수}) \qquad ㉮\times\frac{10}{21}=(\text{자연수})$$

(　　　　　　　　)

3-2 두 분수 $\frac{2}{9}$와 $\frac{8}{15}$에 각각 같은 어떤 분수를 곱한 결과가 자연수가 되었습니다. 어떤 분수가 될 수 있는 수 중에서 가장 작은 수를 구해 보세요.

(　　　　　　　　)

융합유형 4

수학 + 과학

시간을 분수로 고쳐 갈 수 있는 거리 구하기

자기 부상 열차는 전기로 발생된 자기력에 의해 선로에서 뜬 상태로 달리는 열차입니다. 자기 부상 열차를 움직이게 하려면 열차를 선로로부터 띄우는 힘과 열차가 원하는 방향으로 나아가게 할 수 있는 힘이 필요합니다. 자기 부상 열차는 바퀴를 선로에 닿게 해 굴러서 가는 보통 열차에 비해 공중에 떠서 가기 때문에 더 빠르게 움직일 수 있으며 소음이 적고 흔들림이 거의 없어 승차감이 좋습니다.

자기 부상 열차

한 시간에 $500\frac{4}{7}$ km씩 일정하게 가는 자기 부상 열차가 1시간 45분 동안 갈 수 있는 거리는 몇 km인지 구해 보세요.

1단계 1시간 45분은 몇 시간인지 분수로 나타내기

2단계 자기 부상 열차가 1시간 45분 동안 갈 수 있는 거리는 몇 km인지 구하기

( )

핵심 NOTE

1단계 1시간=60분임을 이용하여 1시간 45분을 시간 단위의 분수로 나타냅니다.

2단계 (갈 수 있는 거리)=(한 시간에 가는 거리)×(가는 시간)을 이용하여 1시간 45분 동안 갈 수 있는 거리를 구합니다.

4-1 우리나라에서 운영되는 가장 빠른 열차는 KTX－산천 열차로 한 시간에 최고 300 km의 빠르기로 갈 수 있습니다. 이 열차는 민물고기인 산천어를 모티브로 만들었습니다. 한 시간에 $250\frac{5}{6}$ km씩 일정하게 가는 KTX－산천 열차가 1시간 12분 동안 갈 수 있는 거리는 몇 km인지 구해 보세요.

산천어

( )

2

16 어떤 수에 $1\frac{1}{4}$을 곱해야 할 것을 잘못하여 뺐더니 $2\frac{1}{2}$이 되었습니다. 바르게 계산하면 얼마일까요?

( )

17 □ 안에 들어갈 수 있는 자연수 중 가장 큰 수를 구해 보세요.

$$\frac{5}{8}\times\frac{4}{15}\times1\frac{1}{2}<\frac{1}{\square}$$

( )

18 떨어진 높이의 $\frac{4}{11}$만큼 튀어 오르는 공이 있습니다. 이 공을 121 m 높이에서 수직으로 떨어뜨렸을 때 두 번째 튀어 오를 때까지 움직인 거리는 몇 m일까요?

( )

19 $3\frac{5}{9}\times12$를 두 가지 방법으로 계산해 보세요.

방법 1

방법 2

20 다솜 초등학교 전체 학생 수의 $\frac{1}{6}$은 5학년입니다. 5학년의 $\frac{3}{7}$이 남학생이고, 그중 $\frac{7}{8}$은 체육을 좋아합니다. 체육을 좋아하는 5학년 남학생은 전체 학생의 몇 분의 몇인지 풀이 과정을 쓰고 답을 구해 보세요.

풀이

답

단원 평가 Level 2

점수

확인

1 계산해 보세요.

(1) $\frac{5}{8} \times \frac{4}{5}$

(2) $3\frac{3}{4} \times 6$

2 두 수의 곱을 구해 보세요.

$\frac{5}{9}$ $\qquad$ $2\frac{3}{10}$

( )

3 계산 결과가 같은 것끼리 이어 보세요.

$\frac{2}{9} \times 5$ •	• 7×2
$1\frac{1}{4} \times 4$ •	• $2 \times \frac{5}{9}$
$2\frac{1}{3} \times 6$ •	• $4 \times \frac{5}{4}$

4 □ 안에 알맞은 수를 써넣으세요.

(1) 1 m의 $\frac{4}{5}$는 □ cm입니다.

(2) 1시간의 $\frac{2}{3}$는 □ 분입니다.

5 계산에서 잘못된 부분을 찾아 바르게 계산해 보세요.

$$4 \times 1\frac{1}{6} = \overset{2}{\cancel{4}} \times \frac{7}{\underset{3}{\cancel{6}}} = \frac{7}{2 \times 3}$$
$$= \frac{7}{6} = 1\frac{1}{6}$$

6 계산 결과가 가장 작은 것은 어느 것일까요?

( )

① $\frac{1}{9} \times \frac{1}{2}$ ② $\frac{1}{3} \times \frac{1}{3}$

③ $\frac{1}{5} \times \frac{1}{5}$ ④ $\frac{1}{4} \times \frac{1}{7}$

⑤ $\frac{1}{8} \times \frac{1}{3}$

7 □ 안에 들어갈 수 있는 자연수 중 가장 작은 수를 구해 보세요.

$4\frac{1}{6} \times 1\frac{4}{5} < \square$

( )

8 ㉠과 ㉡을 계산한 값의 차를 구해 보세요.

㉠ $\frac{3}{8}\times16$　㉡ $\frac{2}{9}\times12$

(　　　　　　　　)

9 계산 결과가 $\frac{6}{7}$보다 큰 것에 ○표, $\frac{6}{7}$보다 작은 것에 △표 하세요.

$\frac{1}{2}\times\frac{6}{7}$　$\frac{6}{7}\times3$　$4\times\frac{6}{7}$　$\frac{6}{7}\times\frac{7}{9}$

10 □ 안에 알맞은 수를 구해 보세요.

$\square\div1\frac{7}{8}=5\frac{1}{3}$

(　　　　　　　　)

11 40 cm 높이에서 공을 떨어뜨렸습니다. 이 공은 땅에 닿으면 떨어진 높이의 $\frac{5}{12}$만큼 튀어 오릅니다. 공이 땅에 한 번 닿았다가 튀어 올랐을 때의 높이는 몇 cm일까요?

(　　　　　　　　)

12 정호는 길이가 $\frac{6}{7}$ m인 색 테이프를 가지고 있습니다. 그중 $\frac{8}{9}$을 선물을 포장하는 데 사용했다면 정호가 선물을 포장하는 데 사용한 색 테이프의 길이는 몇 m일까요?

(　　　　　　　　)

13 종욱이네 고양이의 무게는 $5\frac{1}{4}$ kg이고, 종욱이의 몸무게는 고양이 무게의 6배입니다. 종욱이의 몸무게는 몇 kg일까요?

(　　　　　　　　)

14 성호네 학교 5학년 학생 수의 $\frac{4}{9}$는 여학생입니다. 여학생 중 $\frac{3}{8}$은 운동을 좋아하고, 그중 $\frac{3}{5}$은 피구를 좋아합니다. 피구를 좋아하는 5학년 여학생은 성호네 학교 5학년 학생 수의 몇 분의 몇일까요?

(　　　　　　　　)

15 유라네 반 학생은 32명이고 그중 $\frac{9}{16}$는 여학생입니다. 유라네 반 남학생은 몇 명일까요?

(　　　　　　　　)

16 ㉠▲㉡ $=$ ㉡ $\times$ (㉠ $+$ ㉡)으로 약속할 때 다음을 계산해 보세요.

$$1\frac{1}{2} ▲ \frac{1}{4}$$

(　　　　　　　　　　)

17 직사각형을 똑같이 여섯으로 나누었습니다. 색칠한 부분의 넓이는 몇 cm^2일까요?

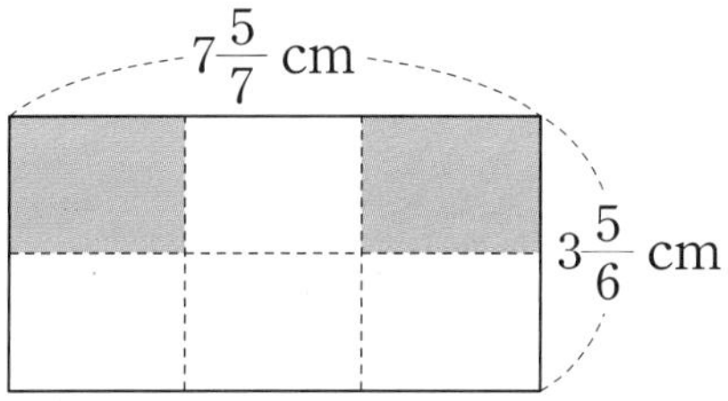

(　　　　　　　　　　)

18 □ 안에 들어갈 수 있는 자연수를 모두 구해 보세요.

$$\frac{1}{40} < \frac{1}{7} \times \frac{1}{\square} < \frac{1}{20}$$

(　　　　　　　　　　)

19 분수의 곱셈식에 알맞은 문제를 만들고, 풀이 과정을 쓰고 답을 구해 보세요.

$$\frac{3}{10} \times \frac{4}{5}$$

문제

풀이

답

20 어떤 수에 $\frac{8}{9}$을 곱해야 할 것을 잘못하여 더했더니 $2\frac{1}{2}$이 되었습니다. 바르게 계산하면 얼마인지 풀이 과정을 쓰고 답을 구해 보세요.

풀이

답

2

3 합동과 대칭

두 도형이 완전히 겹치면 **합동!**

접거나 돌려서 완전히 겹치면 **대칭!**

도형을 밀거나, 접거나, 돌려봐!

● 합동

● 선대칭도형

● 점대칭도형

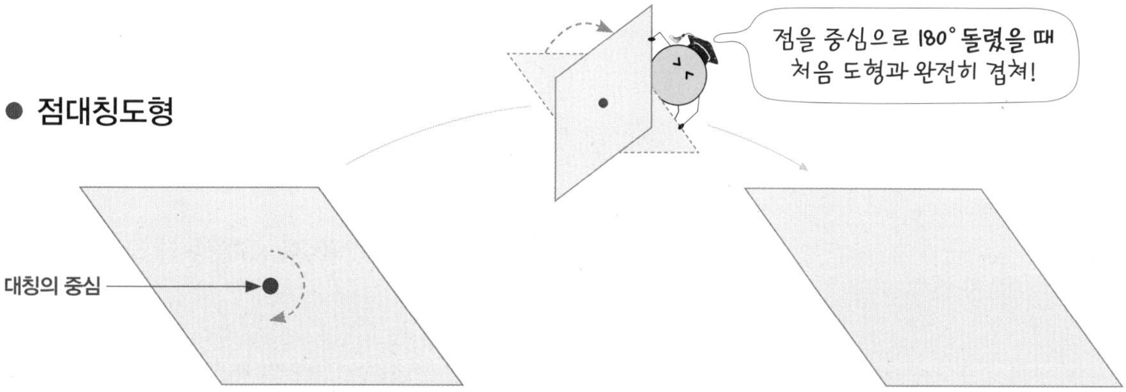

1 도형의 합동을 알아볼까요

개념 강의

- **합동**: 모양과 크기가 같아서 포개었을 때 완전히 겹치는 두 도형

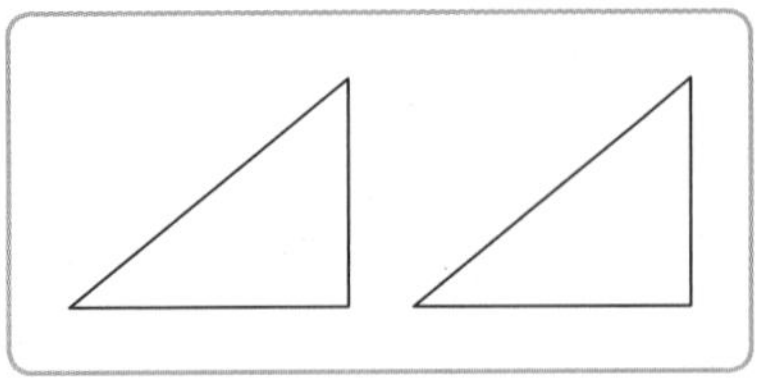

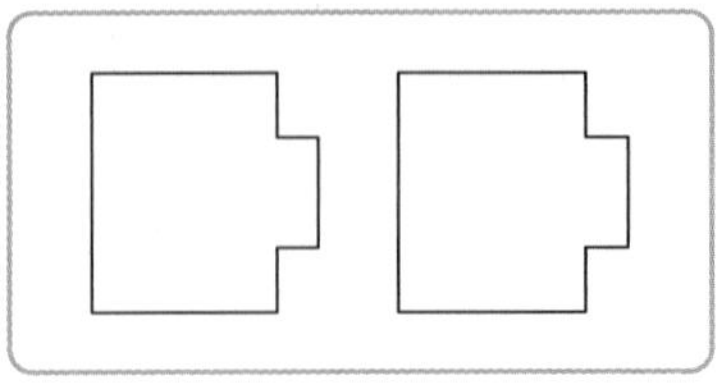

- 모양은 같지만 크기가 다른 두 도형은 서로 합동이 아닙니다.

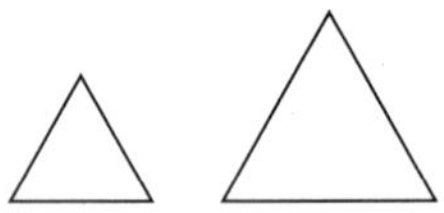

- **서로 합동인 도형 만들기**
  - 직사각형을 두 조각으로 잘라서 서로 합동인 도형 2개 만들기

예

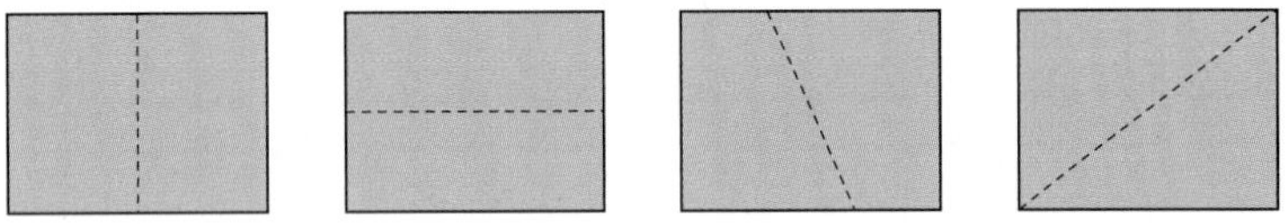

  - 직사각형을 네 조각으로 잘라서 서로 합동인 도형 4개 만들기

예

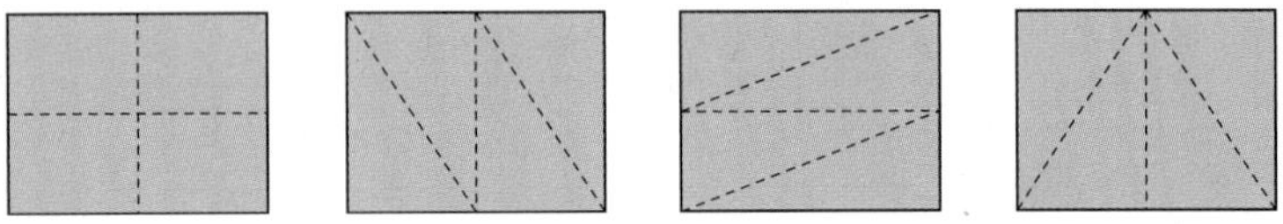

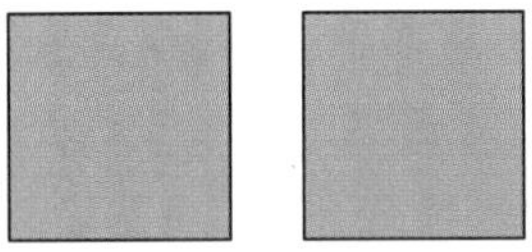

모양과 크기가 같아서 포개었을 때 완전히 겹치므로 두 도형은 서로 ☐ 입니다.

1 다음과 같이 종이 두 장을 포개어 놓고 도형을 오렸습니다. 물음에 답하세요.

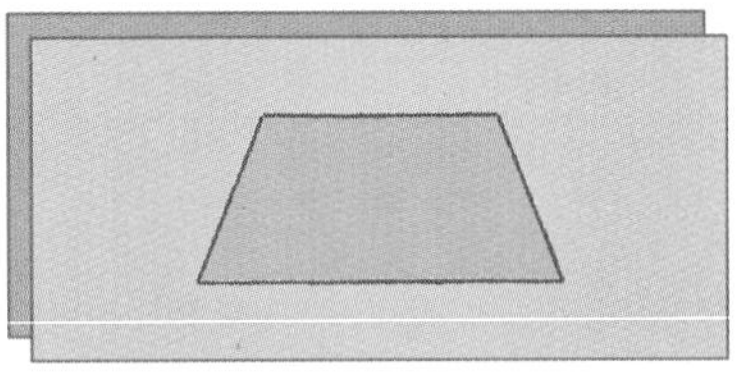

(1) 오려 낸 두 도형의 모양과 크기가 완전히 (같습니다 , 다릅니다).

(2) (1)의 두 도형의 관계를 서로 ☐ (이)라고 합니다.

2 서로 합동인 도형을 찾으려고 합니다. ☐ 안에 알맞은 기호를 써넣으세요.

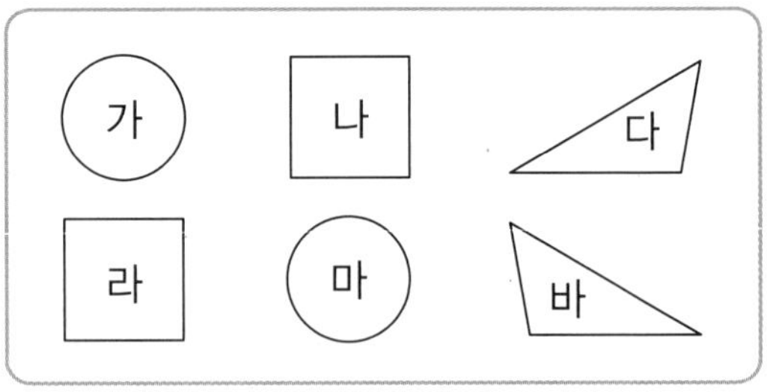

(1) 도형 가와 서로 합동인 도형: 도형 ☐

(2) 도형 나와 서로 합동인 도형: 도형 ☐

(3) 도형 다와 서로 합동인 도형: 도형 ☐

3 가와 서로 합동인 도형을 찾아 기호를 써 보세요.

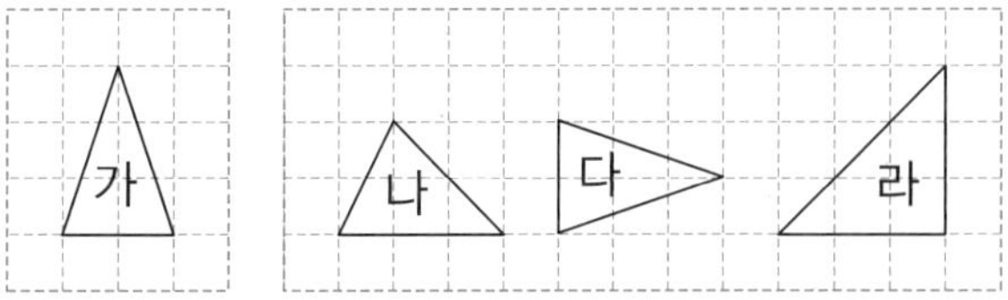

(　　　　　　　　　　)

4 직사각형을 점선을 따라 모두 잘랐을 때 잘린 조각이 서로 합동인 두 도형을 찾아 기호를 써 보세요.

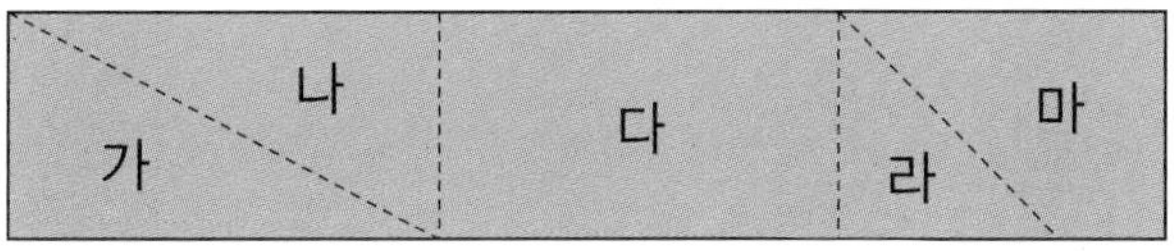

(　　　　　　　　　　)

5 나머지 셋과 합동이 아닌 도형을 찾아 기호를 써 보세요.

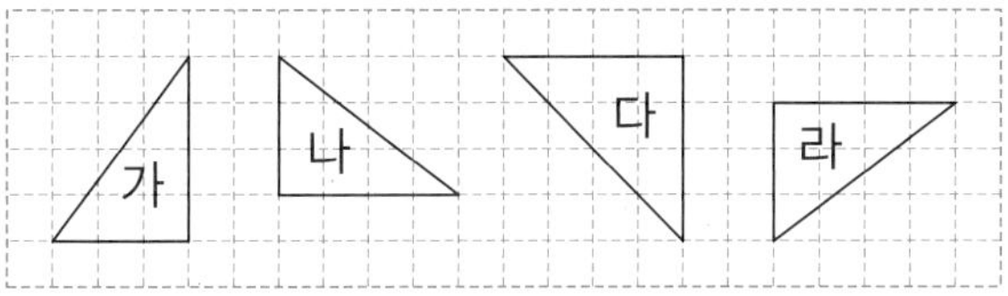

(　　　　　　　　　　)

6 서로 합동인 두 도형을 찾아 기호를 써 보세요.

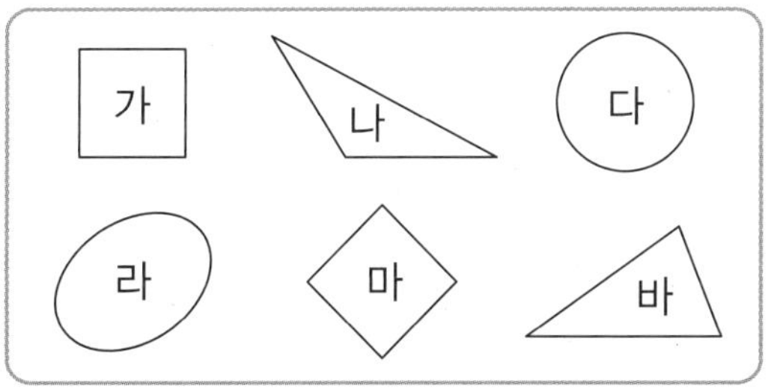

(　　　　　　　　　　)

7 주어진 도형과 서로 합동인 도형을 그려 보세요.

(1)

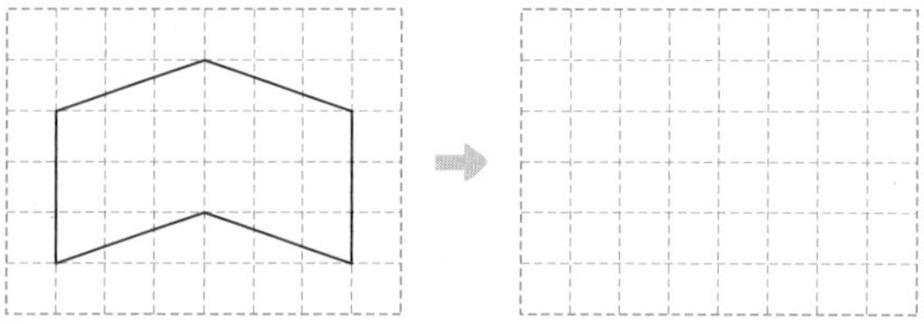

(2)

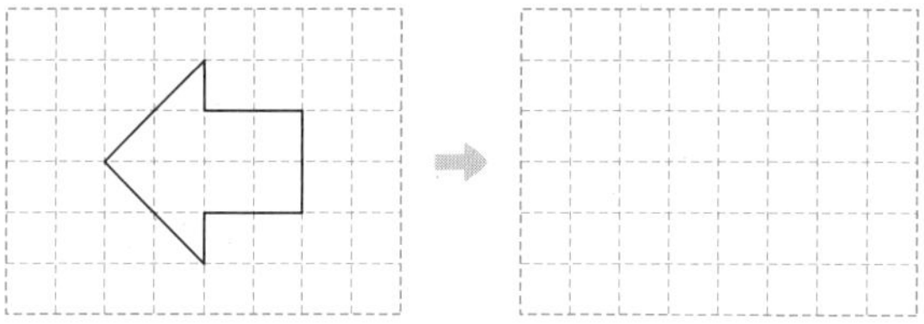

8 다음은 우리나라와 다른 나라에서 사용하고 있는 표지판입니다. 모양이 서로 합동인 표지판을 모두 찾아 기호를 써 보세요. (단, 표지판의 색깔과 표지판 안의 그림은 생각하지 않습니다.)

(　　　　　　　　　　)

9 정삼각형 모양의 종이를 잘라서 서로 합동인 삼각형을 3개 만들어 보세요.

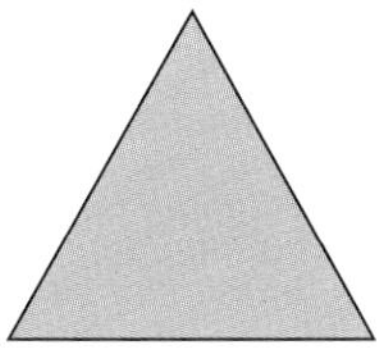

3

2 합동인 도형의 성질을 알아볼까요

대응점, 대응변, 대응각 알아보기

서로 합동인 두 도형을 포개었을 때

- 대응점: 겹치는 점
- 대응변: 겹치는 변
- 대응각: 겹치는 각

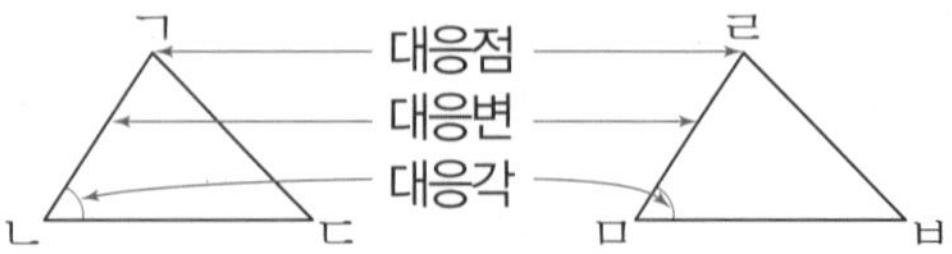

합동인 도형의 성질

① 각각의 대응변의 길이가 서로 같습니다.

(변 ㄱㄴ)＝(변 ㄹㅁ)

(변 ㄴㄷ)＝(변 ㅁㅂ)

(변 ㄱㄷ)＝(변 ㄹㅂ)

② 각각의 대응각의 크기가 서로 같습니다.

(각 ㄱㄴㄷ)＝(각 ㄹㅁㅂ)

(각 ㄴㄷㄱ)＝(각 ㅁㅂㄹ)

(각 ㄷㄱㄴ)＝(각 ㅂㄹㅁ)

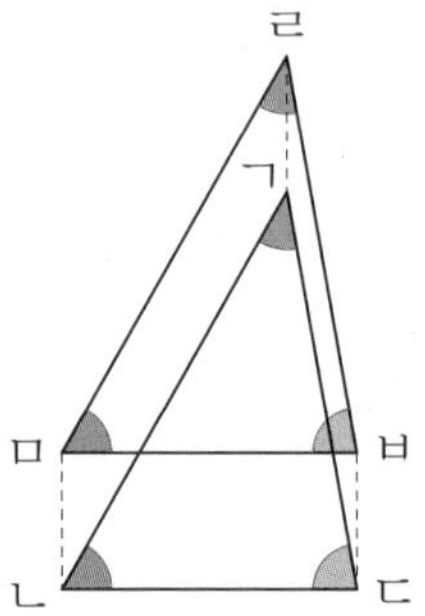

- 대응변, 대응각을 찾을 때에는 대응점을 이용하면 편리합니다.

대응점	점 ㄱ	점 ㄹ
	점 ㄴ	점 ㅁ
대응변	변 ㄱㄴ	변 ㄹㅁ

- 두 도형을 포개어 보지 않아도 각각의 대응변의 길이와 대응각의 크기가 서로 같으면 두 도형은 서로 합동입니다.

1 서로 합동인 두 삼각형을 포개었을 때 겹치는 곳을 알아보세요.

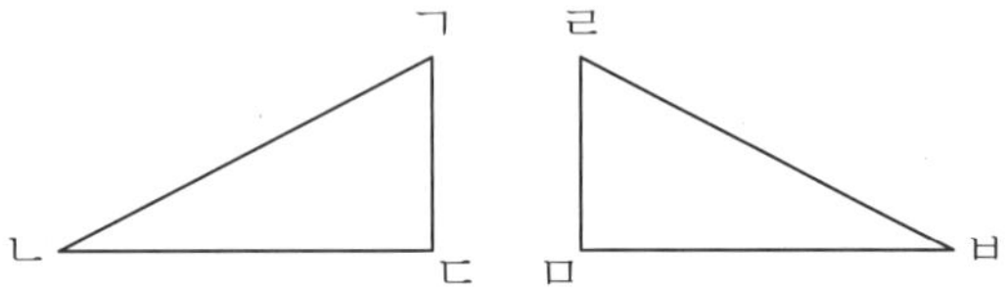

(1) 겹치는 점: 점 ㄱ과 점 ☐,

점 ㄴ과 점 ☐, 점 ㄷ과 점 ☐

(2) 겹치는 변: 변 ㄱㄴ과 변 ☐,

변 ㄴㄷ과 변 ☐, 변 ㄷㄱ과 변 ☐

(3) 겹치는 각: 각 ㄱㄴㄷ과 각 ☐,

각 ㄴㄷㄱ과 각 ☐,

각 ㄷㄱㄴ과 각 ☐

2 두 삼각형은 서로 합동입니다. ☐ 안에 알맞게 써넣으세요.

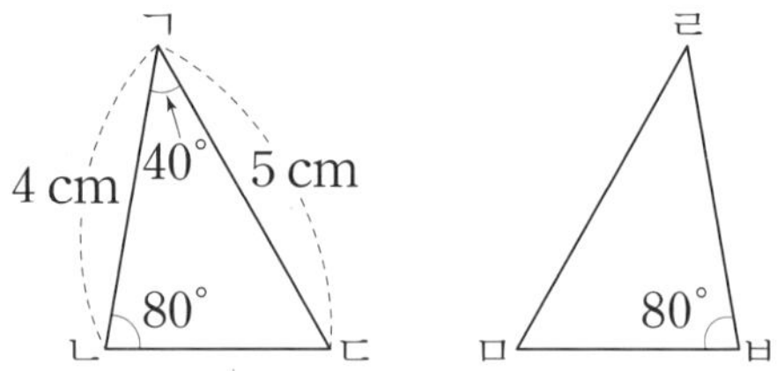

(1) 변 ㄹㅁ의 대응변은 변 ☐이므로

변 ㄹㅁ은 ☐cm입니다.

(2) 변 ㄹㅂ의 대응변은 변 ☐이므로

변 ㄹㅂ은 ☐cm입니다.

(3) 각 ㅂㄹㅁ의 대응각은 각 ☐이므로

각 ㅂㄹㅁ은 ☐°입니다.

3 두 삼각형은 서로 합동입니다. 대응점, 대응변, 대응각이 잘못 짝지어진 것을 찾아 기호를 써 보세요.

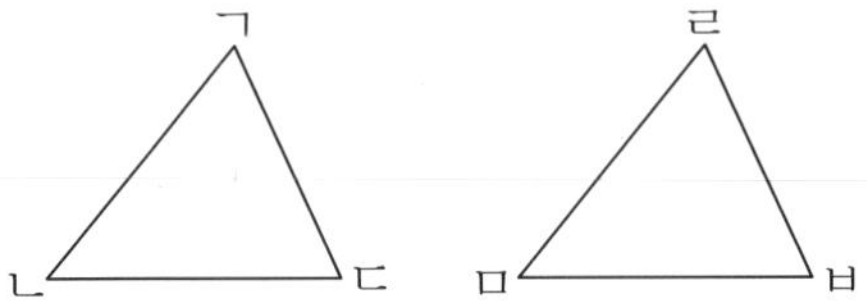

㉠ 대응점: 점 ㄱ과 점 ㄹ
㉡ 대응변: 변 ㄱㄷ과 변 ㄹㅂ
㉢ 대응각: 각 ㄴㄷㄱ과 각 ㅂㅁㄹ

( )

4 두 사각형은 서로 합동입니다. 물음에 답하세요.

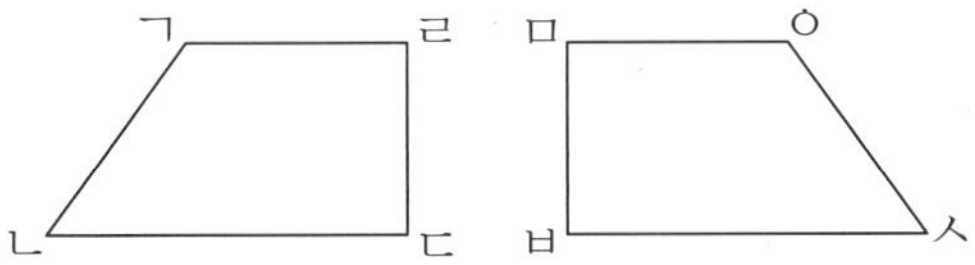

(1) 점 ㄱ의 대응점을 써 보세요.

( )

(2) 변 ㄴㄷ의 대응변을 써 보세요.

( )

(3) 각 ㄱㄹㄷ의 대응각을 써 보세요.

( )

5 두 도형은 서로 합동입니다. 대응변, 대응각이 각각 몇 쌍 있는지 써 보세요.

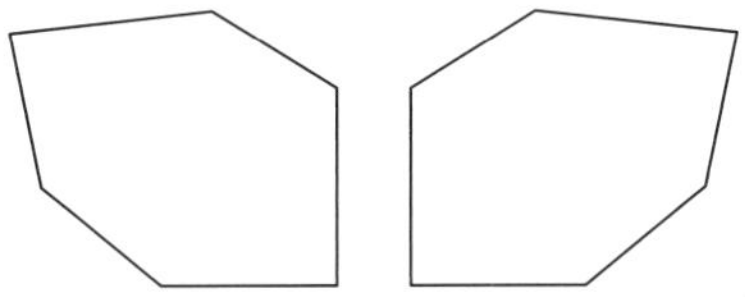

대응변 ( )
대응각 ( )

6 두 사각형은 서로 합동입니다. □ 안에 알맞은 수를 써넣으세요.

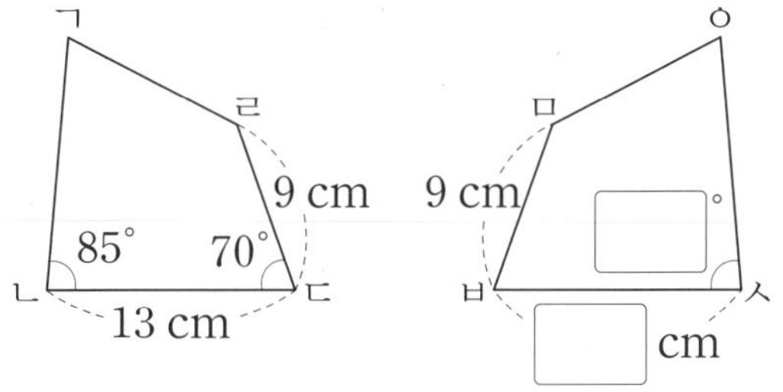

7 두 삼각형은 서로 합동입니다. 변 ㄹㅁ은 몇 cm일까요?

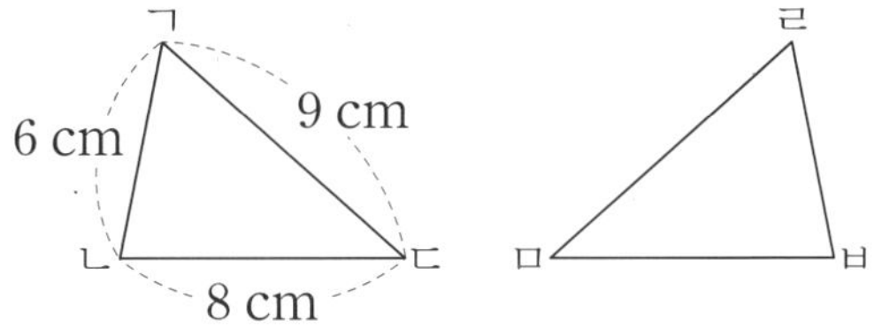

( )

8 두 사각형은 서로 합동입니다. 물음에 답하세요.

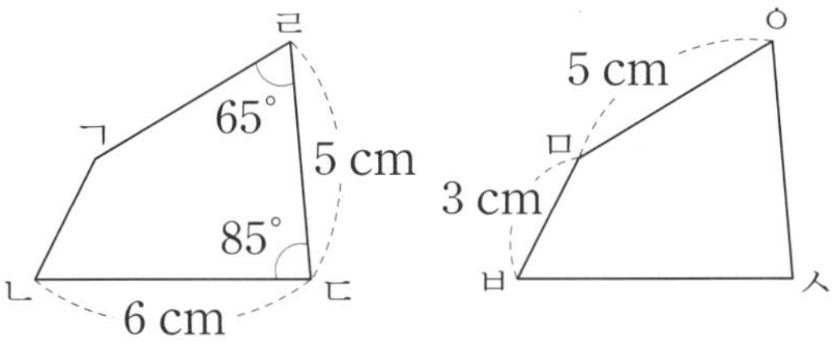

(1) 변 ㅂㅅ은 몇 cm일까요?

( )

(2) 각 ㅅㅇㅁ은 몇 도일까요?

( )

(3) 사각형 ㄱㄴㄷㄹ의 둘레는 몇 cm일까요?

( )

3

3 선대칭도형과 그 성질을 알아볼까요

선대칭도형 알아보기

선대칭도형: 한 직선(대칭축)을 따라 접었을 때 완전히 겹치는 도형

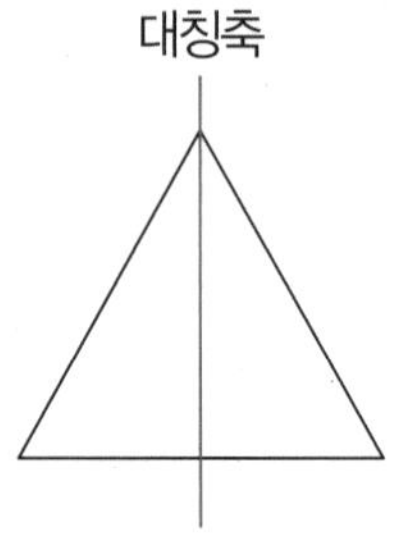

대칭축을 따라 포개었을 때
- **대응점**: 겹치는 점
- **대응변**: 겹치는 변
- **대응각**: 겹치는 각

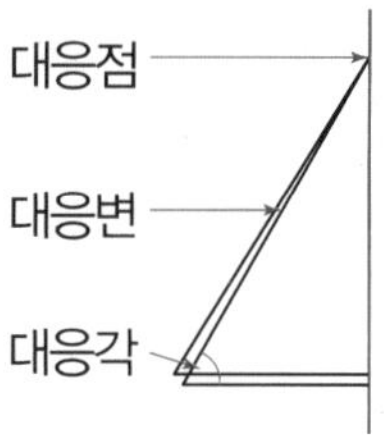

대칭축의 개수는 모양에 따라 여러 개일 수도 있습니다.

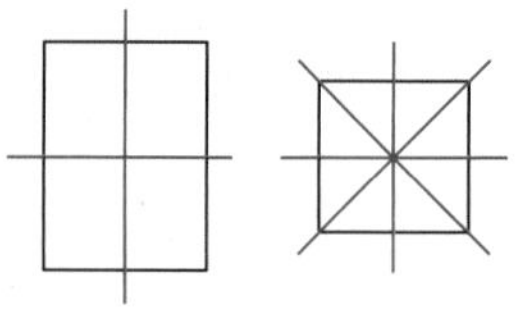

➡ 대칭축이 여러 개일 경우 모두 한 점에서 만납니다.

선대칭도형의 성질

대칭축을 중심으로 접었을 때 왼쪽과 오른쪽 도형은 서로 합동입니다.

① 각각의 대응변의 길이가 서로 같습니다.
(변 ㄱㄴ)＝(변 ㄱㅂ), (변 ㄴㄷ)＝(변 ㅂㅁ), (변 ㄷㄹ)＝(변 ㅁㄹ)

② 각각의 대응각의 크기가 서로 같습니다.
(각 ㄴㄱㅈ)＝(각 ㅂㄱㅈ), (각 ㄱㄴㄷ)＝(각 ㄱㅂㅁ),
(각 ㄴㄷㄹ)＝(각 ㅂㅁㄹ)

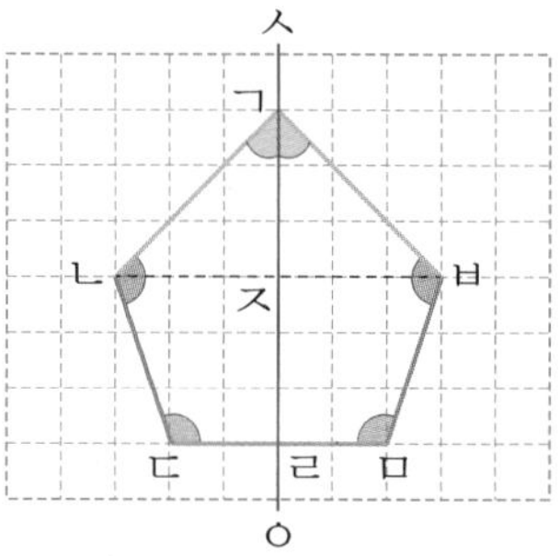

대응점끼리 이은 선분과 대칭축 사이의 관계

① 대응점끼리 이은 선분은 대칭축과 수직으로 만납니다.
➡ 선분 ㄴㅂ과 대칭축 ㅅㅇ은 수직으로 만납니다.

② 대칭축은 대응점끼리 이은 선분을 둘로 똑같이 나눕니다.

③ 각각의 대응점에서 대칭축까지의 거리가 서로 같습니다.
➡ (선분 ㄴㅈ)＝(선분 ㅂㅈ)

선대칭도형 그리기

① 점 ㄴ에서 대칭축에 수선을 긋고, 대칭축과 만나는 점을 찾아 점 ㅅ으로 표시

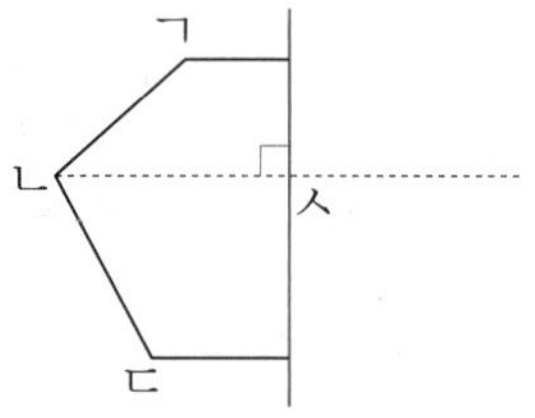

② 이 수선에 선분 ㄴㅅ과 길이가 같게 되도록 점 ㄴ의 대응점을 찾아 점 ㅁ으로 표시

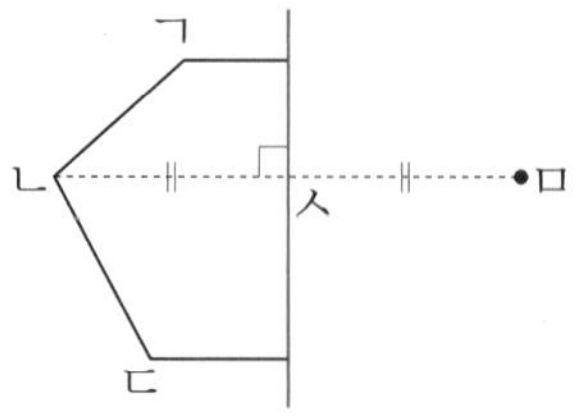

③ 같은 방법으로 점 ㄱ의 대응점을 찾아 점 ㅂ, 점 ㄷ의 대응점을 찾아 점 ㄹ로 표시

대칭축까지의 거리가 서로 같도록 대응점을 찾습니다.

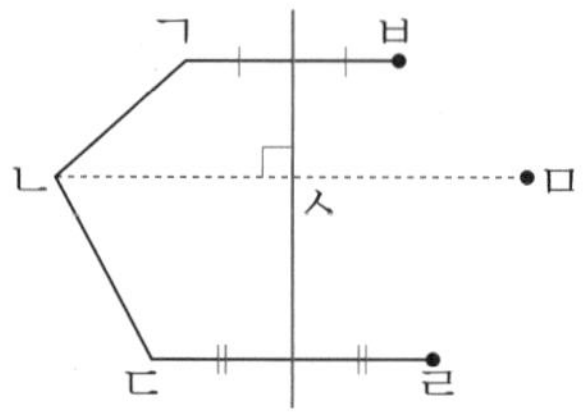

④ 각각의 점들을 차례로 이어 선대칭도형이 되도록 그리기

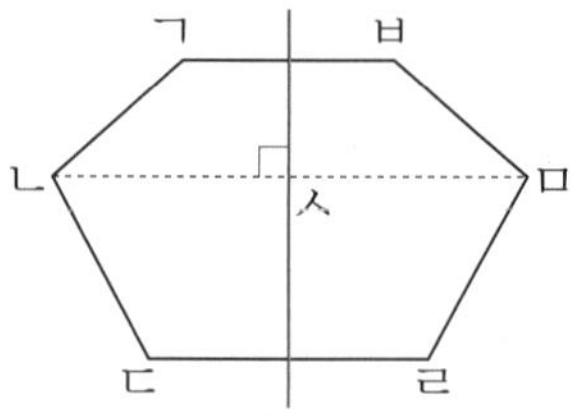

1 선대칭도형이 아닌 것은 어느 것일까요?

( )

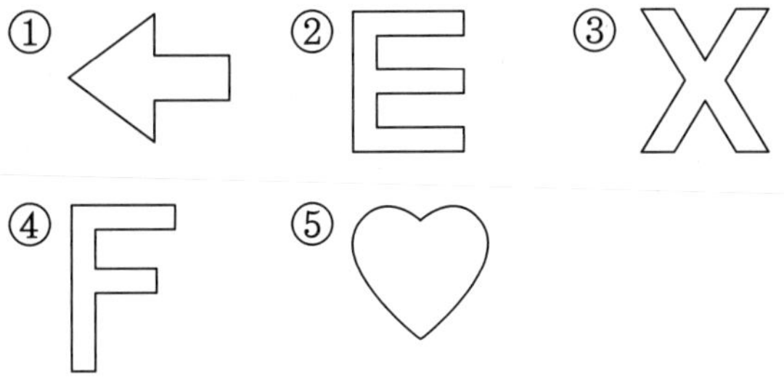

2 선대칭도형의 대칭축을 모두 그려 보세요.

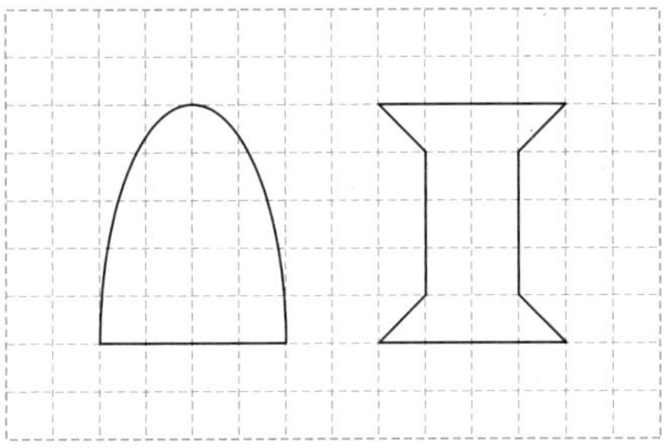

3 선대칭도형을 보고 물음에 답하세요.

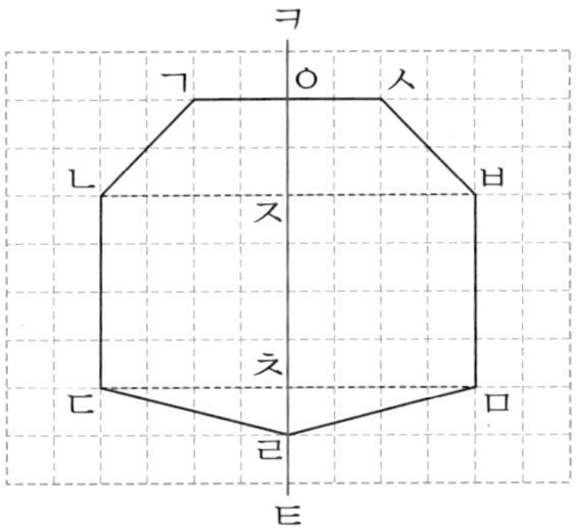

(1) 다음을 각각 찾아보세요.

점 ㄱ의 대응점 ( )

변 ㄱㄴ의 대응변 ( )

각 ㄴㄷㄹ의 대응각 ( )

(2) 대응점끼리 이은 선분 ㄴㅂ, 선분 ㄷㅁ이 대칭축과 만나서 이루는 각은 각각 몇 도일까요?

( ), ( )

4 선대칭도형의 대칭축은 모두 몇 개인지 구해 보세요.

(1)

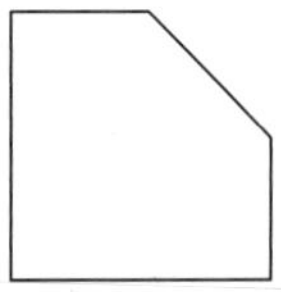

( )

(2)

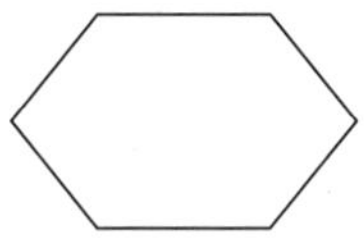

( )

5 선대칭도형이 되도록 그림을 완성해 보세요.

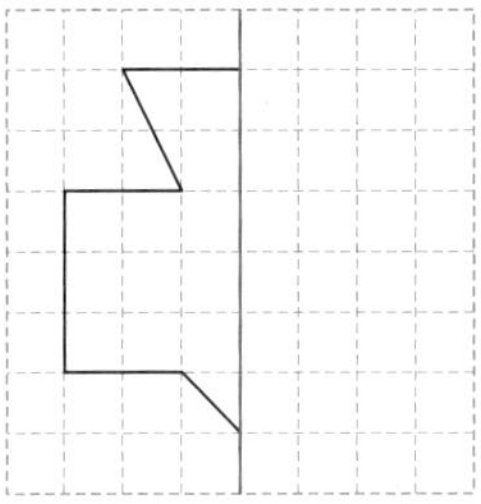

6 직선 ㄱㄷ을 대칭축으로 하는 선대칭도형입니다. 물음에 답하세요.

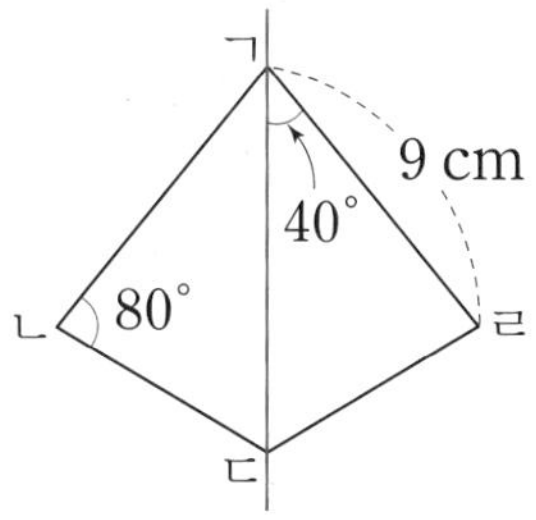

(1) 변 ㄱㄴ은 몇 cm일까요?

( )

(2) 각 ㄱㄹㄷ은 몇 도일까요?

( )

(3) 각 ㄴㄱㄷ은 몇 도일까요?

( )

3

4 점대칭도형과 그 성질을 알아볼까요

점대칭도형 알아보기

점대칭도형: 한 도형을 어떤 점을 중심으로 180° 돌렸을 때 처음 도형과 완전히 겹치는 도형 (어떤 점 → 대칭의 중심)

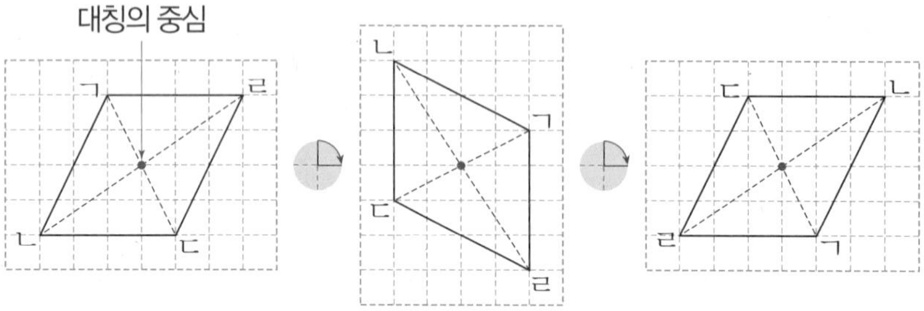

대칭의 중심을 중심으로 180° 돌렸을 때

- **대응점**: 겹치는 점 ➡ (점 ㄱ, 점 ㄷ), (점 ㄴ, 점 ㄹ)
- **대응변**: 겹치는 변 ➡ (변 ㄱㄴ, 변 ㄷㄹ), (변 ㄴㄷ, 변 ㄹㄱ)
- **대응각**: 겹치는 각 ➡ (각 ㄹㄱㄴ, 각 ㄴㄷㄹ), (각 ㄱㄴㄷ, 각 ㄷㄹㄱ)

선대칭도형에서 대칭축은 여러 개일 수 있지만, 점대칭도형에서 대칭의 중심은 1개뿐입니다.

대칭의 중심 찾기
대응점끼리 선분으로 모두 이을 때 선분들이 만나는 점이 대칭의 중심이 됩니다.

점대칭도형의 성질

① 각각의 대응변의 길이가 서로 같습니다.
(변 ㄱㄴ)=(변 ㄹㅁ), (변 ㄴㄷ)=(변 ㅁㅂ), (변 ㄷㄹ)=(변 ㅂㄱ)

② 각각의 대응각의 크기가 서로 같습니다.
(각 ㄱㄴㄷ)=(각 ㄹㅁㅂ), (각 ㄴㄱㅂ)=(각 ㅁㄹㄷ), (각 ㄹㄷㄴ)=(각 ㄱㅂㅁ)

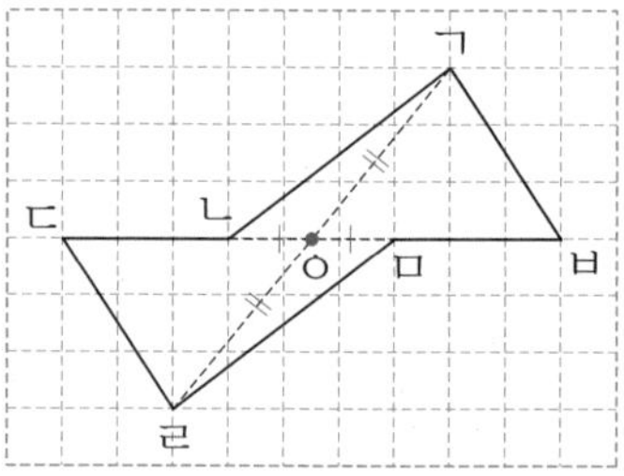

대응점끼리 이은 선분과 대칭의 중심 사이의 관계

① 대칭의 중심은 대응점끼리 이은 선분을 둘로 똑같이 나눕니다.
② 각각의 대응점에서 대칭의 중심까지의 거리가 서로 같습니다.
➡ (선분 ㄱㅇ)=(선분 ㄹㅇ), (선분 ㄴㅇ)=(선분 ㅁㅇ)

점대칭도형 그리기

① 점 ㄴ에서 대칭의 중심인 점 ㅇ을 지나는 직선을 긋기

② 이 직선에 선분 ㄴㅇ과 길이가 같게 되도록 점 ㄴ의 대응점을 찾아 점 ㅁ으로 표시

③ 같은 방법으로 점 ㄱ의 대응점을 찾아 점 ㄹ로 표시

④ 각각의 점들을 차례로 이어 점대칭도형이 되도록 그리기

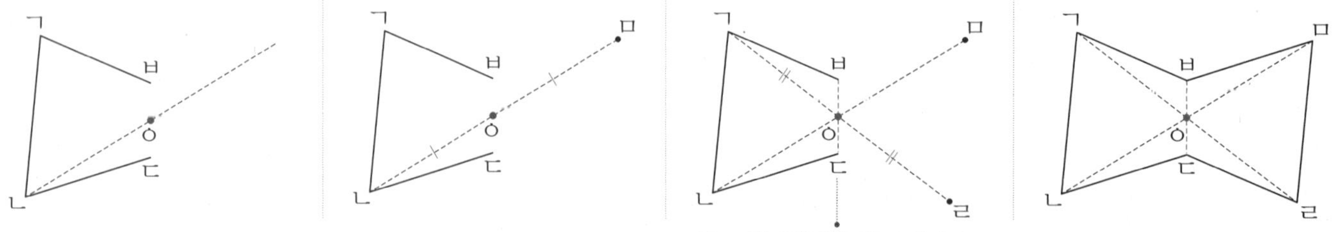

점 ㅂ의 대응점은 점 ㄷ입니다.

1 점대칭도형인 것에 ○표, 아닌 것에 ×표 하세요.

(1)
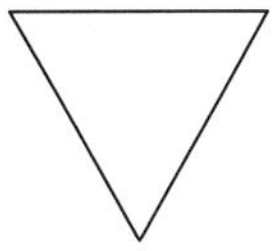
(　　　)

(2)
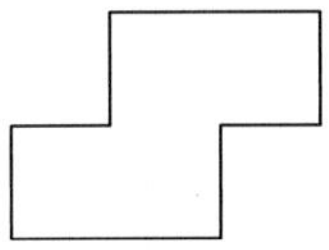
(　　　)

(3)
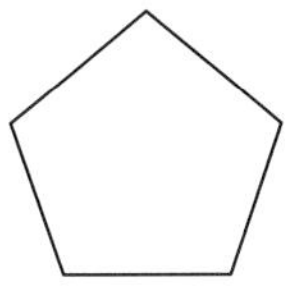
(　　　)

(4)
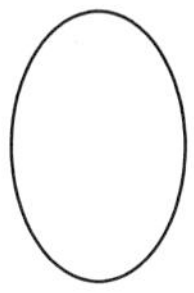
(　　　)

2 점대칭도형에서 대칭의 중심을 찾아 기호를 써 보세요.

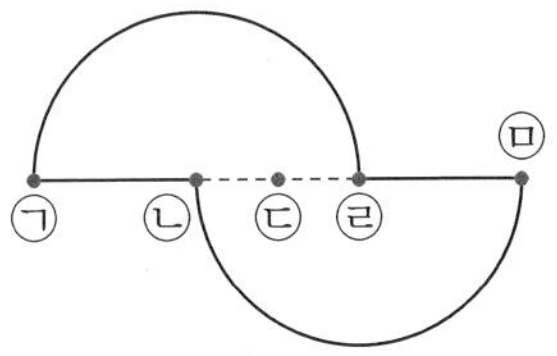

(　　　　　　　　　)

3 점대칭도형을 보고 물음에 답하세요.

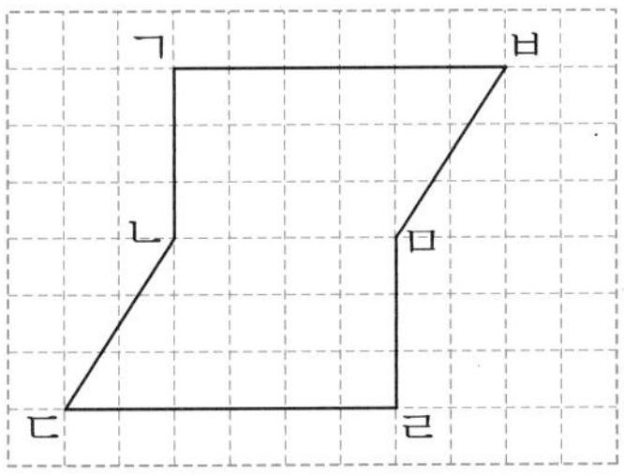

(1) 점 ㄷ의 대응점을 써 보세요.

(　　　　　　　　　)

(2) 변 ㄴㄷ의 대응변을 써 보세요.

(　　　　　　　　　)

(3) 각 ㄴㄷㄹ의 대응각을 써 보세요.

(　　　　　　　　　)

4 점대칭도형의 대칭의 중심을 찾아 각각 표시해 보세요.

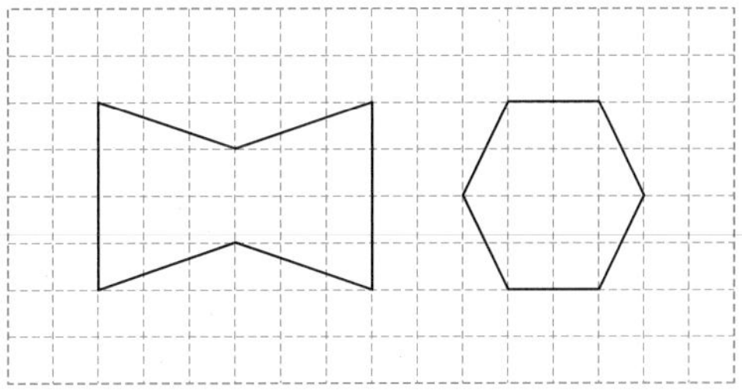

5 점대칭도형이 되도록 그림을 완성해 보세요.

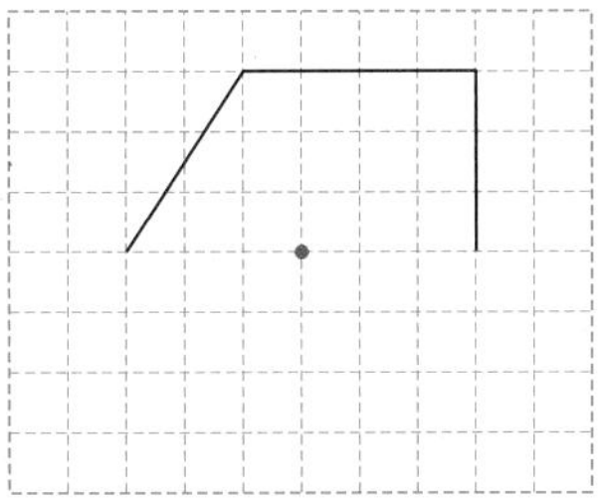

6 점 ㅇ을 대칭의 중심으로 하는 점대칭도형입니다. □ 안에 알맞은 수를 써넣으세요.

(1)
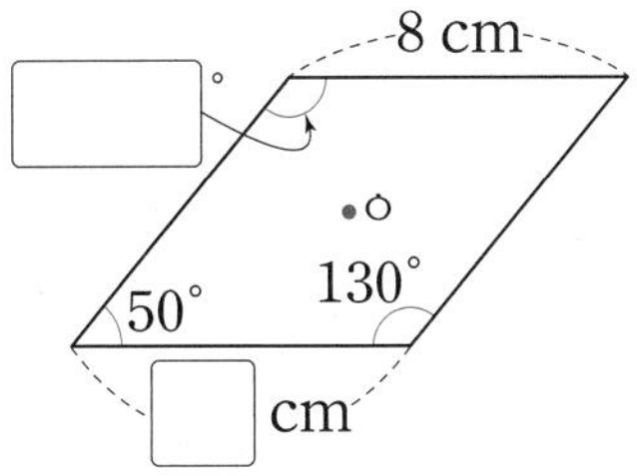

(2)
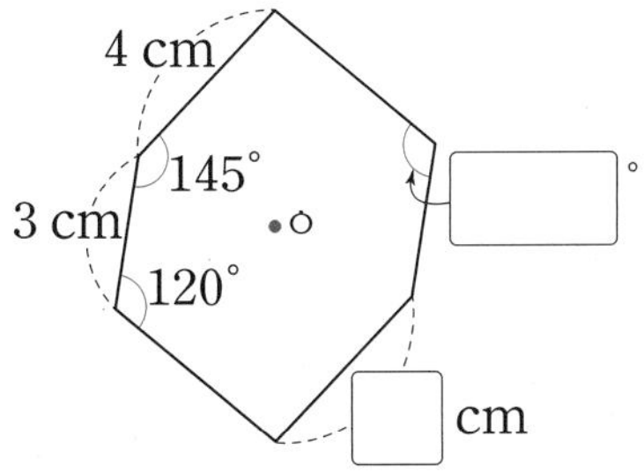

기본기 다지기

1 도형의 합동

• 합동: 모양과 크기가 같아서 포개었을 때 완전히
겹치는 두 도형

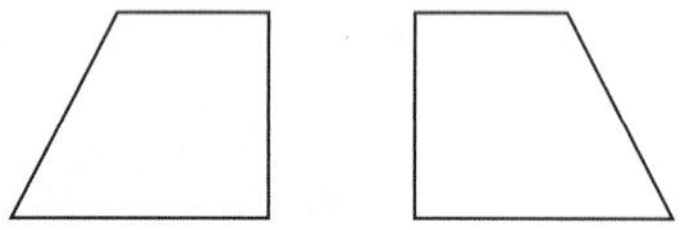

1 서로 합동인 두 도형을 찾아 기호를 써 보세요.

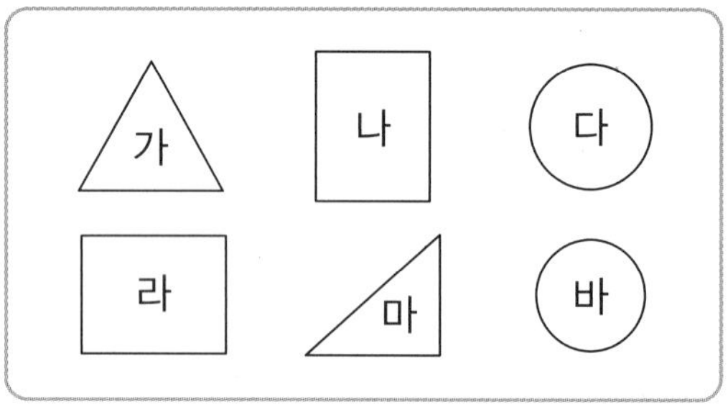

( )

2 종이를 점선을 따라 잘랐을 때 만들어진 두 도형이 합동이 되는 점선을 찾아 기호를 써 보세요.

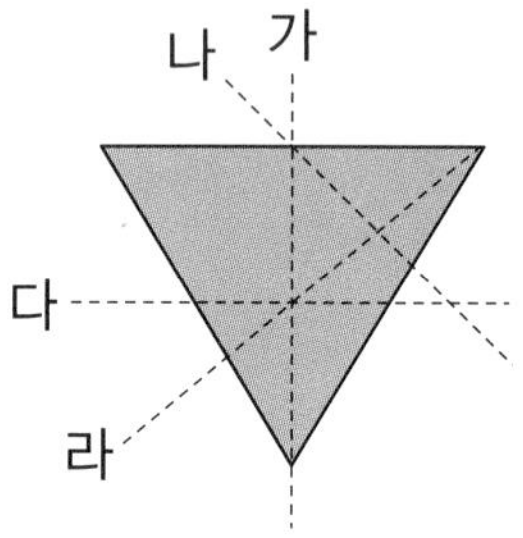

( )

3 주어진 도형과 서로 합동인 도형을 그려 보세요.

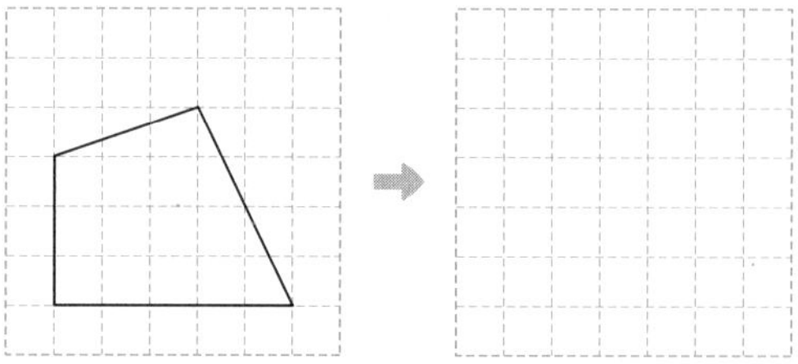

서술형

4 다음 두 도형이 합동인지 아닌지 답하고, 그 이유를 설명해 보세요.

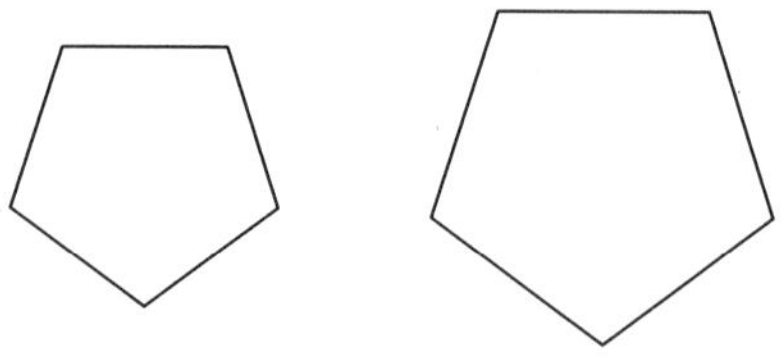

답 ....

이유 ....

....

....

5 모양이 서로 합동인 표지판을 모두 찾아 기호를 써 보세요. (단, 표지판의 색깔과 표지판 안의 그림은 생각하지 않습니다.)

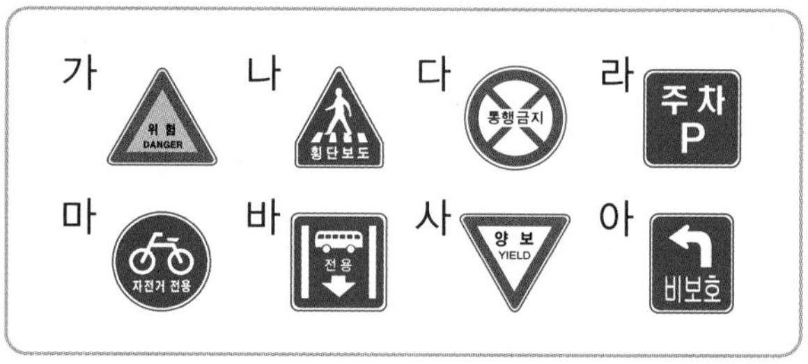

( )

6 두 도형이 서로 합동이 아닌 것은 어느 것일까요? ( )

① 둘레가 같은 두 정사각형
② 둘레가 같은 두 정오각형
③ 넓이가 같은 두 정사각형
④ 넓이가 같은 두 마름모
⑤ 한 변의 길이가 같은 두 정삼각형

2 대응점, 대응변, 대응각

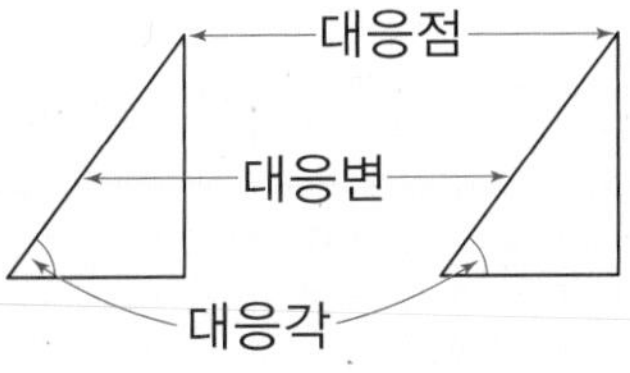

7 두 사각형은 서로 합동입니다. 표를 완성해 보세요.

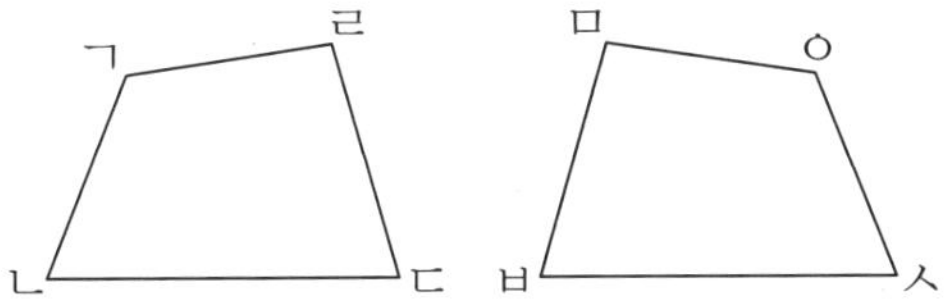

대응변		대응각	
변 ㄹㄷ			각 ㅅㅇㅁ

8 두 도형은 서로 합동입니다. 대응변과 대응각은 각각 몇 쌍일까요?

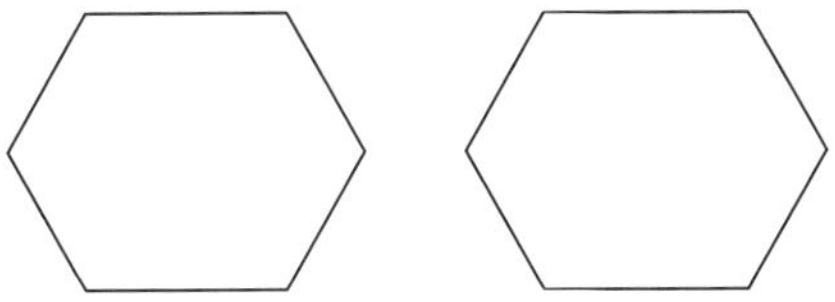

대응변 (　　　　　　)

대응각 (　　　　　　)

9 삼각형 ㄱㄴㄷ과 삼각형 ㄹㄷㄴ은 서로 합동입니다. 물음에 답하세요.

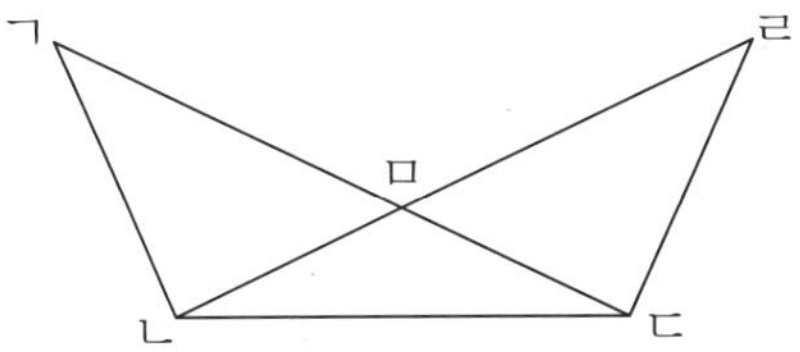

(1) 변 ㄱㄷ의 대응변을 써 보세요.

(　　　　　　)

(2) 각 ㄱㄷㄴ의 대응각을 써 보세요.

(　　　　　　)

3 합동인 도형의 성질(1)

합동인 도형에서 대응변의 길이는 서로 같습니다.

10 두 사각형은 서로 합동입니다. 변 ㅇㅅ은 몇 cm일까요?

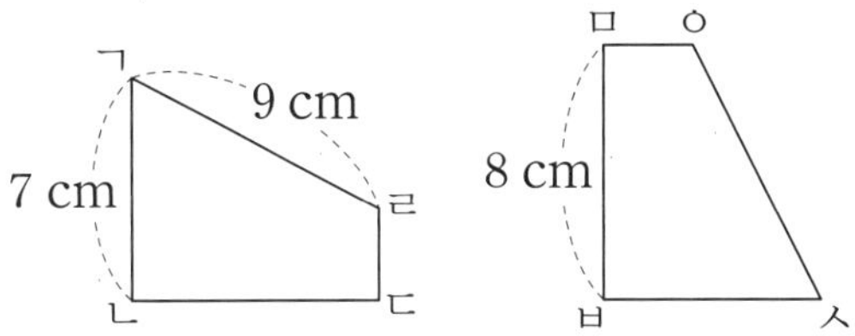

(　　　　　　)

11 두 삼각형은 서로 합동입니다. 삼각형 ㄹㅁㅂ의 둘레는 몇 cm일까요?

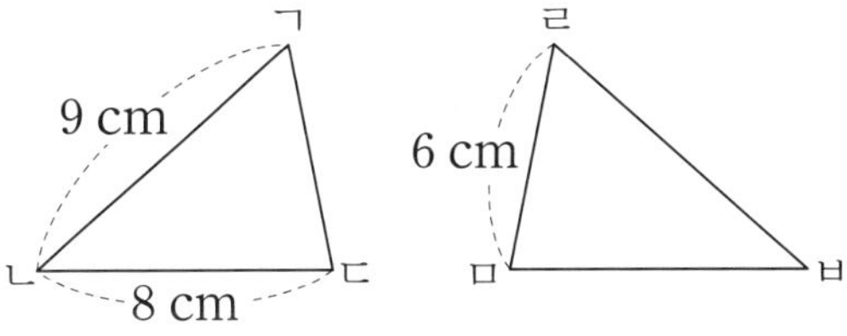

(　　　　　　)

12 두 사각형은 서로 합동입니다. 사각형 ㅁㅂㅅㅇ의 둘레가 18 cm라면 변 ㅁㅂ은 몇 cm일까요?

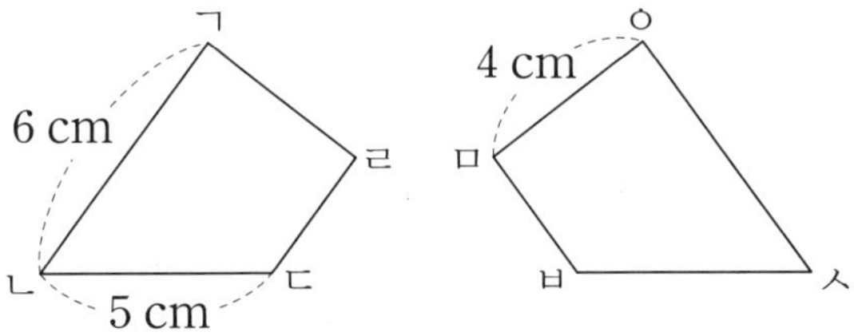

(　　　　　　)

3

13 삼각형 ㄱㄴㅁ과 삼각형 ㅁㄷㄹ은 서로 합동입니다. 사각형 ㄱㄴㄷㄹ의 둘레는 몇 cm일까요?

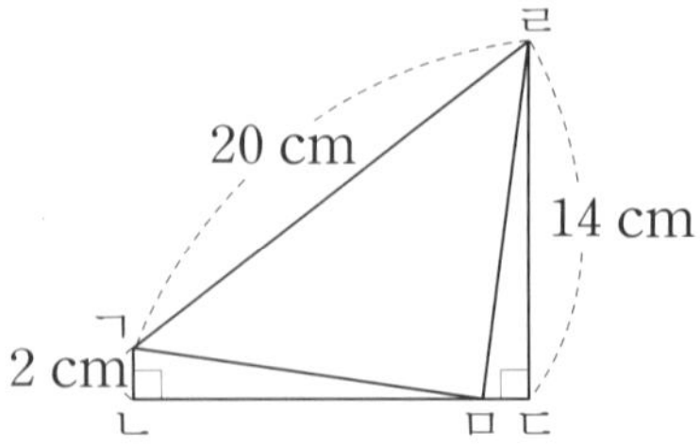

( )

4 합동인 도형의 성질 (2)

합동인 도형에서 대응각의 크기는 서로 같습니다.

14 두 삼각형은 서로 합동입니다. 각 ㄹㅂㅁ은 몇 도일까요?

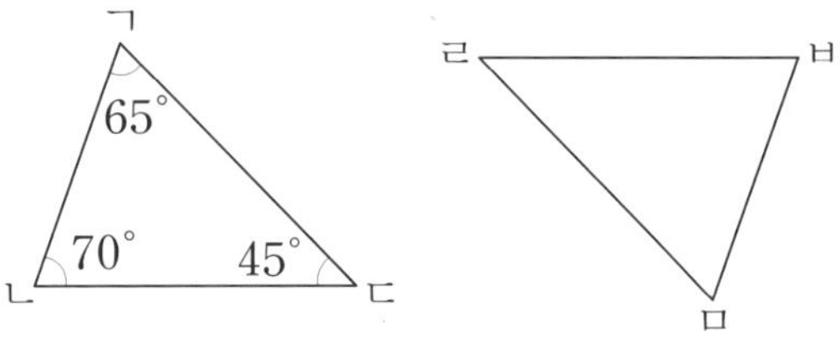

( )

15 두 사각형은 서로 합동입니다. □ 안에 알맞은 수를 써넣으세요.

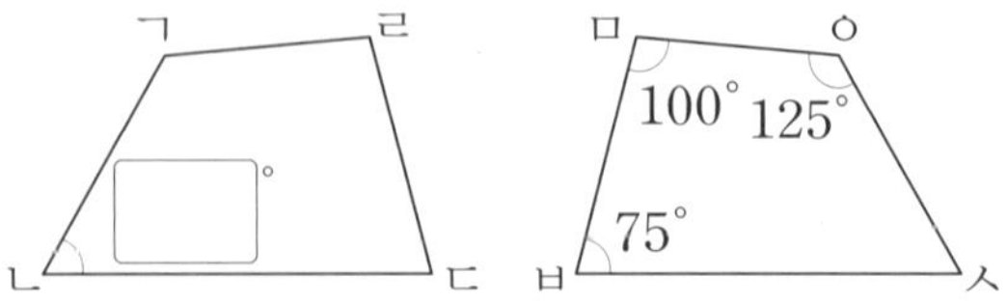

서술형

16 두 삼각형은 서로 합동입니다. 각 ㄹㅁㅂ은 몇 도인지 풀이 과정을 쓰고 답을 구해 보세요.

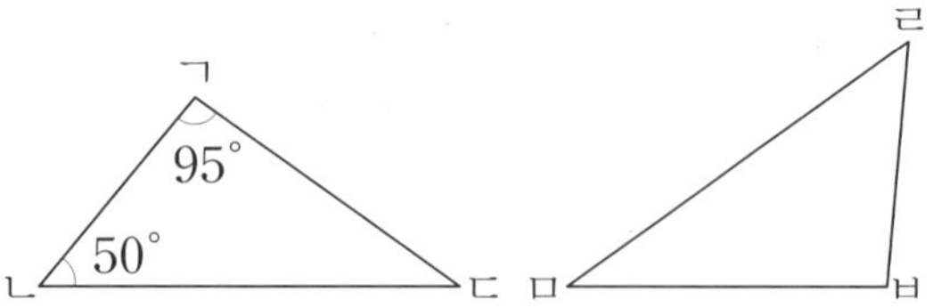

풀이

답

17 삼각형 ㄱㄴㄷ과 삼각형 ㄹㄷㄴ은 서로 합동입니다. 각 ㄱㄴㄷ은 몇 도일까요?

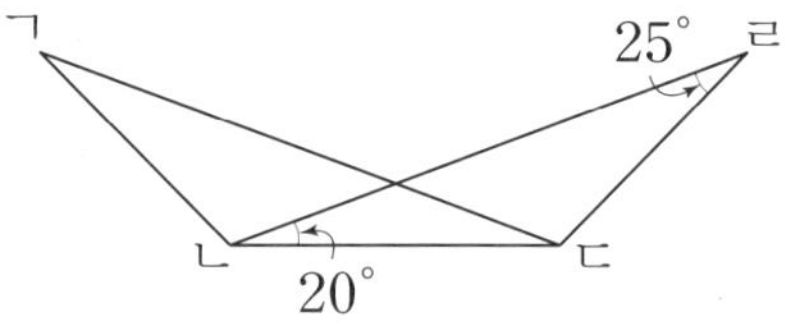

( )

18 삼각형 ㄱㄴㅁ과 삼각형 ㄷㄹㄴ은 서로 합동입니다. 각 ㅁㄴㄹ은 몇 도일까요?

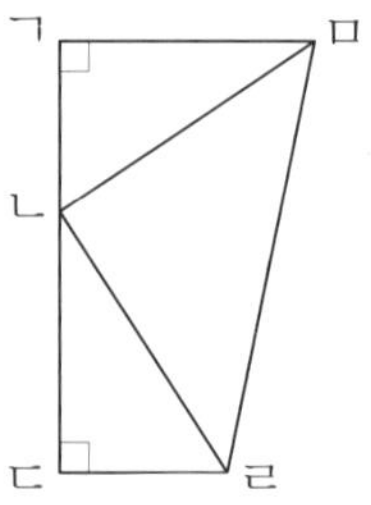

( )

5 합동인 도형의 성질을 이용하여 넓이 구하기

합동인 두 도형에서 대응변의 길이가 같음을 이용하여 필요한 선분의 길이를 구한 후 넓이를 구합니다.

19 직사각형 ㄱㄴㄷㅅ과 직사각형 ㄷㄹㅁㅂ은 서로 합동입니다. 직사각형 ㄱㄴㄷㅅ의 넓이는 몇 cm^2일까요?

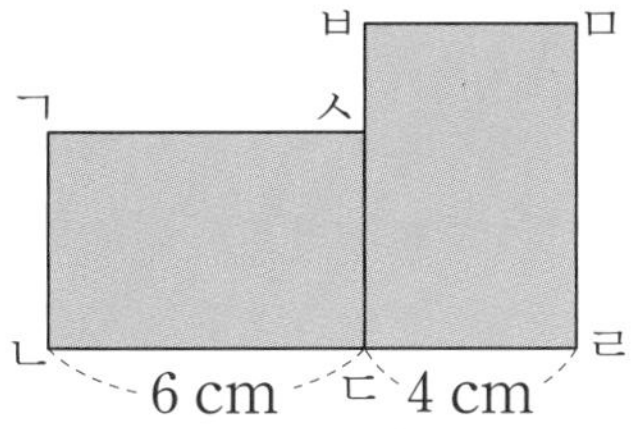

(　　　　　　　　　　)

20 합동인 사각형 ㄱㄴㄷㄹ과 사각형 ㅅㅇㅁㅂ을 겹쳐 놓은 것입니다. 직사각형 ㄱㄴㅅㅇ의 넓이는 몇 cm^2일까요?

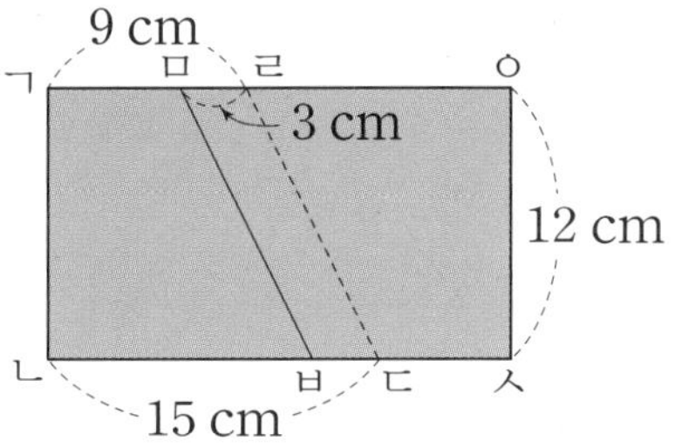

(　　　　　　　　　　)

21 오른쪽 그림에서 직사각형 ㄱㄴㅂㅅ과 직사각형 ㄹㅁㅅㅇ은 서로 합동입니다. 색칠한 부분의 넓이는 몇 cm^2일까요?

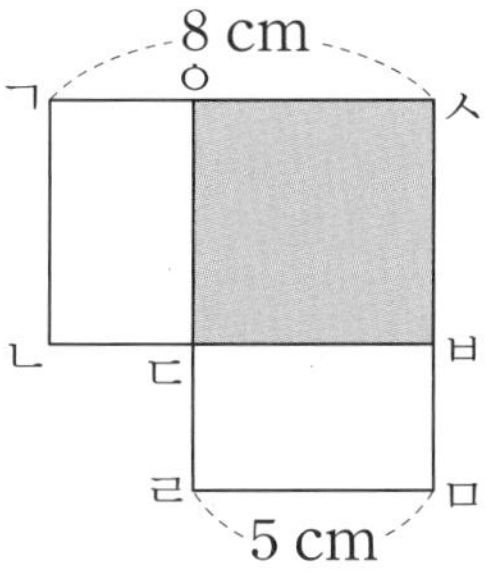

(　　　　　　　　　　)

22 사각형 ㄱㄴㄷㄹ은 합동인 4개의 직사각형과 1개의 정사각형으로 이루어져 있습니다. 사각형 ㄱㄴㄷㄹ의 넓이는 몇 cm^2일까요?

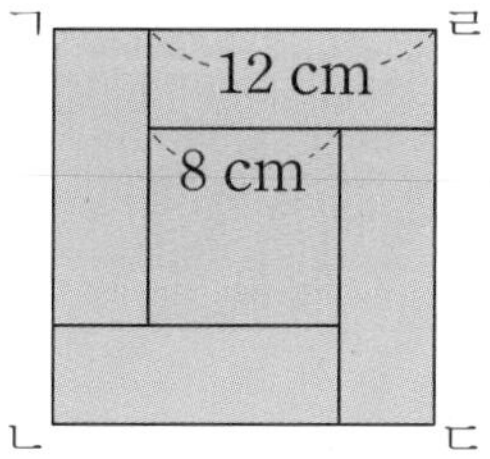

(　　　　　　　　　　)

6 선대칭도형

- 선대칭도형: 한 직선을 따라 접었을 때 완전히 겹치는 도형
- 대칭축: 선대칭도형을 접어서 완전히 겹치게 하는 직선

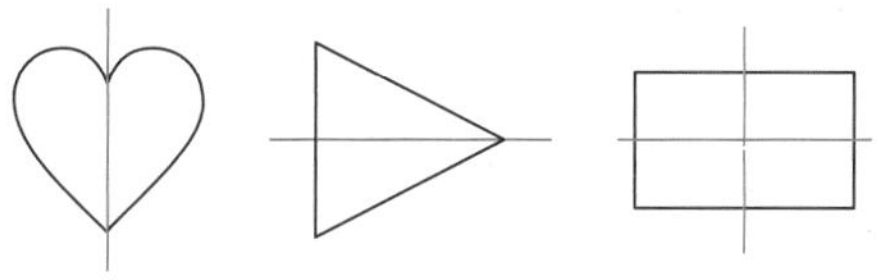

23 선대칭도형을 모두 찾아 기호를 써 보세요.

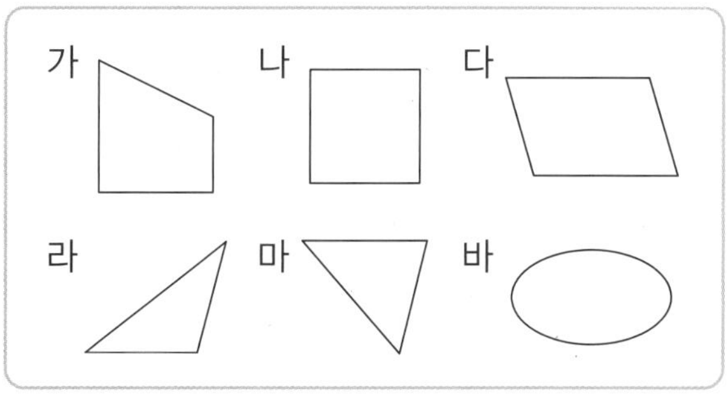

(　　　　　　　　　　)

24 선대칭도형에 대칭축을 모두 그려 보세요.

(1)

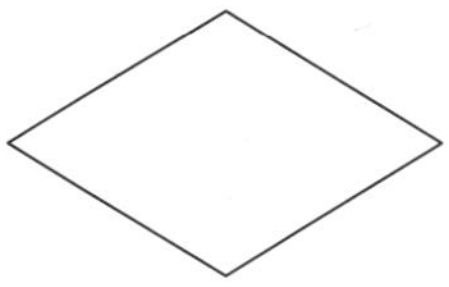

(2)

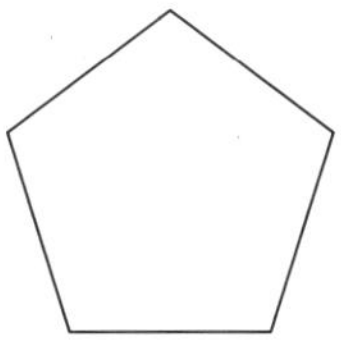

25 선대칭도형인 한글 자음을 모두 찾아 써 보세요.

ㄱ ㄹ ㅂ ㅋ

( )

26 선대칭도형인 국기를 모두 찾아 써 보세요.

( )

27 정육각형은 선대칭도형입니다. 대칭축은 모두 몇 개일까요?

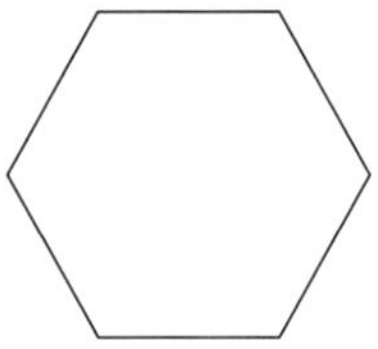

( )

28 다음 선대칭도형 중 대칭축의 개수가 가장 많은 도형은 어느 것일까요? ( )

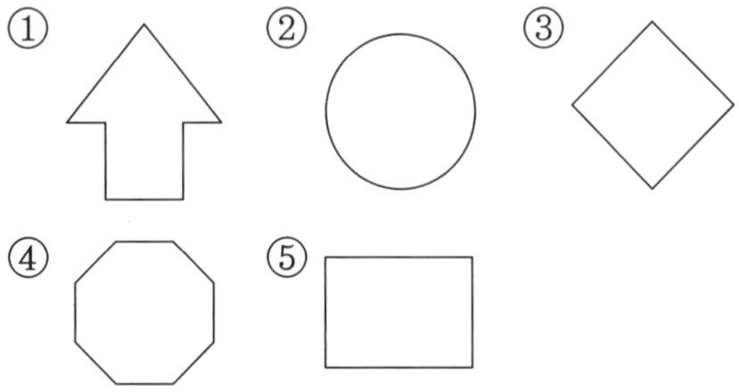

29 직선 ㅈㅊ을 대칭축으로 하는 선대칭도형입니다. 물음에 답하세요.

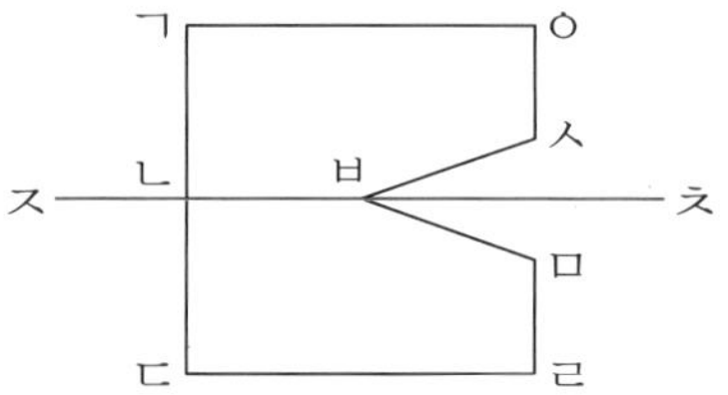

(1) 점 ㄷ의 대응점을 써 보세요.

( )

(2) 변 ㄱㅇ의 대응변을 써 보세요.

( )

(3) 각 ㅇㅅㅂ의 대응각을 써 보세요.

( )

7 선대칭도형의 성질

- 대응변의 길이는 서로 같습니다.
- 대응각의 크기는 서로 같습니다.
- 각각의 대응점에서 대칭축까지의 거리는 같습니다.
- 대응점끼리 이은 선분은 대칭축과 수직으로 만납니다.

30 직선 ㄱㄴ을 대칭축으로 하는 선대칭도형입니다. □ 안에 알맞은 수를 써넣으세요.

(1)

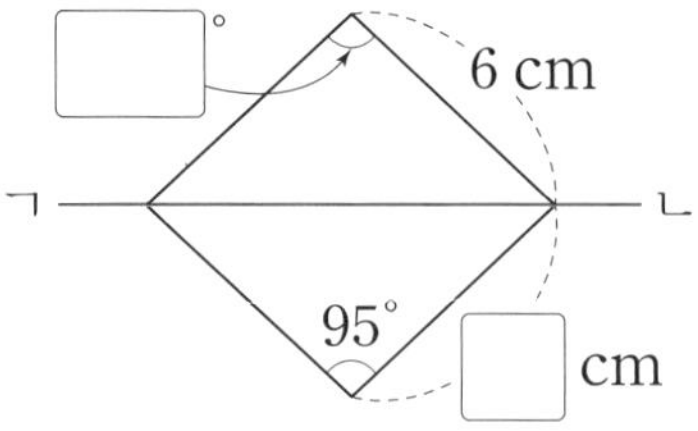

(2)

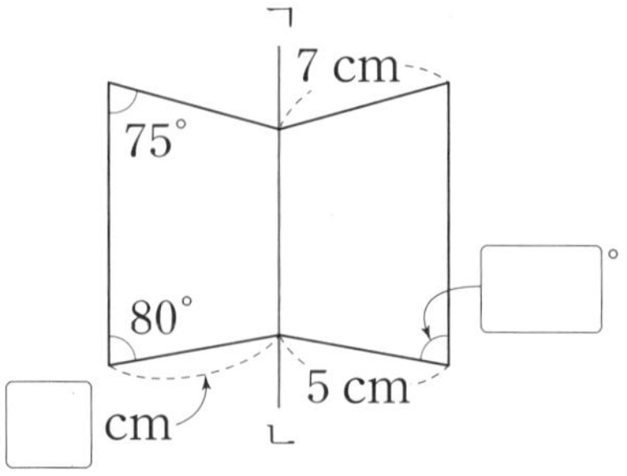

31 직선 ㄱㄴ을 대칭축으로 하는 선대칭도형입니다. 물음에 답하세요.

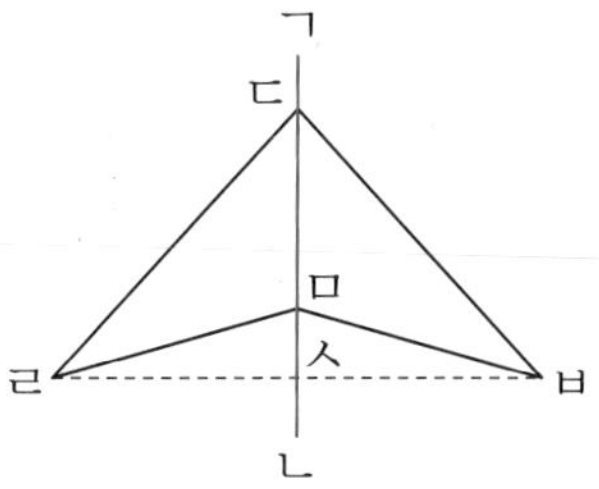

(1) 직선 ㄱㄴ과 선분 ㄹㅂ이 만나서 이루는 각은 몇 도일까요?

( )

(2) 선분 ㄹㅅ이 4 cm라면 선분 ㄹㅂ은 몇 cm일까요?

( )

32 직선 ㄱㄴ을 대칭축으로 하는 선대칭도형입니다. 선대칭도형의 둘레는 몇 cm일까요?

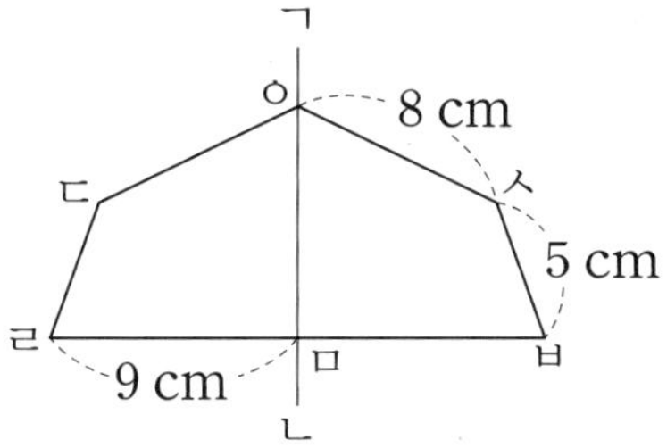

( )

33 선대칭도형을 완성해 보세요.

(1)

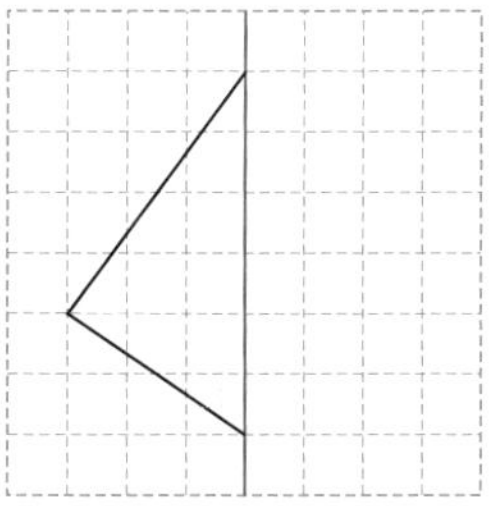

(2)

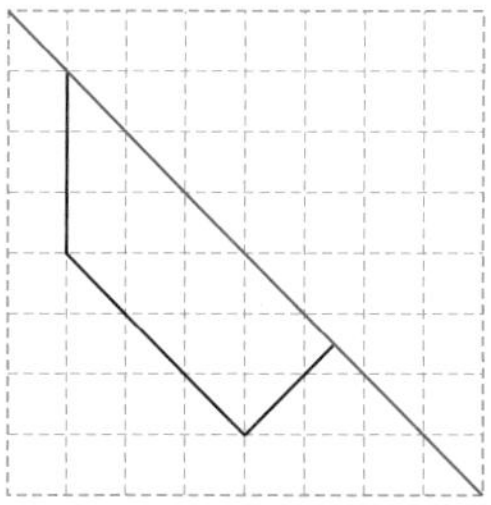

서술형

34 직선 ㄱㄴ을 대칭축으로 하는 선대칭도형입니다. 각 ㅁㄹㅂ은 몇 도인지 풀이 과정을 쓰고 답을 구해 보세요.

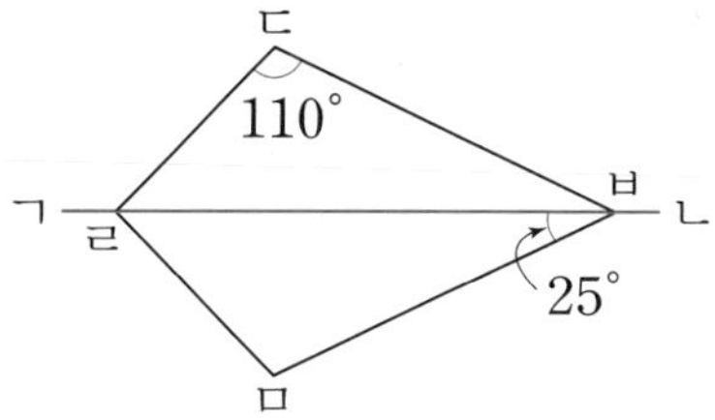

풀이

답

35 선대칭도형을 완성했을 때 나타나는 알파벳을 써 보세요.

(1)

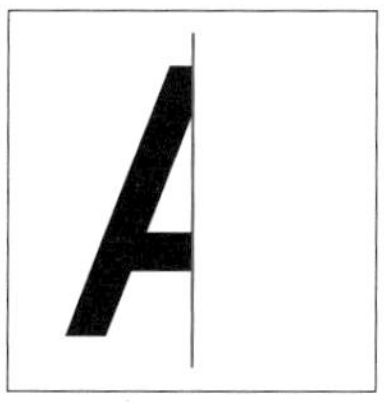

(2)

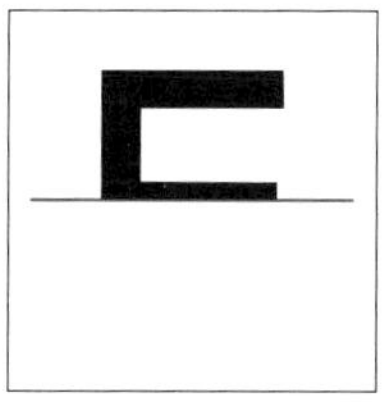

( ) ( )

36 선분 ㄱㄹ을 대칭축으로 하는 선대칭도형입니다. 각 ㄴㄱㄹ은 몇 도일까요?

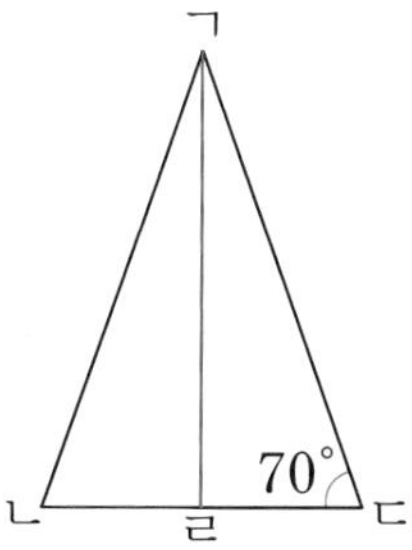

( )

8 점대칭도형

- 점대칭도형: 어떤 점을 중심으로 180° 돌렸을 때 처음 도형과 완전히 겹치는 도형
- 대칭의 중심: 점대칭도형을 180° 돌렸을 때 완전히 겹치게 하는 점

37 점대칭도형인 알파벳을 모두 고르세요.

( )

① C ② F ③ N

④ R ⑤ S

38 점대칭도형에서 대칭의 중심을 찾아 표시해 보세요.

(1)

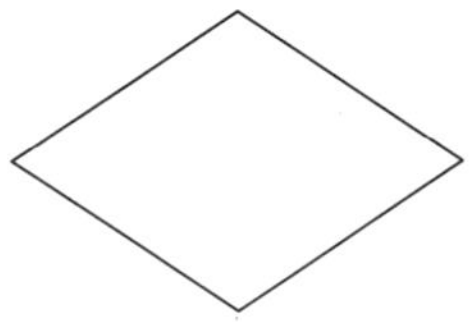

(2)

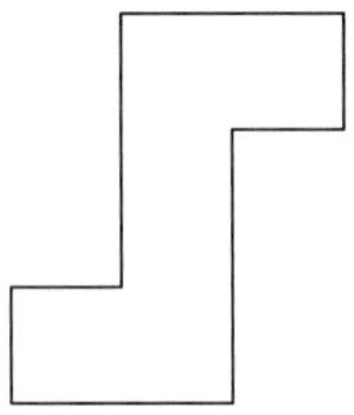

서술형

39 점대칭도형이 아닌 것을 찾아 기호를 쓰고, 그 이유를 설명해 보세요.

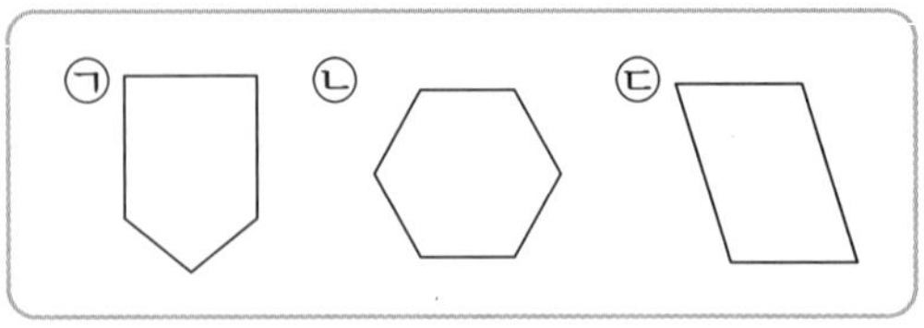

답

이유

40 도형을 보고 물음에 답하세요.

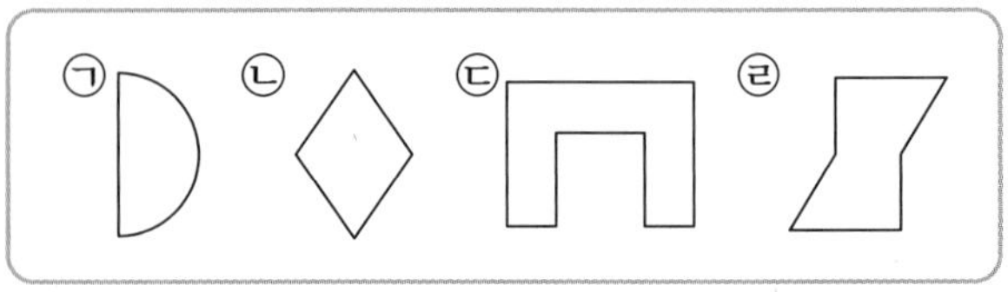

(1) 선대칭도형을 모두 찾아 기호를 써 보세요.

( )

(2) 점대칭도형을 모두 찾아 기호를 써 보세요.

( )

(3) 선대칭도형이면서 점대칭도형인 것을 찾아 기호를 써 보세요.

( )

41 점대칭도형인 도형을 모두 고르세요.

( )

① 정삼각형 ② 직사각형

③ 원 ④ 정사각형

⑤ 정칠각형

42 점 ㅇ을 대칭의 중심으로 하는 점대칭도형입니다. 물음에 답하세요.

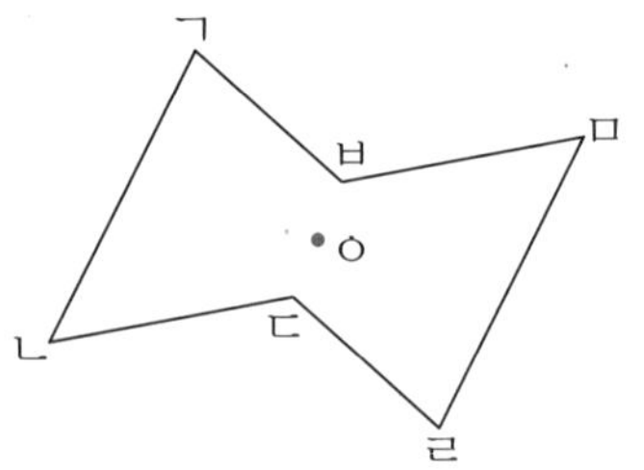

(1) 점 ㄹ의 대응점을 써 보세요.

( )

(2) 변 ㄴㄷ의 대응변을 써 보세요.

( )

(3) 각 ㄹㅁㅂ의 대응각을 써 보세요.

( )

9 점대칭도형의 성질

- 대응변의 길이는 서로 같습니다.
- 대응각의 크기는 서로 같습니다.
- 각각의 대응점에서 대칭의 중심까지의 거리는 같습니다.
- 대응점을 이은 선분은 반드시 대칭의 중심을 지납니다.

43 점 ㅇ을 대칭의 중심으로 하는 점대칭도형입니다. 각 ㄱㄹㄷ과 크기가 같은 각을 찾아 써 보세요.

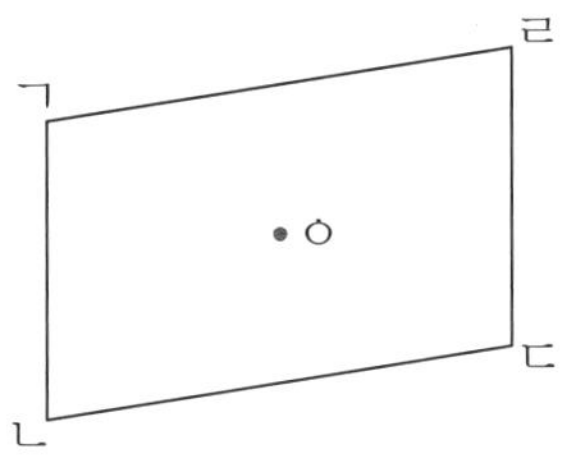

(　　　　　　　　)

44 점 ㅇ을 대칭의 중심으로 하는 점대칭도형입니다. □ 안에 알맞은 수를 써넣으세요.

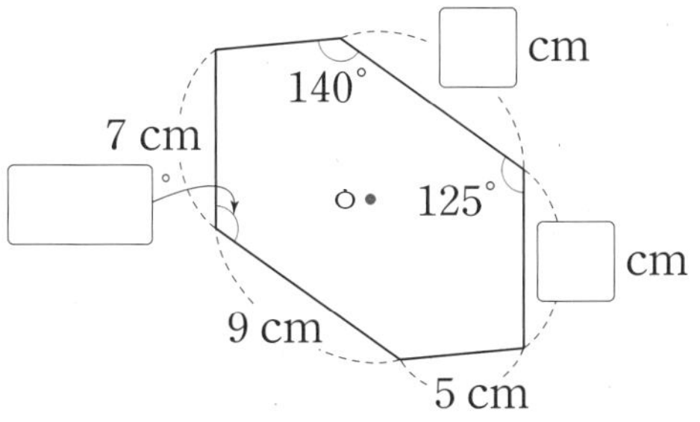

45 점 ㅇ을 대칭의 중심으로 하는 점대칭도형입니다. 선분 ㄱㄹ이 20 cm라면 선분 ㄹㅇ은 몇 cm일까요?

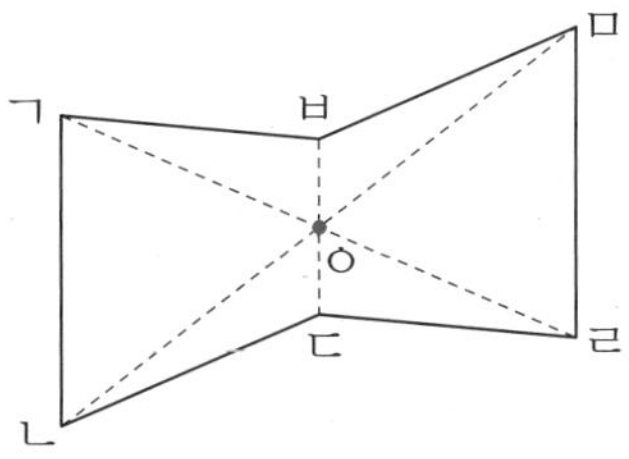

(　　　　　　　　)

46 오른쪽은 점 ㅇ을 대칭의 중심으로 하는 점대칭도형입니다. 점대칭도형의 둘레는 몇 cm일까요?

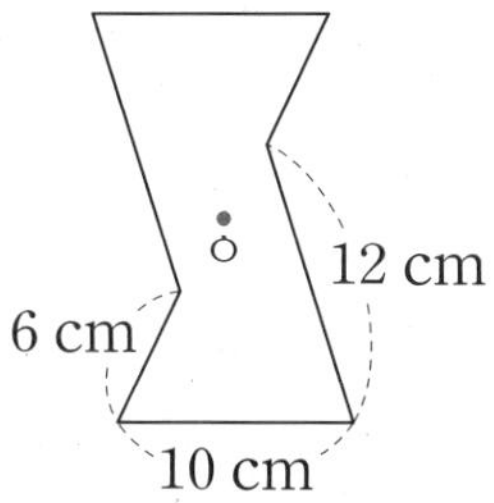

(　　　　　　　　)

47 점 ㅇ을 대칭의 중심으로 하는 점대칭도형입니다. 각 ㅂㄷㄹ은 몇 도일까요?

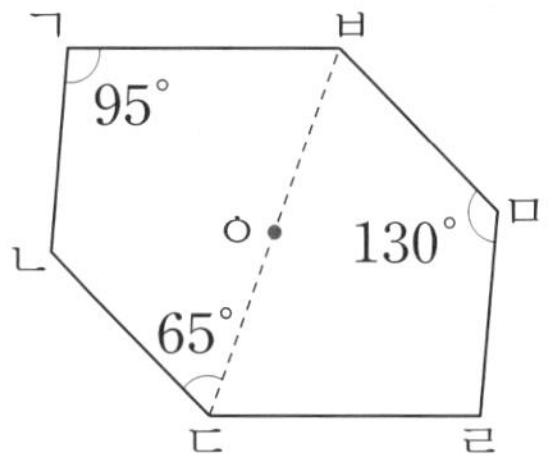

(　　　　　　　　)

48 점 ㅇ을 대칭의 중심으로 하는 점대칭도형입니다. 선분 ㄷㅂ은 몇 cm일까요?

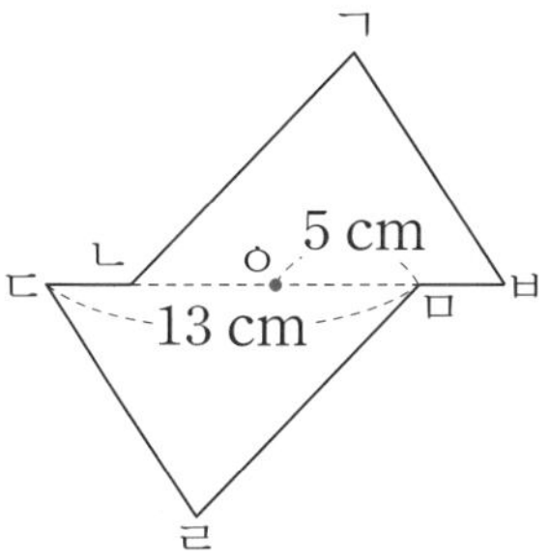

(　　　　　　　　)

49 점대칭도형을 완성해 보세요.

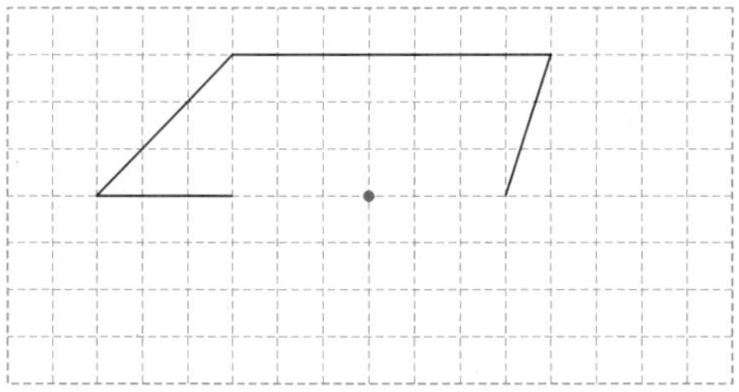

문제 풀이

심화유형 1 접은 직사각형을 보고 전체 넓이 구하기

직사각형 모양의 종이를 오른쪽 그림과 같이 접었습니다. 종이 전체의 넓이는 몇 cm^2일까요?

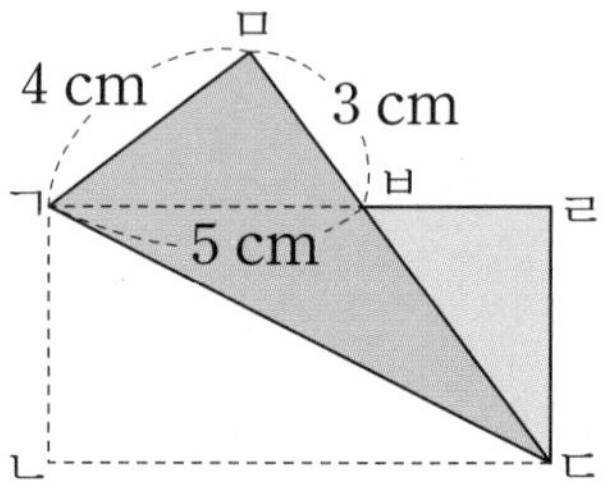

( )

● 핵심 NOTE
- 삼각형 ㄱㅁㄷ은 삼각형 ㄱㄴㄷ이 접혀져 올라간 부분이므로 두 삼각형은 서로 합동입니다.
- 합동인 삼각형을 찾고 대응변의 길이를 이용하여 종이 전체의 가로와 세로를 알아봅니다.

1-1 직사각형 모양의 종이를 오른쪽 그림과 같이 접었습니다. 종이 전체의 넓이는 몇 cm^2일까요?

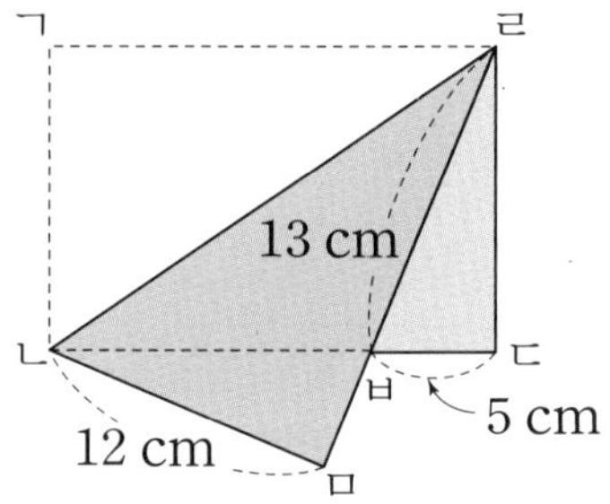

( )

1-2 직사각형 모양의 종이를 오른쪽 그림과 같이 접었습니다. 종이 전체의 넓이가 128 cm^2라면 선분 ㄴㅁ은 몇 cm일까요?

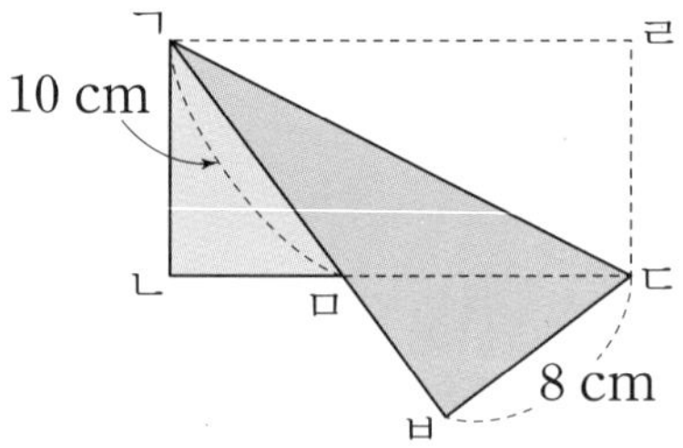

( )

심화유형 2 완성된 점대칭도형의 넓이 구하기

오른쪽 도형은 점 ㅇ을 대칭의 중심으로 하는 점대칭도형의 일부분입니다. 완성된 점대칭도형의 넓이는 몇 cm^2일까요?

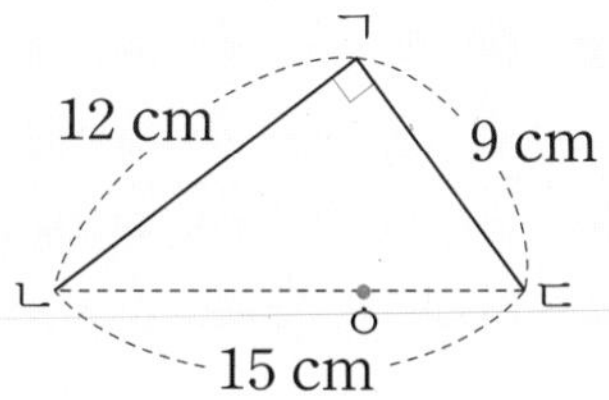

(　　　　　　　　　)

● 핵심 NOTE　점대칭도형에서 대응변의 길이와 대응각의 크기는 각각 같으므로 완성된 점대칭도형의 넓이는 처음 도형의 넓이의 2배가 됩니다.

2-1 오른쪽 도형은 점 ㅇ을 대칭의 중심으로 하는 점대칭도형의 일부분입니다. 완성된 점대칭도형의 넓이는 몇 cm^2일까요?

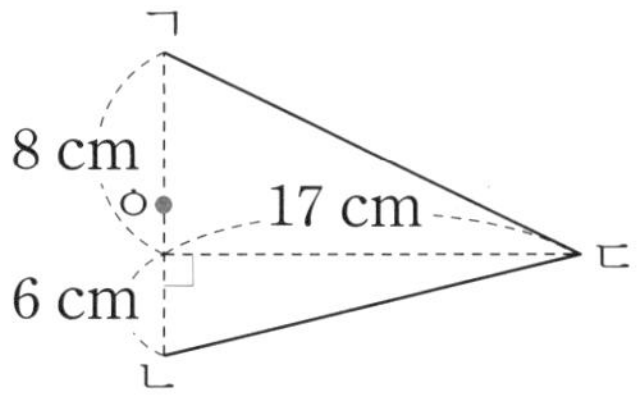

(　　　　　　　　　)

2-2 오른쪽 도형은 점 ㅇ을 대칭의 중심으로 하는 점대칭도형의 일부분입니다. 완성된 점대칭도형의 넓이는 몇 cm^2일까요?

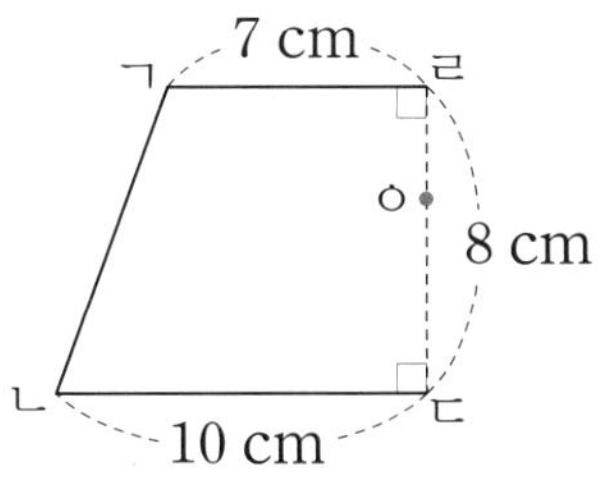

(　　　　　　　　　)

심화유형 3 점대칭도형인 수 만들기

다음과 같은 디지털 숫자로 세 자리 수를 만들려고 합니다. 200부터 300까지의 자연수 중 한 점을 중심으로 180° 돌려도 같은 수를 나타내는 것을 모두 써 보세요. (단, 같은 숫자를 여러 번 사용할 수 있습니다.)

0 1 2 3 4 6 7 8

( )

● 핵심 NOTE 디지털 숫자를 한 점을 중심으로 180° 돌려서 나오는 숫자
0 → 0, 1 → 1, 2 → 2, 6 → 9, 8 → 8

3-1 다음과 같은 디지털 숫자로 네 자리 수를 만들려고 합니다. 8000부터 9000까지의 자연수 중 한 점을 중심으로 180° 돌려도 같은 수를 나타내는 것을 모두 써 보세요. (단, 같은 숫자를 여러 번 사용할 수 있습니다.)

2 3 4 5 6 7 8 9

( )

3-2 다음과 같은 디지털 숫자로 네 자리 수를 만들려고 합니다. 7000보다 작은 자연수 중 한 점을 중심으로 180° 돌려도 같은 수를 나타내는 것은 모두 몇 개일까요? (단, 같은 숫자를 여러 번 사용할 수 있습니다.)

0 1 5 6 9

( )

융합유형 4 수학 + 미술

선대칭도형의 성질을 이용하여 색칠한 부분의 넓이 구하기

데칼코마니는 종이 위에 물감을 두껍게 칠해 반으로 접거나 다른 종이를 덮어 찍어서 대칭적인 무늬를 만드는 회화 기법입니다. 오른쪽 도형 ㄱㄴㄷㄹㅁㅂ은 데칼코마니 기법으로 완성한 것입니다. 색칠한 부분의 넓이는 몇 cm^2인지 구해 보세요.

데칼코마니 작품

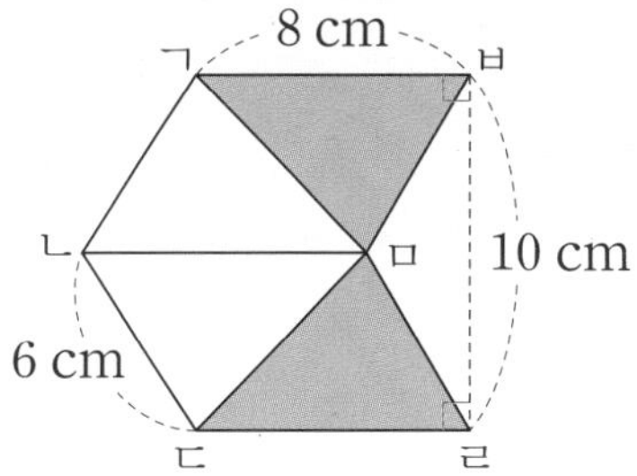

1단계 색칠한 삼각형 한 개의 밑변의 길이와 높이 알아보기

2단계 색칠한 부분의 넓이 구하기

( )

● 핵심 NOTE

1단계 선대칭도형의 성질을 이용하여 삼각형의 밑변의 길이와 높이를 각각 구합니다.

2단계 색칠한 부분의 넓이를 구합니다.

4-1

오른쪽 도형 ㄱㄴㄷㄹㅁㅂ은 데칼코마니 기법으로 완성한 것입니다. 색칠한 부분의 넓이는 몇 cm^2인지 구해 보세요.

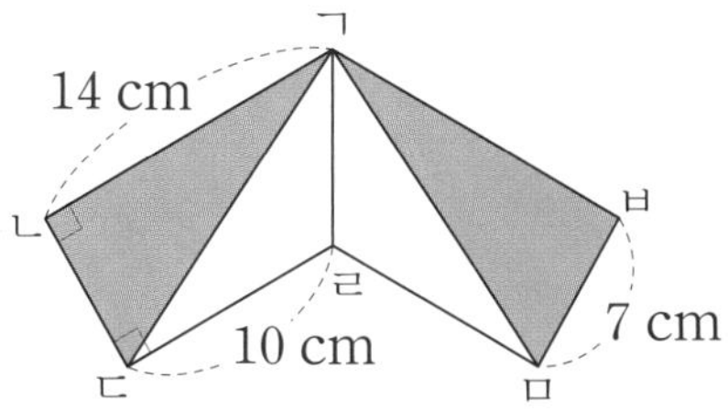

( )

3

단원 평가 Level 1

점수

확인

1 서로 합동인 도형을 모두 찾아 기호를 써 보세요.

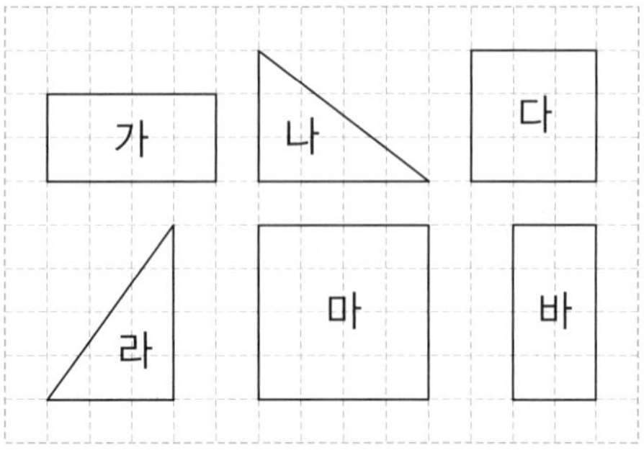

( )

2 종이를 점선을 따라 잘랐을 때 만들어진 두 도형이 서로 합동인 것을 찾아 기호를 써 보세요.

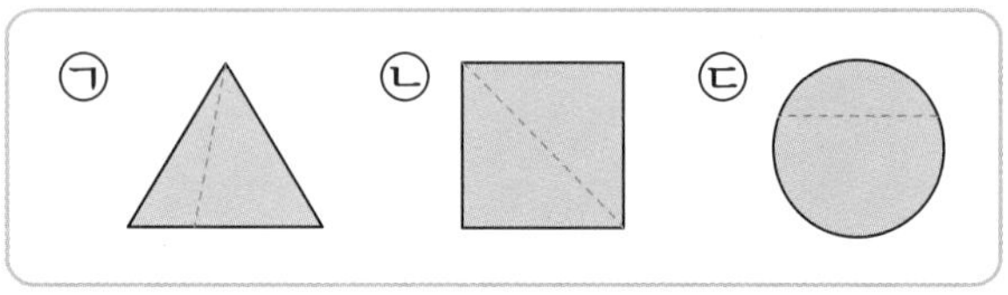

( )

3 주어진 도형과 서로 합동인 도형을 그려 보세요.

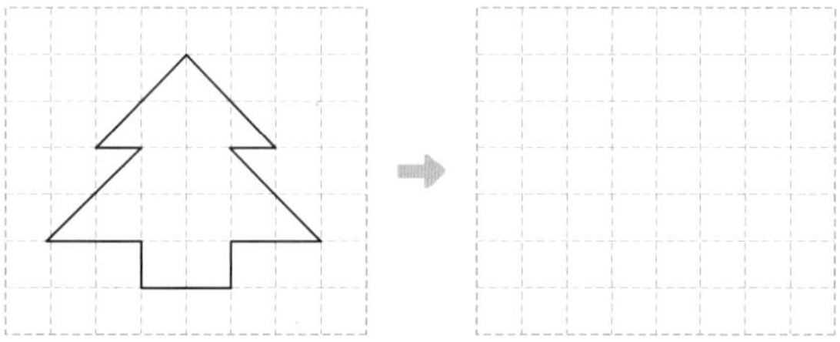

4 두 삼각형은 서로 합동입니다. 빈칸에 알맞게 써넣으세요.

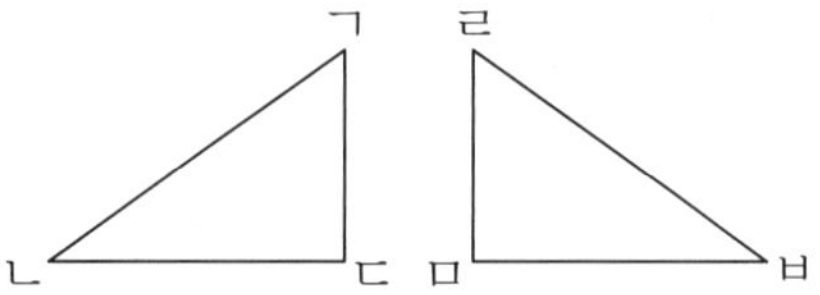

대응점	점 ㄷ	
대응변	변 ㄱㄴ	
대응각	각 ㄱㄴㄷ	

5 점대칭도형을 찾아 대칭의 중심을 표시해 보세요.

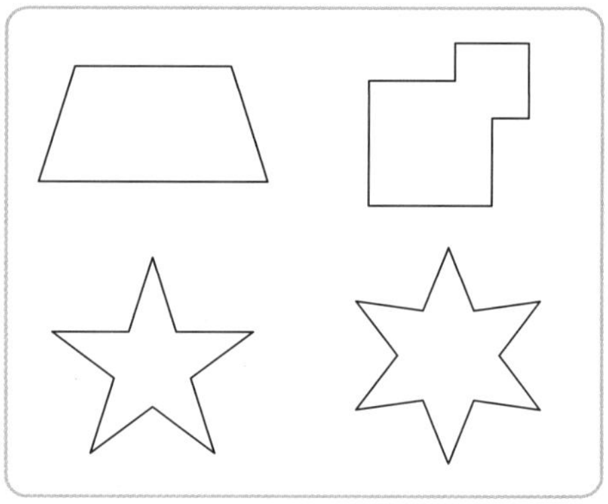

6 선대칭도형이 되도록 그림을 완성해 보세요.

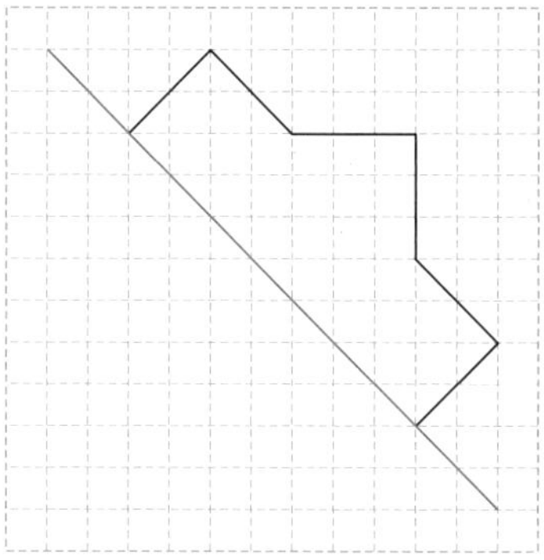

7 사다리꼴 모양의 종이를 잘라서 처음 도형과 모양이 같고 서로 합동인 사각형을 4개 만들어 보세요.

8 선대칭도형입니다. 대칭축이 가장 많은 것은 어느 것일까요? ( )

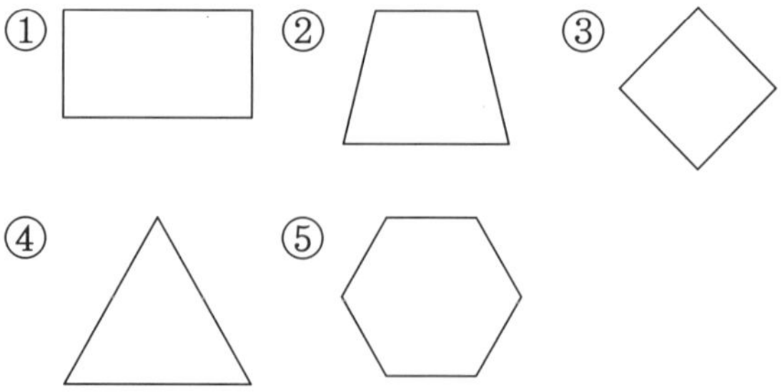

9 직사각형 모양의 종이를 그림과 같이 접었습니다. ㉠은 몇 도일까요?

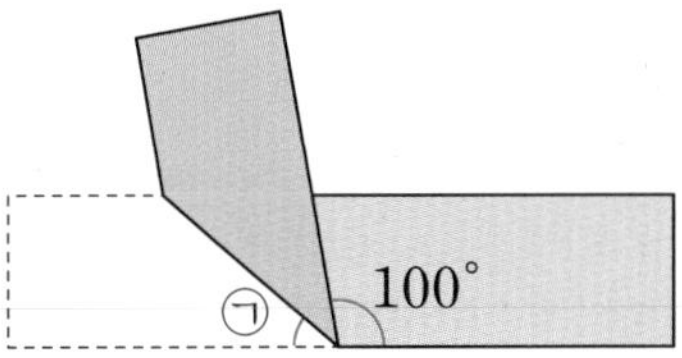

(   )

10 점 ㅇ을 대칭의 중심으로 하는 점대칭도형입니다. 점대칭도형의 둘레는 몇 cm일까요?

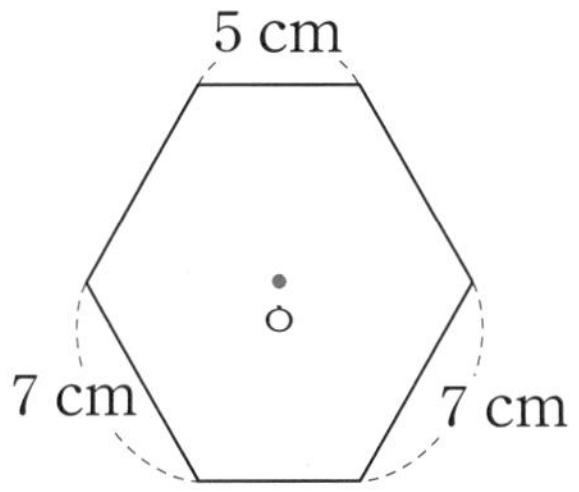

(   )

11 두 사각형은 서로 합동입니다. 잘못 설명한 것을 찾아 기호를 써 보세요.

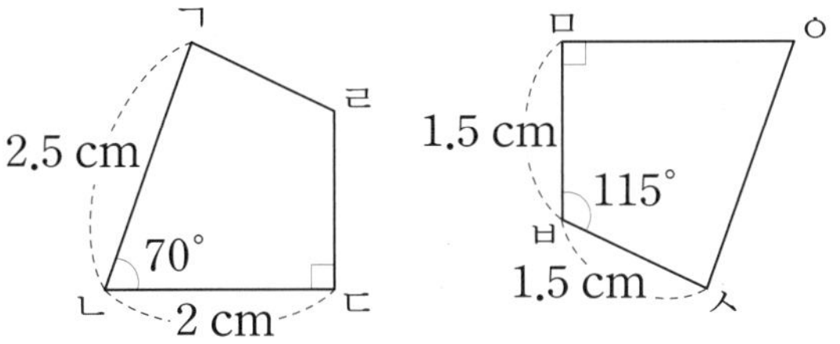

㉠ 점 ㄱ의 대응점은 점 ㅅ입니다.
㉡ 사각형의 둘레는 7.5 cm입니다.
㉢ 각 ㄴㄱㄹ은 80°입니다.
㉣ 변 ㄱㄹ의 대응변은 변 ㅅㅂ입니다.

(   )

12 직선 ㄴㄹ을 대칭축으로 하는 선대칭도형입니다. □ 안에 알맞은 수를 써넣으세요.

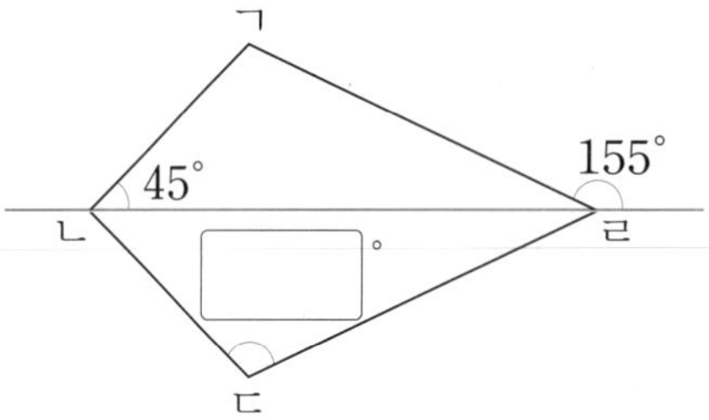

13 점 ㅇ을 대칭의 중심으로 하는 점대칭도형입니다. 선분 ㅁㄷ은 몇 cm일까요?

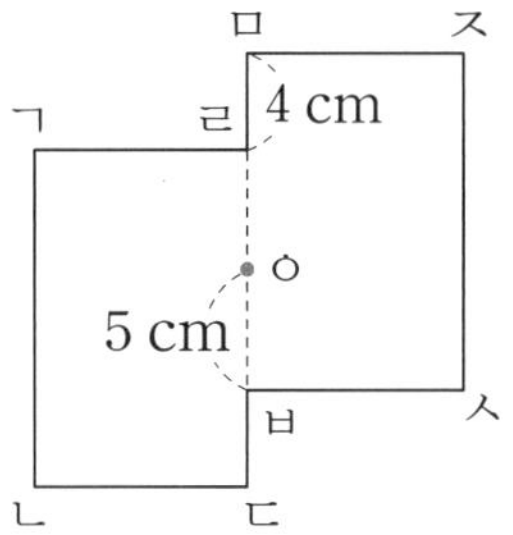

(   )

14 사다리꼴에서 두 대각선을 그었을 때, 크고 작은 합동인 삼각형은 모두 몇 쌍일까요?

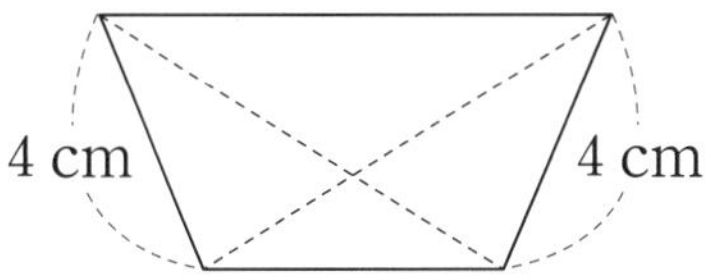

(   )

15 직선 ㅁㅂ을 대칭축으로 하는 선대칭도형을 완성했을 때 완성된 선대칭도형의 둘레는 몇 cm일까요?

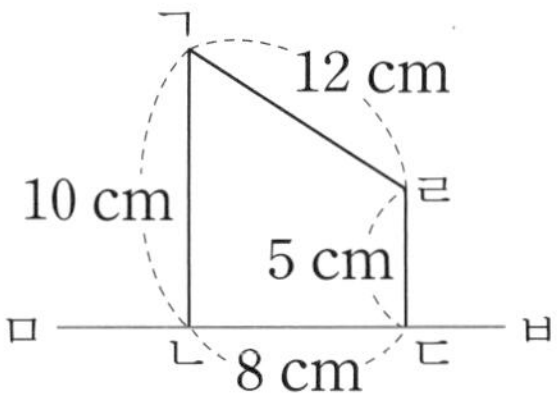

(   )

16 점 ㅇ을 대칭의 중심으로 하는 점대칭도형의 일부입니다. 완성된 점대칭도형의 둘레는 몇 cm일까요?

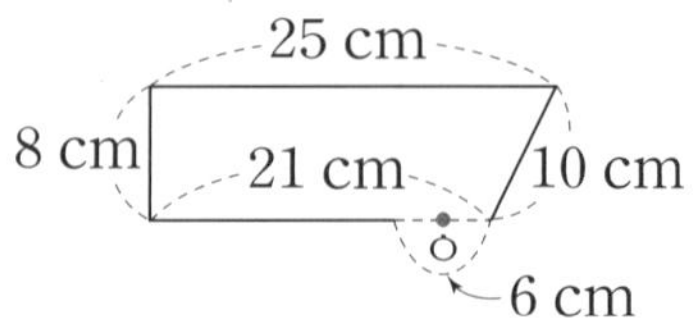

(　　　　　　　　)

17 직사각형 모양의 종이를 그림과 같이 삼각형 ㄴㅁㅂ과 삼각형 ㄹㄷㅂ이 서로 합동이 되도록 접었습니다. 직사각형 ㄱㄴㄷㄹ의 넓이는 몇 cm^2일까요?

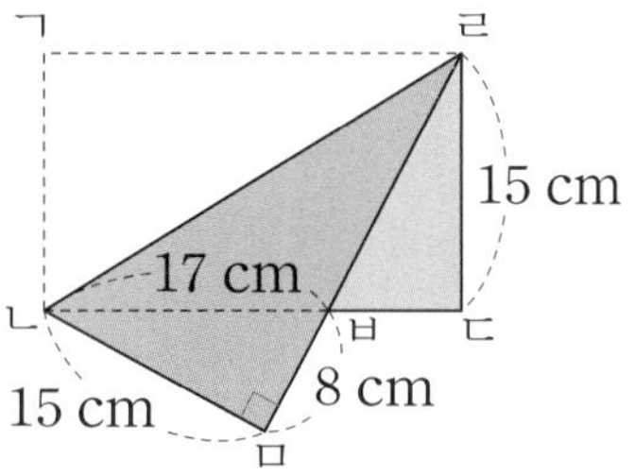

(　　　　　　　　)

18 삼각형 ㄱㄹㅁ과 삼각형 ㄷㅂㅁ은 서로 합동입니다. 각 ㄱㄴㅂ은 몇 도일까요?

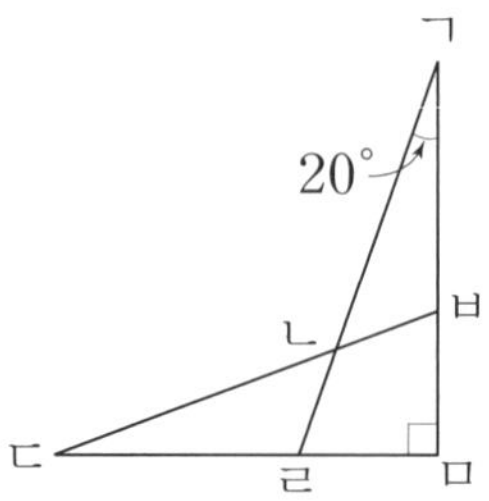

(　　　　　　　　)

19 직선 ㄱㄴ을 대칭축으로 하는 선대칭도형입니다. 선대칭도형의 둘레는 몇 cm인지 풀이 과정을 쓰고 답을 구해 보세요.

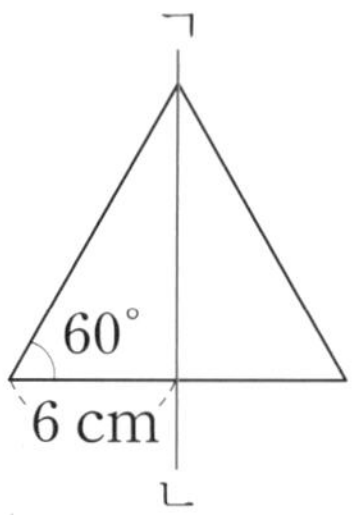

풀이

답

20 한 직선 위에 서로 합동인 두 삼각형을 다음과 같이 맞닿게 그렸습니다. 각 ㄱㄷㅁ은 몇 도인지 풀이 과정을 쓰고 답을 구해 보세요.

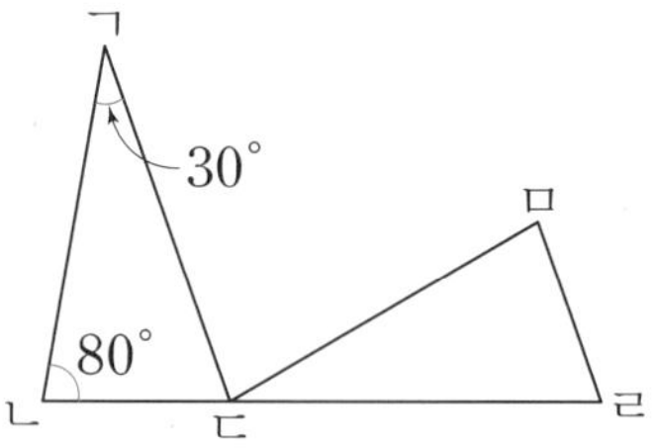

풀이

답

단원 평가 Level 2

점수

확인

1 서로 합동인 두 도형을 찾아 기호를 써 보세요.

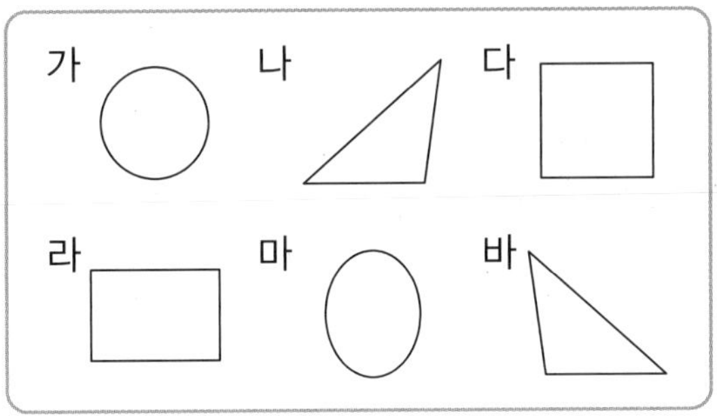

(　　　　　　　)

2 종이를 점선을 따라 잘랐을 때 만들어지는 두 도형이 서로 합동인 것을 모두 고르세요.

(　　　　　　　)

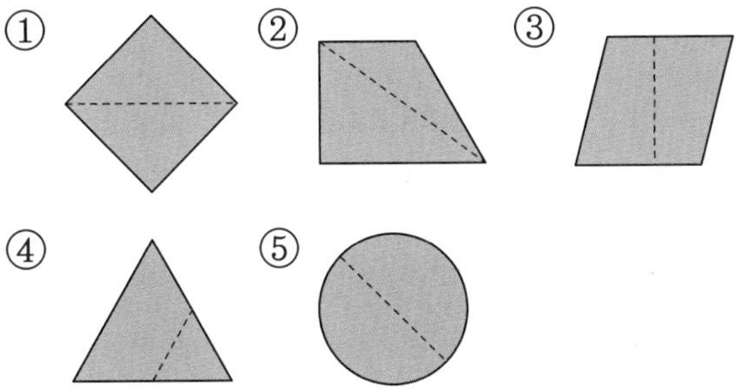

3 삼각형 ㄱㄴㄷ과 삼각형 ㄹㄷㄴ은 서로 합동입니다. 표를 완성해 보세요.

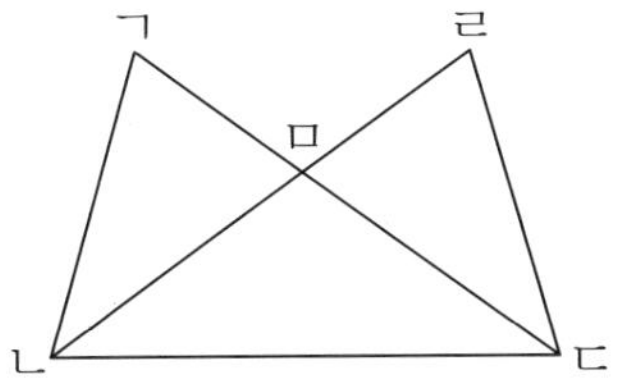

대응변		대응각	
변 ㄱㄴ		각 ㄹㄴㄷ	

4 정사각형을 서로 합동인 도형 4개로 나누어 보세요.

5 선대칭도형이 아닌 것을 모두 고르세요.

(　　　　　　　)

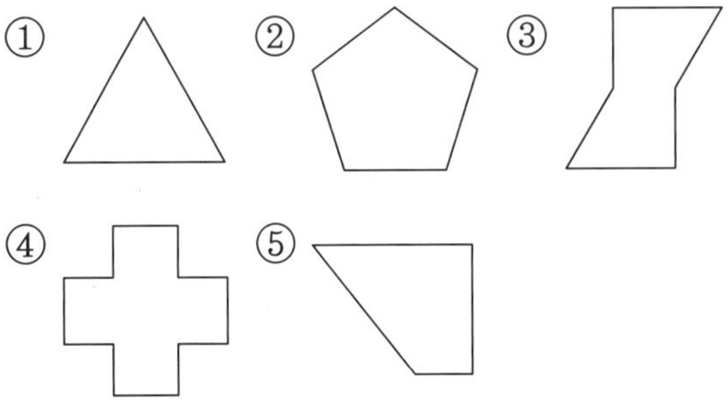

6 점대칭도형인 한글 자음을 모두 찾아 써 보세요.

ㄴ　ㄹ　ㅂ　ㅍ

(　　　　　　　)

7 점 ㅇ을 대칭의 중심으로 하는 점대칭도형입니다. 각 ㄴㄷㄹ은 몇 도일까요?

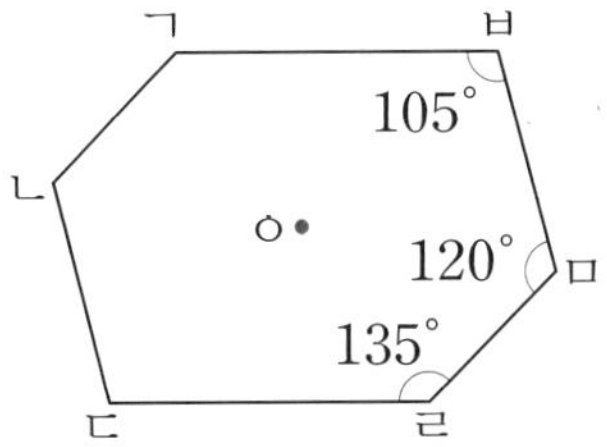

(　　　　　　　)

8 점 ㅇ을 대칭의 중심으로 하는 점대칭도형입니다. 선분 ㄱㄹ이 26 cm라면 선분 ㄹㅇ은 몇 cm일까요?

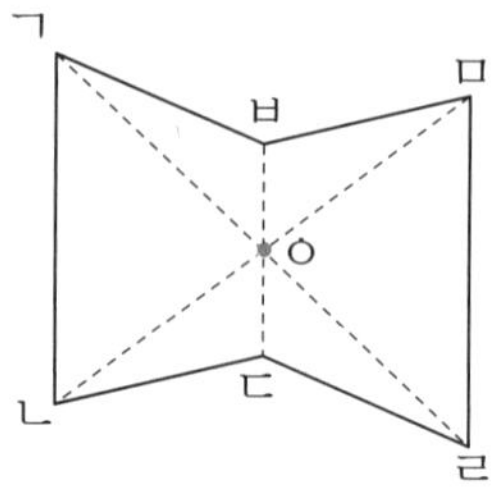

(　　　　　　　　　　)

9 다음은 선대칭도형입니다. 대칭축의 개수가 많은 것부터 차례로 기호를 써 보세요.

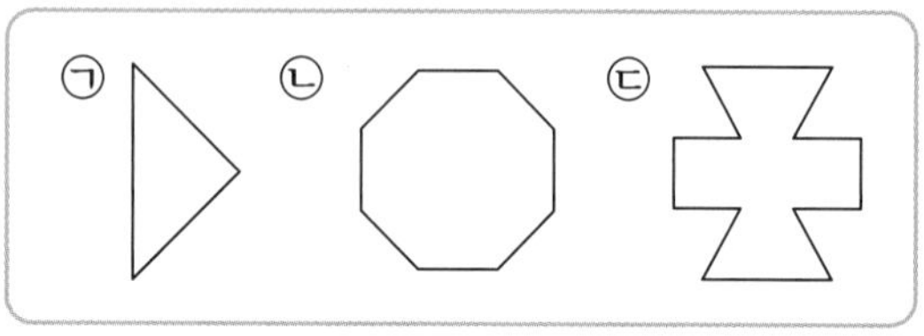

(　　　　　　　　　　)

10 직선 ㄱㄴ을 대칭축으로 하는 선대칭도형입니다. 선대칭도형의 둘레는 몇 cm일까요?

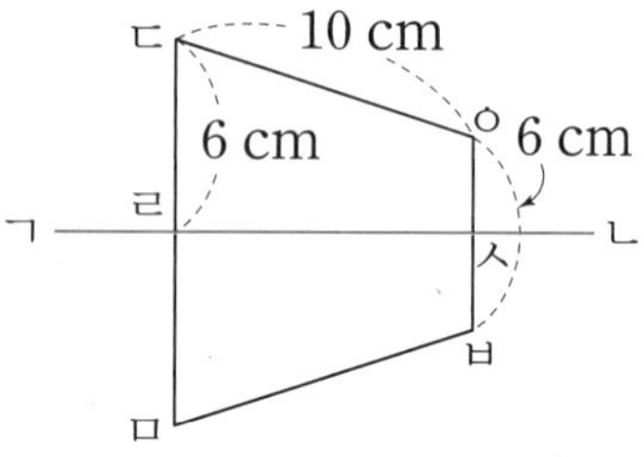

(　　　　　　　　　　)

11 선대칭도형을 완성했을 때 나타나는 한글 자음을 써 보세요.

(　　　　　　　　　　)

12 두 삼각형은 서로 합동입니다. 삼각형 ㄱㄴㄷ의 둘레가 33 cm라면 변 ㄱㄷ은 몇 cm일까요?

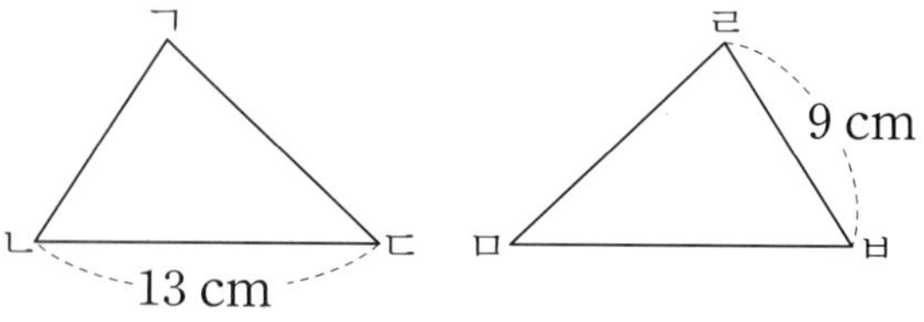

(　　　　　　　　　　)

13 선대칭도형이면서 점대칭도형인 알파벳은 모두 몇 개일까요?

B M H X Z

(　　　　　　　　　　)

14 삼각형 ㄱㄴㄷ과 삼각형 ㄹㄷㄴ은 서로 합동입니다. 각 ㄱㄴㅁ은 몇 도일까요?

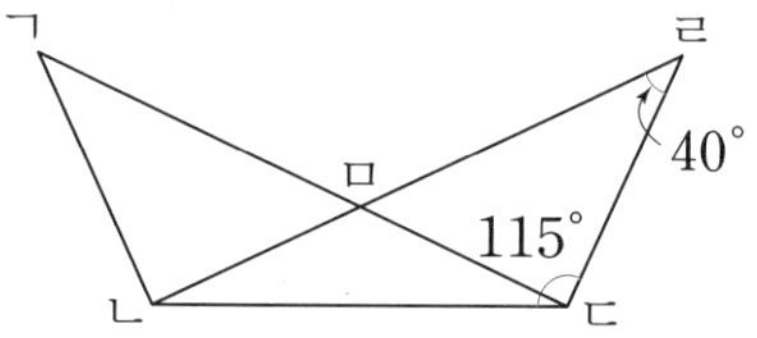

(　　　　　　　　　　)

15 다음 식을 한 점을 중심으로 180° 돌렸을 때 나오는 식을 계산한 값을 구해 보세요.

(　　　　　　　　　　)

16 평행사변형 ㄱㄴㄷㄹ에서 찾을 수 있는 서로 합동인 삼각형은 모두 몇 쌍일까요?

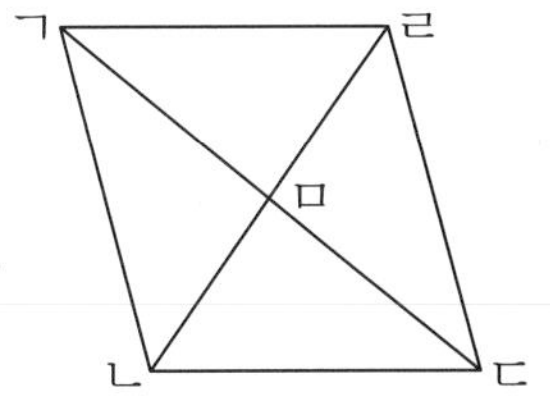

( )

17 점 ㅇ을 대칭의 중심으로 하는 점대칭도형의 일부분입니다. 완성된 점대칭도형의 둘레는 몇 cm일까요?

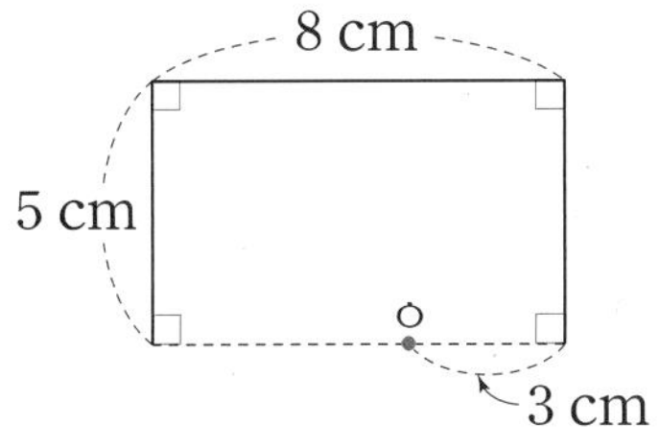

( )

18 직사각형 모양의 종이를 그림과 같이 접었습니다. 종이 전체의 넓이는 몇 cm^2일까요?

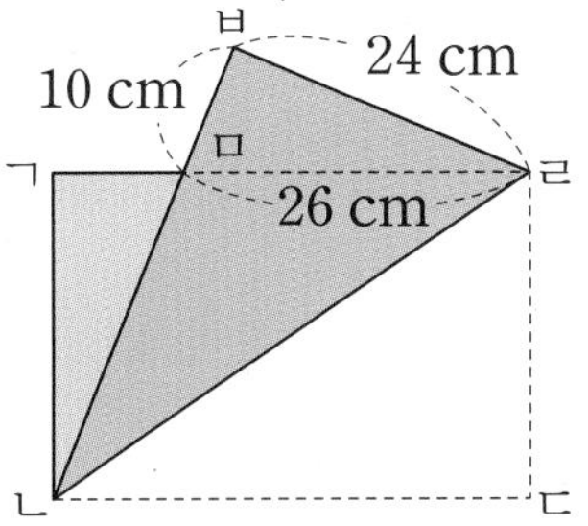

( )

19 직사각형 ㄱㄴㄷㅅ과 직사각형 ㄷㄹㅁㅂ은 서로 합동입니다. 직사각형 ㄷㄹㅁㅂ의 넓이는 몇 cm^2인지 풀이 과정을 쓰고 답을 구해 보세요.

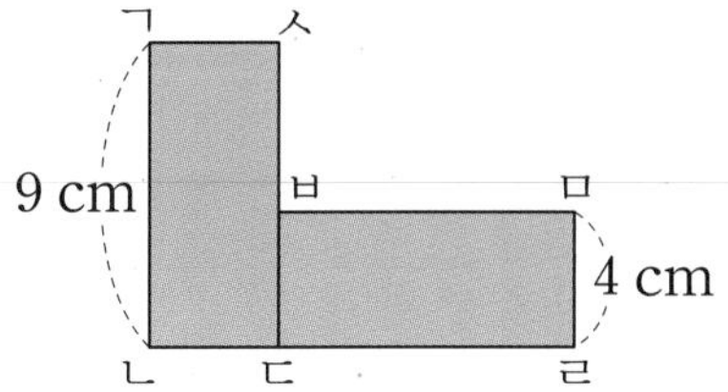

풀이

답

20 직선 ㄱㄴ을 대칭축으로 하는 선대칭도형입니다. 각 ㅁㅂㅅ은 몇 도인지 풀이 과정을 쓰고 답을 구해 보세요.

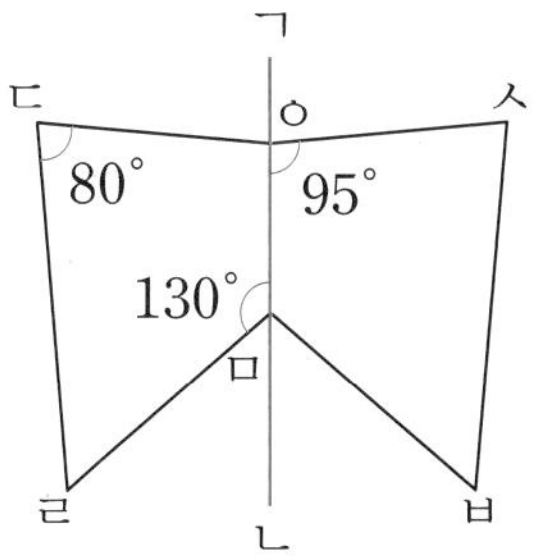

풀이

답

3

4 소수의 곱셈

소수와 소수를 곱할 수 있을까?

소수점만 옮기면 자연수의 곱셈과 계산 방법은 같아.

자연수의 곱셈처럼 계산하고 소수점을 찍어!

$$6 \times 7 = 42$$

$\times\frac{1}{10}$ $\quad$ $\times\frac{1}{10}$ $\quad$ $\times\frac{1}{100}$

$$0.6 \times 0.7 = 0.42$$

소수 한 자리 수 / 소수 한 자리 수 / 소수 두 자리 수

$$\begin{array}{r} 6 \\ \times\ 7 \\ \hline 42 \end{array} \quad \xrightarrow{\times\frac{1}{10},\ \times\frac{1}{10},\ \times\frac{1}{100}} \quad \begin{array}{r} 0.6 \\ \times\ 0.7 \\ \hline 0.42 \end{array}$$

자연수처럼 계산하고 소수의 크기를
생각하여 소수점을 찍으면 끝!

1 (소수) × (자연수)를 알아볼까요 (1)

개념 강의

- 덧셈식으로 계산하기

$$0.2 \times ③ = \overbrace{0.2+0.2+0.2}^{\text{3번 더하기}} = 0.6$$

$$0.28 \times 3 = 0.28+0.28+0.28 = 0.84$$

- 0.1, 0.01의 개수로 계산하기

0.2 × 3 → 0.1이 2개씩 3묶음 (6개) → 0.6

0.28 × 3 → 0.01이 28개씩 3묶음 (84개) → 0.84

- 분수의 곱셈으로 계산하기 — 소수 한 자리 수는 $\frac{●}{10}$, 소수 두 자리 수는 $\frac{●▲}{100}$로 나타냅니다.

$$0.2 \times 3 = \frac{2}{10} \times 3 = \frac{2 \times 3}{10} = \frac{6}{10} = 0.6$$

$$0.28 \times 3 = \frac{28}{100} \times 3 = \frac{28 \times 3}{100} = \frac{84}{100} = 0.84$$

- 자연수의 곱셈으로 계산하기

2 × 3 = 6 → ($\frac{1}{10}$배, $\frac{1}{10}$배) → 0.2 × 3 = 0.6

28 × 3 = 84 → ($\frac{1}{100}$배, $\frac{1}{100}$배) → 0.28 × 3 = 0.84

$\frac{1}{10}$배는 소수점이 왼쪽으로 한 칸, $\frac{1}{100}$배는 소수점이 왼쪽으로 두 칸 옮겨집니다.

- 세로셈으로 계산하기

```
   0.2 8          0.2 8          0.2 8
×      3   →   ×      3   →   ×      3
--------       --------       --------
                    8 4          0.8 4
```

소수 끝자리 숫자와 자연수를 맞추어 씁니다. → 자연수와 같은 방법으로 28 × 3의 계산을 합니다. → 0을 쓰고 소수점을 그대로 내려 찍습니다.

1 0.6×3을 여러 가지 방법으로 계산하려고 합니다. □ 안에 알맞은 수를 써넣으세요.

(1) 덧셈식으로 계산해 보세요.

$0.6 \times 3 = 0.6 + \square + \square$

$= \square$

(2) 0.1의 개수로 계산해 보세요.

0.6×3 ➡ 0.1이 6개씩 □ 묶음

➡ 0.1이 □ 개

$0.6 \times 3 = \square$

(3) 분수의 곱셈으로 계산해 보세요.

$0.6 \times 3 = \frac{\square}{10} \times 3 = \frac{\square}{10} = \square$

2 자연수의 곱셈을 이용하여 □ 안에 알맞은 수를 써넣으세요.

(1)

9 × 6 54	0.9 × 6 □

(2)

15 × 4 60	0.15 × 4 □

3 □ 안에 알맞은 수를 써넣으세요.

0.1 × 6	×5 →	0.5 × 6
□	×5 →	□

4 계산해 보세요.

(1) 0.5×3

(2) 0.34×2

(3)
```
  0.4
×   2
-----
```

(4)
```
  0.2 1
×     4
-------
```

5 ○ 안에 >, =, <를 알맞게 써넣으세요.

(1) 0.9×7 ○ 7

(2) 0.26×5 ○ 1.5

6 □ 안에 알맞은 수를 써넣으세요.

(1) $0.8 \times 7 = 0.1 \times 8 \times \square$

$= 0.1 \times \square$

$= \square$

(2) $0.49 \times 7 = 0.01 \times \square \times \square$

$= 0.01 \times \square$

$= \square$

7 설명이 바른 것에 ○표, 틀린 것에 ×표 하세요.

(1) 0.51×5는 0.5와 5의 곱으로 어림할 수 있습니다. (　　)

(2) 0.79×6은 79와 6의 곱이 약 480이므로 48 정도 됩니다. (　　)

2 (소수) × (자연수)를 알아볼까요 (2)

● 덧셈식으로 계산하기

$1.7 \times ④ = \overbrace{1.7 + 1.7 + 1.7 + 1.7}^{\text{4번 더하기}} = 6.8$

$1.71 \times 4 = 1.71 + 1.71 + 1.71 + 1.71 = 6.84$

● 0.1, 0.01의 개수로 계산하기

1.7 × 4 → 0.1이 $\underbrace{\text{17개씩 4묶음}}_{\text{68개}}$ → 6.8

1.71 × 4 → 0.01이 $\underbrace{\text{171개씩 4묶음}}_{\text{684개}}$ → 6.84

● 분수의 곱셈으로 계산하기

$1.7 \times 4 = \frac{17}{10} \times 4 = \frac{17 \times 4}{10} = \frac{68}{10} = 6.8$

$1.71 \times 4 = \frac{171}{100} \times 4 = \frac{171 \times 4}{100} = \frac{684}{100} = 6.84$

● 자연수의 곱셈으로 계산하기

$17 \times 4 = 68$

↓ $\frac{1}{10}$배 ↓ $\frac{1}{10}$배

$1.7 \times 4 = 6.8$

$171 \times 4 = 684$

↓ $\frac{1}{100}$배 ↓ $\frac{1}{100}$배

$1.71 \times 4 = 6.84$

● 세로셈으로 계산하기

$$\begin{array}{r} 1.71 \\ \times \quad 4 \\ \hline \end{array} \rightarrow \begin{array}{r} 1.71 \\ \times \quad 4 \\ \hline 684 \end{array} \rightarrow \begin{array}{r} 1.71 \\ \times \quad 4 \\ \hline 6.84 \end{array}$$

소수 끝자리 숫자와 자연수를 맞추어 씁니다.

자연수와 같은 방법으로 171 × 4의 계산을 합니다.

소수점을 그대로 내려 찍습니다.

1 2.1×2를 여러 가지 방법으로 계산하려고 합니다. □ 안에 알맞은 수를 써넣으세요.

(1) 덧셈식으로 계산해 보세요.

$2.1\times2=2.1+\square=\square$

(2) 0.1의 개수로 계산해 보세요.

2.1×2 ➡ 0.1이 21개씩 □묶음

➡ 0.1이 □개

$2.1\times2=\square$

(3) 분수의 곱셈으로 계산해 보세요.

$$2.1\times2=\frac{\square}{10}\times2=\frac{\square\times2}{10}=\frac{\square}{10}=\square$$

2 자연수의 곱셈을 이용하여 □ 안에 알맞은 수를 써넣으세요.

(1)

$$\begin{array}{r} 18 \\ \times\ \ 7 \\ \hline 126 \end{array} \qquad \begin{array}{r} 1.8 \\ \times\ \ 7 \\ \hline \square \end{array}$$

(2)

$$\begin{array}{r} 204 \\ \times\ \ 2 \\ \hline 408 \end{array} \qquad \begin{array}{r} 2.04 \\ \times\ \ 2 \\ \hline \square \end{array}$$

3 □ 안에 알맞은 수를 써넣으세요.

$$\begin{array}{r} 1.6 \\ \times\ \ 3 \\ \hline \square \end{array} \Rightarrow \begin{array}{r} 1+1+1=\square \\ +)\ 0.6+0.6+0.6=\square \\ \hline \square \end{array}$$

4 □ 안에 알맞은 수를 써넣으세요.

$241\times6=\square$

↓ $\frac{1}{100}$배 ↓ $\frac{1}{100}$배

$2.41\times6=\square$

5 계산해 보세요.

(1) 1.7×3

(2) 2.3×5

(3)

$$\begin{array}{r} 1.4 \\ \times\ \ 2 \\ \hline \end{array}$$

(4)

$$\begin{array}{r} 2.14 \\ \times\ \ \ 4 \\ \hline \end{array}$$

6 빈칸에 알맞은 수를 써넣으세요.

×	2	3	4
3.5			

7 어림하여 계산 결과가 8보다 작은 것을 찾아 기호를 써 보세요.

㉠ 4.1×2 ㉡ 1.2×8 ㉢ 3.2×2

(　　　　　　)

3 (자연수) × (소수)를 알아볼까요(1)

● **어림하여 계산하기**

3 × 0.72는 3 × 0.7 = 2.1 정도가 됩니다.
(0.72 → 0.7에 가깝습니다.)

● **분수의 곱셈으로 계산하기**

$$3 \times 0.7 = 3 \times \frac{7}{10} = \frac{3 \times 7}{10} = \frac{21}{10} = 2.1$$

$$3 \times 0.72 = 3 \times \frac{72}{100} = \frac{3 \times 72}{100} = \frac{216}{100} = 2.16$$

● **자연수의 곱셈으로 계산하기**

$3 \times 7 = 21$ → (7과 21이 각각 $\frac{1}{10}$배) → $3 \times 0.7 = 2.1$

$3 \times 72 = 216$ → (72와 216이 각각 $\frac{1}{100}$배) → $3 \times 0.72 = 2.16$

● **(자연수) × (소수)를 (소수) × (자연수)로 바꾸어 계산하기** (곱셈에서는 두 수를 바꾸어 곱해도 계산 결과는 같습니다.)

$3 \times 0.7 = 2.1$
$0.7 \times 3 = 2.1$

$3 \times 0.72 = 2.16$
$0.72 \times 3 = 2.16$

● **세로셈으로 계산하기**

$$\begin{array}{r} 3 \\ \times\ 0.72 \\ \hline \end{array} \Rightarrow \begin{array}{r} 3 \\ \times\ 0.72 \\ \hline 216 \end{array} \Rightarrow \begin{array}{r} 3 \\ \times\ 0.72 \\ \hline 2.16 \end{array}$$

자연수와 소수 끝자리 숫자를 맞추어 씁니다.

자연수와 같은 방법으로 3 × 72의 계산을 합니다.

소수점을 그대로 내려 찍습니다.

1 2×0.9를 여러 가지 방법으로 계산하려고 합니다. □ 안에 알맞은 수를 써넣으세요.

(1) 분수의 곱셈으로 계산해 보세요.

$$2\times0.9=2\times\frac{\square}{10}=\frac{2\times\square}{10}$$

$$=\frac{\square}{10}=\square$$

(2) 자연수의 곱셈으로 계산해 보세요.

$2\times9=\square$

$\frac{1}{10}$배 ↓ ↓ $\frac{1}{10}$배

$2\times0.9=\square$

2 보기 와 같이 소수를 분수로 고쳐서 계산해 보세요.

보기

$$2\times0.8=2\times\frac{8}{10}=\frac{16}{10}=1.6$$

(1) $5\times0.7=$ ....

(2) $15\times0.31=$ ....

3 □ 안에 알맞은 수를 써넣으세요.

$3\times0.1=\square$

7배 ↓ ↓ 7배

$3\times0.7=\square$

4 계산해 보세요.

(1)

	5	2
×	0.6	

(2)

		3	7
×	0.	0	4

5 계산해 보세요.

4×0.25

5×0.25

6×0.25

6 □ 안에 알맞은 수를 써넣으세요.

(1) $19\times0.8=\square=0.8\times19$

(2) $8\times0.03=\square=0.03\times8$

7 어림하여 계산 결과가 5보다 큰 것을 찾아 기호를 써 보세요.

㉠ 5의 0.87배
㉡ 10×0.6
㉢ 6의 0.49

( )

4 (자연수) × (소수)를 알아볼까요(2)

● **어림하여 계산하기**

2 × 1.39는 2 × 1.4 = 2.8 정도가 됩니다.
(1.39 → 1.4에 가깝습니다.)

● **분수의 곱셈으로 계산하기**

$$2 \times 1.3 = 2 \times \frac{13}{10} = \frac{2 \times 13}{10} = \frac{26}{10} = 2.6$$

$$2 \times 1.39 = 2 \times \frac{139}{100} = \frac{2 \times 139}{100} = \frac{278}{100} = 2.78$$

● **자연수의 곱셈으로 계산하기**

$2 \times 13 = 26$ → ($\frac{1}{10}$배), ($\frac{1}{10}$배) → $2 \times 1.3 = 2.6$

$2 \times 139 = 278$ → ($\frac{1}{100}$배), ($\frac{1}{100}$배) → $2 \times 1.39 = 2.78$

● **(자연수) × (소수)를 (소수) × (자연수)로 바꾸어 계산하기**

$2 \times 1.3 = 2.6$

$1.3 \times 2 = 2.6$

$2 \times 1.39 = 2.78$

$1.39 \times 2 = 2.78$

● **세로셈으로 계산하기**

			2
×	1.	3	9

자연수와 소수 끝자리 숫자를 맞추어 씁니다.

→

			2
×	1.	3	9
	2	7	8

자연수와 같은 방법으로 2 × 139의 계산을 합니다.

→

			2
×	1.	3	9
	2.	7	8

소수점을 그대로 내려 찍습니다.

1 4×2.8을 여러 가지 방법으로 계산하려고 합니다. □ 안에 알맞은 수를 써넣으세요.

(1) 분수의 곱셈으로 계산해 보세요.

$$4 \times 2.8 = 4 \times \frac{\square}{10} = \frac{4 \times \square}{10}$$

$$= \frac{\square}{10} = \square$$

(2) 자연수의 곱셈으로 계산해 보세요.

$4 \times 28 = \square$

$\frac{1}{10}$배 ↓ ↓ $\frac{1}{10}$배

$4 \times 2.8 = \square$

2 보기 와 같이 계산해 보세요.

보기

$$8 \times 3.4 = 8 \times 34 \times \frac{1}{10} = \frac{272}{10} = 27.2$$

(1) $6 \times 5.7 =$ ……………………

(2) $9 \times 2.03 =$ ……………………

3 □ 안에 알맞은 수를 써넣으세요.

8		8
× 1.2	×2 →	× 2.4
□	×2 →	□

4 계산해 보세요.

(1) 3×2.5 (2) 5×3.21

5 □ 안에 알맞은 수를 써넣으세요.

$6 \times 4 = \square$

$6 \times 0.3 = \square$

$6 \times 4.3 = \square$

6 계산 결과를 비교하여 ○ 안에 >, =, <를 알맞게 써넣으세요.

(1) 5×3.9 ○ 3.9×5

(2) 11×4.09 ○ $409 \times 11 \times \frac{1}{10}$

7 잘못 설명한 것을 찾아 기호를 써 보세요.

㉠ 6×3.1에서 3.1은 3과 가까우므로 계산 결과는 약 18입니다.

㉡ 8×3.74는 8×374의 계산 결과의 $\frac{1}{10}$배입니다.

㉢ 5×2.4는 2.4를 5번 더하여 구할 수 있습니다.

( )

4

5 (소수) × (소수)를 알아볼까요(1)

● **그림으로 어림하여 계산하기**

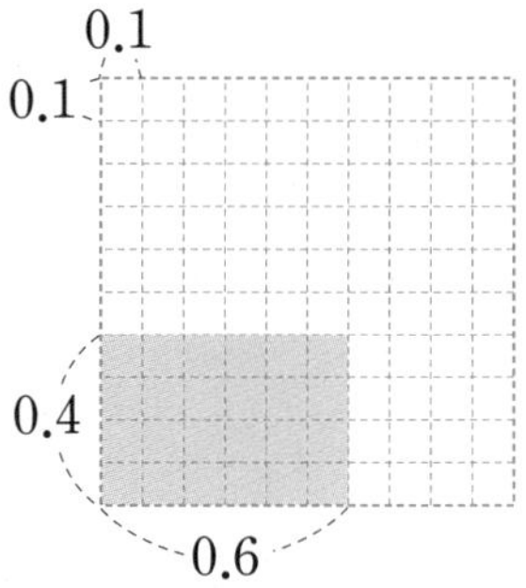

전체 넓이가 1이므로 0.6 × 0.4는 1보다 작습니다.

● **분수의 곱셈으로 계산하기**

$$0.6 \times 0.4 = \frac{6}{10} \times \frac{4}{10} = \frac{6 \times 4}{100} = \frac{24}{100} = 0.24$$

$$0.06 \times 0.4 = \frac{6}{100} \times \frac{4}{10} = \frac{6 \times 4}{1000} = \frac{24}{1000} = 0.024$$

● **자연수의 곱셈으로 계산하기** ··· 곱하는 두 수의 소수점 아래 자리 수를 더한 것과 결괏값의 소수점 아래 자리 수가 같습니다.

자연수		소수	
6	$\frac{1}{10}$배 →	0.6	← 소수 한 자리 수
× 4	$\frac{1}{10}$배 →	× 0.4	← 소수 한 자리 수
2 4	$\frac{1}{100}$배 →	0.2 4	← 소수 두 자리 수

자연수		소수	
6	$\frac{1}{100}$배 →	0.0 6	← 소수 두 자리 수
× 4	$\frac{1}{10}$배 →	× 0.4	← 소수 한 자리 수
2 4	$\frac{1}{1000}$배 →	0.0 2 4	← 소수 세 자리 수

1 **0.09 × 0.8을 여러 가지 방법으로 계산하려고 합니다. □ 안에 알맞은 수를 써넣으세요.**

(1) 분수의 곱셈으로 계산해 보세요.

$$0.09 \times 0.8 = \frac{\square}{100} \times \frac{\square}{10}$$

$$= \frac{\square}{1000} = \square$$

(2) 자연수의 곱셈으로 계산해 보세요.

9 × 8 = □

↓ $\frac{1}{100}$배 ↓ $\frac{1}{10}$배 ↓ $\frac{1}{1000}$배

0.09 × 0.8 = □

2 소수를 분수로 고쳐서 계산한 것입니다. 잘못 계산한 것의 기호를 써 보세요.

㉠ $0.12 \times 0.8 = \frac{12}{100} \times \frac{8}{10}$
$= \frac{96}{1000} = 0.096$

㉡ $0.37 \times 0.21 = \frac{37}{100} \times \frac{21}{100}$
$= \frac{777}{10000} = 0.777$

(　　　　　　　)

3 계산해 보세요.

(1) 0.4×0.9

(2) 0.08×0.5

(3) 0.4×0.42

(4) 0.62×0.13

4 □ 안에 알맞은 수를 써넣으세요.

(1) $0.6 \times 1 =$ □

$0.6 \times 0.5 =$ □

(2) $0.48 \times 0.4 =$ □

$0.48 \times 0.8 =$ □

5 □ 안에 알맞은 수를 써넣으세요.

(1) $0.8 \times 0.25 = 0.8 \times$ □ $\times 5$

$=$ □ $\times 5 =$ □

(2) $0.45 \times 0.6 =$ □ $\times 9 \times 0.6$

$=$ □ $\times 0.6 \times 9$

$=$ □ $\times 9 =$ □

6 0.34×0.27의 값이 얼마인지 어림해서 구한 값을 찾아 기호를 써 보세요.

㉠ 0.918　㉡ 9.18　㉢ 0.0918

(　　　　　　　)

7 계산 결과를 비교하여 ○ 안에 $>$, $=$, $<$를 알맞게 써넣으세요.

(1) 0.9×0.35 ○ 0.9×0.4

(2) 0.4×0.31 ○ 0.62×0.2

8 어떤 자동차는 1 km를 달리는 데 휘발유 0.07 L가 필요합니다. 이 자동차가 0.9 km를 달리는 데 필요한 휘발유는 몇 L일까요?

(　　　　　　　)

6 (소수) × (소수)를 알아볼까요(2)

● 어림하여 계산하기

2.8 × 3.1은 3 × 3 = 9 정도가 됩니다.
(2.8과 3.1은 각각 3에 가깝습니다.)

● 분수의 곱셈으로 계산하기

$$2.8 \times 3.1 = \frac{28}{10} \times \frac{31}{10} = \frac{28 \times 31}{100} = \frac{868}{100} = 8.68$$

$$2.83 \times 3.1 = \frac{283}{100} \times \frac{31}{10} = \frac{283 \times 31}{1000} = \frac{8773}{1000} = 8.773$$

● 자연수의 곱셈으로 계산하기 (곱하는 두 수의 소수점 아래 자리 수를 더한 것과 결괏값의 소수점 아래 자리 수가 같습니다.)

자연수		소수	
28	$\frac{1}{10}$배 →	2.8	← 소수 한 자리 수
× 31	$\frac{1}{10}$배 →	× 3.1	← 소수 한 자리 수
868	$\frac{1}{100}$배 →	8.68	← 소수 두 자리 수

28 × 31: 28, 84 → 868

자연수		소수	
283	$\frac{1}{100}$배 →	2.83	← 소수 두 자리 수
× 31	$\frac{1}{10}$배 →	× 3.1	← 소수 한 자리 수
8773	$\frac{1}{1000}$배 →	8.773	← 소수 세 자리 수

283 × 31: 283, 849 → 8773

1 3.1 × 1.4를 여러 가지 방법으로 계산하려고 합니다. □ 안에 알맞은 수를 써넣으세요.

(1) 분수의 곱셈으로 계산해 보세요.

$$3.1 \times 1.4 = \frac{\square}{10} \times \frac{\square}{10} = \frac{\square}{100} = \square$$

(2) 자연수의 곱셈으로 계산해 보세요.

31 × 14 = □

↓ $\frac{1}{10}$배 ↓ $\frac{1}{10}$배 ↓ $\frac{1}{100}$배

3.1 × 1.4 = □

2 보기 와 같이 계산해 보세요.

보기

$$8.4\times3.4=84\times\frac{1}{10}\times34\times\frac{1}{10}$$
$$=\frac{2856}{100}=28.56$$

$6.2\times5.7=$

3 54×23은 1242입니다. 5.4×2.3의 값을 어림하여 결괏값에 소수점을 찍어 보세요.

$$5.4\times2.3=1\square2\square4\square2$$

4 계산해 보세요.

(1) 1.3×3.5

(2) 9.4×2.1

(3) 1.69×2.7

(4) 5.8×1.72

5 □ 안에 알맞은 수를 써넣으세요.

$4.9\times3\quad=\square$

$4.9\times0.2=\square$

$4.9\times3.2=\square$

6 어림하여 계산 결과가 8보다 작은 것을 찾아 기호를 써 보세요.

㉠ 3.8×3.1
㉡ 3.9의 1.7
㉢ 2.25의 4.2배

(　　　　　　　　)

7 가장 큰 수와 가장 작은 수의 곱을 구해 보세요.

2.5	1.6	4.3	7.8

(　　　　　　　　)

8 계산 결과가 다른 것은 어느 것일까요? (　　　)

① 1.2×2.34　② $2.34\times\frac{12}{10}$
③ 2.34×1.2　④ $2.34\times0.6\times0.2$
⑤ $2.34+0.2\times2.34$

9 가로가 1.25 m, 세로가 3.2 m인 직사각형의 넓이는 몇 m^2일까요?

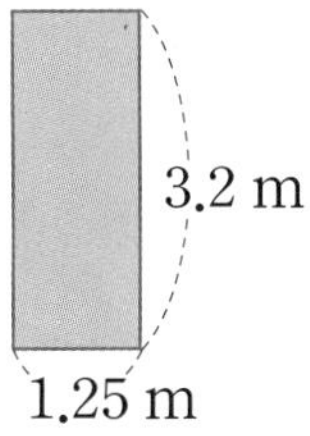

(　　　　　　　　)

7 곱의 소수점의 위치는 어떻게 달라질까요

소수에 10, 100, 1000을 곱하기

> 곱하는 수의 0의 수만큼 소수점이 오른쪽으로 옮겨집니다.

	백	십	일	소수 첫째	소수 둘째	
$0.25 \times 1 =$			0.	2	5	
$0.25 \times 10 =$ (0이 한 개)			2.	5		← 소수점을 오른쪽으로 한 칸 이동
$0.25 \times 100 =$ (0이 두 개)		2	5			← 소수점을 오른쪽으로 두 칸 이동
$0.250 \times 1000 =$ (0이 세 개)	2	5	0			← 소수점을 오른쪽으로 세 칸 이동

소수점을 오른쪽으로 옮길 때 소수점을 옮길 자리가 없으면 0을 더 채워 쓰면서 옮깁니다.
예 $0.25 \times 1000 = 250$

자연수에 0.1, 0.01, 0.001을 곱하기

> 곱하는 수의 소수점 아래 자리 수만큼 소수점이 왼쪽으로 옮겨집니다.

	백	십	일	소수 첫째	소수 둘째	
$270 \times 1 =$	2	7	0			
$270 \times 0.1 =$ (소수 한 자리 수)		2	7			← 소수점을 왼쪽으로 한 칸 이동
$270 \times 0.01 =$ (소수 두 자리 수)			2.	7		← 소수점을 왼쪽으로 두 칸 이동
$270 \times 0.001 =$ (소수 세 자리 수)			0.	2	7	← 소수점을 왼쪽으로 세 칸 이동

소수점을 왼쪽으로 옮길 때 소수점 아래 자리 수가 모자라면 0을 더 채워 쓰면서 옮기고, 소수점 아래 마지막 숫자 0은 생략하여 나타냅니다.
예 $27 \times 0.001 = 0.027$
$270 \times 0.001 = 0.270$

소수끼리 곱하기

곱하는 두 수의 소수점 아래 자리 수를 더한 것과 결괏값의 소수점 아래 자리 수가 같습니다.

$0.4 \times 0.6 = 0.24$ (소수 한 자리 수 × 소수 한 자리 수 = 소수 두 자리 수)

$0.4 \times 0.06 = 0.024$ (소수 한 자리 수 × 소수 두 자리 수 = 소수 세 자리 수)

$0.04 \times 0.6 = 0.024$ (소수 두 자리 수 × 소수 한 자리 수 = 소수 세 자리 수)

각 자리 숫자가 나타내는 값은 한 자리씩 높아질 때마다 10배가 됩니다.

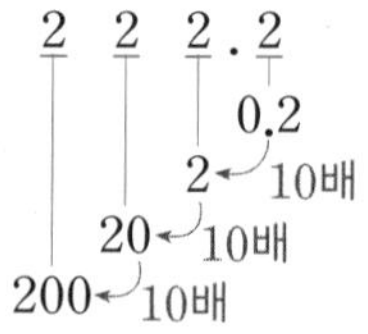

1 소수점의 위치를 생각하여 계산해 보세요.

(1) $0.372\times10=\square$

$0.372\times100=\square$

$0.372\times1000=\square$

(2) $47\times0.1=\square$

$47\times0.01=\square$

$47\times0.001=\square$

2 곱의 소수점의 위치가 잘못된 것은 어느 것일까요? (　　　)

① $0.32\times10=3.2$ ② $0.32\times100=32$
③ $32\times0.1=3.2$ ④ $32\times0.01=0.32$
⑤ $32\times0.001=0.32$

3 $13\times305=3965$입니다. 계산이 맞도록 소수점을 바르게 찍어 보세요.

$1.3\times30.5=3\square9\square6\square5$

4 계산 결과를 비교하여 ○ 안에 >, =, <를 알맞게 써넣으세요.

(1) 5.3×0.6 ○ 0.53×60

(2) 4.17×2 ○ 0.417×20

5 □ 안에 알맞은 수를 써넣으세요.

(1) $43\times15=\square$

$4.3\times1.5=\square$

$4.3\times0.15=\square$

(2) $2.3\times7=\square$

$2.3\times70=\square$

$0.23\times700=\square$

6 □ 안에 알맞은 수를 써넣으세요.

(1) $25\times1.3=25\times13\times\square$

$25\times0.13=25\times13\times\square$

(2) $3.4\times5.8=34\times58\times\square$

$0.34\times5.8=34\times58\times\square$

$3.4\times0.58=34\times58\times\square$

7 ㉡은 ㉠의 몇 배인지 구해 보세요.

㉠ 0.028의 50배	㉡ 2.8의 5배

(　　　　　　　　)

4

기본기 다지기

1 (1보다 작은 소수)×(자연수)

예 0.7×4를 여러 가지 방법으로 계산하기

- $0.7\times4=0.7+0.7+0.7+0.7=2.8$
- $0.7\times4=\frac{7}{10}\times4=\frac{7\times4}{10}=\frac{28}{10}=2.8$
- $\begin{array}{r} 7 \\ \times\ 4 \\ \hline 2\ 8 \end{array} \Rightarrow \begin{array}{r} 0.7 \\ \times\ \ 4 \\ \hline 2.8 \end{array}$

1 계산 결과가 다른 것은 어느 것일까요?

( )

① 0.8×2 ② 0.2×8

③ $\frac{8}{10}\times2$ ④ $\frac{2}{10}+8$

⑤ $0.8+0.8$

2 □ 안에 알맞은 수를 써넣으세요.

$0.4\times6=0.1\times\square\times6$

$=0.1\times\square$

$=\square$

서술형

3 0.7×5를 두 가지 방법으로 계산해 보세요.

방법 1 ....

....

방법 2 ....

....

4 어림하여 계산 결과가 3보다 작은 것을 찾아 기호를 써 보세요.

㉠ 0.5×9 ㉡ 0.63×6 ㉢ 0.98×3

( )

5 종석이는 두유를 하루에 0.28 L씩 마십니다. 종석이가 일주일 동안 마신 두유는 모두 몇 L일까요?

( )

6 한 개의 무게가 400 g인 고구마가 4개 있습니다. 고구마 4개의 무게는 몇 kg일까요?

( )

2 (1보다 큰 소수)×(자연수)

예 1.2×3을 여러 가지 방법으로 계산하기

- $1.2\times3=1.2+1.2+1.2=3.6$
- $1.2\times3=\frac{12}{10}\times3=\frac{12\times3}{10}=\frac{36}{10}=3.6$
- $\begin{array}{r} 1\ 2 \\ \times\ \ 3 \\ \hline 3\ 6 \end{array} \Rightarrow \begin{array}{r} 1.2 \\ \times\ \ 3 \\ \hline 3.6 \end{array}$

7 □ 안에 알맞은 수를 써넣으세요.

$2\ \ \times4=\square$

$0.3\times4=\square$

$2.3\times4=\square$

서술형

8 계산 결과를 잘못 말한 사람을 찾아 이름을 쓰고, 잘못 말한 부분을 바르게 고쳐 보세요.

> 수빈: 3.9×2는 4와 2의 곱으로 어림할 수 있으니까 결과는 8 정도가 돼.
>
> 정민: 4.03×5에서 403과 5의 곱은 약 2000이니까 4.03과 5의 곱은 200 정도가 돼.

잘못 말한 사람 ....

바르게 고치기 ....

....

9 빈칸에 알맞은 수를 써넣으세요.

□ $\xrightarrow{\div 7}$ 1.6, 1.6 $\xrightarrow{\times 7}$ □

10 동호가 미술 시간에 2.58 m짜리 철사 6개로 배 모양을 만들었습니다. 배 모양을 만드는 데 사용한 철사는 모두 몇 m일까요?

(　　　　　　　　)

11 세린이네 집에서 문구점까지의 거리는 1 km 500 m입니다. 세린이가 집에서 문구점까지 다녀온다면 몇 km를 걸은 셈일까요?

(　　　　　　　　)

3 (자연수)×(1보다 작은 소수)

예 3×0.8을 여러 가지 방법으로 계산하기

- $3\times0.8=3\times\frac{8}{10}=\frac{3\times8}{10}=\frac{24}{10}=2.4$
- $3\times8=24$ ➡ $3\times0.8=2.4$
- $\begin{array}{r}3\\ \times\ 8\\ \hline 2\ 4\end{array}$ ➡ $\begin{array}{r}3\\ \times\ 0.8\\ \hline 2.4\end{array}$

12 □ 안에 알맞은 수를 써넣으세요.

(1) $19\times2=$ □

$\frac{1}{10}$배 ↓　　↓ $\frac{1}{10}$배

$19\times0.2=$ □

(2) $4\times56=$ □

$\frac{1}{100}$배 ↓　　↓ $\frac{1}{100}$배

$4\times0.56=$ □

13 계산해 보세요.

$2\times0.3=$ □

$4\times0.3=$ □

$6\times0.3=$ □

$8\times0.3=$ □

14 ○ 안에 >, =, <를 알맞게 써넣으세요.

9 ○ 9×0.7

4

15 □ 안에 알맞은 식물의 이름을 구해 보세요.

- 토마토 줄기의 키가 4월에는 3월보다 0.82배만큼 더 자랐습니다.
- 딸기 줄기의 키가 4월에는 3월보다 0.38 배만큼 더 자랐습니다.

( )

16 막대의 길이는 62 cm이고, 색 테이프의 길이는 막대의 길이의 0.9배입니다. 색 테이프의 길이는 몇 cm일까요?

( )

4 (자연수) × (1보다 큰 소수)

예 2 × 2.4를 여러 가지 방법으로 계산하기

- $2 \times 2.4 = 2 \times \frac{24}{10} = \frac{2 \times 24}{10} = \frac{48}{10} = 4.8$
- $2 \times 24 = 48$ ➡ $2 \times 2.4 = 4.8$
- $\begin{array}{r} 2 \\ \times\ 24 \\ \hline 48 \end{array}$ ➡ $\begin{array}{r} 2 \\ \times\ 2.4 \\ \hline 4.8 \end{array}$

17 □ 안에 알맞은 수를 써넣으세요.

$4 \times 5 = \square$

$4 \times 0.1 = \square$

$4 \times 5.1 = \square$

18 □ 안에 알맞은 수를 써넣으세요.

$\begin{array}{r} 6 \\ \times\ 17 \\ \hline \square \end{array}$ $\xrightarrow{\frac{1}{10}\text{배}}$ $\begin{array}{r} 6 \\ \times\ 1.7 \\ \hline \square \end{array}$

(17 → 1.7: $\frac{1}{10}$배, □ → □: $\frac{1}{10}$배)

19 어림하여 계산 결과가 12보다 큰 것을 찾아 기호를 써 보세요.

㉠ 2 × 6.2　㉡ 3의 3.9배　㉢ 4의 2.7

( )

20 정우의 가방 무게는 2 kg이고, 진하의 가방 무게는 정우의 가방 무게의 1.25배입니다. 진하의 가방 무게는 몇 kg일까요?

( )

서술형

21 채성이가 3000원으로 쿠키를 사려고 합니다. 사려는 쿠키의 가격표가 찢어져 있을 때 가진 돈으로 쿠키를 살 수 있을지 답하고, 그 이유를 설명하세요.

0원
1 g당 9.5원
쿠키 300 g

쿠키를 살 수 (있습니다 , 없습니다).

이유 ....

5 1보다 작은 소수끼리의 곱셈

예 0.8×0.3을 여러 가지 방법으로 계산하기

• $0.8\times0.3=\frac{8}{10}\times\frac{3}{10}=\frac{24}{100}=0.24$

• $8\times3=24$ ➡ $0.8\times0.3=0.24$

•
$$\begin{array}{r} 8 \\ \times\ 3 \\ \hline 24 \end{array} \Rightarrow \begin{array}{r} 0.8 \\ \times\ 0.3 \\ \hline 0.24 \end{array}$$

서술형

22 0.2×0.9=0.18입니다. 0.2×0.9는 왜 0.18인지 두 가지 방법으로 설명하세요.

방법 1 ....

방법 2 ....

23 □ 안에 알맞은 수를 써넣으세요.

$$\begin{array}{r} 3\ 7 \\ \times\ \ 6 \\ \hline \square \end{array} \Rightarrow \begin{array}{r} 0.3\ 7 \\ \times\ \ 0.6 \\ \hline \square \end{array}$$

24 0.48 × 0.93의 값이 얼마인지 어림해서 구해 보세요.

㉠ 44.64 ㉡ 4.464 ㉢ 0.4464

( )

25 부침가루 0.6 kg의 0.6만큼을 사용하여 부침개를 만들었습니다. 부침개를 만드는 데 사용한 부침가루는 몇 kg일까요?

( )

26 ㉠▲㉡을 다음과 같이 약속할 때 0.3▲0.5의 값을 구해 보세요.

㉠▲㉡=(㉠+㉡)×㉠

( )

6 1보다 큰 소수끼리의 곱셈

예 1.2×2.7을 여러 가지 방법으로 계산하기

• $1.2\times2.7=\frac{12}{10}\times\frac{27}{10}=\frac{324}{100}=3.24$

• $12\times27=324$ ➡ $1.2\times2.7=3.24$

•
$$\begin{array}{r} 1\ 2 \\ \times\ 2\ 7 \\ \hline 8\ 4 \\ 2\ 4\ \ \\ \hline 3\ 2\ 4 \end{array} \Rightarrow \begin{array}{r} 1.2 \\ \times\ 2.7 \\ \hline 8\ 4 \\ 2\ 4\ \ \\ \hline 3.2\ 4 \end{array}$$

27 1.08과 3.4의 합과 곱에 소수점을 바르게 찍어 보세요.

$$\begin{array}{r} 1\ 0\ 8 \\ +\ 3\ 4 \\ \hline 4\ 4\ 8 \end{array} \qquad \begin{array}{r} 1\ 0\ 8 \\ \times\ \ 3\ 4 \\ \hline 4\ 3\ 2 \\ 3\ 2\ 4\ \ \\ \hline 3\ 6\ 7\ 2 \end{array}$$

(위 식의 피연산수는 각각 1.0 8, 3.4로 인쇄됨)

28 계산 결과가 4.5보다 큰 것을 모두 찾아 ○표 하세요.

4.5×1.1	4.5×0.8
4.5×0.5	4.5×2.9

29 □ 안에 들어갈 수 있는 자연수를 모두 구해 보세요.

$3.6 \times 1.2 < \square < 2.9 \times 2.4$

(　　　　　　　　)

30 오리의 무게는 1.4 kg이고, 거위의 무게는 오리 무게의 2.6배입니다. 거위의 무게는 몇 kg일까요?

(　　　　　　　　)

31 준호는 1시간에 2.8 km를 걷습니다. 같은 빠르기로 3시간 30분 동안 걷는다면 몇 km를 걸을 수 있을까요?

(　　　　　　　　)

32 계산기로 1.12×1.5를 계산하려고 두 수를 눌렀는데 수 하나의 소수점 위치를 잘못 눌러서 16.8의 결과가 나왔습니다. 계산기에 누른 두 수를 구해 보세요.

$\square \times \square$

7 곱의 소수점 위치

- 소수와 자연수의 곱셈에서 곱하는 수의 0이 하나씩 늘어날 때마다 곱의 소수점을 오른쪽으로 한 칸씩 옮깁니다.
- 자연수와 소수의 곱셈에서 곱하는 소수의 소수점 아래 자리 수가 하나씩 늘어날 때마다 곱의 소수점을 왼쪽으로 한 칸씩 옮깁니다.
- 소수끼리의 곱셈에서 곱의 소수점 아래 자리 수는 곱하는 두 소수의 소수점 아래 자리 수의 합과 같습니다.

33 $16 \times 15 = 240$입니다. 관계있는 것끼리 선으로 이어 보세요.

1.6×1.5 •	• 0.024
1.6×0.15 •	• 0.24
0.16×0.15 •	• 2.4

34 계산 결과가 <u>다른</u> 것을 찾아 기호를 써 보세요.

㉠ 8.32×10	㉡ 832×0.1
㉢ 83.2의 0.1	㉣ 0.832의 100배

(　　　　　　　　)

35 구슬 한 개의 무게는 5.08 g입니다. 구슬 10개, 100개, 1000개의 무게는 각각 몇 g일까요?

10개 (　　　　　　　　)

100개 (　　　　　　　　)

1000개 (　　　　　　　　)

36 밀가루 37 kg의 0.01만큼을 사용하여 수제비를 만들었습니다. 수제비를 만드는 데 사용한 밀가루는 몇 kg일까요?

( )

37 ○ 안에 >, =, <를 알맞게 써넣으세요.

1.5×0.25 ○ 0.15×2.5

38 □ 안에 알맞은 수를 써넣으세요.

(1) $2.841 \times \square = 284.1$

(2) $60.5 \times \square = 6.05$

39 보기 를 이용하여 □ 안에 알맞은 수를 써넣으세요.

보기

$16 \times 493 = 7888$

(1) $1.6 \times \square = 7.888$

(2) $\square \times 49.3 = 0.7888$

40 □ 안에 알맞은 수를 구해 보세요.

$0.52 \times 9.3 = 5.2 \times \square$

( )

8 세 소수의 곱셈

곱셈은 순서를 바꾸어 곱하여도 계산 결과가 같으므로 계산이 편리한 순서대로 계산합니다.

예 $1.6 \times 3.9 \times 0.5 = 3.12$

6.24

3.12

$1.6 \times 3.9 \times 0.5 = 3.12$

0.8

3.12

41 세 소수의 곱을 구해 보세요.

4.2　　0.5　　1.1

( )

42 빈칸에 알맞은 수를 써넣으세요.

1.3 → $\times 3.2$ → $\times 5.8$ → □

43 어머니의 몸무게는 52.5 kg입니다. 기훈이의 몸무게는 어머니 몸무게의 0.8배이고, 동생의 몸무게는 기훈이 몸무게의 0.9배입니다. 동생의 몸무게는 몇 kg일까요?

( )

44 1분에 0.76 L씩 일정하게 물이 나오는 수도꼭지가 있습니다. 같은 수도꼭지 7개로 1시간 동안 물을 받았다면 받은 물의 양은 모두 몇 L일까요?

( )

정답과 풀이 32쪽

9 도형의 넓이 구하기

- (직사각형의 넓이) = (가로) × (세로)
- (평행사변형의 넓이) = (밑변) × (높이)
- (마름모의 넓이)
  = (한 대각선) × (다른 대각선) × 0.5

  ↳ ÷2와 같습니다.

45 평행사변형의 넓이는 몇 cm^2일까요?

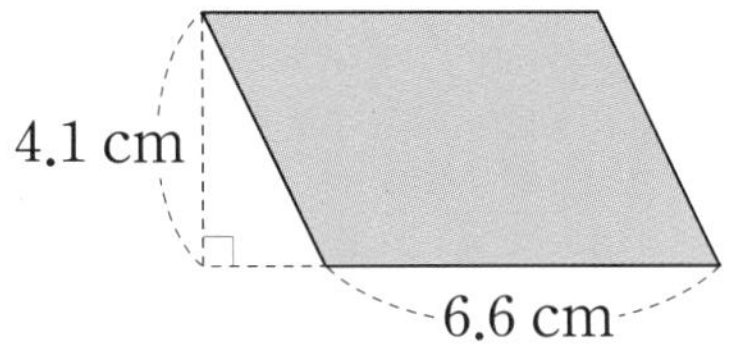

(　　　　　　　　　)

서술형

46 직사각형의 가로는 세로의 1.3배입니다. 세로가 2.9 cm라면 넓이는 몇 cm^2인지 풀이 과정을 쓰고 답을 구해 보세요.

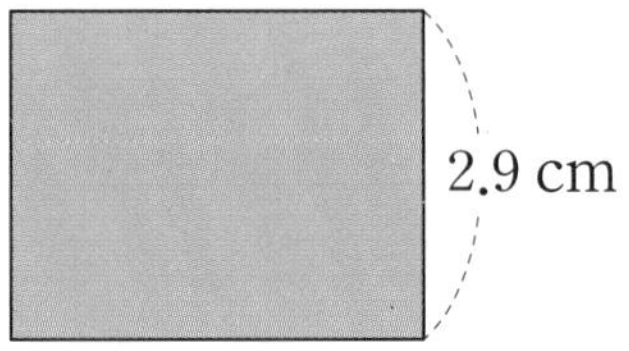

풀이 ....

답 ....

47 정사각형의 네 변의 가운데 점을 이어 마름모를 그렸습니다. 마름모의 넓이는 몇 cm^2일까요?

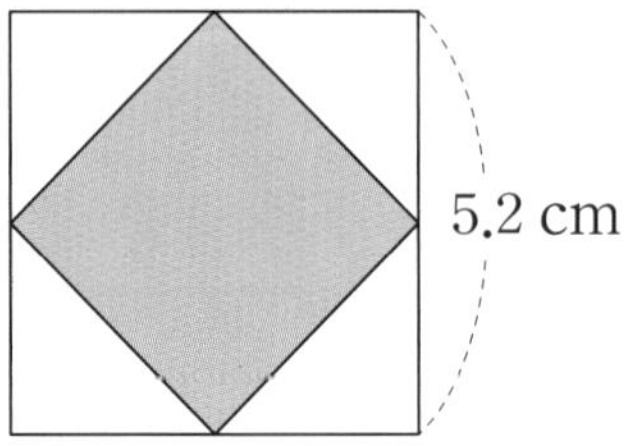

(　　　　　　　　　)

10 수 카드로 만든 소수의 곱 구하기

소수는 자연수 부분이 클수록 큰 수이고, 자연수 부분이 같으면 소수점 아래 높은 자리의 숫자가 클수록 큰 수입니다.

48 4장의 카드 중에서 3장을 골라 소수 한 자리 수를 만들려고 합니다. 만들 수 있는 소수 중에서 가장 큰 수와 가장 작은 수의 곱을 구해 보세요.

| . | 1 | 5 | 9 |

(　　　　　　　　　)

49 5장의 카드 중에서 4장을 골라 소수 두 자리 수를 만들려고 합니다. 만들 수 있는 소수 중에서 가장 큰 수와 가장 작은 수의 곱을 구해 보세요.

| . | 0 | 4 | 7 | 8 |

(　　　　　　　　　)

50 6장의 카드 중에서 4장을 골라 소수를 만들려고 합니다. 만들 수 있는 소수 중에서 가장 큰 수와 가장 작은 수의 곱을 구해 보세요.

| . | 2 | 3 | 5 | 6 | 9 |

(　　　　　　　　　)

응용력 기르기

문제 풀이

심화유형 1 바르게 계산한 값 구하기

어떤 수에 1.2를 곱해야 할 것을 잘못하여 더했더니 5가 되었습니다. 바르게 계산한 값은 얼마일까요?

(　　　　　　　　　)

● 핵심 NOTE　잘못 계산한 식을 이용하여 어떤 수를 구한 후 바르게 계산한 값을 구합니다.

1-1 어떤 수에 0.8을 곱해야 할 것을 잘못하여 뺐더니 4.7이 되었습니다. 바르게 계산한 값은 얼마일까요?

(　　　　　　　　　)

1-2 어떤 수에 0.3을 곱해야 할 것을 잘못하여 나누었더니 2.6이 되었습니다. 바르게 계산한 값은 얼마일까요?

(　　　　　　　　　)

1-3 2.04에 어떤 수를 곱해야 할 것을 잘못하여 더했더니 3.71이 되었습니다. 바르게 계산한 값은 얼마일까요?

(　　　　　　　　　)

심화유형 2 도형에서 색칠한 부분의 넓이 구하기

다음 도형에서 색칠한 부분의 넓이는 몇 cm^2일까요?

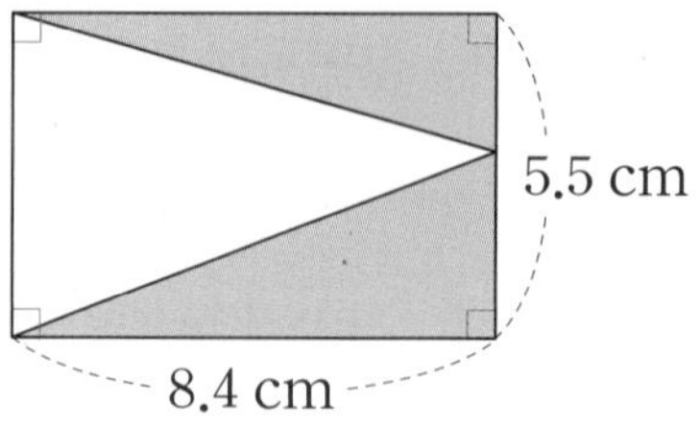

(　　　　　　　　　)

● 핵심 NOTE 색칠한 부분의 넓이를 바로 구할 수 없을 때는 큰 도형의 넓이에서 작은 도형의 넓이를 빼서 구할 수 있습니다.

2-1 다음 도형에서 색칠한 부분의 넓이는 몇 cm^2일까요? (단, 색칠하지 않은 부분은 마름모입니다.)

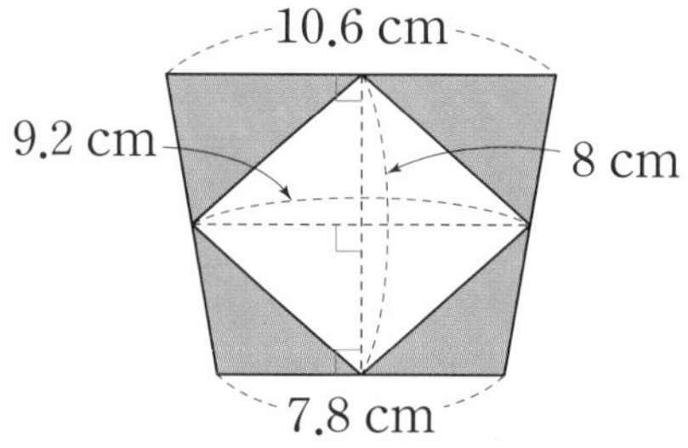

(　　　　　　　　　)

2-2 다음 도형에서 색칠한 부분의 넓이는 몇 cm^2일까요?

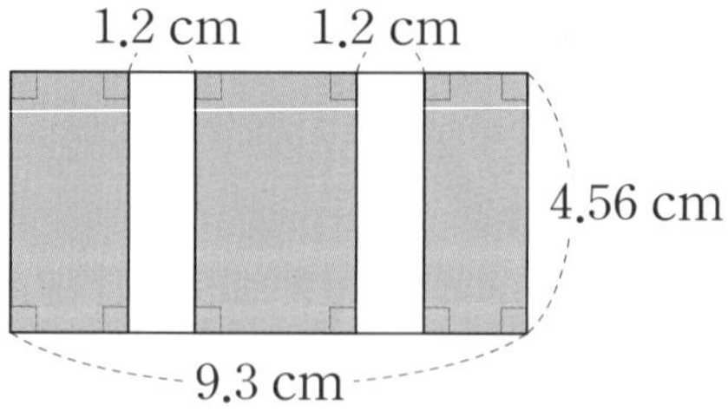

(　　　　　　　　　)

심화유형 3 수 카드로 곱셈식 만들기

4장의 수 카드를 모두 한 번씩 사용하여 (소수 한 자리 수)×(소수 한 자리 수)의 식을 만들려고 합니다. 곱이 가장 클 때의 곱셈식을 만들고 계산해 보세요.

1 3 5 7

□.□ × □.□ = (　　　　　　)

● 핵심 NOTE 곱이 가장 큰 (소수 한 자리 수)×(소수 한 자리 수)의 식을 만들려면 일의 자리에 가장 큰 수와 두 번째로 큰 수를 놓아야 합니다.

3-1 4장의 수 카드를 모두 한 번씩 사용하여 (소수 한 자리 수)×(소수 한 자리 수)의 식을 만들려고 합니다. 곱이 가장 클 때의 곱셈식을 만들고 계산해 보세요.

2 4 6 8

□.□ × □.□ = (　　　　　　)

3-2 4장의 수 카드를 모두 한 번씩 사용하여 (소수 한 자리 수)×(소수 한 자리 수)의 식을 만들려고 합니다. 곱이 가장 작을 때의 곱셈식을 만들고 계산해 보세요.

1 5 8 9

□.□ × □.□ = (　　　　　　)

정답과 풀이 34쪽

융합유형 4 각 나라의 화폐 바꾸기

수학 + 사회

옛날에는 깃털이나 돌, 구슬, 조개껍데기 등 그 당시에 쉽게 구할 수 없는 물건을 화폐로 사용하다가 오늘날에는 동전이나 지폐 등을 화폐로 사용하게 되었습니다. 나라마다 사용하는 화폐가 다르기 때문에 다른 나라와 거래를 할 때 화폐를 그 나라의 화폐로 바꾸어야 합니다. 미국의 화폐의 단위는 달러, 유럽 연합의 화폐의 단위는 유로입니다. 어느 날 1달러는 1420원이고, 1유로는 0.96달러였습니다. 이날 2.5유로는 몇 원인지 구해 보세요.

1달러

1유로

1단계 2.5유로는 몇 달러인지 구하기

2단계 2.5유로는 몇 원인지 구하기

( )

핵심 NOTE

1단계 유로와 달러 사이의 관계를 이용하여 2.5유로가 몇 달러인지 구합니다.

2단계 달러와 원 사이의 관계를 이용하여 2.5유로가 몇 원인지 구합니다.

4-1

중국의 화폐의 단위는 위안입니다. 어느 날 1위안이 201.5원이었는데 일주일 후 200.6원이 되었습니다. 주영이가 14위안을 가지고 있다면 일주일 동안 주영이가 가지고 있는 돈은 몇 원이 내렸는지 구해 보세요.

1위안

( )

단원 평가 Level 1

점수

확인

1 □ 안에 알맞은 수를 써넣으세요.

$8 \times 4 = \square$

$\frac{1}{10}$배 ↓ ↓ $\frac{1}{10}$배

$0.8 \times 4 = \square$

2 보기 와 같이 계산해 보세요.

보기

$2.4 \times 4 = 2.4 + 2.4 + 2.4 + 2.4 = 9.6$

$1.6 \times 3 =$ ....

3 계산해 보세요.

(1) 5.4×6

(2) 1.3×2.3

4 □ 안에 알맞은 수를 써넣으세요.

(1) $1.7 \times 4.93 = 4.93 \times \square$

(2) $0.9 \times 2.38 = \square \times 0.9$

5 보기 를 이용하여 □ 안에 알맞은 수를 써넣으세요.

보기

$5 \times 9 = 45$

$0.5 \times 9 = \square$

$5 \times 0.9 = \square$

6 계산해 보세요.

0.72×0.42

0.36×0.84

7 어림하여 계산 결과가 7보다 큰 것을 찾아 기호를 써 보세요.

㉠ 3.9의 2.2

㉡ 7×0.93

㉢ 14의 0.43배

(　　　　　　)

8 $315 \times 24 = 7560$입니다. 관계있는 것끼리 선으로 이어 보세요.

3.15×0.24 •	• 7.56
3.15×240 •	• 0.756
315×0.024 •	• 756

9 $234 \times 17 = 3978$입니다. 2.34×1.7의 값을 어림하여 소수점을 바르게 찍어 보세요.

$$2.34 \times 1.7 = 3\square9\square7\square8$$

10 보기 를 이용하여 식을 완성해 보세요.

보기

$$248 \times 33 = 8184$$

(1) $2.48 \times \square = 8.184$

(2) $\square \times 330 = 81.84$

11 □ 안에 들어갈 수 있는 수 중에서 가장 작은 자연수를 구해 보세요.

$$11 \times 2.5 < \square$$

(　　　　　　　　)

12 직사각형의 넓이는 몇 cm^2인지 구해 보세요.

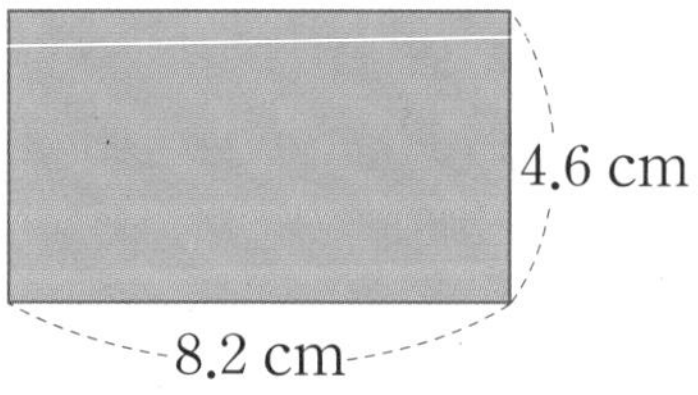

(　　　　　　　　)

13 우유를 정민이는 240 mL, 현제는 0.29 L를 마셨습니다. 우유를 더 많이 마신 사람은 누구일까요?

(　　　　　　　　)

14 기사를 보고 2022년 초코 맛 파이의 가격을 구해 보세요.

최근 새우 맛 과자가 1000원에서 1.1배로 올랐습니다. 잇달아 다른 제품도 가격이 100~200원씩 올랐습니다. 이젠 1000원짜리 지폐 한 장으로 살 수 있는 과자를 찾아보기 힘들어졌습니다.
소비자단체협의회는 "2022년 초코 맛 파이의 가격은 2018년보다 350원에서 1.2배로 올랐지만 이 기간 원재료 가격은 1.049배로 오르는 데 그쳤다."라고 지적했습니다.

(　　　　　　　　)

15 두 친구의 대화를 읽고, 빈 곳에 알맞은 이유를 써 보세요.

은정: 3.5×2.4를 계산했더니 0.84야. 3.5와 2.4 모두 소수 한 자리 수니까 곱은 소수 두 자리 수인 0.84인 거지.

미영: 어림해서 맞는지 알아보자. 어림해 보면

....

....

따라서 0.84는 틀린 답이야.

16 한 시간을 달리는 데 2.6 L의 휘발유가 필요한 자동차가 있습니다. 이 자동차가 4시간 30분 동안 달리는 데 필요한 휘발유는 몇 L일까요?

( )

17 길이가 0.85 m인 색 테이프가 10개 있습니다. 이 색 테이프를 그림과 같이 0.05 m씩 겹치게 모두 이어 붙이면 전체 길이는 몇 m가 될까요?

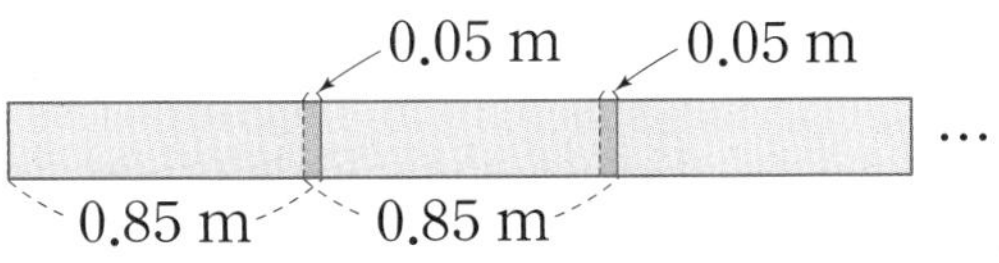

( )

18 수 카드 3, 5, 6, 9 를 한 번씩만 사용하여 곱이 가장 작은 곱셈식을 만들었을 때의 곱을 구하려고 합니다. 빈칸에 알맞은 수를 써넣고 곱을 구해 보세요.

□.□ × □.□

( )

19 현주가 산 과자 한 봉지는 75 g입니다. 현주가 과자 한 봉지를 전부 먹었다면 약 30 g만큼 먹은 영양 성분은 무엇인지 풀이 과정을 쓰고 답을 구해 보세요.

- 과자 한 봉지 중 약 0.41만큼이 당류 성분입니다.
- 과자 한 봉지 중 약 0.88만큼이 탄수화물 성분입니다.

풀이

답

20 직사각형의 가로와 세로를 각각 1.2배로 늘려 새로운 직사각형을 만들려고 합니다. 새로운 직사각형의 넓이는 몇 cm^2인지 풀이 과정을 쓰고 답을 구해 보세요.

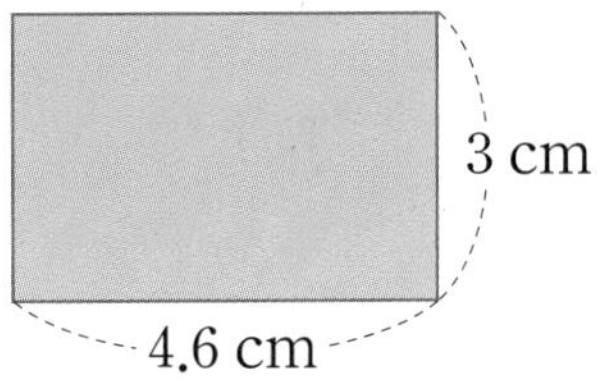

풀이

답

단원 평가 Level 2

점수

확인

1 □ 안에 알맞은 수를 써넣으세요.

$3 \times 52 = \square$

$\frac{1}{100}$배 ↓ ↓ $\frac{1}{100}$배

$3 \times 0.52 = \square$

2 계산이 잘못된 곳을 찾아 바르게 고쳐 보세요.

$$0.4 \times 0.18 = \frac{4}{10} \times \frac{18}{10} = \frac{72}{100} = 0.72$$

➡ ....

3 계산해 보세요.

(1) 0.45×2

(2) 7×4.9

(3) 0.4×0.25

(4) 1.8×5.8

4 빈칸에 알맞은 수를 써넣으세요.

×	0.3	0.5	0.8
0.7			

5 곱의 소수점의 위치가 잘못된 것은 어느 것일까요? (　　　)

① $0.86 \times 10 = 8.6$

② $0.86 \times 100 = 86$

③ $0.86 \times 1000 = 860$

④ $86 \times 0.1 = 0.86$

⑤ $86 \times 0.001 = 0.086$

6 계산 결과가 다른 것을 찾아 기호를 써 보세요.

㉠ 0.092×10　　㉡ 92×0.01

㉢ 0.0092의 100배　　㉣ 0.92의 0.1

(　　　　　　　)

7 계산 결과가 5보다 큰 것을 모두 찾아 ○표 하세요.

5×2.3　5×0.9　5×1.09　5×0.78

8 빈칸에 알맞은 수를 써넣으세요.

[ ] $\xrightarrow{\div 3}$ [4.1]

[ ] $\xleftarrow{\times 3}$ [4.1]

9 어림하여 계산 결과가 12보다 큰 것을 찾아 기호를 써 보세요.

㉠ 0.83×9 ㉡ 2.5×3.9 ㉢ 6×2.15

(　　　　　　　　)

10 □ 안에 알맞은 수를 써넣으세요.

(1) $10.9 \times$ □ $= 0.109$

(2) $6.8 \times$ □ $= 680$

11 보기 를 이용하여 □ 안에 알맞은 수를 써넣으세요.

보기

$34 \times 197 = 6698$

(1) $3.4 \times$ □ $= 6.698$

(2) □ $\times 19.7 = 0.6698$

12 $46 \times 15 = 690$을 이용하여 다음을 계산한 값을 구해 보세요.

$46 \times 0.15 + 4.6 \times 1.5$

(　　　　　　　　)

13 □ 안에 들어갈 수 있는 가장 작은 자연수를 구해 보세요.

$9.3 \times 2.7 <$ □

(　　　　　　　　)

14 공원에서 선규네 집까지의 거리는 0.3 km이고, 공원에서 정빈이네 집까지의 거리는 공원에서 선규네 집까지 거리의 0.92배입니다. 공원에서 정빈이네 집까지의 거리는 몇 km일까요?

(　　　　　　　　)

15 토마토를 한 상자에 0.6 kg씩 45상자에 담았습니다. 상자에 담은 토마토는 모두 몇 kg일까요?

(　　　　　　　　)

16 ㉠♥㉡을 다음과 같이 약속할 때 4♥1.4의 값을 구해 보세요.

㉠♥㉡ = (㉠ − ㉡) × ㉡

(　　　　　　　　　　)

17 1분에 2.8 L씩 일정하게 물이 나오는 수도꼭지가 있습니다. 이 수도꼭지로 5분 45초 동안 물을 받았다면 받은 물의 양은 몇 L일까요?

(　　　　　　　　　　)

18 다음 4장의 수 카드를 모두 한 번씩 사용하여 (소수 한 자리 수) × (소수 한 자리 수)의 식을 만들려고 합니다. 곱이 가장 클 때의 곱셈식을 만들고 계산해 보세요.

3　6　7　9

□.□ × □.□ = (　　　　　　　　　　)

19 315 × 63 = 19845입니다. 31.5 × 0.63의 값을 어림하여 결괏값에 소수점을 찍고, 그 이유를 설명하세요.

31.5 × 0.63 = 1 9 8 4 5

이유 ....

....

....

....

20 어떤 수에 4.2를 곱해야 할 것을 잘못하여 더했더니 6.1이 되었습니다. 바르게 계산하면 얼마인지 풀이 과정을 쓰고 답을 구해 보세요.

풀이 ....

....

....

....

답 ....

사고력이 반짝

● 도형에서 ♥를 1개만 포함하는 정사각형을 모두 찾아 그려 보세요.

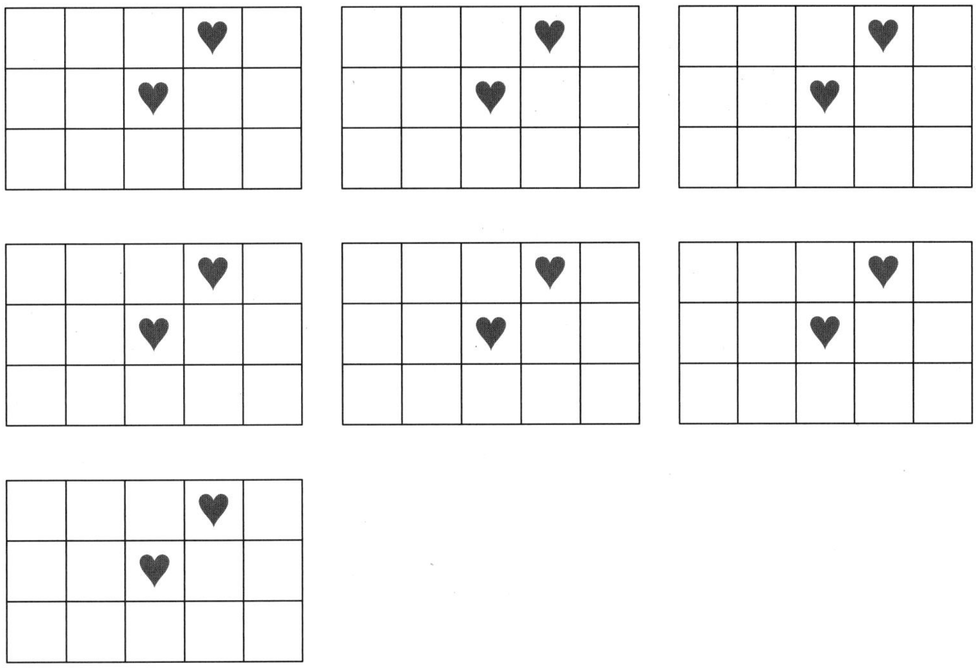

5 직육면체

직각이 4개면 직사각형.

직사각형이 6개 모이면?

직육면체, 직사각형 모양의 면이 6개인 도형

- 직육면체의 겨냥도

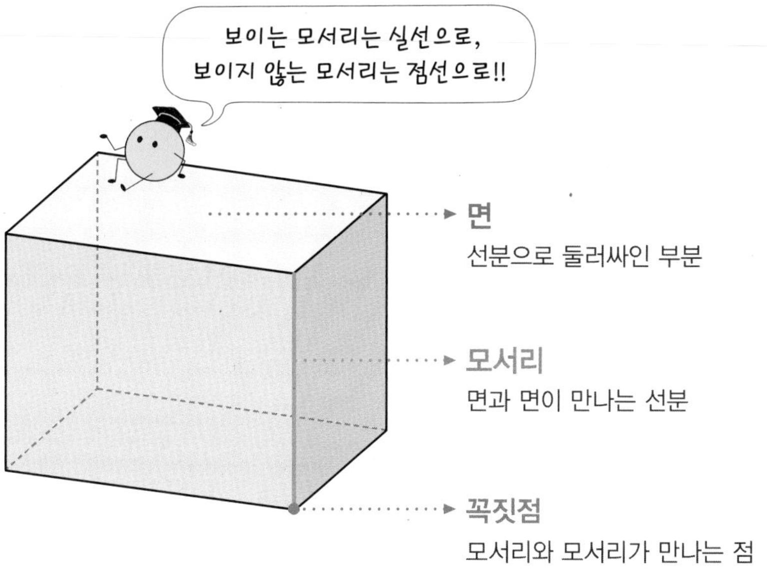

- 직육면체의 전개도

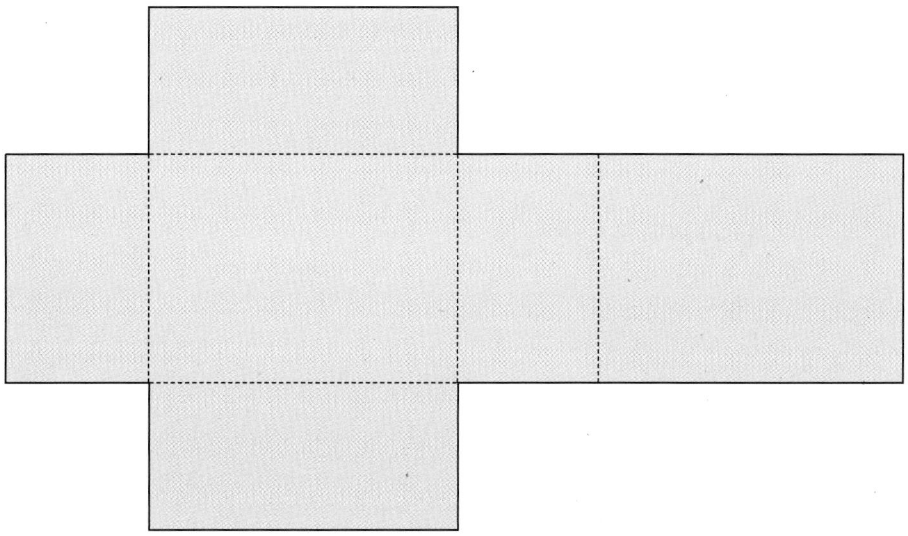

1 직(정)사각형 6개로 둘러싸인 도형을 알아볼까요

개념 강의

● **직육면체**: 직사각형 6개로 둘러싸인 도형

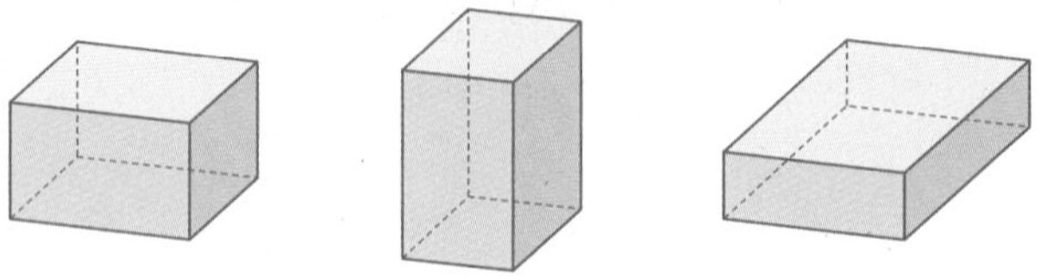

① 6개의 면의 모양과 크기가 모두 같습니다.
② 12개의 모서리의 길이가 모두 같습니다.

● **정육면체**: 정사각형 6개로 둘러싸인 도형

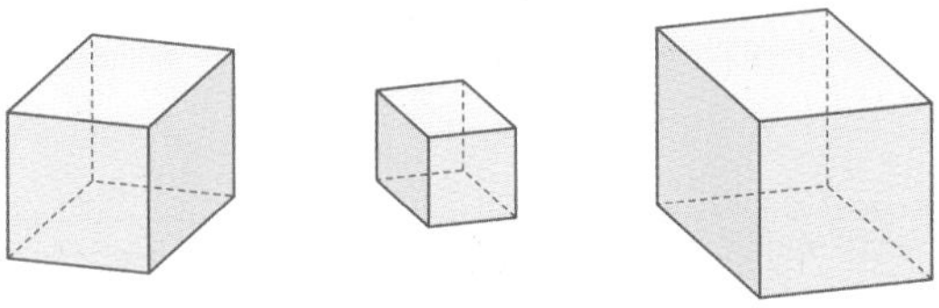

직육면체의 면을 읽는 방법

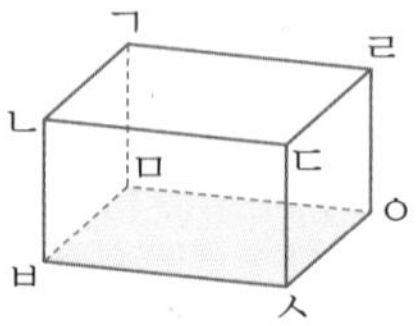

시계 방향 또는 시계 반대 방향으로 한 방향을 따라서 읽습니다.

➡ 면 ㅁㅂㅅㅇ, 면 ㅂㅁㅇㅅ ○
면 ㅁㅂㅇㅅ, 면 ㅁㅅㅇㅂ ×

● **구성 요소 알아보기**

- 면: 선분으로 둘러싸인 부분
- 모서리: 면과 면이 만나는 선분
- 꼭짓점: 모서리와 모서리가 만나는 점

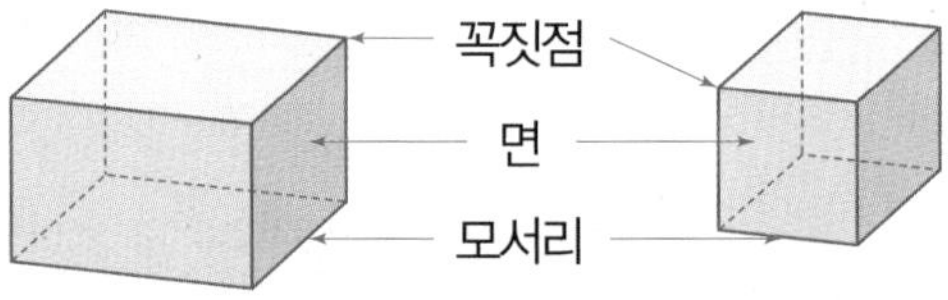

도형	면의 수	모서리의 수	꼭짓점의 수	면의 모양
직육면체	6개	12개	8개	직사각형
정육면체	6개	12개	8개	정사각형

➡ 면, 모서리, 꼭짓점의 수는 같지만 면의 모양은 다릅니다.

➡ 직육면체는 모서리의 길이가 다르지만 정육면체는 모서리의 길이가 모두 같습니다.

직육면체와 정육면체의 관계

- 직육면체는 정육면체라고 할 수 없습니다.
- 정육면체는 직육면체라고 할 수 있습니다.

직사각형 [정사각형] 직육면체 [정육면체]

1 그림을 보고 □ 안에 알맞게 써넣으세요.

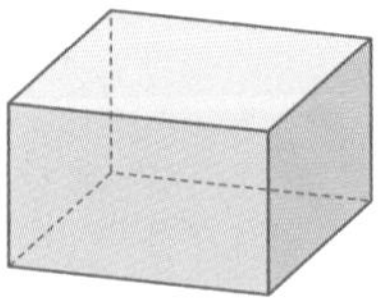

직사각형 6개로 둘러싸인 도형을 □(이)라고 합니다.

2 그림을 보고 □ 안에 알맞게 써넣으세요.

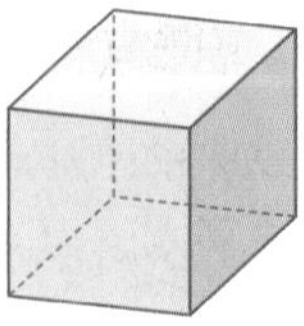

정사각형 □개로 둘러싸인 도형을 정육면체라고 합니다.

3 직육면체의 각 부분의 이름을 □ 안에 알맞게 써넣으세요.

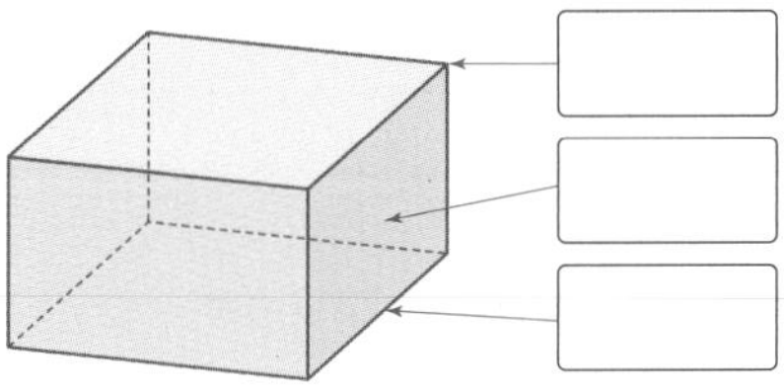

4 직육면체가 <u>아닌</u> 것을 모두 찾아 기호를 써 보세요.

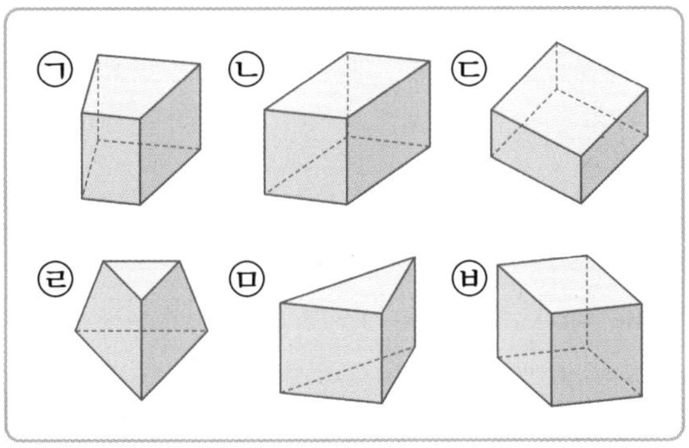

( )

[5~6] 그림을 보고 물음에 답하세요.

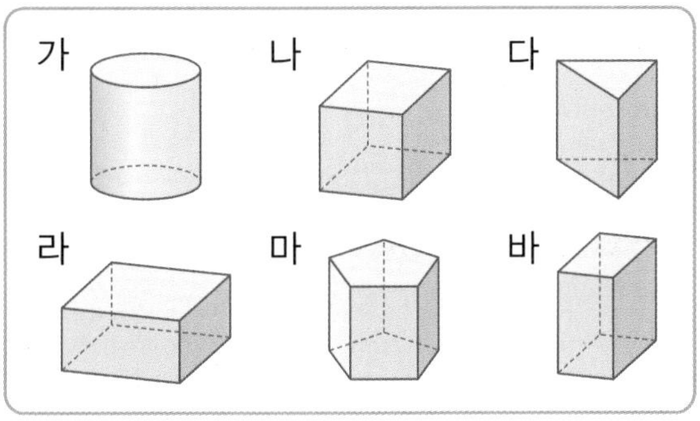

5 직육면체를 모두 찾아 기호를 써 보세요.

( )

6 정육면체를 찾아 기호를 써 보세요.

( )

7 직육면체를 보고 물음에 답하세요.

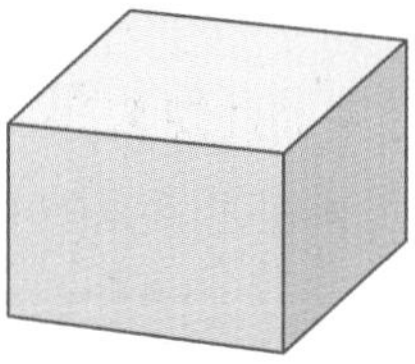

(1) 보이는 면은 몇 개일까요?

( )

(2) 보이는 모서리는 몇 개일까요?

( )

(3) 보이는 꼭짓점은 몇 개일까요?

( )

8 정육면체에서 보이지 않는 면과 보이지 않는 모서리의 수의 합은 몇 개인지 구해 보세요.

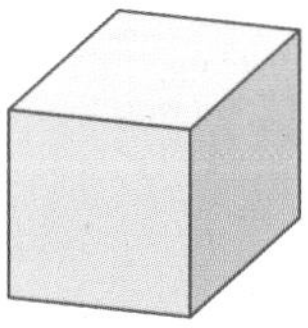

( )

9 다음 설명 중 옳은 것은 ○표, <u>틀린</u> 것은 ×표 하세요.

(1) 정육면체의 면은 모두 정사각형입니다.

( )

(2) 직육면체는 정육면체라고 할 수 있습니다.

( )

5

2 직육면체의 성질을 알아볼까요

● **평행한 면**: 색칠한 두 면처럼 계속 늘여도 만나지 않는 두 면
밑면: 서로 평행한 두 면

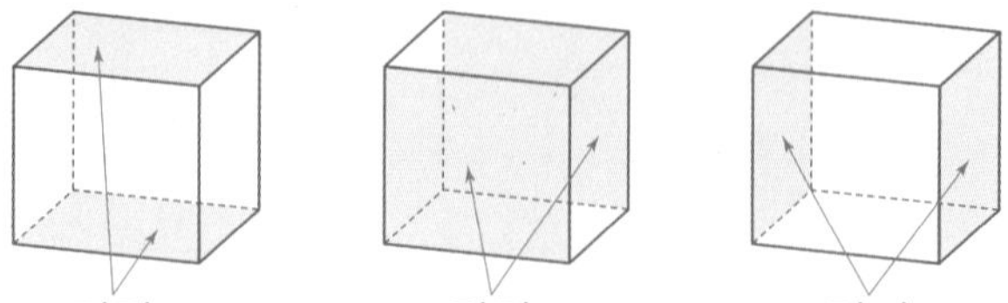

➡ 평행한 면이 3쌍 있고 이 평행한 면은 각각 밑면이 될 수 있습니다.
• 서로 마주 보는 면

● **수직인 면**: 삼각자 3개를 오른쪽과 같이 놓았을 때 만나는 면
면 ㄴㅂㅅㄷ과 면 ㄷㅅㅇㄹ,
면 ㄱㄴㄷㄹ과 면 ㄴㅂㅅㄷ,
면 ㄱㄴㄷㄹ과 면 ㄷㅅㅇㄹ

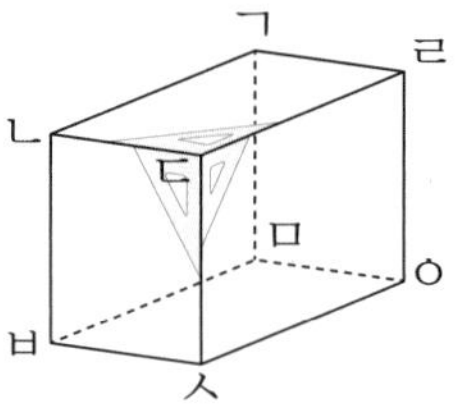

옆면: 밑면과 수직인 면

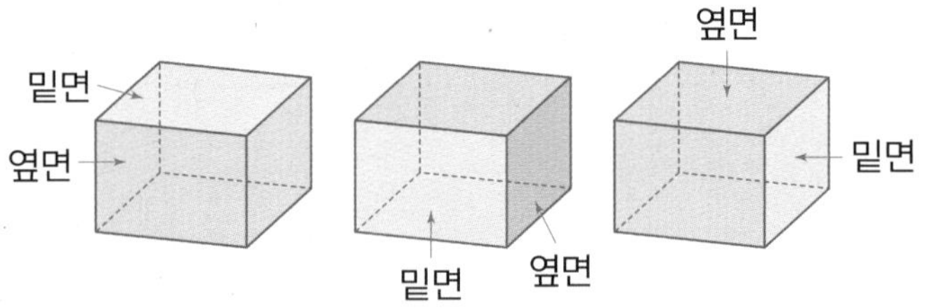

➡ 밑면 2개를 제외한 4개의 면이 옆면입니다.

- 밑면과 옆면은 서로 수직입니다.
- 한 꼭짓점에서 만나는 세 면은 서로 수직입니다.

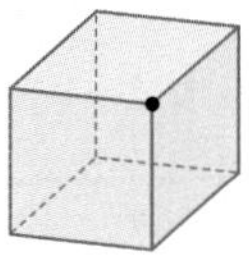

- 한 모서리에서 만나는 두 면은 서로 수직입니다.

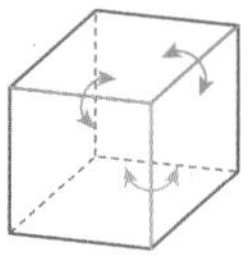

1 직육면체에서 서로 마주 보고 있는 면의 관계를 알아보려고 합니다. □ 안에 알맞게 써넣으세요.

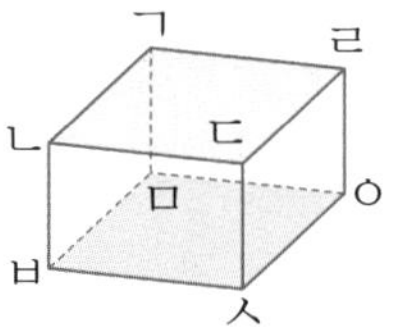

(1) 색칠한 두 면처럼 서로 마주 보는 면은 □ 합니다.

(2) 서로 평행한 면은
면 ㄱㄴㄷㄹ과 면 ㅁㅂㅅㅇ,
면 ㄱㅁㅇㄹ과 면 □,
면 ㄴㅂㅁㄱ과 면 □ 입니다.

(3) 서로 평행한 면은 모두 □ 쌍입니다.

2 직육면체에서 서로 만나는 두 면 사이의 관계를 알아보려고 합니다. □ 안에 알맞게 써넣으세요.

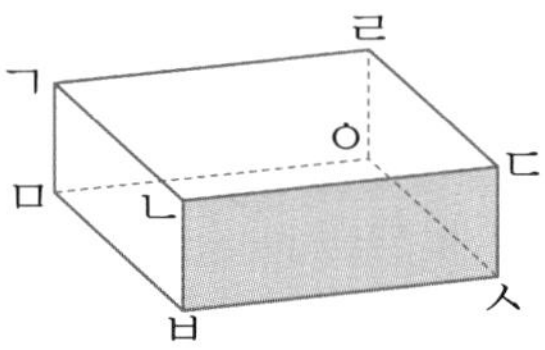

(1) 색칠한 면과 만나는 면은 모두 색칠한 면과 □ 입니다.

(2) 색칠한 면과 수직인 면은
면 ㄱㅁㅂㄴ, 면 □,
면 □, 면 □ 입니다.

(3) 한 면과 수직인 면은 모두 □ 개입니다.

3 직육면체에서 색칠한 면과 평행한 면을 찾아 색칠해 보세요.

(1)

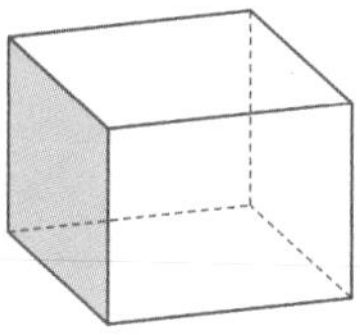

(2)

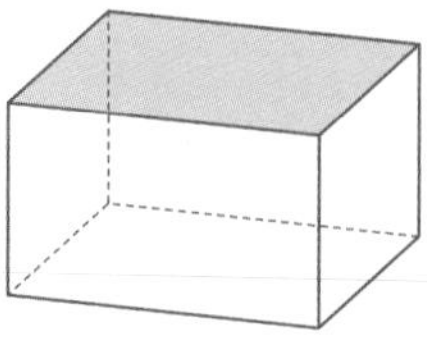

4 직육면체에서 색칠한 면과 수직인 면이 아닌 것을 찾아 기호를 써 보세요.

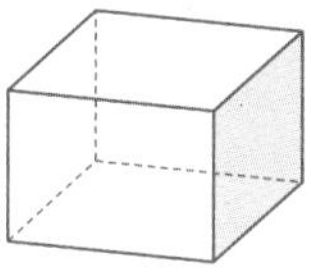

㉠

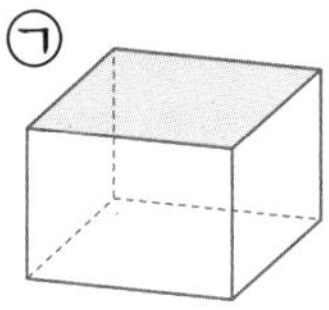

㉡

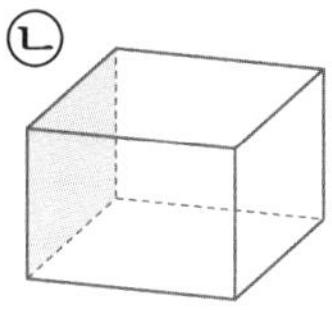

㉢

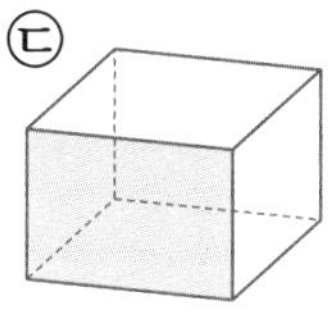

( )

[5~6] 직육면체를 보고 물음에 답하세요.

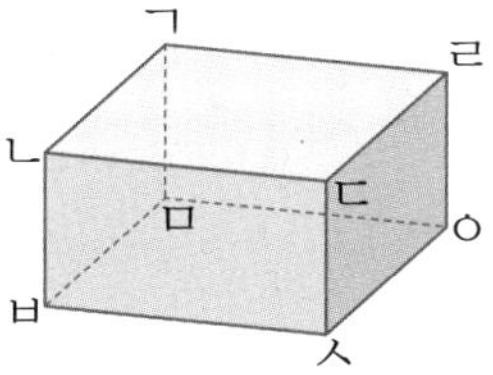

5 면 ㄴㅂㅅㄷ과 평행한 면을 써 보세요.

( )

6 면 ㄱㄴㄷㄹ과 수직인 면을 모두 써 보세요.

( )

7 직육면체를 보고 물음에 답하세요.

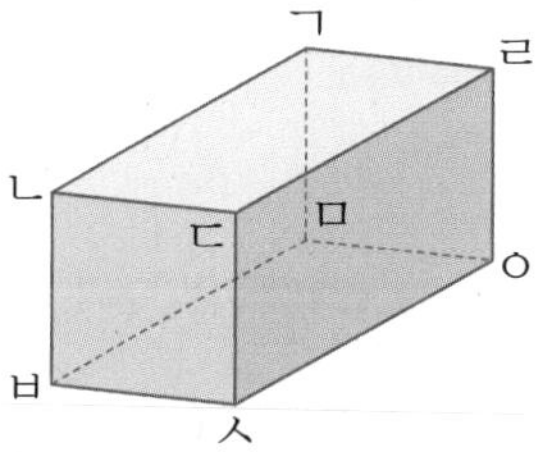

(1) 꼭짓점 ㅅ과 만나는 면을 모두 써 보세요.

( )

(2) □ 안에 알맞은 말을 써넣으세요.

> 꼭짓점 ㅅ과 만나는 면들에 삼각자를 대어 보면, 꼭짓점 ㅅ을 중심으로 모두 □입니다.

8 직육면체에서 면 ㄷㅅㅇㄹ과 평행한 면의 모서리의 길이의 합은 몇 cm인지 구해 보세요.

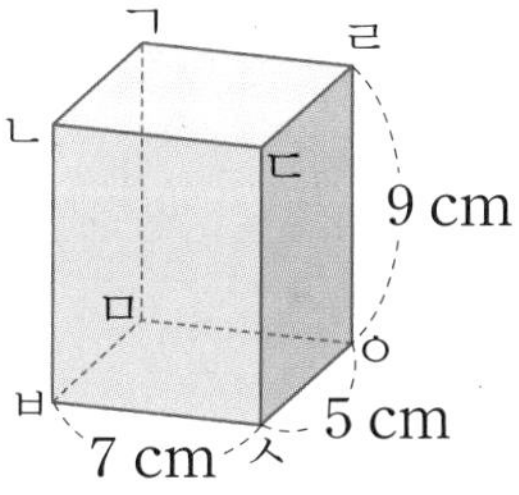

( )

9 직육면체의 성질에 대해 바르게 설명한 것을 찾아 기호를 써 보세요.

> ㉠ 3쌍의 평행한 면이 있고 각각은 모두 밑면이 될 수 있습니다.
> ㉡ 한 꼭짓점에서 만나는 면은 모두 2개입니다.
> ㉢ 한 모서리에서 만나는 두 면은 서로 평행합니다.

( )

5

3 직육면체의 겨냥도를 알아볼까요

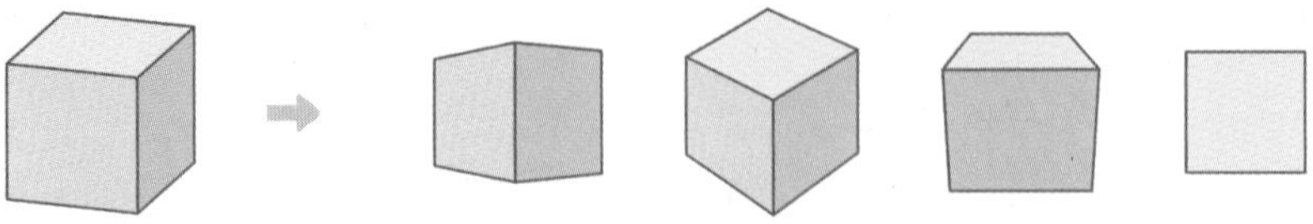

보는 위치에 따라 보이는 면의 수가 달라지고 안쪽은 보이지 않으므로 직육면체의 모양을 잘 알 수 없습니다.

직육면체의 겨냥도로 나타냅니다.

- **직육면체의 겨냥도**: 보이는 모서리는 실선으로, 보이지 않는 모서리는 점선으로 그려 직육면체 모양을 잘 알 수 있도록 나타낸 그림

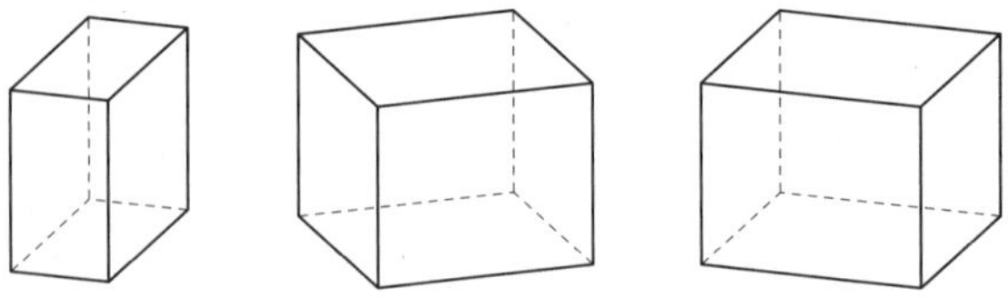

• 겨냥도에서 면, 모서리, 꼭짓점의 수 비교하기

면의 수(개)		모서리의 수(개)		꼭짓점의 수(개)	
보이는 면	보이지 않는 면	보이는 모서리	보이지 않는 모서리	보이는 꼭짓점	보이지 않는 꼭짓점
3	3	9	3	7	1

바르게 그린 겨냥도
보이는 모서리 9개가 실선, 보이지 않는 모서리 3개가 점선인지 확인합니다.

- 보이는 면의 수와 보이지 않는 면의 수의 합은 직(정)육면체의 면의 수와 같습니다.
- 보이는 모서리의 수와 보이지 않는 모서리의 수의 합은 직(정)육면체의 모서리의 수와 같습니다.
- 보이는 꼭짓점의 수와 보이지 않는 꼭짓점의 수의 합은 직(정)육면체의 꼭짓점의 수와 같습니다.

1 직육면체를 보고 □ 안에 알맞은 말을 써넣으세요.

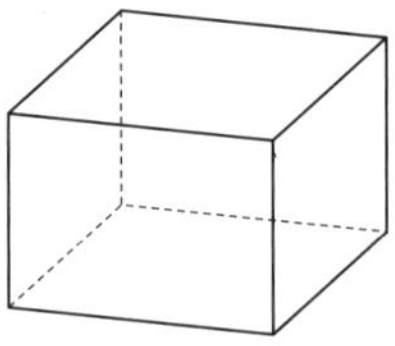

(1) 직육면체의 모양을 잘 알 수 있도록 보이는 모서리는 □으로, 보이지 않는 모서리는 □으로 그립니다.

(2) (1)과 같이 그린 그림을 직육면체의 □(이)라고 합니다.

2 직육면체의 겨냥도를 보고 □ 안에 알맞은 수를 써넣으세요.

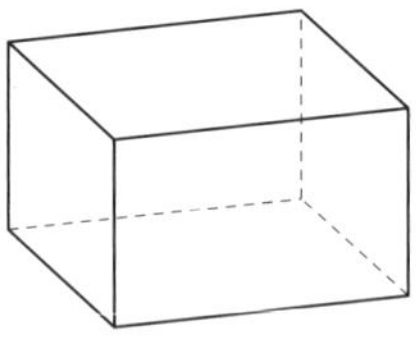

(1) 보이는 면은 □개, 보이지 않는 면은 □개입니다.

(2) 보이는 모서리는 □개, 보이지 않는 모서리는 □개입니다.

(3) 보이는 꼭짓점은 □개, 보이지 않는 꼭짓점은 □개입니다.

정답과 풀이 38쪽

3 직육면체의 겨냥도를 바르게 그린 것에 ○표 하세요.

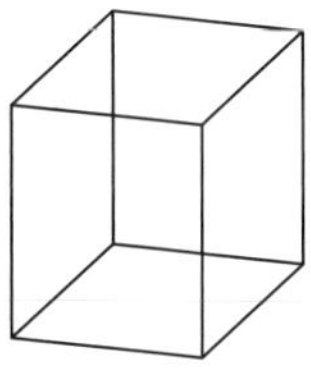 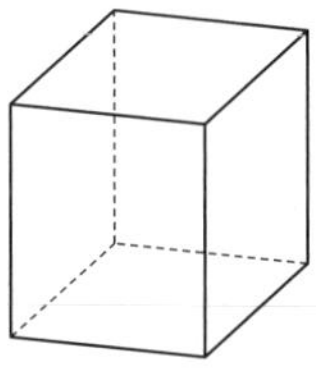

( ) ( )

4 직육면체에서 보이는 모서리를 실선으로 그려 넣으세요.

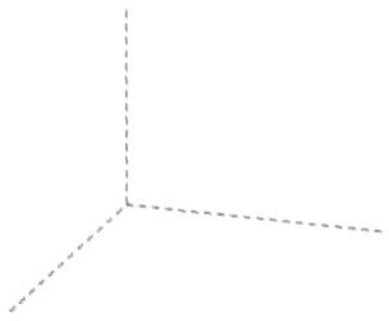

5 그림에서 빠진 부분을 그려 넣어 직육면체의 겨냥도를 완성해 보세요.

(1)

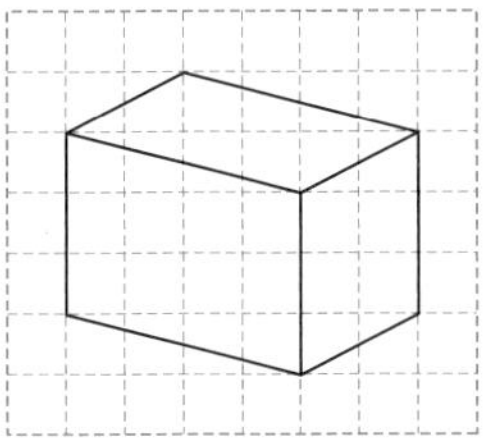

(2)

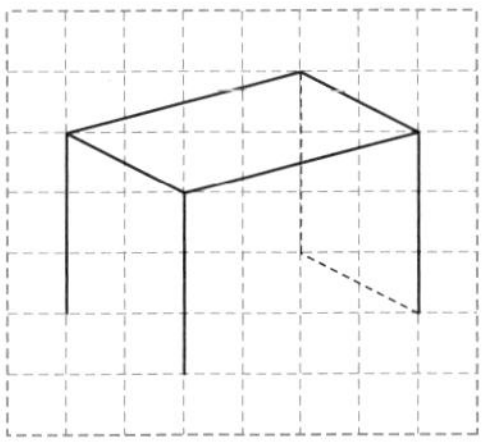

6 직육면체의 겨냥도를 잘못 그린 이유를 바르게 설명한 것을 찾아 기호를 써 보세요.

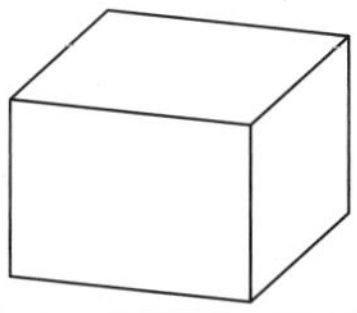

㉠ 보이는 모서리를 점선으로 그렸습니다.
㉡ 보이지 않는 모서리를 그리지 않았습니다.

( )

7 직육면체를 보고 겨냥도를 그려 보세요.

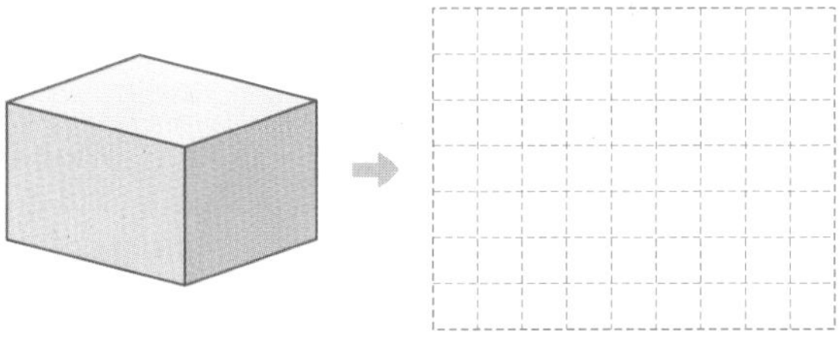

8 직육면체 모양에서 면, 모서리, 꼭짓점이 가장 많이 보일 때는 각각 몇 개일까요?

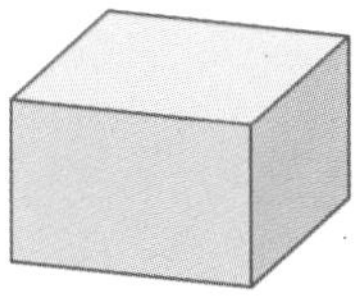

면 ( )
모서리 ( )
꼭짓점 ( )

5

4 정(직)육면체의 전개도를 알아볼까요

• 모서리를 자르는 방법에 따라 여러 가지 모양의 전개도가 나옵니다.

● **정육면체의 전개도**: 정육면체의 모서리를 잘라서 펼친 그림

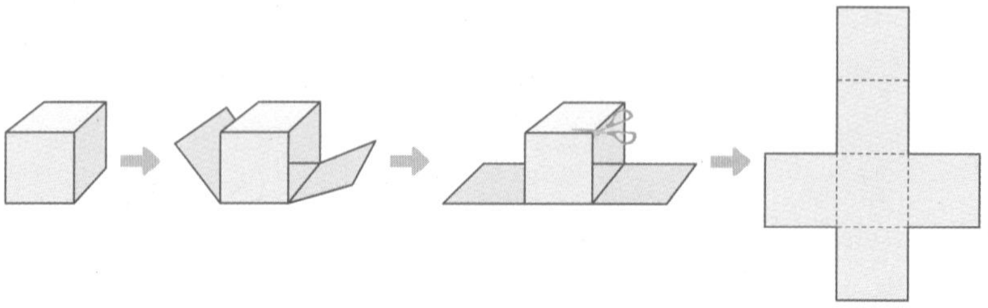

접히는 부분이 5군데 있습니다.

● **직육면체의 전개도**: 직육면체의 모서리를 잘라서 펼친 그림

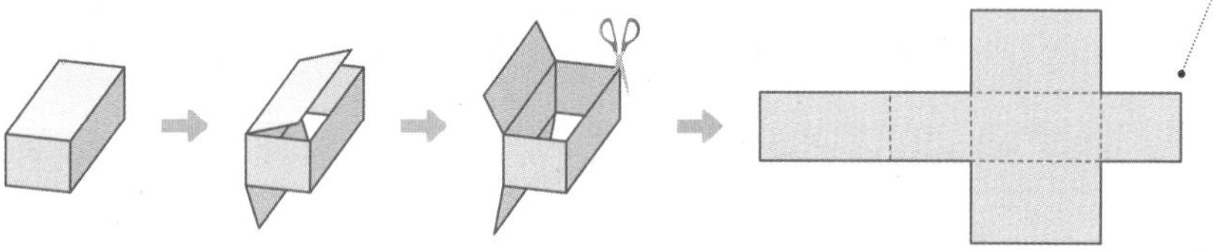

전개도에서 잘린 모서리는 실선으로, 잘리지 않은 모서리는 점선으로 표시합니다.

• 접히는 부분

● **전개도의 특징**

① 6개의 면으로 이루어져 있고 전개도를 접었을 때 마주 보고 있는 3쌍의 면의 모양과 크기가 서로 같습니다.

② 전개도를 완전히 펼치기 위해 모서리를 7군데 잘라야 합니다.

• 전개도를 접었을 때

① 같은 색 선분끼리 만납니다.

② 화살표로 연결된 점끼리 만납니다.

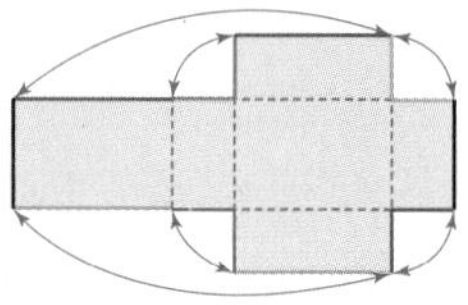

전개도를 접었을 때 같은 색 면끼리 서로 평행하고 다른 색 면끼리는 서로 수직입니다.

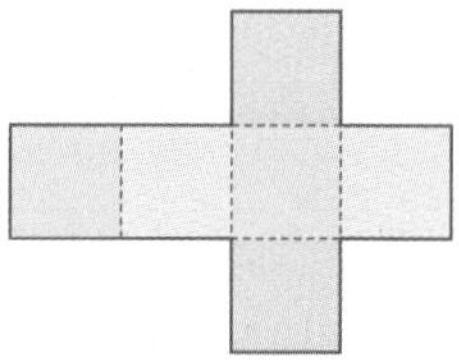

➡ 전개도를 접었을 때 한 면과 수직인 면은 4개입니다.

1 정육면체를 잘라 펼친 모양에서 빠진 부분을 색칠해 보세요.

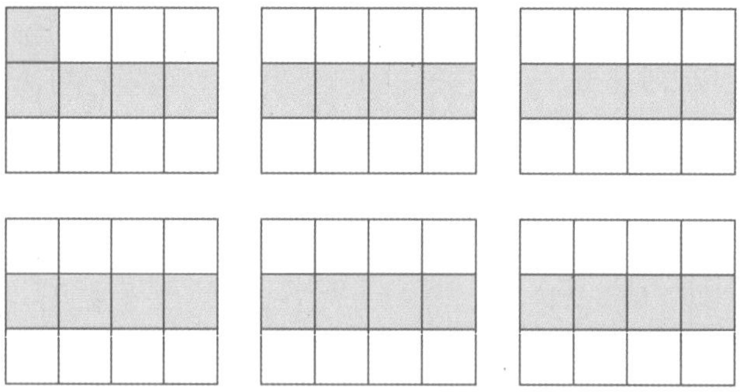

2 전개도를 접어서 정육면체를 만들었을 때 색칠한 면과 평행한 면에 색칠해 보세요.

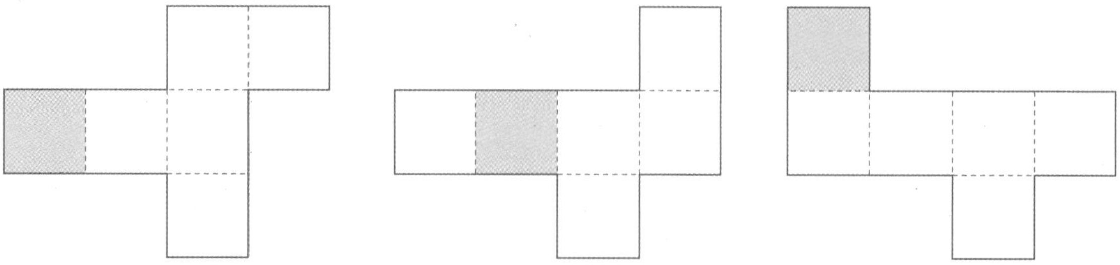

3 직육면체의 전개도로 알맞은 것에 ○표 하세요.

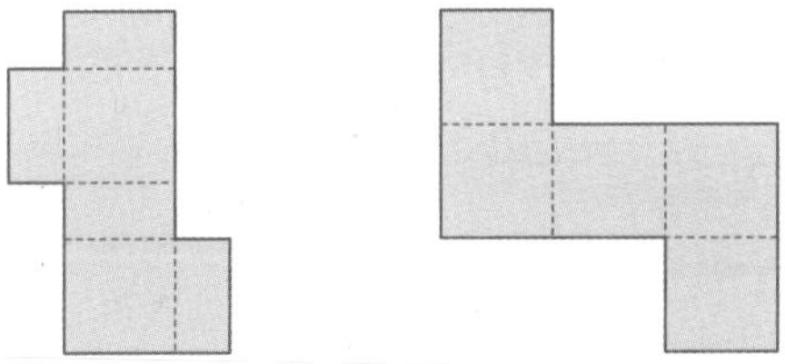

(　　　)　　(　　　)

4 직육면체의 전개도입니다. 모양과 크기가 같은 면은 모두 몇 쌍일까요?

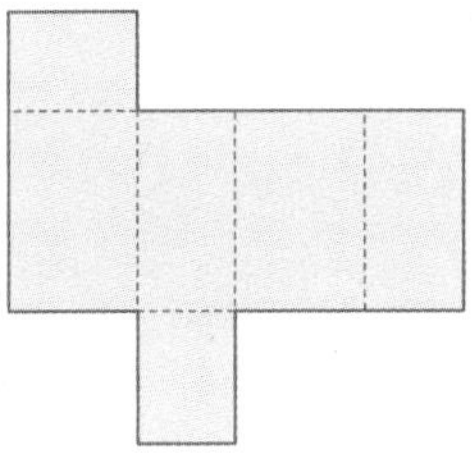

(　　　　　　　　)

5 전개도를 접어서 정육면체를 만들었습니다. 물음에 답하세요.

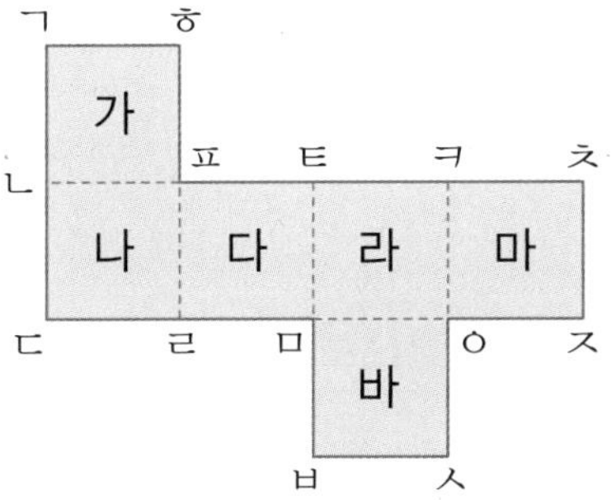

(1) 면 가와 평행한 면을 찾아 써 보세요.

(　　　　　　　　)

(2) 면 가와 수직인 면을 모두 찾아 써 보세요.

(　　　　　　　　　　　　)

(3) 선분 ㄷㄹ과 겹치는 선분을 찾아 써 보세요.

(　　　　　　　　)

6 전개도를 접어서 직육면체를 만들었습니다. □ 안에 알맞은 수를 써넣으세요.

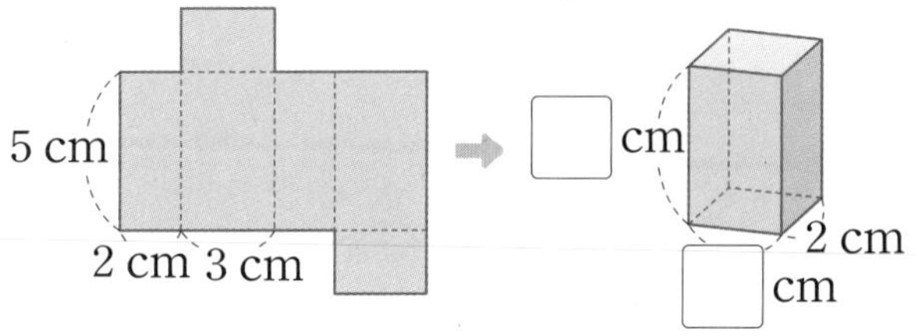

7 직육면체를 보고 전개도를 완성해 보세요.

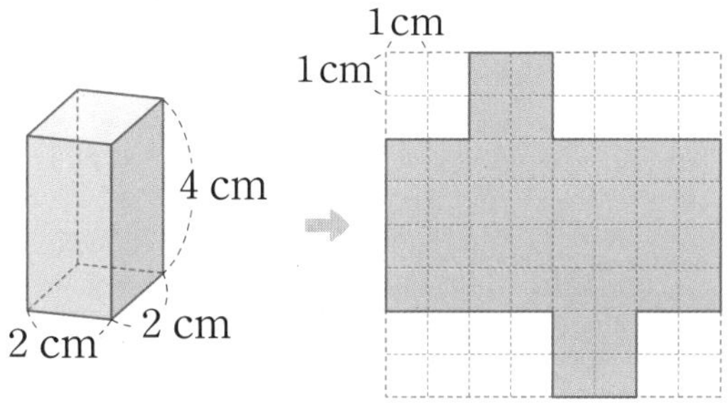

8 다음은 잘못 그려진 직육면체의 전개도입니다. 면 1개를 옮겨 올바른 전개도를 그려 보세요.

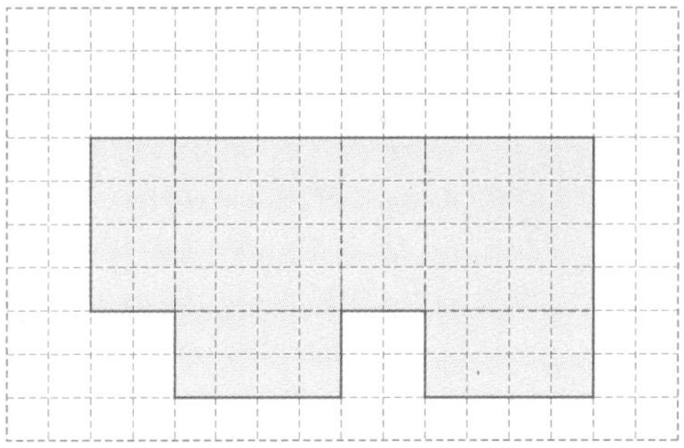

9 정육면체의 모서리를 잘라서 정육면체의 전개도를 만들었습니다. □ 안에 알맞은 기호를 써넣으세요.

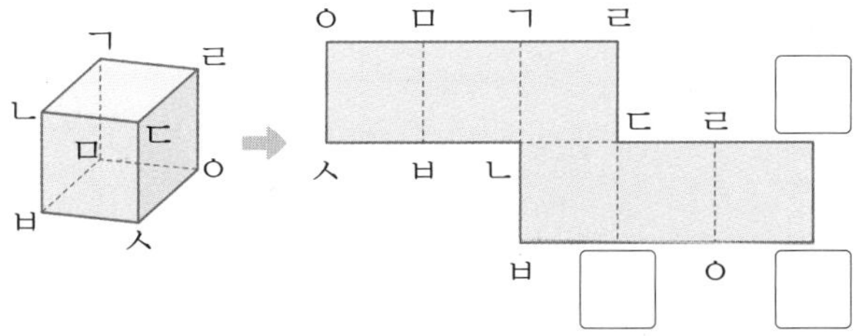

기본기 다지기

1 직육면체

• 직육면체: 직사각형 6개로 둘러싸인 도형

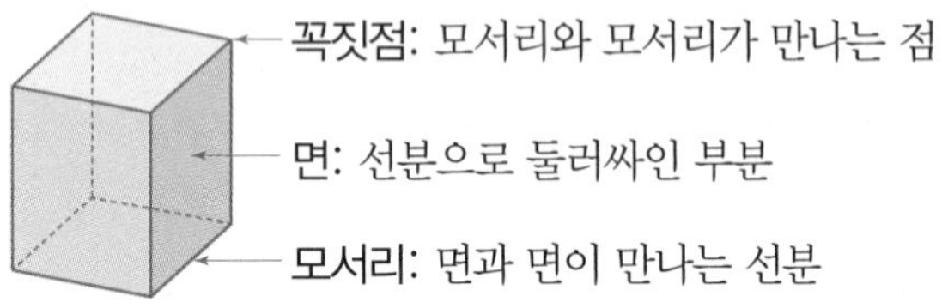

1 직육면체에 ○표, 직육면체가 아닌 것에 ×표 하세요.

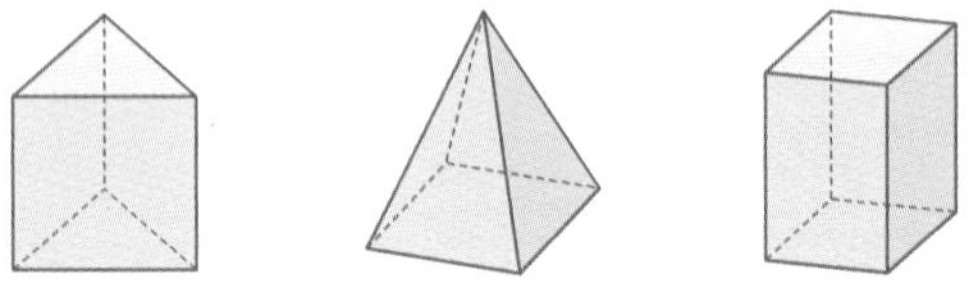

( ) ( ) ( )

2 직육면체에 대해 바르게 설명한 것에 ○표, 잘못 설명한 것에 ×표 하세요.

(1) 면의 모양은 모두 정사각형입니다. ( )

(2) 모서리와 모서리가 만나는 점은 꼭짓점입니다. ( )

(3) 꼭짓점은 모두 8개입니다. ( )

3 오른쪽 직육면체에서 모양과 크기가 같은 면에는 같은 색을 칠하고 모양과 크기가 다른 면에는 서로 다른 색을 칠하려고 합니다. 몇 가지 색이 필요할까요?

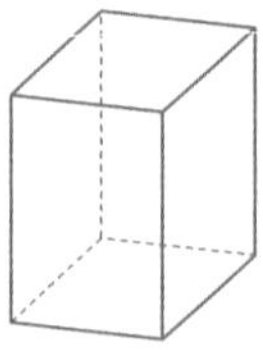

( )

서술형

4 다음 도형이 직육면체인지 아닌지 쓰고, 그 이유를 설명하세요.

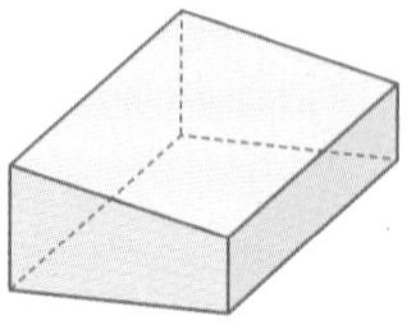

답 ....

이유 ....

5 직육면체의 모든 모서리의 길이의 합은 몇 cm일까요?

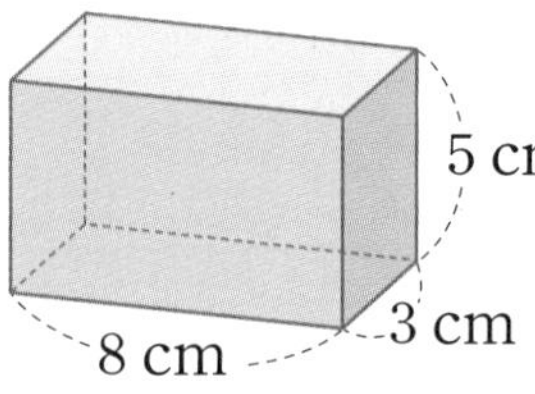

( )

6 다음과 같이 직육면체 모양의 상자를 끈으로 묶었습니다. 상자를 묶는 데 사용한 끈의 길이는 몇 cm일까요? (단, 매듭의 길이는 생각하지 않습니다.)

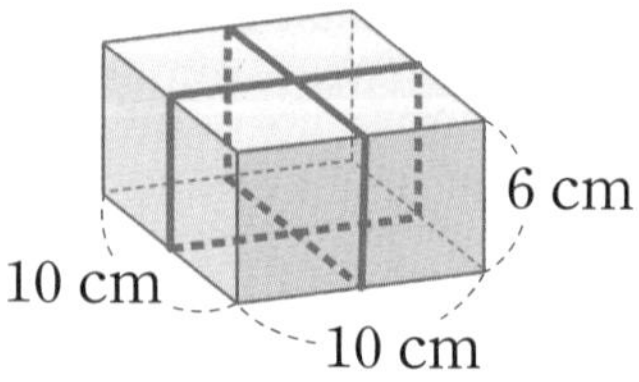

( )

정답과 풀이 39쪽

2 정육면체

• 정육면체: 정사각형 6개로 둘러싸인 도형

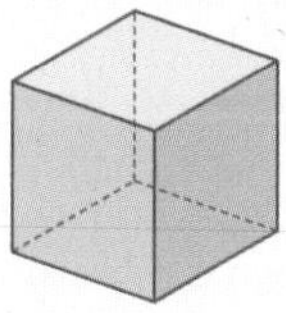

➡ 정육면체는 면이 6개, 모서리가 12개, 꼭짓점이 8개입니다.

7 정육면체를 모두 고르세요. (　　　　　)

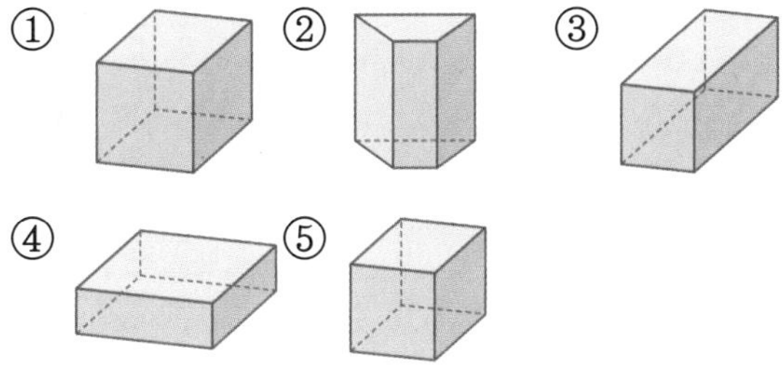

8 정육면체의 면 ㉮를 본뜬 모양을 모눈종이에 그려 보세요.

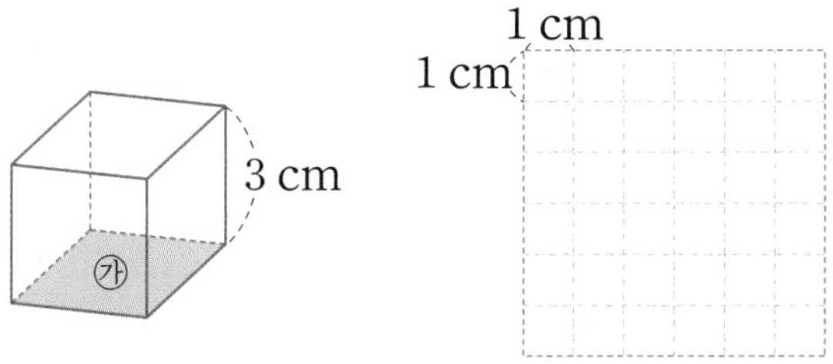

9 정육면체에 대한 설명으로 옳은 것을 모두 고르세요. (　　　　　)

① 면은 6개입니다.
② 모서리는 12개입니다.
③ 꼭짓점은 6개입니다.
④ 면의 크기는 모두 같습니다.
⑤ 마주 보는 모서리의 길이만 같습니다.

10 오른쪽 정육면체에서 모서리의 수와 꼭짓점의 수의 차는 몇 개인지 구해 보세요.

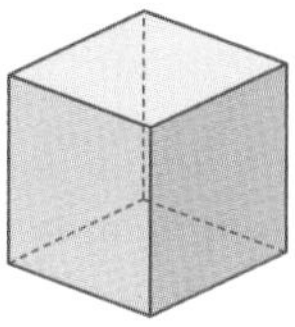

(　　　　　　　　　)

11 정육면체를 보고 □ 안에 알맞은 수를 써넣으세요.

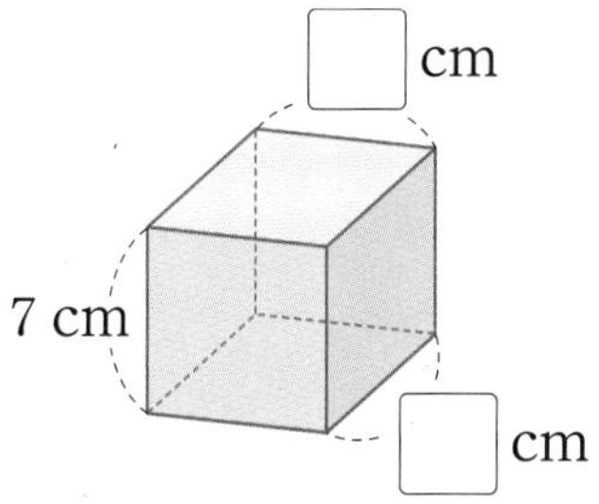

서술형

12 잘못 말한 사람의 이름을 쓰고, 그 이유를 설명하세요.

성은: 직육면체는 정육면체라고 할 수 있어.
동하: 정육면체는 직육면체라고 할 수 있어.

답 ....

이유 ....

....

....

5

13 오른쪽 정육면체에서 보이지 않는 면, 보이지 않는 모서리, 보이지 않는 꼭짓점의 수의 합은 몇 개인지 구해 보세요.

(　　　　　　　　　)

14 정육면체의 모든 모서리의 길이의 합은 몇 cm 일까요?

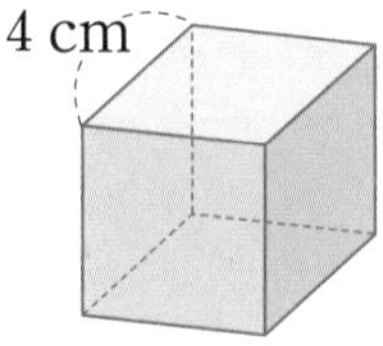

(　　　　　　　　)

15 직육면체와 정육면체의 같은 점을 모두 고르세요. (　　　　　)

① 면의 수　　　　② 면의 모양
③ 모서리의 길이　　④ 꼭짓점의 수
⑤ 평행한 면의 수

16 다음 직육면체를 잘라 정육면체를 만들려고 합니다. 만들 수 있는 가장 큰 정육면체의 한 모서리의 길이는 몇 cm일까요?

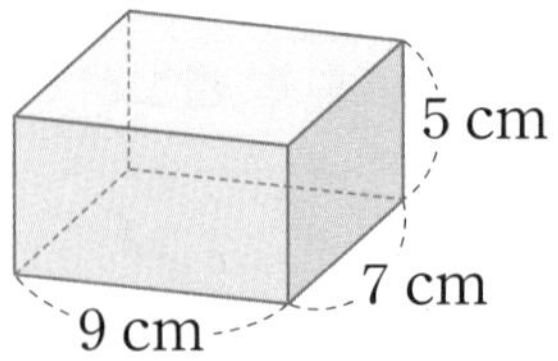

(　　　　　　　　)

17 직육면체의 모든 모서리의 길이의 합과 정육면체의 모든 모서리의 길이의 합이 같습니다. 정육면체의 한 모서리의 길이는 몇 cm일까요?

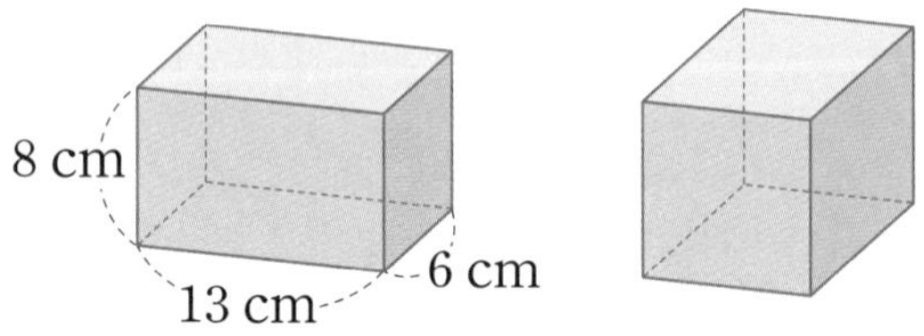

(　　　　　　　　)

3 직육면체의 성질

- 직육면체의 밑면: 서로 평행한 두 면
- 직육면체의 옆면: 밑면과 수직인 면

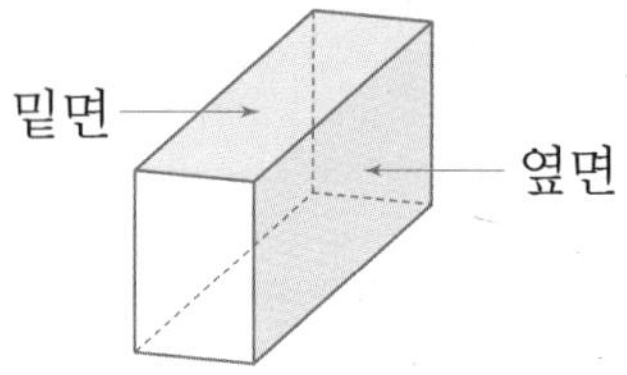

18 직육면체에서 밑면이 될 수 있는 면은 모두 몇 쌍일까요?

(　　　　　　　　)

19 오른쪽 정육면체에서 색칠한 면과 수직인 면은 모두 몇 개일까요?

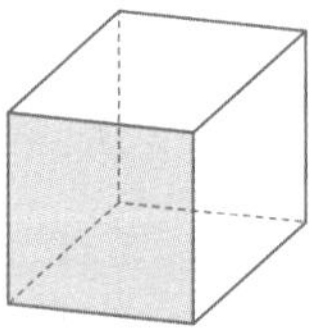

(　　　　　　　　)

20 직육면체에서 두 면 사이의 관계가 <u>다른</u> 것은 어느 것일까요? (　　　)

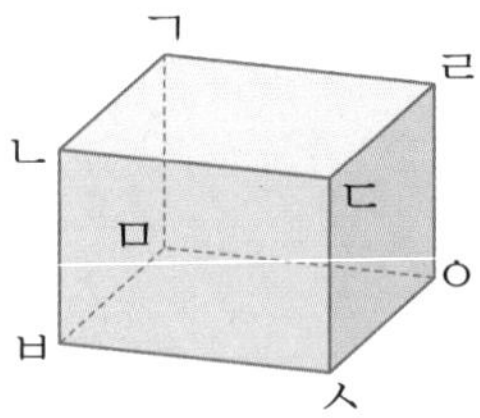

① 면 ㄴㅂㅁㄱ과 면 ㄱㄴㄷㄹ
② 면 ㅁㅂㅅㅇ과 면 ㄱㅁㅇㄹ
③ 면 ㄴㅂㅅㄷ과 면 ㄷㅅㅇㄹ
④ 면 ㄷㅅㅇㄹ과 면 ㄴㅂㅁㄱ
⑤ 면 ㄱㄴㄷㄹ과 면 ㄴㅂㅅㄷ

21 직육면체에서 색칠한 면이 한 밑면일 때 다른 밑면을 찾아 써 보세요.

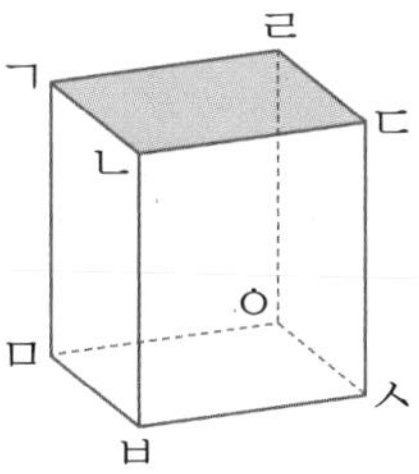

( )

22 직육면체에서 면 ㄴㅂㅁㄱ과 평행한 면의 모서리의 길이의 합은 몇 cm일까요?

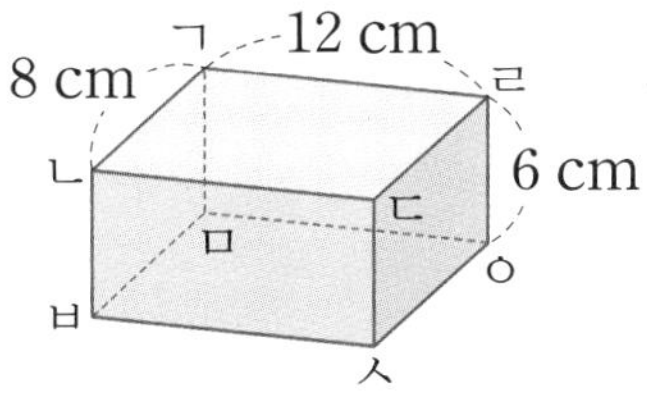

( )

서술형

23 직육면체의 성질에 대해 잘못 설명한 사람을 찾아 이름을 쓰고 바르게 고쳐 보세요.

시영: 서로 평행한 두 면은 합동인 직사각형이야.
종하: 한 모서리에서 만나는 두 면은 서로 수직이야.
윤석: 한 꼭짓점에서 만나는 네 면은 서로 수직이야.

답

바르게 고치기

4 직육면체의 겨냥도

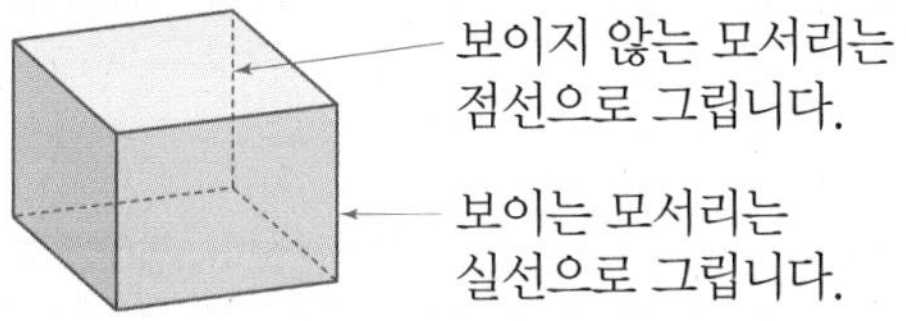

24 그림에서 빠진 부분을 그려 넣어 직육면체의 겨냥도를 완성해 보세요.

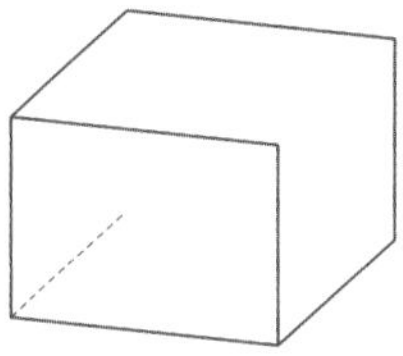

서술형

25 직육면체의 겨냥도에서 잘못 그린 모서리를 모두 찾아 쓰고 그 이유를 설명하세요.

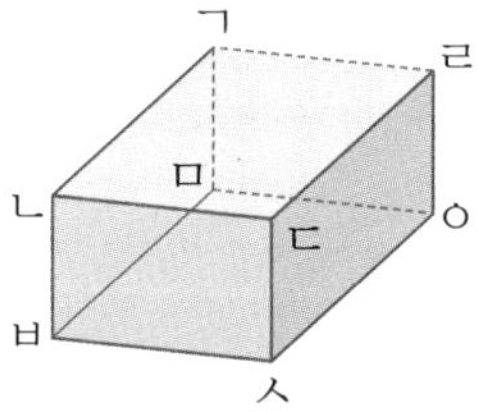

답

이유

26 왼쪽 그림은 정육면체의 겨냥도를 잘못 그린 것입니다. 겨냥도를 바르게 그려 보세요.

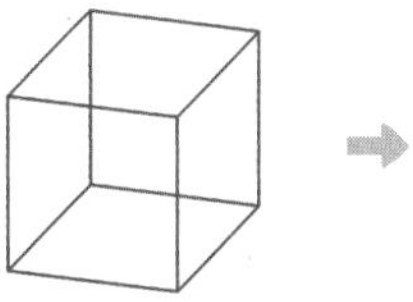

27 직육면체에서 면이 가장 많이 보일 때는 몇 개일까요?

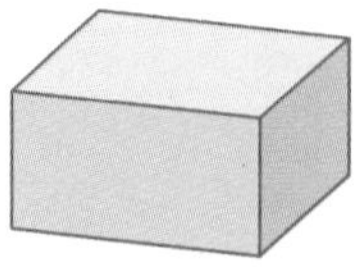

(　　　　　　　　　　)

28 직육면체를 보고 표를 완성해 보세요.

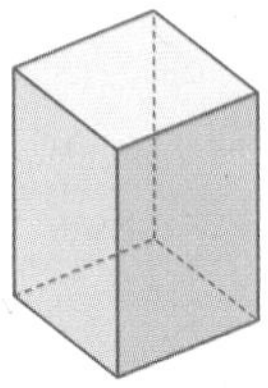

꼭짓점의 수(개)	
보이는 꼭짓점	보이지 않는 꼭짓점

29 직육면체에서 ㉠과 ㉡의 차는 몇 개인지 구해 보세요.

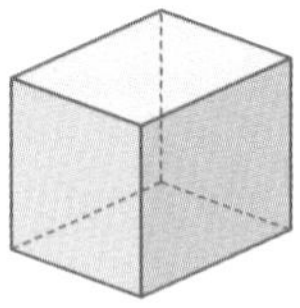

㉠ 보이는 모서리의 수
㉡ 보이지 않는 면의 수

(　　　　　　　　　　)

30 직육면체의 겨냥도에서 보이지 않는 모서리의 길이의 합은 몇 cm일까요?

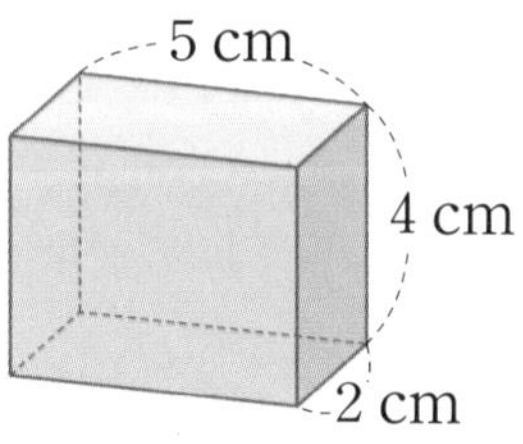

(　　　　　　　　　　)

5 정육면체의 전개도

• 정육면체의 전개도: 정육면체의 모서리를 잘라서 펼친 그림

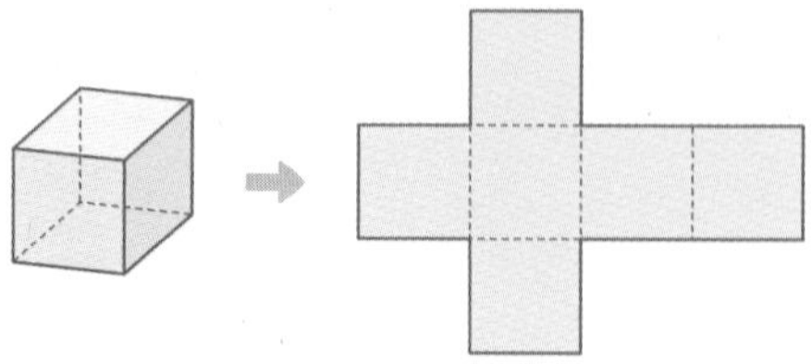

31 정육면체의 전개도를 모두 찾아 기호를 써 보세요.

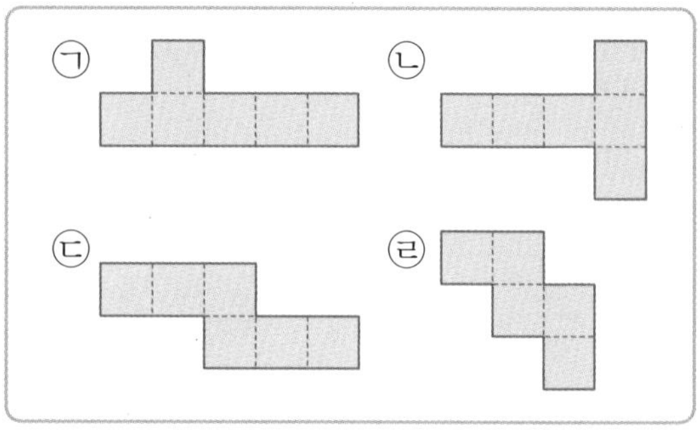

(　　　　　　　　　　)

32 전개도를 접어서 정육면체를 만들었습니다. 물음에 답하세요.

(1) 색칠한 면과 평행한 면에 색칠해 보세요.

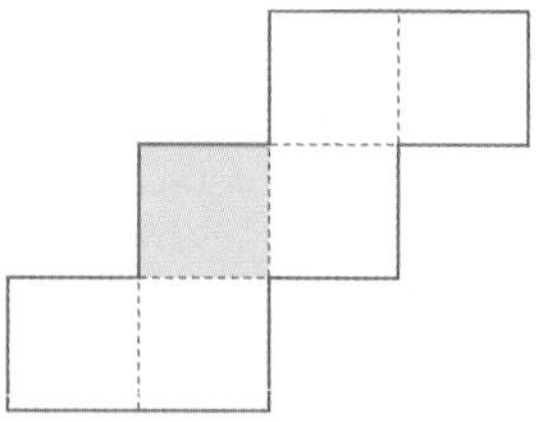

(2) 색칠한 면과 수직인 면에 모두 색칠해 보세요.

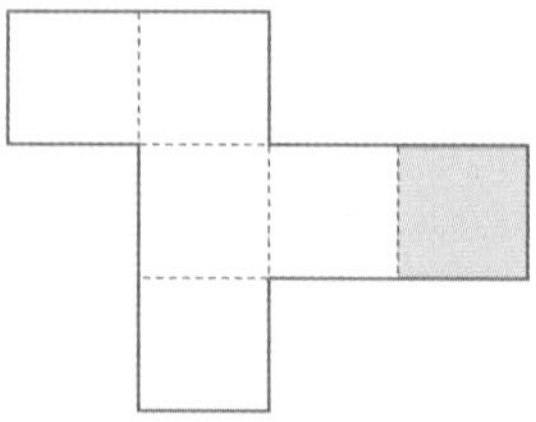

33 정육면체의 모서리를 잘라서 전개도를 만들었습니다. □ 안에 알맞은 기호를 써넣으세요.

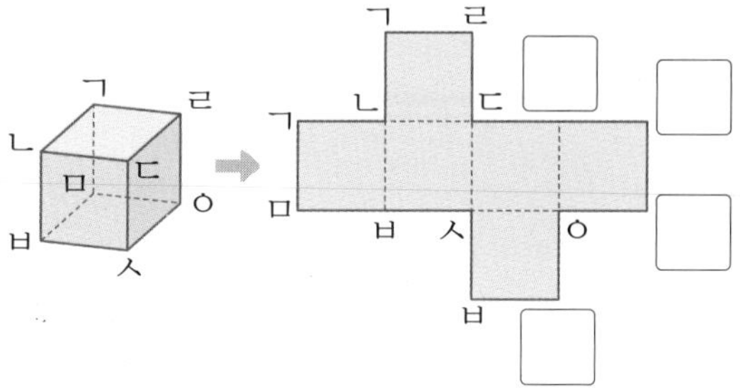

34 한 모서리의 길이가 3 cm인 정육면체의 전개도를 그려 보세요.

35 보기 와 같이 무늬(●) 3개가 그려져 있는 정육면체를 만들 수 있도록 아래의 전개도에 무늬(●) 1개를 그려 넣으세요.

보기

(1)

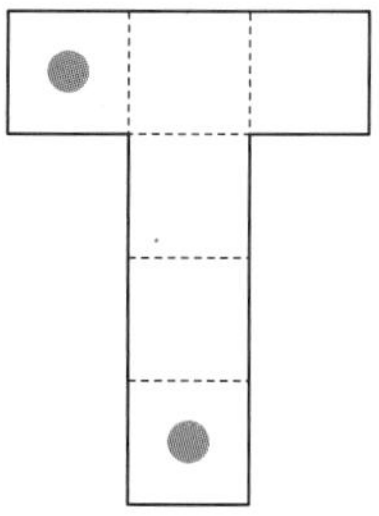

(2)

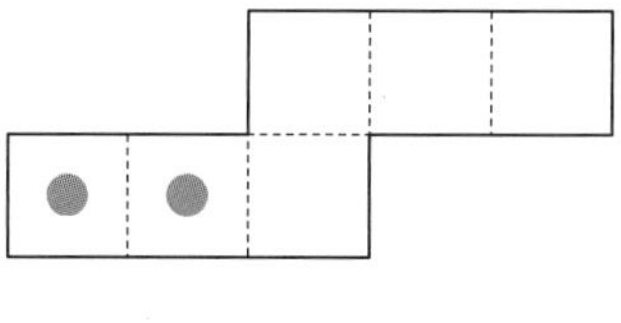

6 직육면체의 전개도

• 직육면체의 전개도: 직육면체의 모서리를 잘라서 펼친 그림

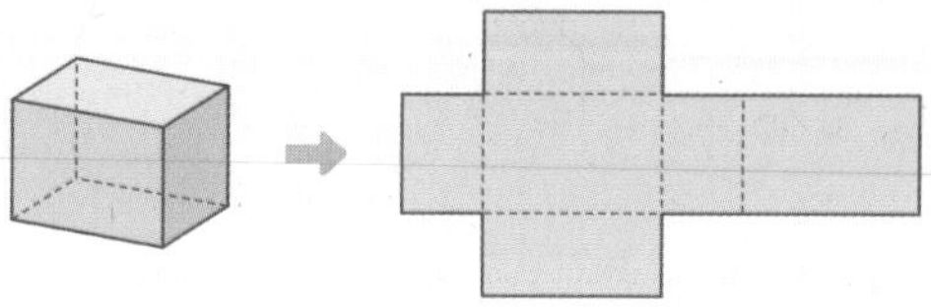

36 직육면체의 전개도를 모두 찾아 기호를 써 보세요.

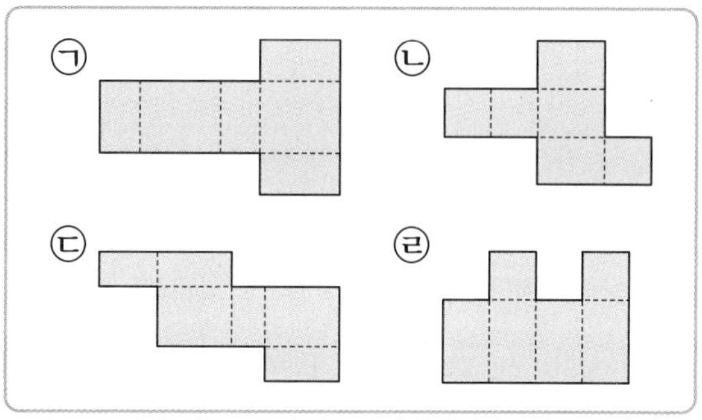

( )

37 직육면체의 전개도를 접었을 때 선분 ㅈㅇ과 겹쳐지는 선분을 찾아 써 보세요.

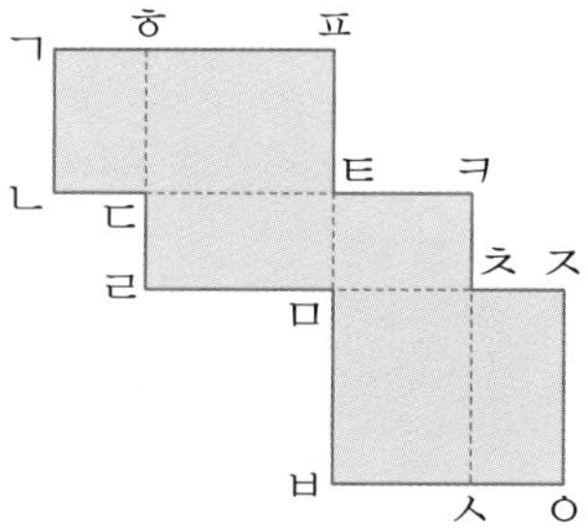

( )

38 전개도를 접어서 직육면체를 만들었습니다. □ 안에 알맞은 기호를 써넣으세요.

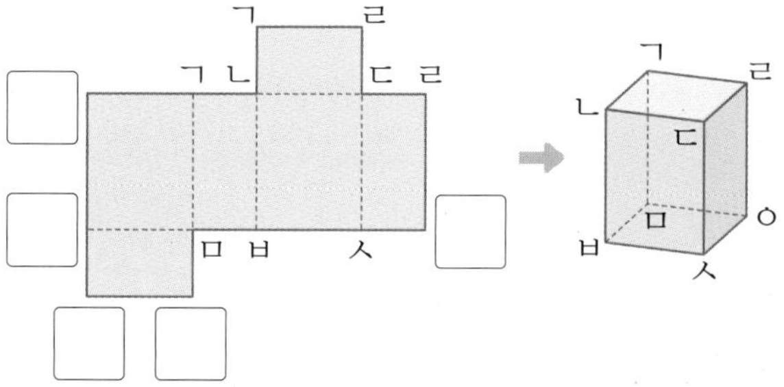

5

정답과 풀이 40쪽

서술형

39 다음 직육면체의 전개도를 접었더니 직육면체가 만들어지지 않았습니다. 전개도가 잘못된 이유를 쓰고 전개도를 바르게 그려 보세요.

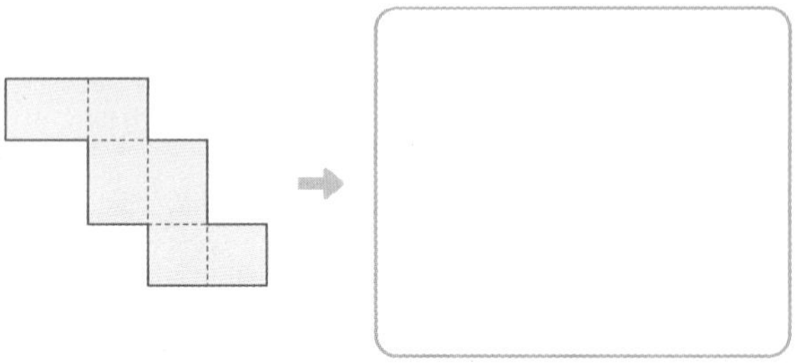

이유 ....

40 한 변이 10 cm인 정사각형 모양의 종이가 있습니다. 색칠한 부분을 오려 내고 접어서 직육면체를 만들려고 합니다. 전개도를 완성해 보세요.

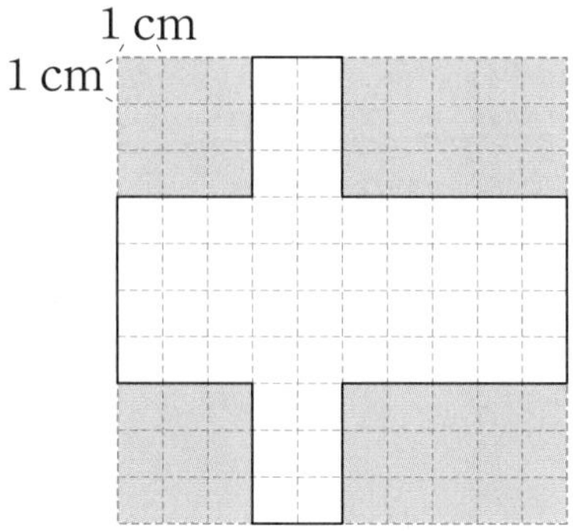

41 직육면체의 겨냥도를 보고 전개도를 그려 보세요.

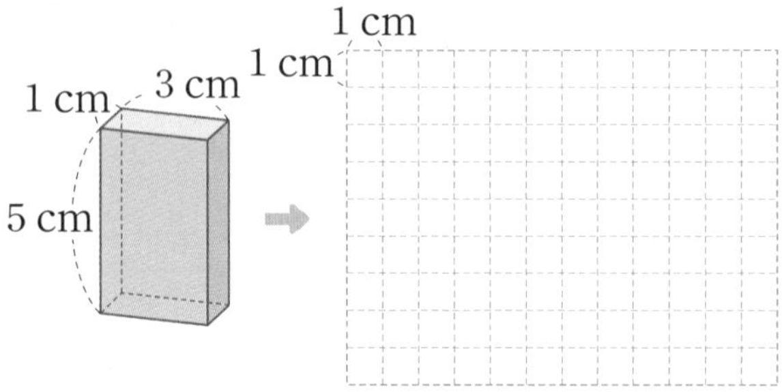

7 주사위의 눈 알아보기

- 주사위는 정육면체 모양이므로 마주 보는 두 면이 서로 평행합니다.
- 주사위의 전개도에서 한 면과 수직인 면은 평행한 면을 제외한 나머지 4개의 면입니다.

42 주사위에서 서로 평행한 두 면의 눈의 수의 합은 7입니다. 전개도의 빈 곳에 주사위의 눈을 알맞게 그려 넣으세요.

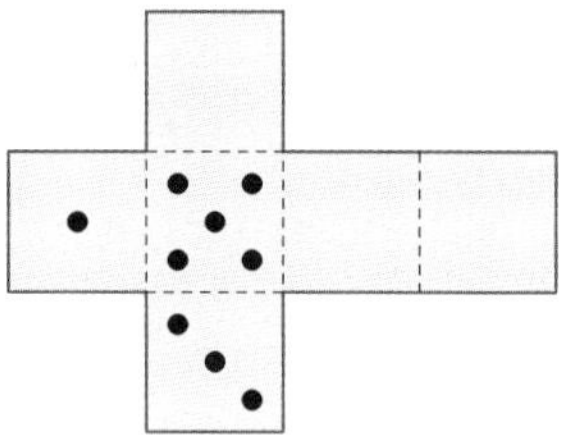

43 정육면체의 전개도를 접어서 주사위를 만들었습니다. 전개도로 만들 수 있는 주사위를 찾아 기호를 써 보세요.

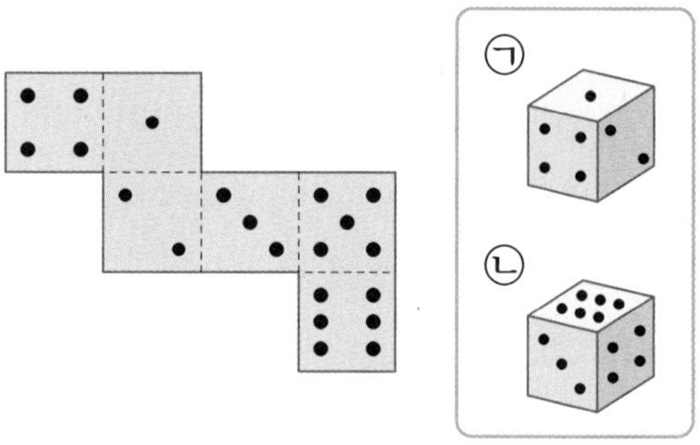

( )

44 오른쪽 주사위에서 서로 평행한 두 면의 눈의 수의 합이 7일 때 보이지 않는 면에 있는 눈의 수의 합을 구해 보세요.

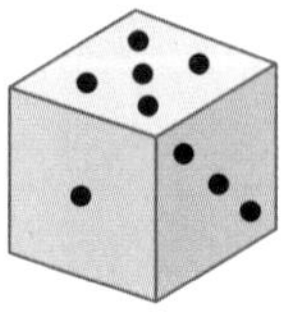

( )

응용력 기르기

문제 풀이

심화유형 1 직육면체의 모든 모서리의 길이의 합 구하기

오른쪽 그림은 직육면체를 앞과 옆에서 본 모양입니다. 이 직육면체의 모든 모서리의 길이의 합은 몇 cm일까요?

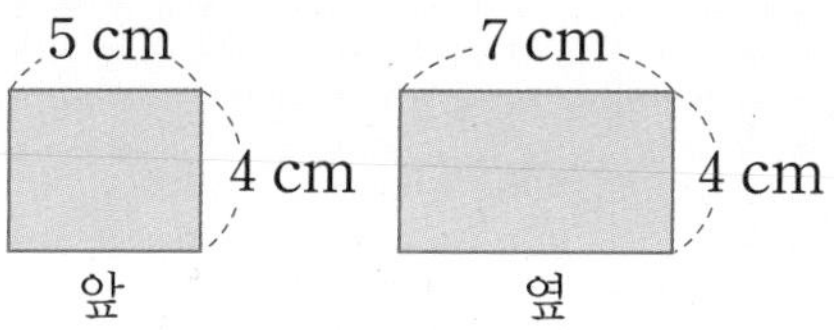

(　　　　　　　　　)

핵심 NOTE
- 앞에서 본 모양과 옆에서 본 모양을 이용하여 직육면체의 겨냥도를 그려 봅니다.
- 직육면체는 평행한 모서리끼리 길이가 같습니다.

1-1 직육면체를 위와 옆에서 본 모양입니다. 이 직육면체의 모든 모서리의 길이의 합은 몇 cm일까요?

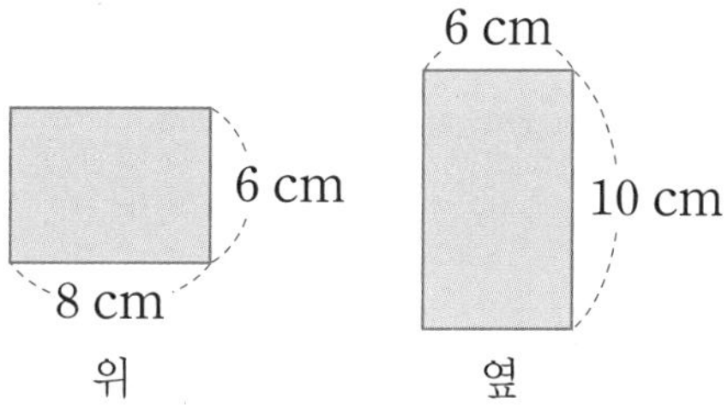

(　　　　　　　　　)

1-2 다음과 같이 나무 판자를 잘라 직육면체 모양의 상자를 만들려고 합니다. 나무 판자 2개를 더 잘라 상자를 완성하였을 때 완성한 상자의 모든 모서리의 길이의 합은 몇 cm일까요? (단, 나무 판자의 두께는 생각하지 않습니다.)

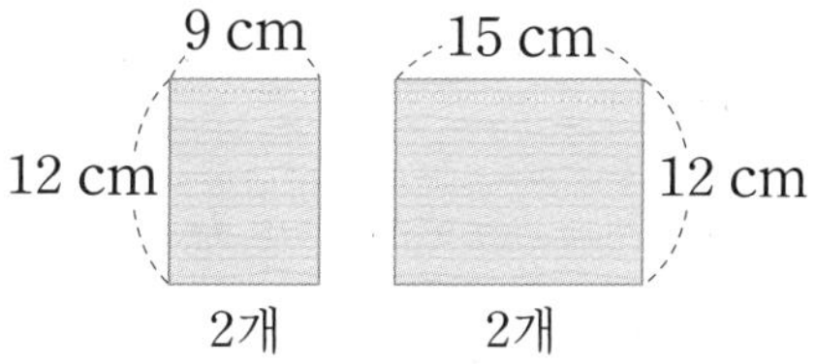

(　　　　　　　　　)

5

2 심화유형 정육면체에서 보이지 않는 면 알아보기

각 면에 서로 다른 수가 쓰여진 정육면체를 세 방향에서 본 것입니다. 1이 쓰여진 면과 평행한 면에 쓰여진 수는 무엇일까요? (단, 수의 방향은 생각하지 않습니다.)

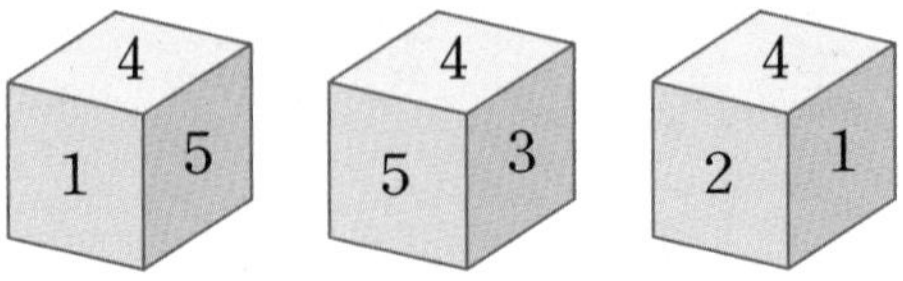

( )

● 핵심 NOTE
- 정육면체에서 한 면과 수직인 면은 4개입니다.
- 1이 쓰여진 면과 평행한 면은 1이 쓰여진 면과 마주 보는 면입니다.

2-1 각 면에 서로 다른 알파벳이 쓰여진 정육면체를 세 방향에서 본 것입니다. F가 쓰여진 면과 평행한 면에 쓰여진 알파벳은 무엇일까요? (단, 알파벳의 방향은 생각하지 않습니다.)

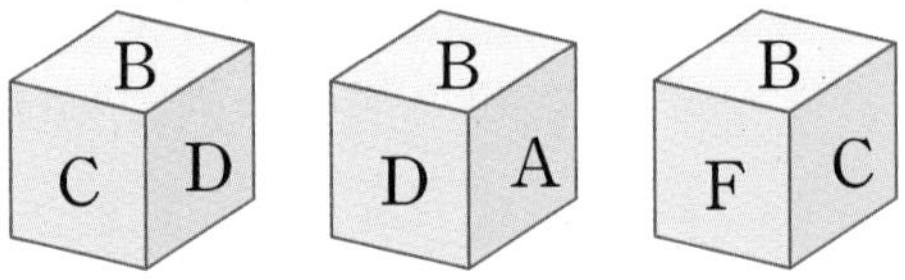

( )

2-2 각 면에 1부터 6까지의 수가 쓰여진 정육면체를 세 방향에서 본 것입니다. 정육면체의 전개도에 알맞은 수를 써넣으세요. (단, 수의 방향은 생각하지 않습니다.)

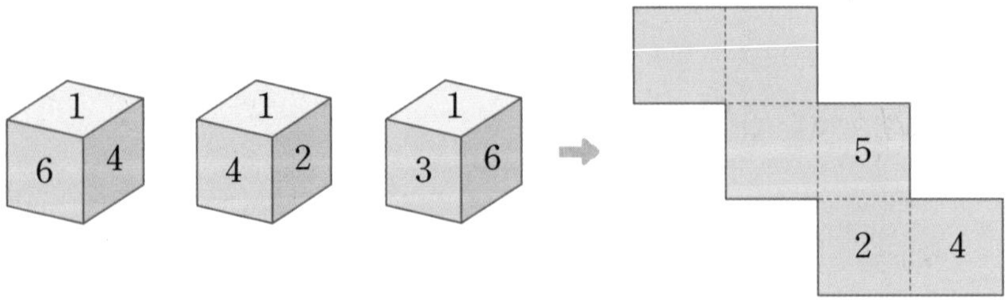

심화유형 3

직육면체를 보고 전개도에 선 그리기

왼쪽과 같이 직육면체의 면에 선을 그었습니다. 이 직육면체의 전개도가 오른쪽과 같을 때 전개도에 꼭짓점의 기호를 표시하고 나타나는 선을 그려 넣으세요.

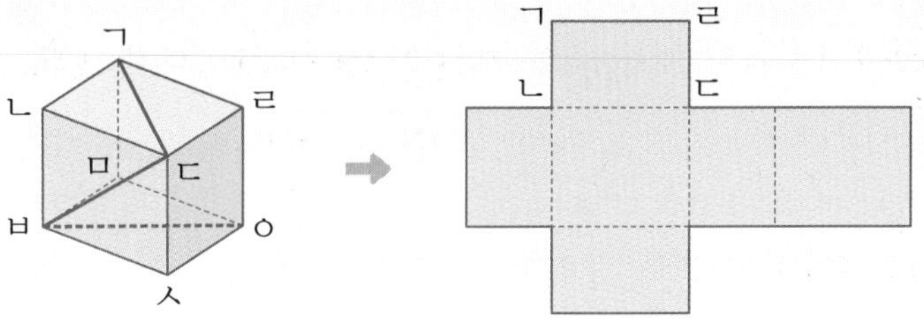

핵심 NOTE
- 직육면체를 접었을 때 만나는 점을 찾아 전개도에 꼭짓점의 기호를 표시합니다.
- 직육면체의 꼭짓점을 이용하여 전개도에 선을 그립니다.

3-1

왼쪽과 같이 직육면체의 면에 선을 그었습니다. 이 직육면체의 전개도가 오른쪽과 같을 때 전개도에 꼭짓점의 기호를 표시하고 나타나는 선을 그려 넣으세요.

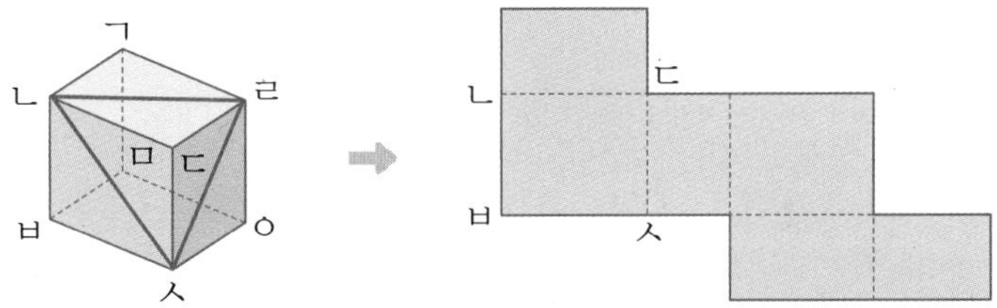

3-2

왼쪽과 같이 정육면체의 면에 선을 그었습니다. 이 정육면체의 전개도가 오른쪽과 같을 때 전개도에 꼭짓점의 기호를 표시하고 나타나는 선을 그려 넣으세요.

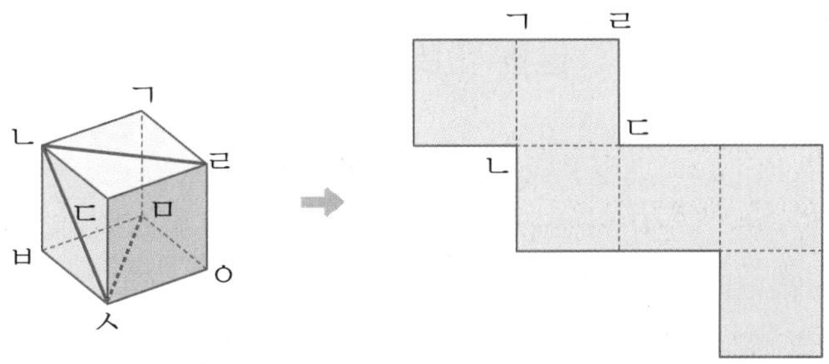

정답과 풀이 42쪽

융합유형 4 상자의 전개도 그리기

수학 + 실과

DIY(디아이와이)는 'Do It Yourself'를 줄인 말로 직접 스스로 해 보는 것을 말합니다. 즉 완성된 제품을 사는 것이 아니라 소비자가 부품을 구입하여 직접 만들어 사용할 수 있도록 하는 상품입니다. 두꺼운 종이로 오른쪽과 같은 직육면체 모양의 책을 넣을 수 있도록 한 면만 뚫려 있는 상자를 만들려고 합니다. 상자의 전개도를 그려 보세요. (단, 상자의 각 모서리의 길이는 책의 각 모서리의 길이보다 1 cm씩 길게 하고, 풀칠하는 부분은 생각하지 않습니다.)

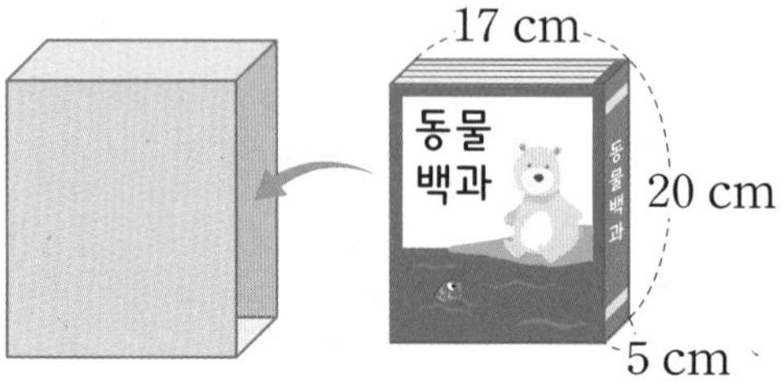

1단계 상자의 가로, 세로, 높이 각각 구하기

2단계 상자의 전개도 그리기

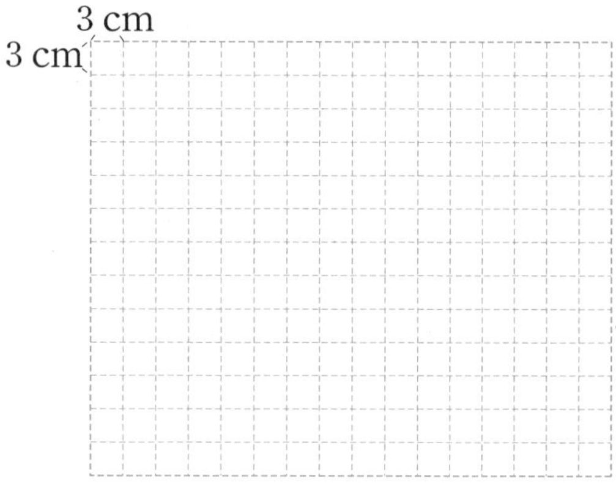

● 핵심 NOTE

1단계 책의 가로, 세로, 높이를 이용하여 상자의 가로, 세로, 높이를 구합니다.

2단계 직육면체의 전개도를 그리는 방법을 이용하여 한 면이 없는 전개도를 그립니다.

4-1

한 면만 뚫려 있는 다음 직육면체 모양의 통보다 각 모서리의 길이를 2 cm씩 길게 하여 상자를 만들려고 합니다. 상자의 전개도를 그려 보세요. (단, 상자의 한 면이 뚫려 있고, 풀칠하는 부분은 생각하지 않습니다.)

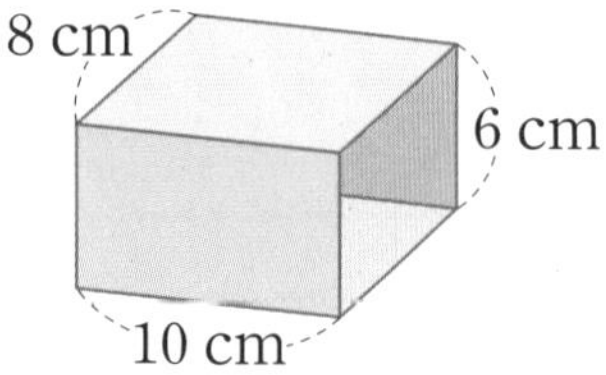

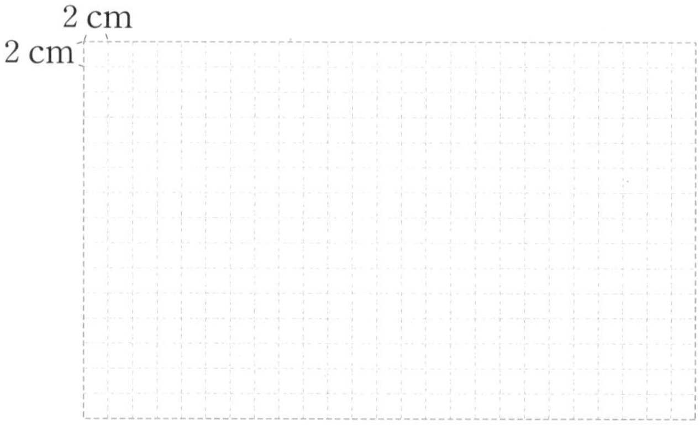

단원 평가 Level ❶

점수

확인

1 직육면체를 모두 고르세요. (　　　　　)

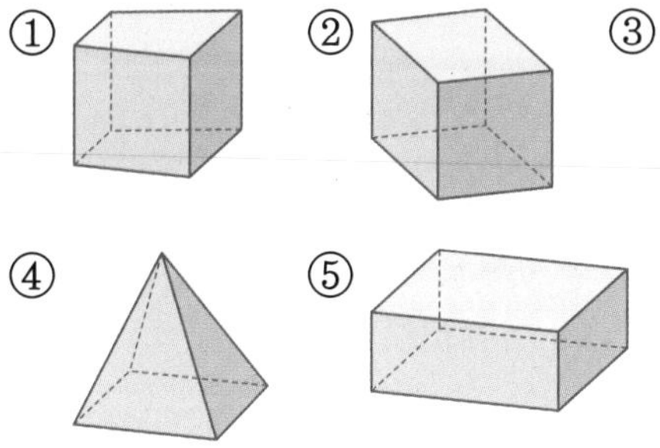

2 직육면체에서 보이지 않는 모서리를 점선으로 그려 넣으세요.

(1)

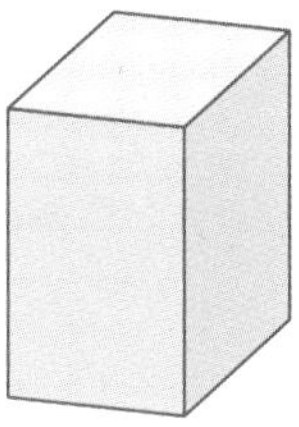

(2)

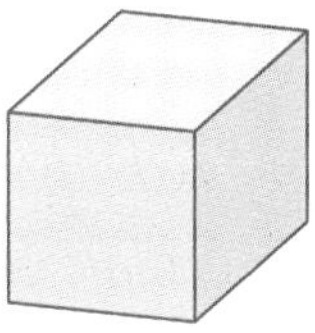

3 직육면체에서 서로 평행한 면은 모두 몇 쌍일까요?

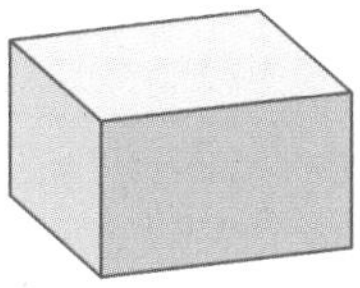

(　　　　　　　　　　)

4 직육면체에서 면과 면이 만나는 선분은 몇 개일까요?

(　　　　　　　　　　)

5 직육면체를 보고 □ 안에 알맞은 수를 써넣으세요.

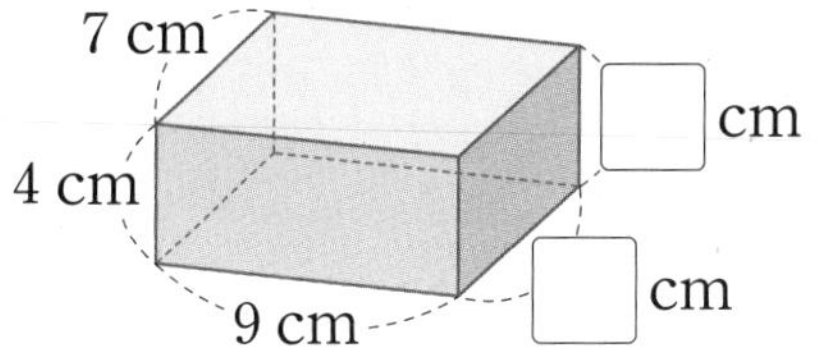

[6~7] 직육면체를 보고 물음에 답하세요.

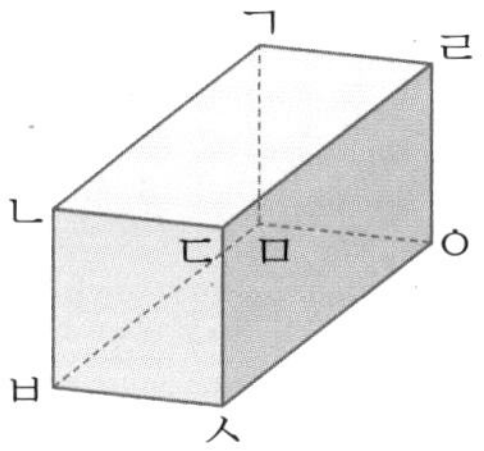

6 면 ㄱㄴㄷㄹ과 면 ㄴㅂㅅㄷ이 만나서 이루는 각의 크기는 몇 도일까요?

(　　　　　　　　　　)

7 면 ㄴㅂㅅㄷ과 수직인 면을 모두 써 보세요.

(　　　　　　　　　　)

8 정육면체에 대한 설명이 <u>틀린</u> 것을 찾아 기호를 써 보세요.

> ㉠ 정육면체는 직육면체라고 할 수 있습니다.
> ㉡ 면은 6개이고 모양과 크기가 같습니다.
> ㉢ 모서리의 길이는 다릅니다.

(　　　　　　　　　　)

9 직육면체에서 보이지 않는 모서리의 길이의 합은 몇 cm인지 구해 보세요.

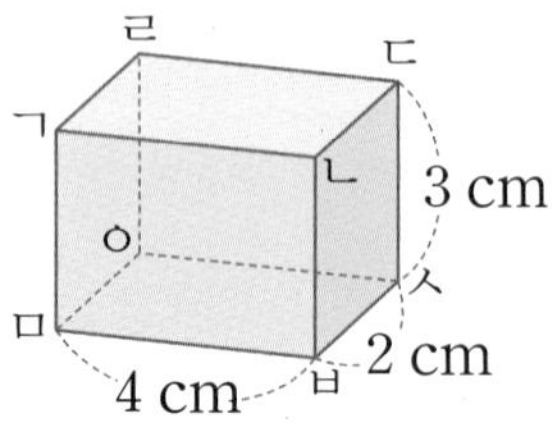

(　　　　　　　　　　)

10 직육면체의 전개도가 <u>아닌</u> 것을 찾아 기호를 써 보세요.

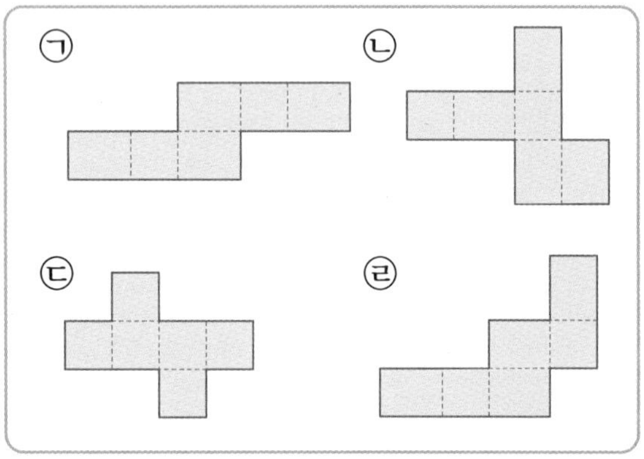

(　　　　　　　　　　)

11 직육면체의 전개도를 접었을 때 선분 ㅊㅈ과 겹쳐지는 선분을 찾아 써 보세요.

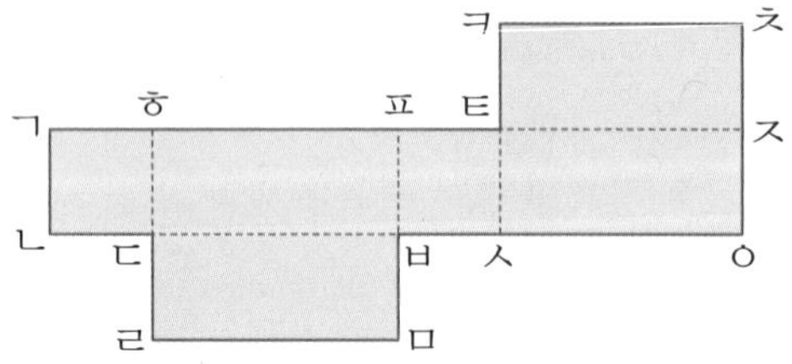

(　　　　　　　　　　)

12 다음은 <u>잘못</u> 그려진 직육면체의 전개도입니다. 면 1개를 옮겨 올바른 전개도를 그려 보세요.

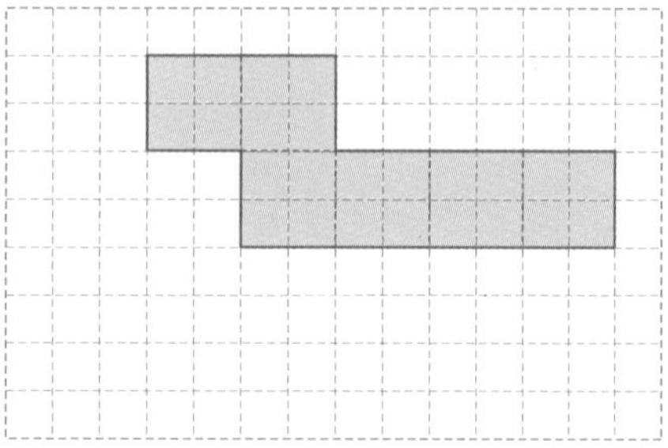

13 <u>잘못</u> 설명한 것을 찾아 기호를 쓰고 바르게 고쳐 보세요.

㉠ 정육면체에서 서로 평행한 면은 2쌍입니다.
㉡ 직육면체의 겨냥도에서 보이는 꼭짓점은 7개입니다.
㉢ 직육면체에서 한 꼭짓점에서 만나는 면은 모두 3개입니다.

(　　　　　　　　　　)

➡ ....

14 주사위에서 서로 평행한 두 면의 눈의 수의 합이 8이 되도록 전개도의 빈 곳에 주사위 눈을 알맞게 그려 넣으세요.

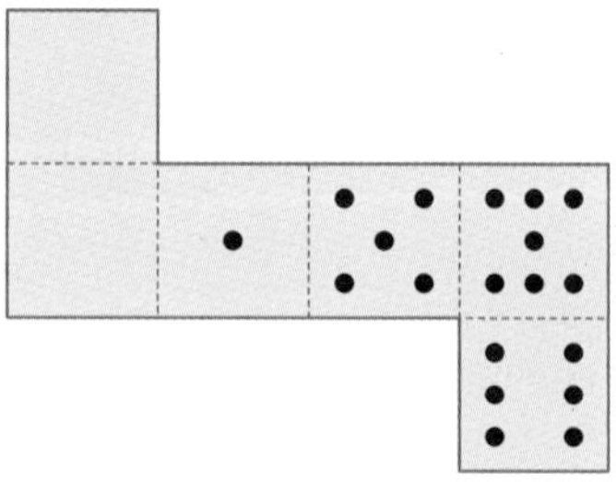

15 정육면체의 모서리를 잘라서 전개도를 만들었습니다. □ 안에 알맞은 기호를 써넣으세요.

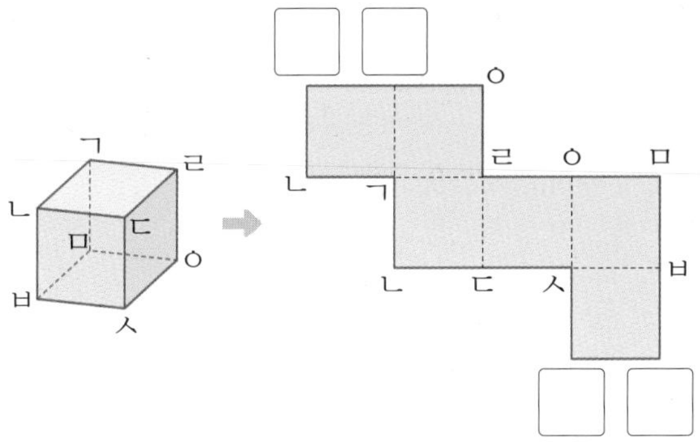

16 직육면체의 두 면이 다음과 같을 때 이 직육면체의 모든 모서리의 길이의 합은 몇 cm일까요?

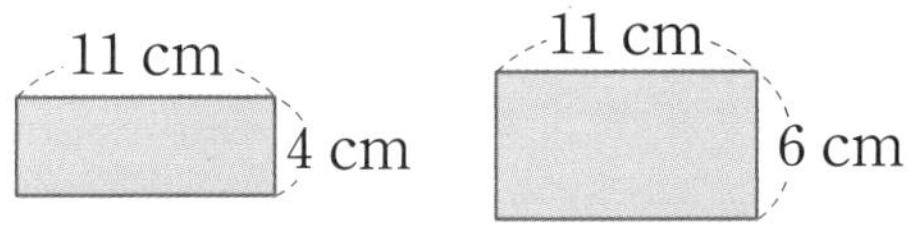

( )

17 정육면체 모양의 상자에 오른쪽과 같이 끈을 둘렀습니다. 상자를 두르는 데 사용한 끈의 길이는 몇 cm인지 구해 보세요.

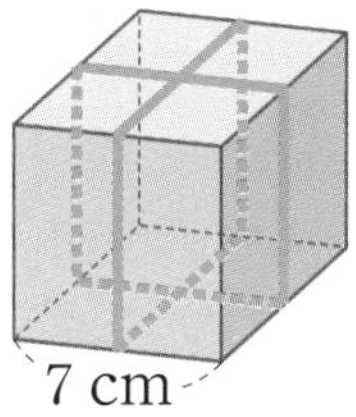

( )

18 전개도를 접어서 만든 정육면체입니다. 보이는 면에 알맞은 모양을 그려 넣으세요. (단, 모양의 방향은 생각하지 않습니다.)

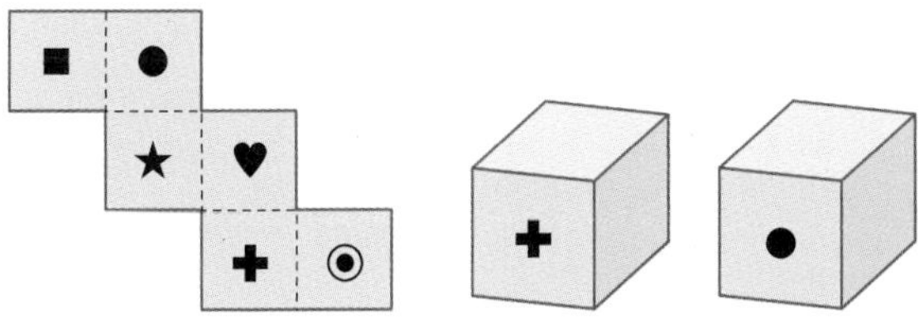

19 직육면체의 겨냥도를 잘못 그린 이유를 설명하고 바르게 그려 보세요.

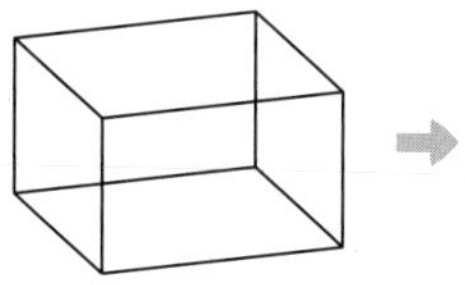

바른 그림

이유

20 오른쪽 정육면체에서 보이는 모서리의 길이의 합이 27 cm입니다. 이 정육면체의 한 모서리의 길이는 몇 cm인지 풀이 과정을 쓰고 답을 구해 보세요.

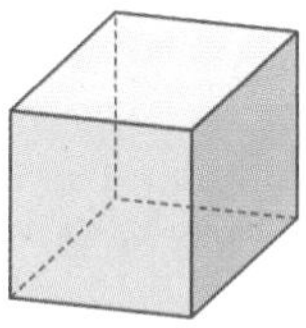

풀이

답

5

단원 평가 Level 2

점수

확인

1 직육면체의 면이 될 수 있는 도형을 모두 고르세요. (　　　　　)

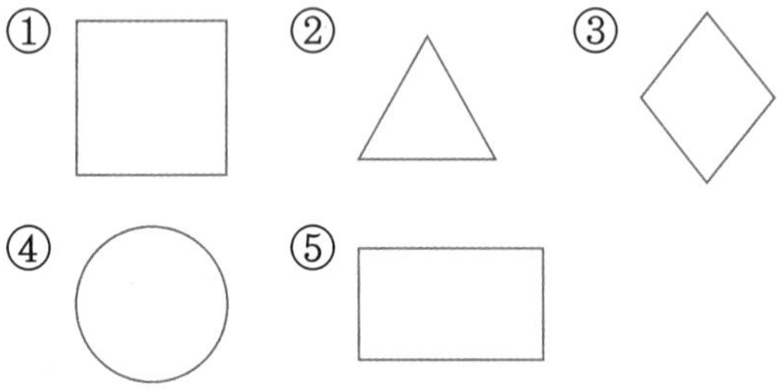

2 오른쪽 정육면체를 보고 빈칸에 알맞은 수를 써넣으세요.

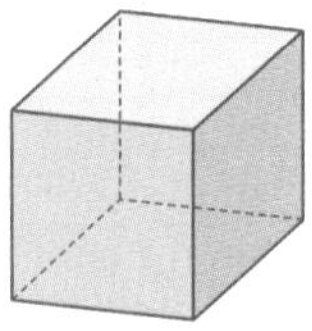

면의 수(개)	모서리의 수(개)	꼭짓점의 수(개)

3 정육면체를 보고 □ 안에 알맞은 수를 써넣으세요.

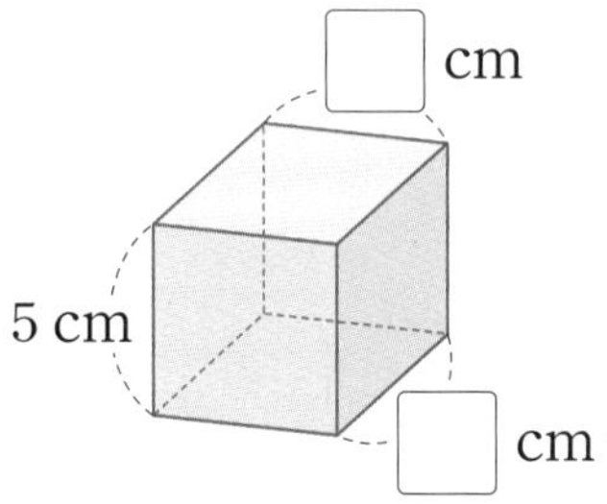

4 오른쪽 직육면체에서 꼭짓점의 수는 면의 수보다 몇 개 더 많을까요?

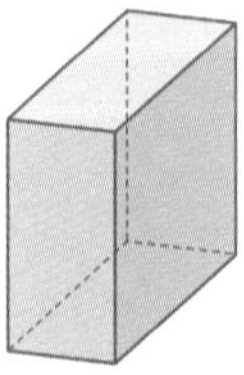

(　　　　　　　　　　)

5 오른쪽 직육면체의 겨냥도에서 잘못 그린 모서리는 어느 것일까요? (　　　　)

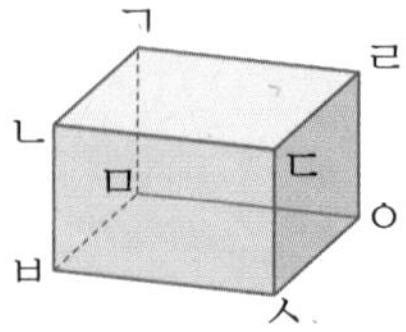

① 모서리 ㄴㄷ　② 모서리 ㄷㄹ
③ 모서리 ㅁㅇ　④ 모서리 ㄱㅁ
⑤ 모서리 ㅁㅂ

6 직육면체에서 길이가 5 cm인 모서리는 모두 몇 개일까요?

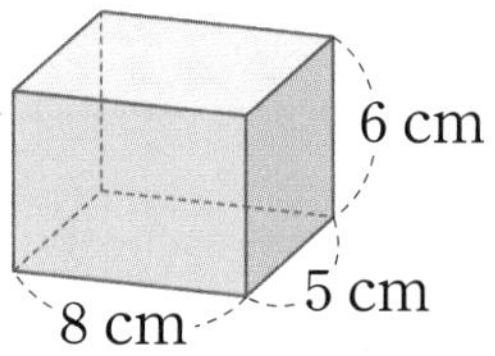

(　　　　　　　　　　)

7 한 모서리의 길이가 3 cm인 정육면체의 모든 모서리의 길이의 합은 몇 cm일까요?

(　　　　　　　　　　)

8 직육면체에서 색칠한 면이 한 밑면일 때 다른 밑면을 찾아 써 보세요.

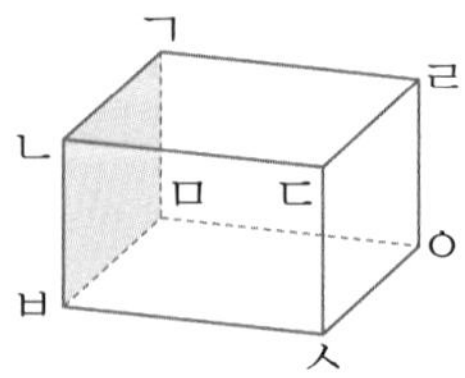

(　　　　　　　　　　)

9 직육면체에 대한 설명으로 옳은 것을 모두 고르세요. (   )

① 직육면체의 면은 모두 정사각형입니다.
② 직육면체는 정육면체라고 할 수 있습니다.
③ 정육면체는 직육면체라고 할 수 있습니다.
④ 정육면체는 모서리의 길이가 모두 같습니다.
⑤ 직육면체와 정육면체는 모서리의 수가 다릅니다.

10 정육면체의 전개도가 <u>아닌</u> 것은 어느 것일까요? (   )

①
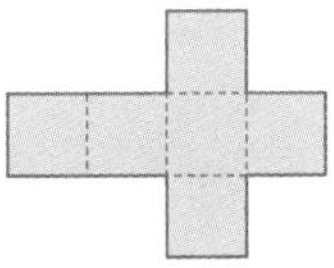
②
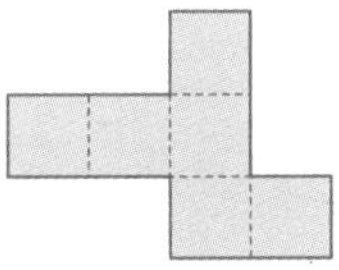
③
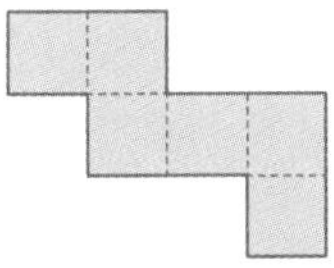
④
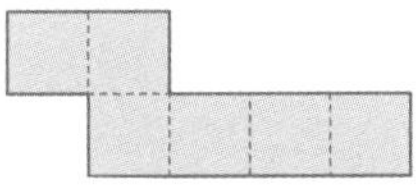
⑤
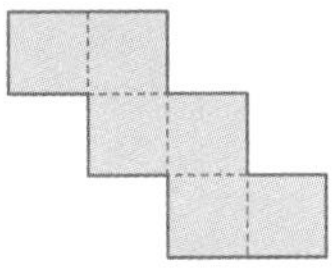

11 전개도를 접어서 직육면체를 만들었을 때 면 라와 수직인 면을 모두 찾아 써 보세요.

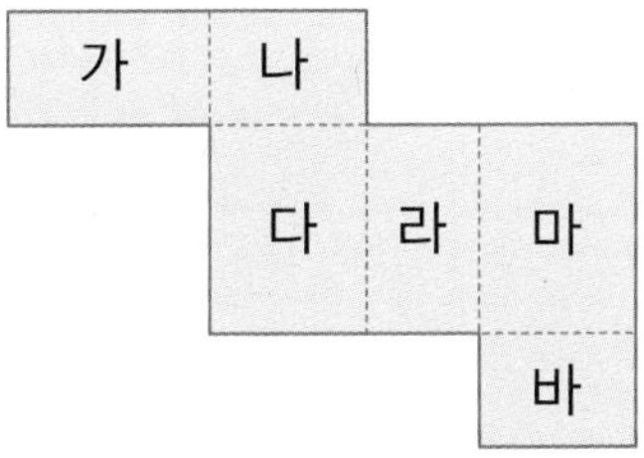

(   )

12 오른쪽 직육면체의 전개도를 그렸습니다. □ 안에 알맞은 수를 써넣으세요.

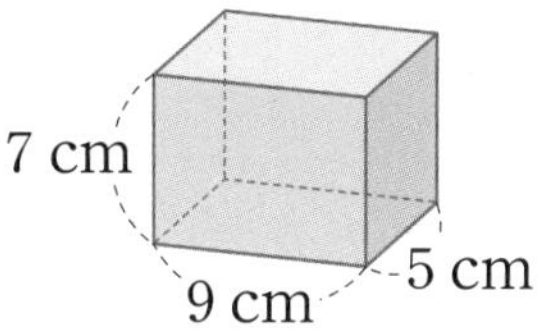

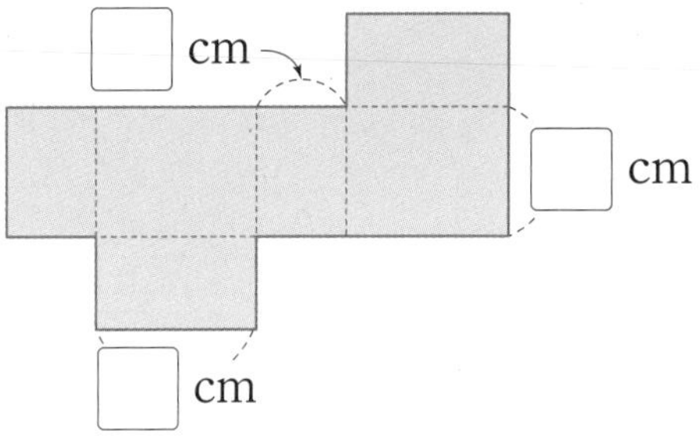

13 오른쪽 정육면체에서 면 ㄷㅅㅇㄹ과 수직이면서 면 ㄱㅁㅇㄹ과도 수직인 면을 모두 찾아 써 보세요.

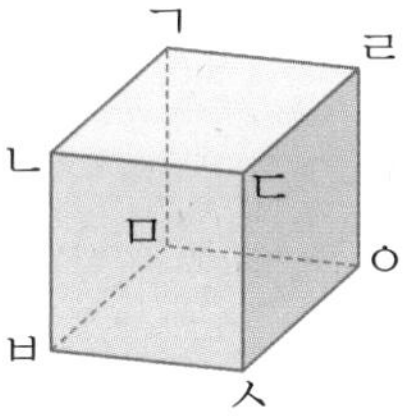

(   )

14 오른쪽 직육면체의 겨냥도에서 보이지 않는 모서리의 길이의 합은 몇 cm일까요?

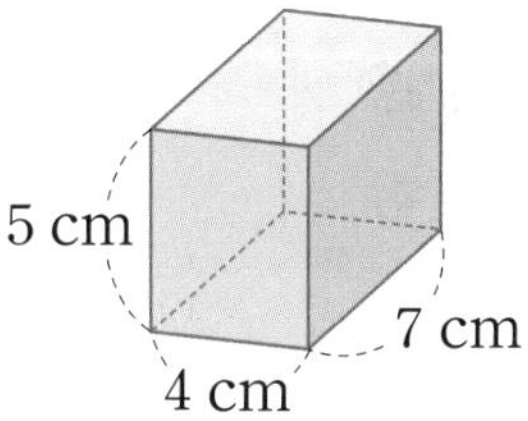

(   )

15 전개도를 접어서 정육면체를 만들었을 때 선분 ㅁㅂ과 겹쳐지는 선분을 찾아 써 보세요.

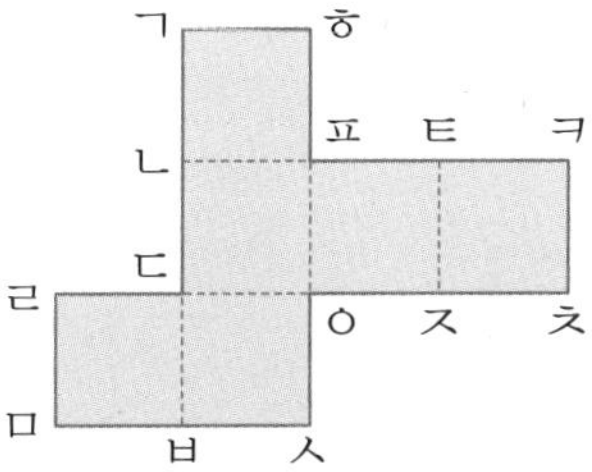

(   )

16 직육면체를 만들기 위해 직사각형 모양의 종이에 다음과 같은 전개도를 그렸습니다. 직사각형 모양 종이의 가로와 세로는 각각 몇 cm일까요?

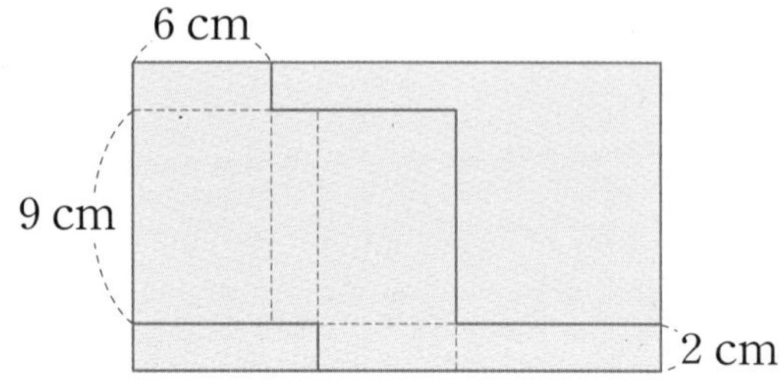

가로 (　　　　　　　　　　)
세로 (　　　　　　　　　　)

17 주사위에서 서로 평행한 두 면의 눈의 수의 합은 7입니다. 전개도의 빈 곳에 주사위의 눈을 알맞게 그려 넣으세요.

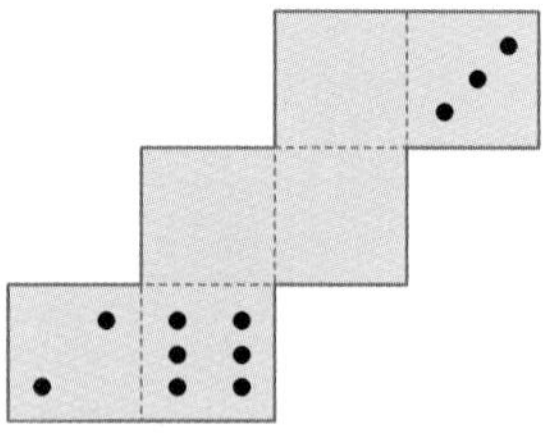

18 왼쪽과 같이 정육면체의 면에 선을 그었습니다. 이 정육면체의 전개도가 오른쪽과 같을 때 전개도에 꼭짓점의 기호를 표시하고 나타나는 선을 그려 넣으세요.

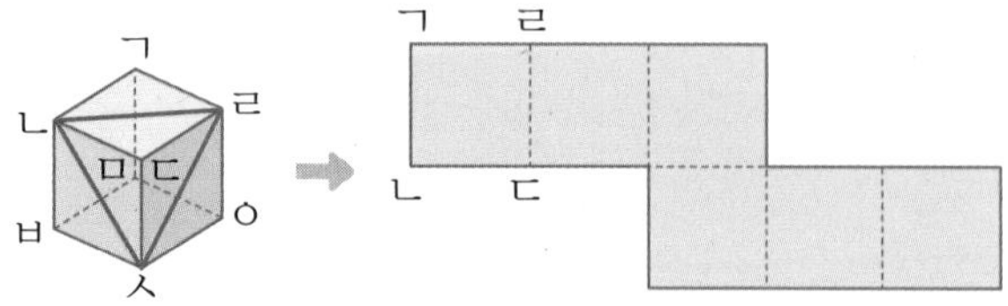

19 다음 도형이 직육면체인지 아닌지 쓰고 그 이유를 설명하세요.

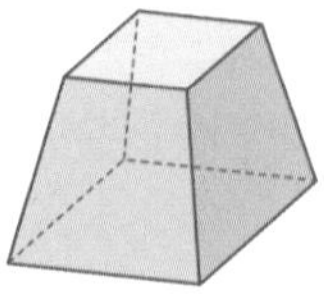

답

이유

20 직육면체의 모든 모서리의 길이의 합은 72 cm입니다. □ 안에 알맞은 수는 얼마인지 풀이 과정을 쓰고 답을 구해 보세요.

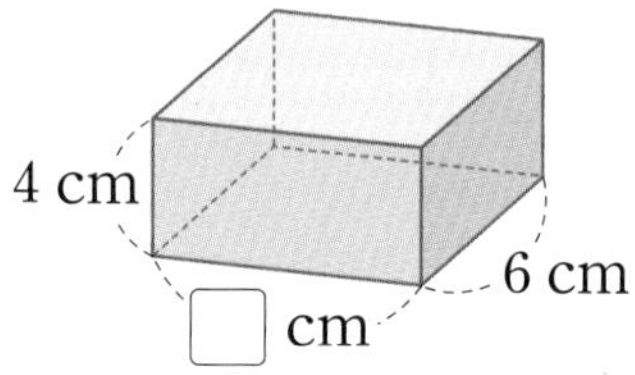

풀이

답

사고력이 반짝

크기가 같은 정사각형 모양의 색종이 8장을 겹쳐 놓았습니다. 가장 아래에 놓인 색종이의 번호를 써 보세요.

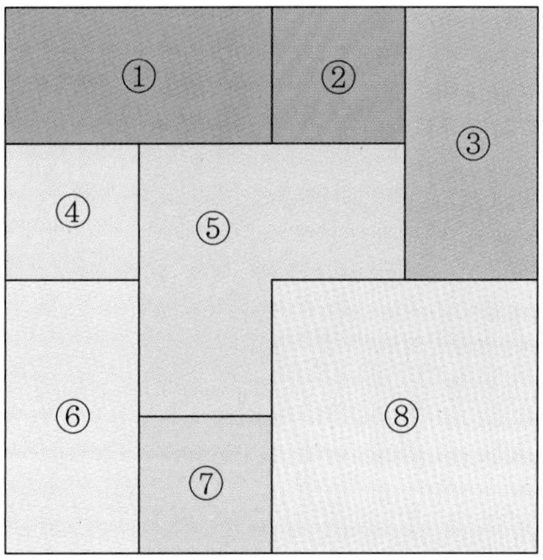

6 평균과 가능성

우리 반 친구들의 **키의 평균?**

키가 서로 다른데 하나로 말할 수 있을까?

자료를 대표하는 값을 평균이라고 해!

지우네 모둠의 제기차기 기록

이름	지우	슬아	민해	유준
횟수(번)	4	3	5	4

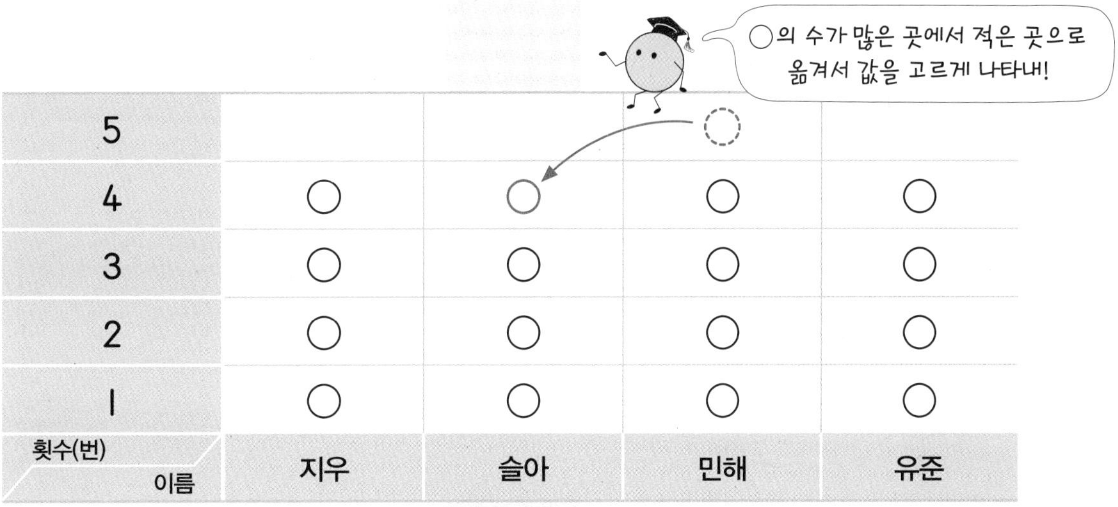

$$(\text{평균}) = (4+3+5+4) \div 4 = 4(\text{번})$$

$$(\text{평균}) = \underbrace{(\text{자료 값을 모두 더한 수})}_{\text{제기차기 횟수의 합}} \div \underbrace{(\text{자료의 수})}_{\text{사람 수}}$$

1 평균을 알아볼까요

개념 강의

● **평균**: 자료의 값을 모두 더해 자료의 수로 나눈 값

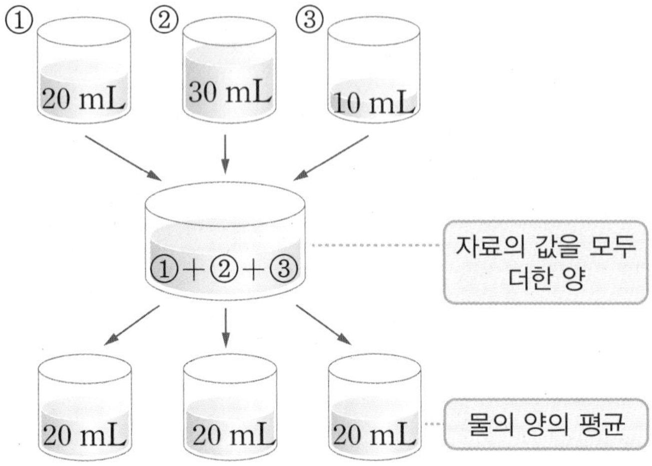

$$(\text{평균}) = \frac{(\text{자료의 값을 모두 더한 수})}{(\text{자료의 수})}$$

$$(\text{물의 양의 평균}) = \frac{20+30+10}{3} = \frac{60}{3} = 20\,(\text{mL})$$

● **평균 구하기**

방법 1 자료의 값이 고르게 되도록 옮겨 평균 구하기 ••• 학생 수가 같게 되도록 큰 값에서 작은 값으로 자료의 값을 옮깁니다.

모둠별 학생 수

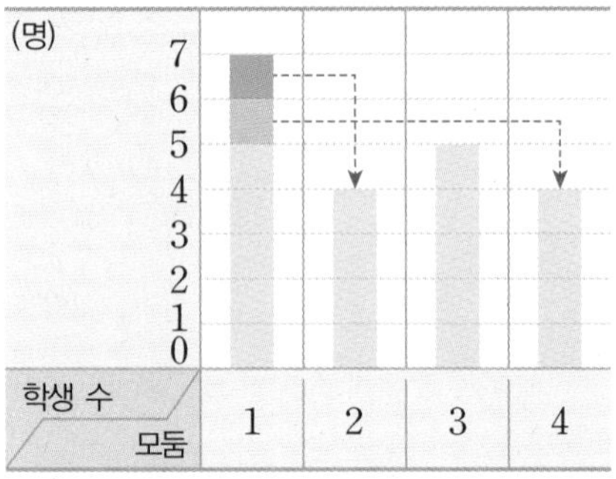

모둠별 학생 수

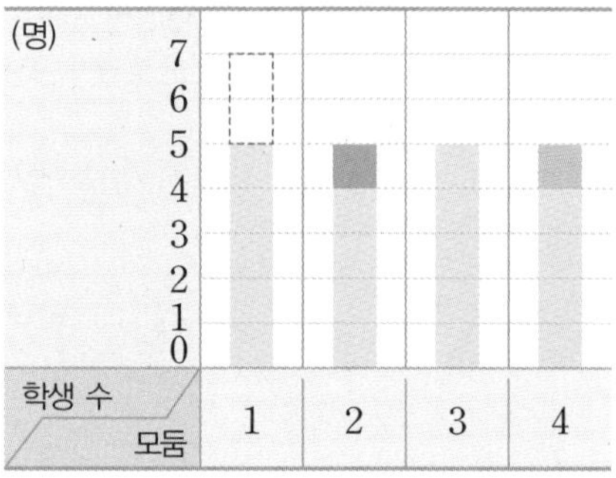

(모둠별 학생 수의 평균)

$$= \frac{7+4+5+4}{4} = \frac{20}{4} = 5(\text{명})$$

➡ 모둠별 학생 수를 나타낸 막대그래프의 막대의 높이를 고르게 하면 모둠별 학생 수의 평균은 5명입니다.

방법 2 기준 수를 정해 평균 구하기 ••• 자료값이 커서 계산하기 복잡한 경우 사용하면 편리합니다.

줄넘기 기록

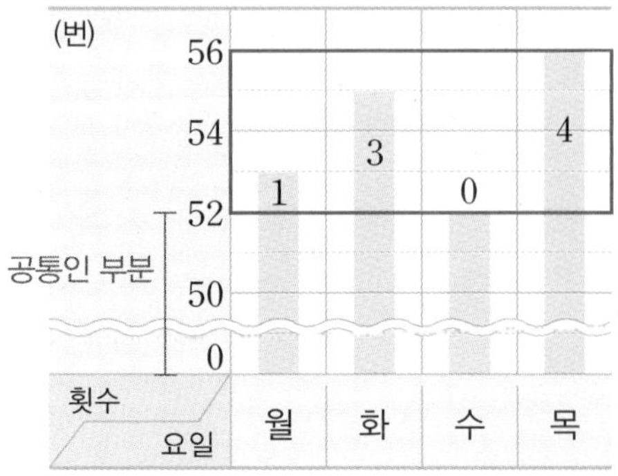

① 가장 작은 수를 기준 수로 정합니다. ➡ 52

② 기준 수와 각 자료의 값의 차를 구합니다.

53	55	52	56	
⬇	⬇	⬇	⬇	−52
1	3	0	4	

③ □ 부분의 평균을 구합니다. ➡ $(1+3+0+4)\div 4 = \frac{8}{4} = 2$

④ 기준 수와 □ 부분의 평균을 더하면 요일별 줄넘기 기록의 평균이 됩니다. ➡ $52+2=54$(번)

1 윤아의 줄넘기 기록을 나타낸 표입니다. 물음에 답하세요.

줄넘기 기록

회	1회	2회	3회
줄넘기 기록(번)	21	19	23

(1) 대표적으로 한 회에 줄넘기를 몇 번 했다고 말할 수 있을까요?

( )

(2) 한 회당 줄넘기 기록을 정하는 올바른 방법을 찾아 기호를 써 보세요.

> ㉠ 각 줄넘기 기록 21, 19, 23 중 가장 큰 수인 23으로 정합니다.
> ㉡ 각 줄넘기 기록 21, 19, 23을 고르게 하면 21, 21, 21이 되므로 21로 정합니다.

( )

(3) 윤아의 줄넘기 기록의 평균은 몇 번일까요?

( )

2 미선이의 공 던지기 기록의 평균은 몇 m인지 구해 보세요.

공 던지기 기록

회	1회	2회	3회	4회	5회
기록(m)	21	20	17	19	23

$$\frac{\square+\square+\square+\square+\square}{\square}$$

$$=\frac{\square}{\square}=\square\text{(m)}$$

3 계절별 읽은 책의 수를 나타낸 표입니다. 물음에 답하세요.

계절별 읽은 책의 수

계절	봄	여름	가을	겨울
책의 수(권)	4	10	5	9

(1) 막대의 높이를 고르게 해 보세요.

계절별 읽은 책의 수

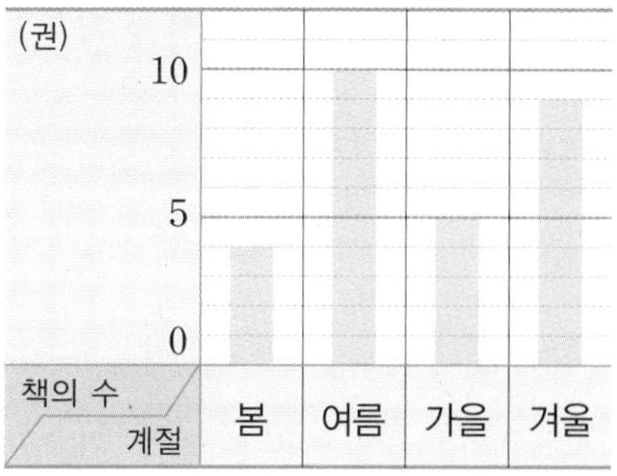

(2) 계절별 읽은 책의 수의 평균은 몇 권일까요?

( )

4 어린이 과학관의 5일 동안 입장객 수를 나타낸 표입니다. 물음에 답하세요.

과학관의 입장객 수

요일	월	화	수	목	금
입장객 수(명)	88	95	91	73	78
입장객 수 차(명)				0	

(1) 각 요일과 목요일의 입장객 수의 차를 빈칸에 써넣으세요.

(2) 입장객 수의 차의 평균은 몇 명일까요?

( )

(3) 요일별 입장객 수의 평균은 몇 명일까요?

( )

2 평균을 어떻게 이용할까요

● 자료의 수가 다른 경우의 평균 비교하기

학급별 연필 수

학급(반)	1	2	3
학생 수(명)	3	5	4
연필 수(자루)	15	20	16

(1반 연필 수의 평균) $= \frac{15}{3} = 5$(자루)

(2반 연필 수의 평균) $= \frac{20}{5} = 4$(자루)

(3반 연필 수의 평균) $= \frac{16}{4} = 4$(자루)

➡ 연필 수의 평균이 가장 많은 학급은 1반입니다.

자료의 값을 모두 더한 수가 같다고 평균이 같은 것은 아닙니다.

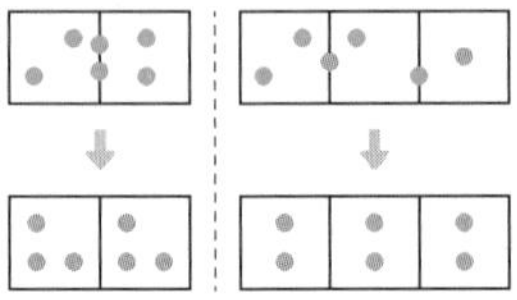

● 평균을 이용하여 자료의 값 구하기

5학년 학급별 학생 수

학급(반)	1	2	3	4	평균
학생 수(명)	28	30		26	28

① 자료의 값을 모두 더한 수인 전체 학생 수를 구합니다.

(자료의 값을 모두 더한 수) = (평균) × (자료의 수) = 28 × 4 = 112(명)
(자료의 값을 모두 더한 수: 전체 학생 수, 자료의 수: 학급 수)

② 전체 학생 수에서 나머지 학생 수를 모두 빼서 3반 학생 수를 구합니다.

(3반 학생 수) = 112 − (28 + 30 + 26) = 28(명)

평균을 이용하여 자료의 값을 모두 더한 수 구하기

(평균)
= (자료의 값을 모두 더한 수)
÷ (자료의 수)

⬇

(자료의 값을 모두 더한 수)
= (평균) × (자료의 수)

1 두 모둠에서 만든 쿠키 수를 나타낸 표입니다. □ 안에 알맞게 써넣으세요.

모둠별 만든 쿠키 수

모둠	가	나
모둠원 수(명)	5	7
쿠키 수(개)	35	35

(1) 모둠원 한 명이 만든 쿠키 수의 평균은

가: 35 ÷ □ = □(개),

나: 35 ÷ □ = □(개)입니다.

(2) 모둠원 한 명이 만든 쿠키 수의 평균이 더 많은 모둠은 □ 모둠입니다.

2 연수가 지난해 읽은 책의 수를 나타낸 표입니다. 8월부터 12월까지 연수가 한 달 동안 읽은 책의 평균이 6권일 때 □ 안에 알맞은 수를 써넣으세요.

월별 읽은 책의 수

월	8월	9월	10월	11월	12월
책 수(권)	9	3		6	7

(1) 8월부터 12월까지 읽은 책은 모두

6 × □ = □(권)입니다.

(2) 10월에 읽은 책은

□ − (□ + □ + □ + □)

= □(권)입니다.

3 현욱이와 석호의 멀리뛰기 기록을 나타낸 표입니다. 두 사람 중 멀리뛰기를 더 잘한 사람을 반 대표 선수로 뽑으려고 합니다. 물음에 답하세요.

현욱이의 멀리뛰기 기록

회	1회	2회	3회	4회
기록(cm)	185	252	318	265

석호의 멀리뛰기 기록

회	1회	2회	3회
기록(cm)	211	285	257

(1) 현욱이와 석호의 멀리뛰기 기록의 평균은 몇 cm인지 각각 구해 보세요.

현욱 (　　　　　　)
석호 (　　　　　　)

(2) 멀리뛰기 기록의 평균이 더 좋은 사람은 누구일까요?

(　　　　　　)

(3) 누구를 반 대표 선수로 뽑아야 할까요?

(　　　　　　)

4 은정이는 하루에 용돈을 평균 2000원씩 씁니다. 은정이가 일주일 동안 쓴 용돈은 모두 얼마일까요?

(　　　　　　)

5 서현이네 친척들이 명절을 맞아 만두를 만들기로 했습니다. 물음에 답하세요.

가족별 사람 수

가족	서현이네	큰 집	작은 집	이모네
사람 수 (명)	4	3	6	3

(1) 온 가족이 먹으려면 만두를 112개 만들어야 합니다. 한 가족당 만두를 평균 몇 개씩 만들어야 할까요?

(　　　　　　)

(2) 한 가족당 사람 수는 평균 몇 명일까요?

(　　　　　　)

(3) 한 사람당 만들어야 하는 만두는 평균 몇 개일까요?

(　　　　　　)

6 주희네 모둠 학생들의 몸무게를 나타낸 표입니다. 몸무게의 평균이 23 kg이라면 유민이의 몸무게는 몇 kg일까요?

주희네 모둠 학생들의 몸무게

이름	주희	승욱	유민	현미
몸무게(kg)	24	22		21

(　　　　　　)

7 남자와 여자 중 제기차기 기록의 평균이 더 좋은 성별을 써 보세요.

제기차기 기록

남자	3명이 모두 39개를 찼습니다.
여자	4명이 모두 48개를 찼습니다.

(　　　　　　)

3 일이 일어날 가능성을 비교하고 수로 표현해 볼까요

● **가능성**: 어떠한 상황에서 특정한 일이 일어나길 기대할 수 있는 정도

● 일이 일어날 가능성을 말로 표현하기

가능성의 정도는 **불가능하다, ~ 아닐 것 같다, 반반이다, ~일 것 같다, 확실하다** 등으로 표현할 수 있습니다.

예

일 \ 가능성	불가능하다	~ 아닐 것 같다	반반이다	~일 것 같다	확실하다
동전을 던지면 숫자 면이 나올 것입니다.			○		
내일 아침 동쪽에서 해가 뜰 것입니다.					○
계산기에 '$2+3=$'을 누르면 6이 나올 것입니다.	○				
날씨가 추울 때 반팔을 입은 사람이 긴팔을 입은 사람보다 많을 것입니다.		○			
수 카드 1, 4, 6 중 한 장을 뽑을 때 짝수를 뽑을 것입니다.				○	

● 일이 일어날 가능성 비교하기

• 회전판의 화살이 빨간색에 멈출 가능성

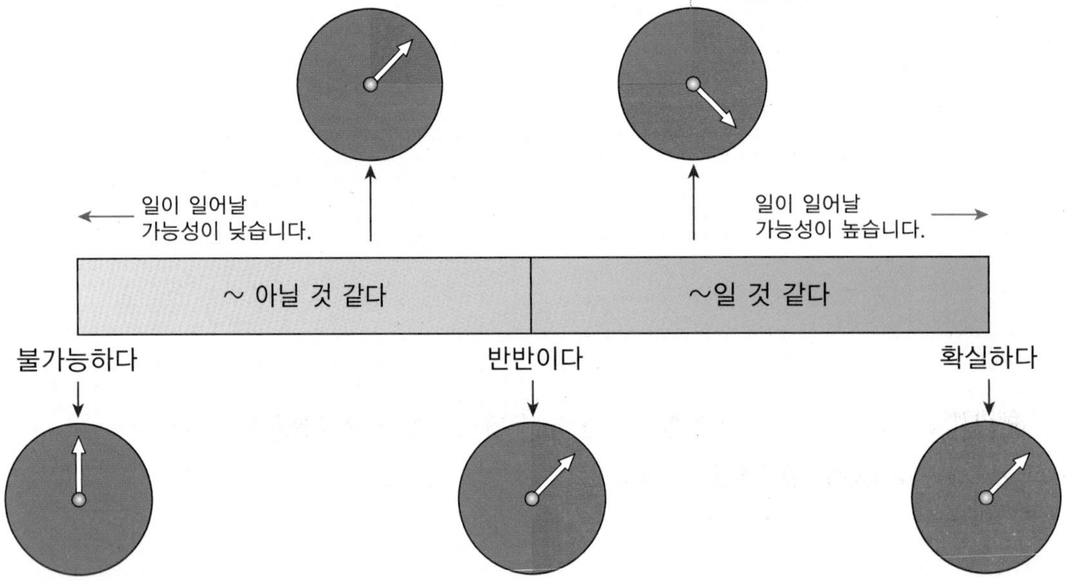

● 일이 일어날 가능성을 수로 표현하기

• 1부터 6까지의 눈이 있는 주사위를 한 번 굴릴 때 일이 일어날 가능성

불가능하다	반반이다	확실하다
0	$\frac{1}{2}$	1
주사위 눈의 수가 7 이상으로 나올 가능성	주사위 눈의 수가 홀수로 나올 가능성	주사위 눈의 수가 1 이상 6 이하로 나올 가능성

1 일이 일어날 가능성을 생각해 보고, 알맞게 표현한 곳에 ○표 하세요.

(1) 내년에는 타임머신이 개발되어 조선 여행을 할 수 있을 것입니다.

불가능하다	반반이다	확실하다

(2) 별빛 마을 5학년 학생 900명 중 서로 생일이 같은 사람이 있을 것입니다.

불가능하다	반반이다	확실하다

2 500원짜리 동전 한 개를 던졌습니다. 일이 일어날 가능성에 ↓로 나타내어 보세요.

(1) 나온 면은 그림 면일 것입니다.

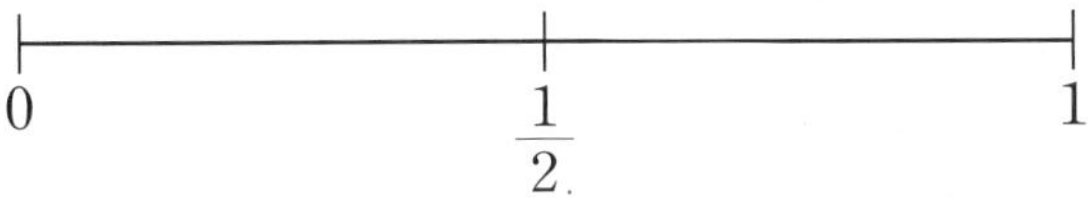

(2) 100원짜리 동전으로 바뀌었을 것입니다.

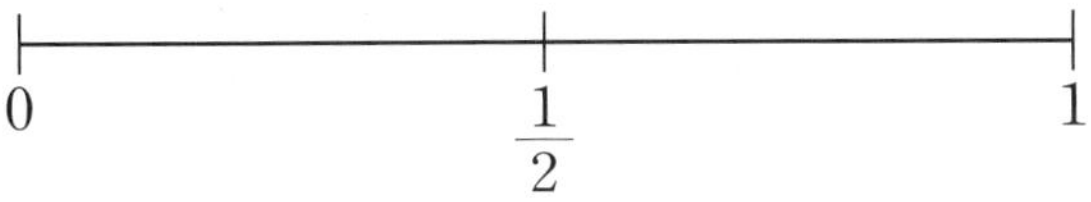

3 빨간색, 파란색, 노란색으로 이루어진 회전판과 회전판을 80번 돌려 화살이 멈춘 횟수를 나타낸 표입니다. 일이 일어날 가능성이 가장 비슷한 것을 찾아 ○표 하세요.

색깔	빨강	파랑	노랑
횟수(회)	39	21	20

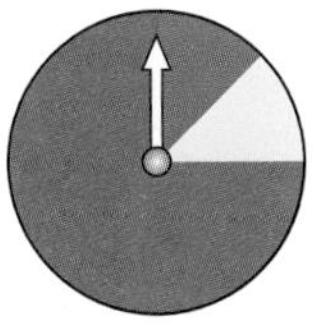
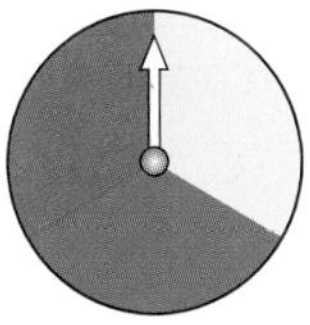
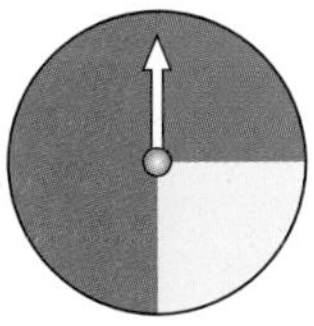

(　　　) (　　　) (　　　)

4 회전판의 화살이 파란색에 멈출 가능성을 수로 표현해 보세요.

(1)

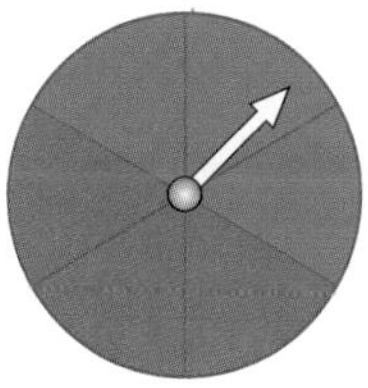

(　　　　　)

(2)

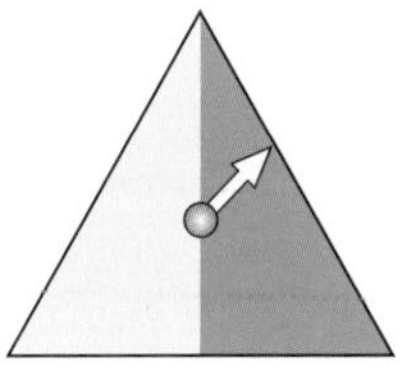

(　　　　　)

5 일이 일어날 가능성이 '불가능하다'인 경우를 찾아 기호를 쓰고 가능성이 '확실하다'가 되도록 말을 바꿔 보세요.

㉠ 주머니에 넣은 구슬 10개 중 2개가 빨간색이니까 1개를 꺼낼 때 그 구슬은 빨간색일 것입니다.
㉡ 오늘은 24일이니까 내일은 28일일 것입니다.
㉢ 태어난 아이의 성별은 여자일 것입니다.

(　　　　　　　　　)

6 흰색 바둑돌이 2개 들어 있는 주머니에서 바둑돌 1개를 꺼냈습니다. 물음에 답하세요.

(1) 꺼낸 바둑돌이 흰색일 가능성을 말로 표현해 보세요.

(　　　　　　　　　)

(2) 꺼낸 바둑돌이 검은색일 가능성을 수로 표현해 보세요.

(　　　　　　　　　)

6

기본기 다지기

1 평균 알아보기

평균: 자료의 값을 모두 더해 자료의 수로 나눈 값

$$(평균)=\frac{(자료의 값을 모두 더한 수)}{(자료의 수)}$$

1 동후네 모둠 학생들의 50 m 달리기 기록을 나타낸 표입니다. 50 m 달리기 기록의 평균은 몇 초일까요?

50 m 달리기 기록

이름	동후	가영	유라	윤석	민수
기록(초)	9	12	8	7	9

( )

[2~3] 어느 한 주 월요일부터 일요일까지 최저 기온과 최고 기온을 나타낸 표입니다. 물음에 답하세요.

어느 한 주 최저 기온과 최고 기온

요일	최저 기온(℃)	최고 기온(℃)
월	8	20
화	13	18
수	12	24
목	15	19
금	10	15
토	7	22
일	12	22

2 이 주 최저 기온의 평균은 몇 ℃일까요?

( )

3 이 주 최고 기온의 평균은 몇 ℃일까요?

( )

[4~6] 정아네 모둠과 윤서네 모둠이 고리 던지기를 하여 기둥에 건 고리의 수를 나타낸 표입니다. 물음에 답하세요.

정아네 모둠의 고리 던지기 기록

이름	정아	서원	현빈	은재
기록(개)	4	8	9	7

윤서네 모둠의 고리 던지기 기록

이름	윤서	진후	종하	지우	상원
기록(개)	5	7	6	7	5

4 정아네 모둠과 윤서네 모둠의 고리 던지기 기록의 평균은 각각 몇 개일까요?

정아네 모둠 ( )

윤서네 모둠 ( )

5 어느 모둠이 더 잘했다고 볼 수 있나요?

( )

서술형

6 두 모둠의 고리 던지기 기록에 대해 잘못 설명한 것을 찾아 기호를 쓰고, 그 이유를 써 보세요.

㉠ 두 모둠의 고리 던지기 기록의 평균을 구해 보면 어느 모둠이 더 잘했는지 비교할 수 있습니다.

㉡ 정아네 모둠은 총 28개, 윤서네 모둠은 총 30개의 고리를 걸었지만 이것만으로는 어느 모둠이 더 잘했는지 판단하기 어렵습니다.

㉢ 고리 던지기 최저 기록은 정아네 모둠이 4개, 윤서네 모둠이 5개니까 윤서네 모둠이 더 잘했습니다.

답

이유

2 평균 구하기

예 15 18 14 17

방법 1 평균을 16으로 예상한 후 (15, 17), (18, 14)로 수를 짝 지어 자료의 값을 고르게 하여 구한 평균은 16입니다.

방법 2 $(평균)=\frac{15+18+14+17}{4}=\frac{64}{4}=16$

서술형

7 다음 자료의 평균을 두 가지 방법으로 구해 보세요.

8 12 10 11 9

방법 1 예상한 평균 (　　　　)

방법 2

8 민서가 월요일부터 금요일까지 피아노 연습을 한 시간을 나타낸 표입니다. 피아노 연습을 한 시간의 평균은 몇 분일까요?

피아노 연습을 한 시간

요일	월	화	수	목	금
시간(분)	25	40	35	30	20

(　　　　)

[9~10] 종석이네 모둠 학생들의 키를 나타낸 표입니다. 물음에 답하세요.

학생들의 키

이름	종석	인석	유진	정후	가은
키(cm)	148	155	142	151	154

9 종석이네 모둠 학생들의 평균 키는 몇 cm일까요?

(　　　　)

10 종석이네 모둠 학생 중 평균보다 키가 큰 학생을 모두 찾아 이름을 써 보세요.

(　　　　)

[11~12] 재하의 줄넘기 기록을 나타낸 표입니다. 물음에 답하세요.

줄넘기 기록

회	1회	2회	3회	4회
기록(번)	72	90	65	77

11 재하의 줄넘기 기록의 평균은 몇 번일까요?

(　　　　)

12 1회부터 5회까지 기록의 평균이 1회부터 4회까지 기록의 평균보다 높으려면 5회에는 줄넘기를 몇 번 해야 하는지 예상해 보세요.

6

13 어느 공장의 음료수 판매량을 나타낸 표입니다. 이 중에서 판매량이 평균보다 적은 음료수는 생산하지 않기로 했을 때, 생산을 중지해야 할 음료수를 모두 찾아 기호를 써 보세요.

음료수 판매량

음료수	가	나	다	라	마
판매량(개)	310	250	300	340	290

( )

3 평균 이용하기

(평균)=(자료값의 합)÷(자료의 수)
➡ (자료값의 합)=(평균)×(자료의 수)

[14~15] 유하와 진영이의 제자리 멀리뛰기 기록을 나타낸 표입니다. 두 학생의 평균 기록이 같을 때, 물음에 답하세요.

유하의 기록

회	기록(cm)
1회	208
2회	203
3회	210

진영이의 기록

회	기록(cm)
1회	202
2회	200
3회	
4회	215

14 유하의 제자리 멀리뛰기 평균 기록은 몇 cm일까요?

( )

15 진영이의 3회 제자리 멀리뛰기 기록은 몇 cm일까요?

( )

서술형

16 진하가 월요일부터 금요일까지 공부한 시간을 나타낸 표입니다. 하루 평균 40분을 공부했다면 금요일에는 몇 분을 공부했는지 풀이 과정을 쓰고 답을 구해 보세요.

진하가 공부를 한 시간

요일	월	화	수	목	금
시간(분)	30	55	20	45	

풀이

답

17 세은이네 모둠 남학생과 여학생의 100 m 달리기 기록의 평균을 나타낸 표입니다. 세은이네 모둠 전체 학생의 100 m 달리기 기록의 평균은 몇 초일까요?

남학생 6명	18.8초
여학생 4명	19.3초

( )

18 동민이네 학교에서 단체 줄넘기 대회를 하였습니다. 기록이 평균 27번 이상이 되어야 본선에 올라갈 수 있을 때, 동민이네 반이 본선에 올라가려면 마지막에 줄넘기를 적어도 몇 번 해야 할까요?

동민이네 반의 단체 줄넘기 기록

(단위: 번)

20, 24, 31, 28, 30, □

( )

4 일이 일어날 가능성을 말로 표현하기

- 가능성: 어떠한 상황에서 특정한 일이 일어나길 기대할 수 있는 정도
- 가능성의 정도는 불가능하다, ~ 아닐 것 같다, 반반이다, ~일 것 같다, 확실하다 등으로 표현할 수 있습니다.

[19~22] 종서와 친구들이 말한 일이 일어날 가능성을 비교해 보려고 합니다. 물음에 답하세요.

종서: 다음 주에는 일주일 내내 비가 올 거야.
은주: 내일 학교에 전학을 올 친구는 남자일 거야.
수영: 지금이 오후 5시니까 3시간 후에는 오후 8시가 될 거야.
준기: 계산기로 '$3\times4=$'을 누르면 7이 나올 거야.
동섭: 주사위를 굴려서 나온 주사위 눈의 수는 2 이상일 거야.

19 준기가 말한 일이 일어날 가능성을 말로 표현해 보세요.

( )

20 일이 일어날 가능성이 '반반이다'인 경우를 말한 친구는 누구일까요?

( )

21 동섭이가 말한 상황에서 일이 일어날 가능성이 '확실하다'가 되도록 동섭이의 말을 바꿔 보세요.

....

22 일이 일어날 가능성이 높은 친구부터 차례로 이름을 써 보세요.

( )

23 회전판을 돌렸을 때 화살이 초록색에 멈출 가능성을 찾아 기호를 써 보세요.

㉠ 불가능하다 ㉡ ~ 아닐 것 같다
㉢ 반반이다 ㉣ ~일 것 같다
㉤ 확실하다

회전판	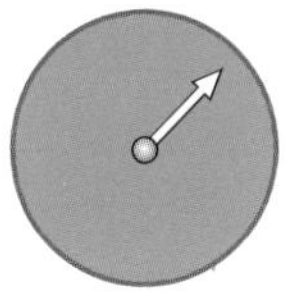	
가능성		
회전판	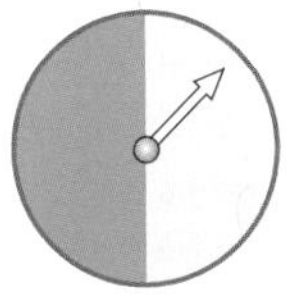	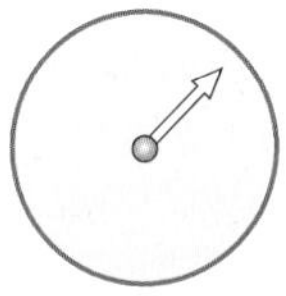
가능성		

24 빨간색, 노란색, 파란색으로 이루어진 회전판과 회전판을 120번 돌려 화살이 멈춘 횟수를 나타낸 표입니다. 일이 일어날 가능성이 가장 비슷한 회전판의 기호를 써 보세요.

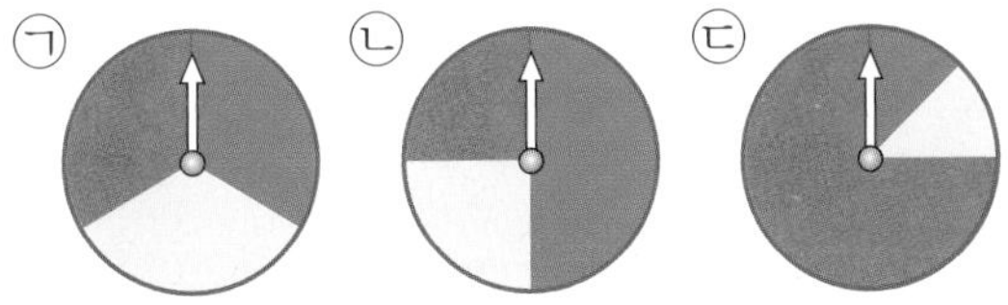

(1)

색깔	빨강	노랑	파랑
횟수(회)	28	30	62

☐

(2)

색깔	빨강	노랑	파랑
횟수(회)	87	16	17

☐

(3)

색깔	빨강	노랑	파랑
횟수(회)	39	41	40

☐

정답과 풀이 47쪽

25 조건에 알맞은 회전판이 되도록 색칠해 보세요.

- 화살이 노란색에 멈출 가능성이 가장 높습니다.
- 화살이 파란색에 멈출 가능성은 빨간색에 멈출 가능성의 반입니다.

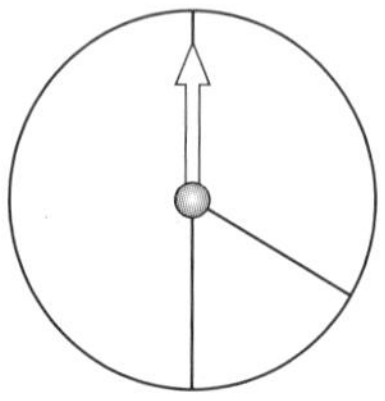

5 일이 일어날 가능성을 수로 표현하기

일이 일어날 가능성이 '불가능하다'이면 0, '반반이다'이면 $\frac{1}{2}$, '확실하다'이면 1로 표현할 수 있습니다.

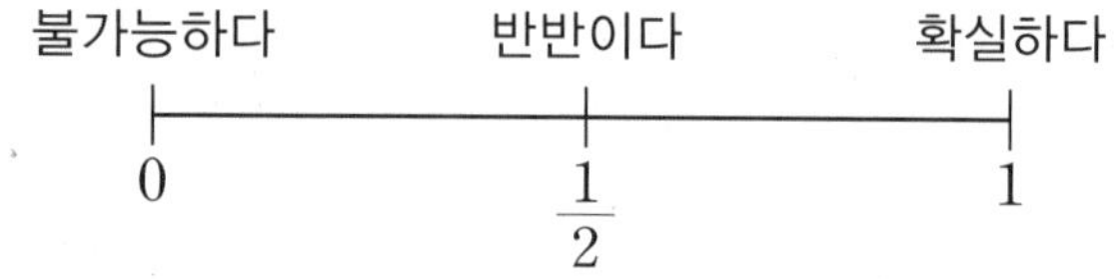

26 100원짜리 동전을 던졌습니다. 숫자 면이 나올 가능성을 말과 수로 표현해 보세요.

말 ( )
수 ( )

27 주하는 3시까지 도서관에 도착해야 하는데 집에서 3시 5분에 출발했습니다. 주하가 도서관에 늦게 도착할 가능성을 말과 수로 표현해 보세요.

말 ( )
수 ( )

28 자두 맛 사탕이 5개 들어 있는 봉지에서 사탕을 한 개 꺼냈습니다. 물음에 답하세요.

(1) 꺼낸 사탕이 자두 맛일 가능성을 수로 표현해 보세요.

( )

(2) 꺼낸 사탕이 사과 맛일 가능성을 수로 표현해 보세요.

( )

29 회전판을 돌릴 때 화살이 빨간색에 멈출 가능성을 수로 표현해 보세요.

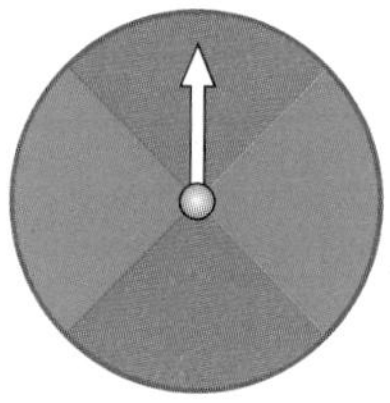

( )

30 제비 20개 중 당첨 제비가 10개인 상자가 있습니다. 이 상자에서 제비 1개를 뽑았습니다. 물음에 답하세요.

(1) 뽑은 제비가 당첨 제비일 가능성을 말과 수로 표현해 보세요.

말 ( )
수 ( )

(2) 뽑은 제비가 당첨 제비일 가능성과 회전판을 돌릴 때 화살이 파란색에 멈출 가능성이 같도록 회전판을 색칠해 보세요.

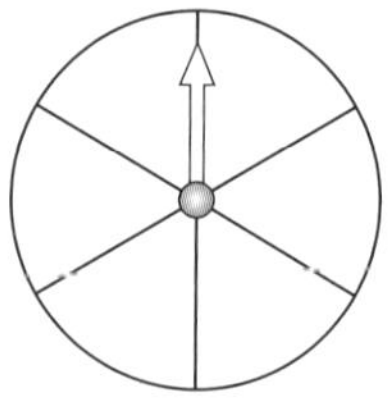

응용력 기르기

문제 풀이

심화유형 1 일이 일어날 가능성 비교하기

1부터 6까지의 눈이 그려진 주사위를 굴렸습니다. 일이 일어날 가능성이 높은 것부터 차례로 기호를 써 보세요.

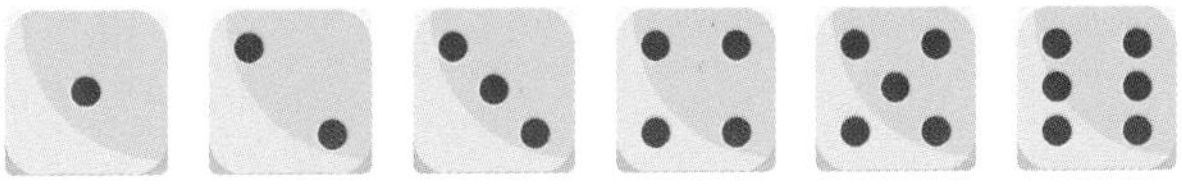

㉠ 주사위 눈의 수가 2의 배수로 나올 가능성
㉡ 주사위 눈의 수가 1이 나올 가능성
㉢ 주사위 눈의 수가 7 미만으로 나올 가능성
㉣ 주사위 눈의 수가 2 이하인 수로 나올 가능성
㉤ 주사위 눈의 수가 7 이상인 수로 나올 가능성
㉥ 주사위 눈의 수가 6의 약수로 나올 가능성

( )

핵심 NOTE 주사위 눈의 수 6가지 중 각각의 가능성에 속한 경우는 몇 가지인지 알아봅니다.

1-1 공이 10개씩 들어 있는 주머니에서 공을 한 개씩 꺼냈습니다. 일이 일어날 가능성이 낮은 것부터 차례로 기호를 써 보세요.

㉠ 흰색 공이 10개 들어 있는 주머니
→ 꺼낸 공이 검은색일 가능성
㉡ 초록색 공 2개와 노란색 공 8개가 들어 있는 주머니
→ 꺼낸 공이 초록색일 가능성
㉢ 빨간색 공 4개와 파란색 공 6개가 들어 있는 주머니
→ 꺼낸 공이 빨간색일 가능성
㉣ 노란색 공이 10개 들어 있는 주머니
→ 꺼낸 공이 노란색일 가능성
㉤ 노란색 공 5개와 흰색 공 5개가 들어 있는 주머니
→ 꺼낸 공이 흰색일 가능성
㉥ 파란색 공 8개와 초록색 공 2개가 들어 있는 주머니
→ 꺼낸 공이 파란색일 가능성

( )

심화유형 2 평균을 올리는 방법 찾기

재훈이의 10월말 평가의 과목별 점수를 나타낸 표입니다. 11월말 평가에서 한 과목 점수만 올려서 평균을 4점 올리려면 어떤 과목의 점수를 몇 점 올려야 할까요? (단, 만점은 100점입니다.)

10월말 평가 점수

과목	국어	수학	사회	과학
점수(점)	77	92	85	86

( ), ( )

● 핵심 NOTE 평균 4점을 올리려면 전체 점수가 몇 점 높아져야 하는지 알아봅니다.

2-1 재석이의 4회까지의 멀리뛰기 기록을 나타낸 표입니다. 재석이가 멀리뛰기에서 만점을 받으려면 평균 2 cm를 더 뛰어야 합니다. 한 번을 더 뛰어 가장 낮은 3회 기록과 바꿀 수 있는 기회를 주었다면 재석이는 몇 cm를 뛰어야 할까요?

멀리뛰기 기록

회	1회	2회	3회	4회
기록(cm)	128	130	126	136

( )

2-2 수지가 1월부터 4월까지 읽은 책의 수를 나타낸 표입니다. 1월부터 5월까지 읽은 책 수의 평균을 1월부터 4월까지 읽은 책 수의 평균보다 3권 이상 높이려고 합니다. 수지는 5월에 책을 몇 권 이상 읽어야 할까요?

읽은 책의 수

월	1월	2월	3월	4월
책의 수(권)	13	12	17	10

( )

심화유형 3 평균을 이용하여 각 자료의 값 구하기

마을별 감자 생산량을 나타낸 표입니다. 라 마을의 감자 생산량이 다 마을의 감자 생산량보다 70 kg 더 많다면 다 마을의 감자 생산량은 몇 kg일까요?

마을별 감자 생산량

마을	가	나	다	라	평균
생산량(kg)	410	360			380

(　　　　　　)

● 핵심 NOTE　다 마을의 감자 생산량을 □kg이라 하고, 자료와 평균 사이의 관계를 이용하여 □를 구합니다.

3-1 석진이의 100 m 달리기 기록을 나타낸 표입니다. 3회 기록이 4회 기록보다 2초 빠르다면 3회 기록은 몇 초일까요?

100 m 달리기 기록

회	1회	2회	3회	4회	평균
기록(초)	18	20			18

(　　　　　　)

3-2 회사별 에어컨 판매량을 나타낸 표입니다. 나 회사의 판매량이 라 회사의 판매량의 2배라면 나 회사의 판매량은 몇 대일까요?

회사별 에어컨 판매량

회사	가	나	다	라	평균
판매량(대)	142		130		140

(　　　　　　)

정답과 풀이 49쪽

4 평균을 이용하여 미세 먼지 농도 구하기

융합유형 수학 + 과학

미세 먼지는 눈에 보이지 않을 만큼 매우 작은 먼지로 대기 중에 머물러 있다 호흡기를 거쳐 폐 등에 들어오거나 혈관을 따라 몸 안으로 이동하여 건강에 나쁜 영향을 미칠 수 있습니다. 미세 먼지 농도 환경 기준을 나타낸 표와 어느 날 지역별 미세 먼지 농도를 나타낸 그림입니다. 미세 먼지 농도가 '좋음'인 지역은 4군데입니다. '좋음'인 지역의 미세 먼지 농도의 평균이 24마이크로그램일 때 대전의 미세 먼지 농도는 몇 마이크로그램인지 구해 보세요.

미세 먼지 농도 환경 기준

미세 먼지 농도 (마이크로그램)	구분
30 이하	좋음
30 초과 80 이하	보통
80 초과 150 이하	나쁨
150 초과	매우 나쁨

지역별 미세 먼지 농도

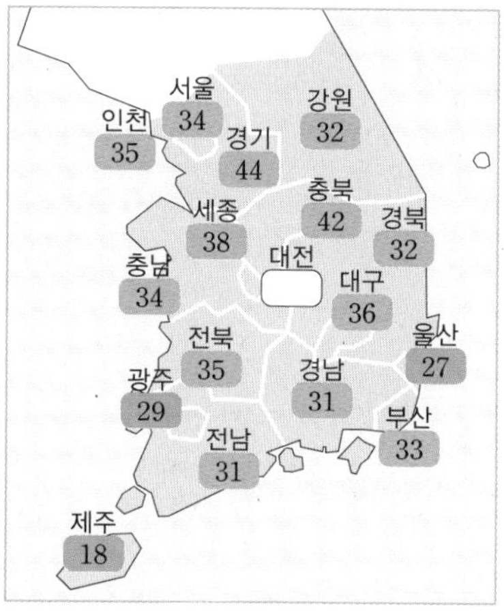

1단계 미세 먼지 농도가 '좋음'인 지역 알아보기

2단계 대전의 미세 먼지 농도 구하기

(　　　　　　　　　　)

● **핵심 NOTE**

1단계 미세 먼지 농도가 '좋음'인 지역이 4군데임을 이용하여 '좋음'인 지역을 알아봅니다.

2단계 미세 먼지 농도의 평균을 이용하여 대전의 미세 먼지 농도를 구합니다.

단원 평가 Level 1

점수

확인

[1~2] 영진이네 모둠 학생들의 몸무게를 나타낸 표입니다. 물음에 답하세요.

학생들의 몸무게

이름	영진	성모	재석	형규	명수
몸무게(kg)	43	42	48	47	35

1 영진이네 모둠 학생들의 몸무게의 평균은 몇 kg일까요?

(　　　　　　　　　)

2 성모는 모둠에서 몸무게가 무거운 편일까요, 가벼운 편일까요?

(　　　　　　　　　)

3 일이 일어날 가능성이 '확실하다'인 것을 찾아 ○표 하세요.

우리나라에서 1월 기온의 평균은 24 ℃입니다.	
1년은 12달입니다.	

4 500원짜리 동전 1개를 던지면 그림 면이 나올 가능성을 수로 표현해 보세요.

(　　　　　　　　　)

[5~6] 마을별 사과 생산량을 나타낸 표입니다. 물음에 답하세요.

사과 생산량

마을	달빛	샛별	별빛
생산량(상자)	34	15	26

5 마을별 사과 생산량의 평균은 몇 상자일까요?

(　　　　　　　　　)

6 금빛 마을의 사과 생산량까지 포함하여 얻은 생산량의 평균이 세 마을에서 얻은 생산량의 평균보다 낮아졌습니다. 금빛 마을의 사과 생산량을 예상해 보세요.

금빛 마을의 사과 생산량은 [　　] 상자보다 적을 것입니다.

7 청아의 줄넘기 기록을 나타낸 표입니다. 줄넘기 기록의 평균을 예상하여 ○표를 옮겨 줄넘기 기록의 평균은 몇 번인지 구해 보세요.

줄넘기 기록

회	1회	2회	3회	4회	5회
기록(번)	6	5	9	7	8

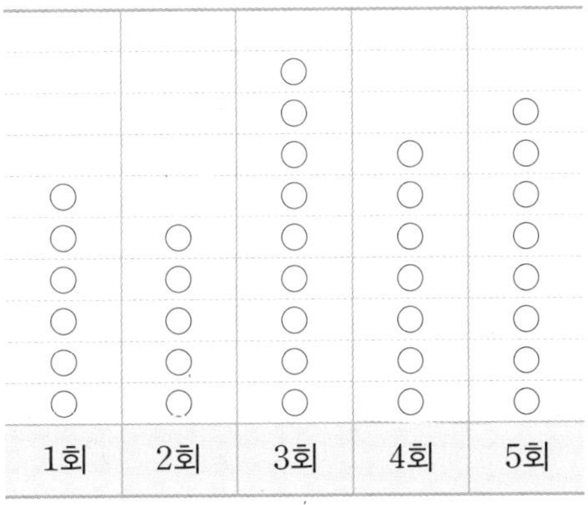

(　　　　　　　　　)

6

8 주머니에서 바둑돌을 1개 꺼낼 때 꺼낸 바둑돌이 흰색일 가능성에 ↓로 나타내어 보세요.

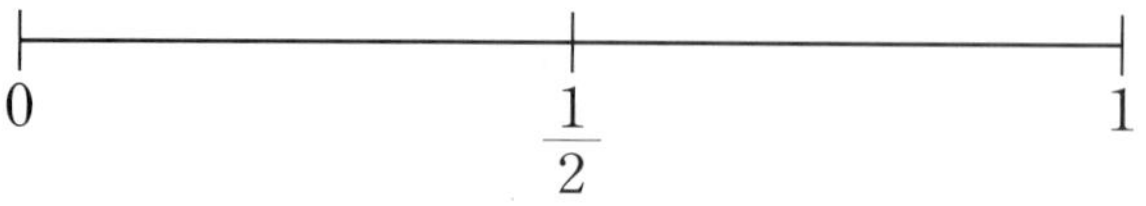

9 정란이와 민종이의 타자 속도를 측정하여 나타낸 표입니다. 정란이와 민종이 중 누구의 타자 속도의 평균이 몇 타 더 빠른지 구해 보세요.

정란이와 민종이의 타자 속도

	1회	2회	3회
정란(타)	201	208	200
민종(타)	210	202	200

( ), ( )

10 1부터 6까지의 눈이 있는 주사위를 한 번 굴릴 때 4의 약수가 나올 가능성을 말로 표현해 보세요.

( )

11 가, 나 모둠 중 1명당 주운 밤의 수의 평균이 더 많은 모둠을 써 보세요.

주운 밤의 수

가 모둠	5명이 밤 65개를 주웠습니다.
나 모둠	8명이 밤 88개를 주웠습니다.

( )

12 일이 일어날 가능성이 '불가능하다'인 경우를 찾아 기호를 쓰고 가능성이 '확실하다'가 되도록 말을 바꿔 보세요.

㉠ 7월 달력에는 날짜가 31일까지 있을 것입니다.
㉡ 내일 아침에는 해가 서쪽에서 뜰 것입니다.
㉢ 주사위를 한 번 굴릴 때 2의 배수가 나올 것입니다.

( )

13 박물관의 5일 동안 방문자 수를 나타낸 표입니다. 박물관의 하루 평균 방문자 수보다 방문자 수가 많았던 요일을 모두 찾아 써 보세요.

박물관의 방문자 수

요일	월	화	수	목	금
방문자 수(명)	128	142	99	132	164

( )

14 일이 일어날 가능성이 가장 높은 것을 찾아 기호를 써 보세요.

㉠ 계산기에 '2+1='을 누르면 3이 나올 것입니다.
㉡ 검은색 공 3개가 들어 있는 상자에서 공 1개를 꺼낼 때 흰색 공이 나올 것입니다.
㉢ 1부터 4까지 쓰여진 수 카드 네 장 중 한 장을 뽑을 때 2의 배수가 쓰여진 수 카드가 나올 것입니다.

( )

15 1, 2, 3, 4의 수가 적혀 있는 구슬 4개가 들어 있는 주머니에서 구슬을 1개 꺼냈습니다. 꺼낸 구슬에 적힌 수가 홀수일 가능성과 회전판의 화살이 초록색에 멈출 가능성이 같도록 회전판을 색칠해 보세요.

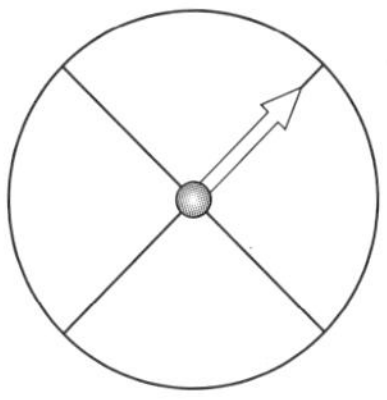

16 영진이의 몸무게는 43 kg입니다. 어머니의 몸무게는 영진이보다 8 kg 무겁고, 아버지의 몸무게는 영진이보다 13 kg 무겁습니다. 세 사람의 몸무게의 평균은 몇 kg일까요?

( )

17 한 달 동안 판매된 서점별 책 판매량을 나타낸 표입니다. 가, 나, 다, 라 네 서점의 책 판매량의 평균보다 마 서점까지 다섯 서점의 판매량의 평균을 10권 이상 높이려면 마 서점의 판매량은 몇 권 이상이어야 할까요?

서점별 책 판매량

서점	가	나	다	라	마
책 판매량(권)	260	230	300	150	

( )

18 사과 16개 중 6개는 초록색이고 나머지는 빨간색입니다. 사과 16개의 무게의 평균은 40 g이고, 초록색 사과 6개의 무게의 평균은 35 g입니다. 빨간색 사과의 무게의 합은 몇 g일까요?

( )

19 진석이의 단원평가 점수를 나타낸 표입니다. 단원평가 점수의 평균이 94점이라면 수학 점수는 몇 점인지 풀이 과정을 쓰고 답을 구해 보세요.

단원평가 점수

과목	국어	수학	사회	과학
점수(점)	98		88	96

풀이

답

20 일이 일어날 가능성을 '확실하다'로 나타낼 수 있는 상황 2가지를 주변에서 찾아 써 보세요.

①

②

단원 평가 Level 2

1 종선이는 친구와 오후 2시에 놀이터에서 만나기로 약속했는데 집에서 오후 2시 10분에 출발했습니다. 종선이가 약속 시간에 늦을 가능성을 말과 수로 표현해 보세요.

말 (　　　　　　　　)
수 (　　　　　　　　)

2 각 상자에 들어 있는 공깃돌의 수는 다음과 같습니다. 한 상자에 들어 있는 공깃돌은 평균 몇 개일까요?

25개	27개	19개	22개	27개

(　　　　　　　　)

[3~4] 노란색과 빨간색으로 이루어진 3가지 회전판을 돌리고 있습니다. 물음에 답하세요.

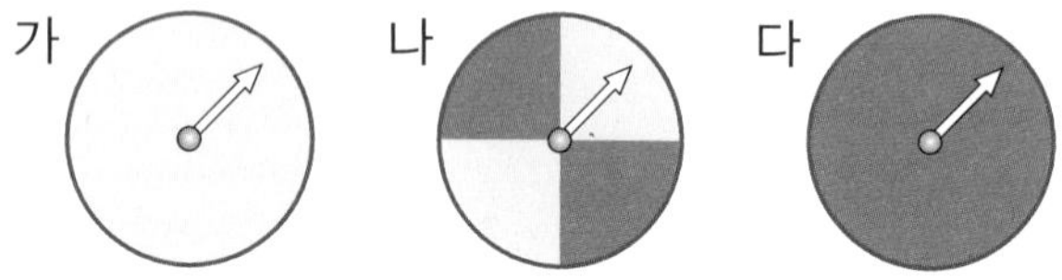

3 화살이 빨간색에 멈출 가능성이 0인 회전판의 기호를 써 보세요.

(　　　　　　　　)

4 나 회전판을 돌릴 때 화살이 노란색에 멈출 가능성을 말로 표현해 보세요.

(　　　　　　　　)

[5~7] 성호네 모둠 학생들의 과목별 시험 점수를 나타낸 표입니다. 물음에 답하세요.

과목별 점수

	국어	수학	영어
성호	92점	88점	72점
지아		82점	84점
재석	78점	94점	90점
채린	90점	96점	86점

5 영어 점수의 평균은 몇 점일까요?

(　　　　　　　　)

6 국어 점수의 평균은 86점입니다. 지아의 국어 점수는 몇 점일까요?

(　　　　　　　　)

7 □ 안에 알맞은 수를 구해 보세요.

> 전학생 1명이 성호네 모둠이 되었습니다. 이 전학생의 수학 점수가 80점일 때, 전학생의 점수를 포함한 성호네 모둠의 수학 점수의 평균은 □점입니다.

(　　　　　　　　)

8 4장의 카드 중 한 장을 뽑았을 때 ♠의 카드가 나올 가능성을 수로 표현해 보세요.

(　　　　　　　　)

[9~10] 주사위를 굴렸을 때 일이 일어날 가능성을 구하려고 합니다. 물음에 답하세요.

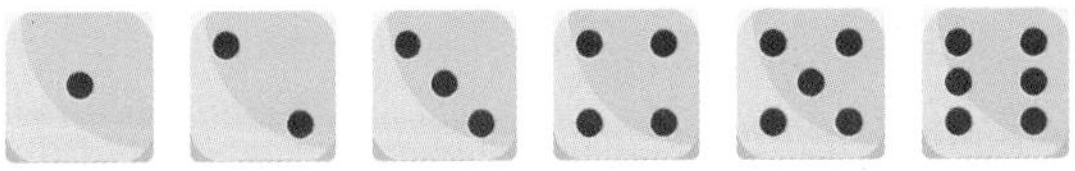

9 주사위 눈의 수가 4의 배수가 나올 가능성을 말로 표현해 보세요.

( )

10 주사위 눈의 수가 4 이상인 수가 나올 가능성을 수로 표현해 보세요.

( )

11 용진이는 일주일 동안 하루에 평균 30문제씩 수학 문제를 풀었습니다. 용진이가 일주일 동안 푼 수학 문제는 모두 몇 문제일까요?

( )

12 세린이네 모둠과 진수네 모둠의 제기차기 기록을 나타낸 표입니다. 제기차기를 더 잘한 모둠은 어느 모둠일까요?

세린이네 모둠의 제기차기 기록

이름	세린	종석	은비	경민
기록(개)	3	6	7	8

진수네 모둠의 제기차기 기록

이름	진수	아영	윤수	준상	연재
기록(개)	10	2	8	6	9

( )

[13~14] 원준이와 지수의 줄넘기 기록을 나타낸 표입니다. 두 사람의 줄넘기 평균 기록이 같을 때, 물음에 답하세요.

원준이의 줄넘기 기록

회	1회	2회	3회	4회
기록(번)	56	62	48	66

지수의 줄넘기 기록

회	1회	2회	3회	4회
기록(번)	45		64	60

13 원준이의 줄넘기 기록은 평균 몇 번일까요?

( )

14 지수의 2회 줄넘기 기록은 몇 번일까요?

( )

15 일이 일어날 가능성이 높은 것부터 차례로 기호를 써 보세요.

㉠ 포도 맛 사탕 3개와 딸기 맛 사탕 1개가 들어 있는 봉지에서 사탕 1개를 꺼낼 때, 꺼낸 사탕이 포도 맛일 가능성
㉡ 노란색 공 4개가 들어 있는 주머니에서 공 1개를 꺼낼 때, 꺼낸 공이 빨간색일 가능성
㉢ 동전을 던질 때 그림 면이 나올 가능성
㉣ 흰색 공 4개가 들어 있는 주머니에서 공 1개를 꺼낼 때, 꺼낸 공이 흰색일 가능성

( )

16 회전판을 40번 돌려 화살이 멈춘 횟수를 나타낸 표입니다. 일이 일어날 가능성이 가장 비슷한 회전판의 기호를 써 보세요.

색깔	빨강	파랑	노랑
횟수(회)	9	19	12

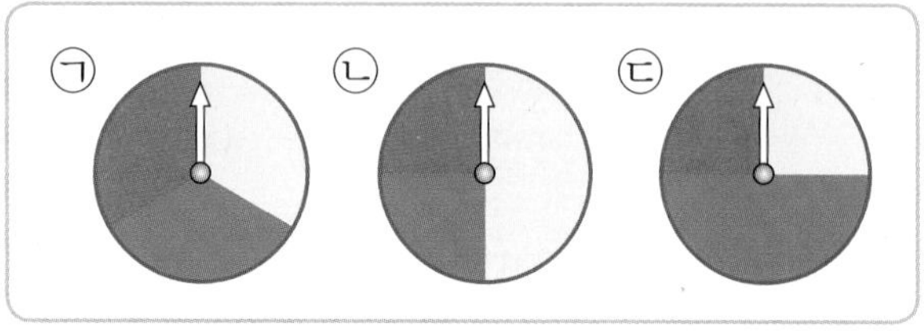

(　　　　　　)

17 기훈이가 5월부터 8월까지 읽은 책의 수를 나타낸 표입니다. 5월부터 9월까지 읽은 책의 수의 평균이 5월부터 8월까지 읽은 책의 수의 평균보다 1권 더 적습니다. 기훈이가 9월에 읽은 책은 몇 권일까요?

월별 읽은 책의 수

월	5월	6월	7월	8월
책의 수(권)	12	7	11	14

(　　　　　　)

18 선재의 11월말 평가의 과목별 점수를 나타낸 표입니다. 다음 평가에서 한 과목 점수만 올려서 평균 3점을 올리려면 어떤 과목의 점수를 몇 점 올려야 할까요? (단, 만점은 100점입니다.)

11월말 평가 점수

과목	국어	수학	사회	과학
점수(점)	100	90	82	92

(　　　　　　), (　　　　　　)

19 일이 일어날 가능성이 가장 높은 것을 찾아 기호를 쓰려고 합니다. 풀이 과정을 쓰고 답을 구해 보세요.

㉠ 은행에서 뽑은 번호표의 번호는 짝수일 것입니다.
㉡ 계산기로 '$8 \div 4 =$'을 누르면 2가 나올 것입니다.
㉢ 오늘이 3월 30일이므로 2일 후는 3월 32일일 것입니다.

풀이

답

20 유라네 모둠 학생들의 수학 단원평가 점수를 나타낸 표입니다. 점수가 평균보다 높은 학생은 모두 몇 명인지 풀이 과정을 쓰고 답을 구해 보세요.

수학 단원평가 점수

이름	유라	정민	시율	서웅
점수(점)	92	85	88	83

풀이

답

수학 좀 한다면

디딤돌

초등수학

실력 보강 자료집

5-2

- 서술형 문제 | 서술형 문제를 집중 연습해 보세요.
- 단원 평가 | 시험에 잘 나오는 문제를 한번 더 풀어 단원을 확실하게 마무리해요.

서술형 문제

1 1부터 30까지의 자연수 중에서 14 이상인 자연수는 모두 몇 개인지 풀이 과정을 쓰고 답을 구해 보세요.

풀이 예 1부터 30까지의 자연수 중에서 14 이상인 자연수는 14와 같거나 크고, 30과 같거나 작은 수이므로 모두 $30-13=17$(개)입니다.

답 17개

1+ 10부터 55까지의 자연수 중에서 25 초과인 자연수는 모두 몇 개인지 풀이 과정을 쓰고 답을 구해 보세요.

풀이

답

2 4782를 올림하여 백의 자리까지 나타내면 얼마인지 풀이 과정을 쓰고 답을 구해 보세요.

풀이 예 4782를 올림하여 백의 자리까지 나타내기 위해서 백의 자리 아래 수인 82를 100으로 보고 올림하면 4800입니다.

답 4800

2+ 54613을 올림하여 천의 자리까지 나타내면 얼마인지 풀이 과정을 쓰고 답을 구해 보세요.

풀이

답

3 38 이상 42 미만인 자연수들의 합은 얼마인지 풀이 과정을 쓰고 답을 구해 보세요.

▶ 이상, 미만에 경곗값이 들어가는지 알아봅니다.

풀이

답

4 주어진 수를 올림하여 천의 자리까지 나타낸 수와 올림하여 백의 자리까지 나타낸 수의 차는 얼마인지 풀이 과정을 쓰고 답을 구해 보세요.

▶ 올림하여 천의 자리까지 나타내기 위해서 천의 자리 아래 수를 올림하여 나타냅니다.

7614

풀이

답

5 수직선에 나타낸 수의 범위에 속하는 수 중에서 8의 배수를 모두 구하려고 합니다. 풀이 과정을 쓰고 답을 구해 보세요.

▶ 수직선에 나타낸 수의 범위에 속하는 수를 알아봅니다.

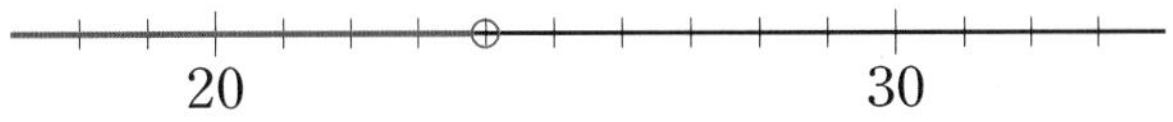

풀이

답

6 다음 조건을 만족하는 자연수는 모두 12개입니다. □ 안에 들어갈 수 있는 자연수는 얼마인지 풀이 과정을 쓰고 답을 구해 보세요.

24 초과 □ 이하인 자연수

풀이

답

▶ 초과, 이하에 경곗값이 들어가는지 알아봅니다.

7 4장의 수 카드 중 3장을 골라 한 번씩 사용하여 만들 수 있는 499 초과 700 미만인 자연수는 모두 몇 개인지 풀이 과정을 쓰고 답을 구해 보세요.

2 4 7 5

풀이

답

▶ 499 초과 700 미만인 자연수의 백의 자리 숫자는 5 또는 6입니다.

8 반올림하여 십의 자리까지 나타내면 2000이 되는 자연수는 모두 몇 개인지 풀이 과정을 쓰고 답을 구해 보세요.

풀이

답

▶ 반올림하여 십의 자리까지 나타내려면 일의 자리 숫자를 살펴봅니다.

9 진호네 학교 학생 324명이 강당에 있는 의자에 모두 앉으려고 합니다. 의자 한 개에 10명까지 앉을 수 있을 때 의자는 최소 몇 개 필요한지 풀이 과정을 쓰고 답을 구해 보세요.

▶ 남는 학생 없이 모두 앉아야 하므로 올림을 활용합니다.

풀이

답

10 500원짜리 동전 74개를 10000원짜리 지폐로 바꾸려고 합니다. 10000원짜리 지폐는 최대 몇 장까지 바꿀 수 있는지 풀이 과정을 쓰고 답을 구해 보세요.

▶ 10000원이 되지 않는 돈은 바꿀 수 없으므로 버림을 활용합니다.

풀이

답

11 제과점에서 빵을 8745개 만들었습니다. 한 봉지에 10개씩 담아서 팔려고 할 때 팔 수 있는 빵은 최대 몇 봉지인지 풀이 과정을 쓰고 답을 구해 보세요.

▶ 봉지에 담을 수 없는 빵은 팔 수 없으므로 버림을 활용합니다.

풀이

답

단원 평가 Level 1

점수

확인

[1~2] 수를 보고 물음에 답하세요.

7	15	34	27	12
43	9	25	50	16

1 40 이상인 수를 모두 찾아 써 보세요.

( )

2 15 미만인 수를 모두 찾아 써 보세요.

( )

3 수를 올림하여 십의 자리까지 나타내어 보세요.

921

( )

4 25 초과 45 이하인 수가 아닌 것을 모두 고르세요. ( )

① 25 ② 45 ③ 38
④ 33 ⑤ 46

5 수직선에 나타낸 수의 범위를 써 보세요.

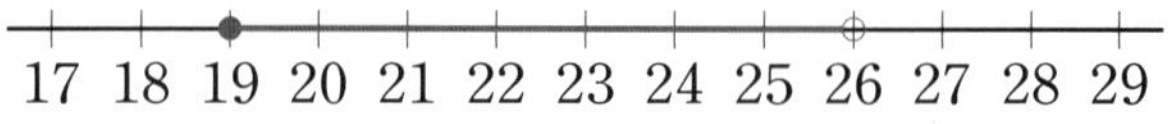

( )

6 수학 시험 점수가 65점 이하인 학생은 숙제를 해 오기로 했습니다. 숙제를 해 와야 하는 학생을 모두 찾아 이름을 써 보세요.

수학 시험 점수

소연	63점	가람	81점
명원	70점	수호	65점

( )

7 혜연이네 모둠 학생들의 발길이를 나타낸 표입니다. 발길이가 230 mm 초과 240 mm 미만인 학생은 모두 몇 명일까요?

혜연이네 모둠 학생들의 발길이

이름	혜연	종현	태우	강석	효식
발길이 (mm)	229.6	231.3	239.4	240.2	241.8

( )

8 수를 어림하여 천의 자리까지 나타내어 보세요.

수	올림	버림	반올림
13952			
68070			
79506			

9 어림한 후, 크기를 비교하여 ○ 안에 >, =, <를 알맞게 써넣으세요.

1201을 반올림하여 십의 자리까지 나타낸 수	○	1196을 반올림하여 백의 자리까지 나타낸 수

10 수를 올림하여 천의 자리까지 나타내었습니다. 잘못 나타낸 사람은 누구인지 써 보세요.

- 영석: 6742 ➡ 7000
- 빈우: 4136 ➡ 5000
- 현빈: 3001 ➡ 3000

( )

11 7292를 버림하여 나타낸 수가 아닌 것을 찾아 기호를 써 보세요.

㉠ 7000 ㉡ 7200 ㉢ 7300 ㉣ 7290

( )

12 태권도 경기에서 초등부의 웰터급의 몸무게는 41 kg 초과 47 kg 이하입니다. 웰터급에 해당하는 사람을 모두 찾아 써 보세요.

몸무게

이름	몸무게(kg)	이름	몸무게(kg)
수인	41.3	아영	40.9
민혁	47.5	초희	45.8

( )

13 우유 643 L를 통에 모두 담으려고 합니다. 한 통에 10 L까지 담을 수 있을 때 우유통은 최소 몇 통 필요할까요?

( )

14 주혜는 10원짜리 동전 2893개를 모았습니다. 주혜가 모은 돈을 1000원짜리 지폐로 바꾼다면 얼마까지 바꿀 수 있을까요?

( )

15 주어진 수를 반올림하여 천의 자리까지 나타낸 수와 백의 자리까지 나타낸 수의 차를 구해 보세요.

23729

( )

16 버림하여 백의 자리까지 나타낸 수가 가장 큰 것을 찾아 기호를 써 보세요.

㉠ 35729	㉡ 36014
㉢ 38005	㉣ 37963

( )

17 48을 포함하는 수의 범위를 모두 찾아 기호를 써 보세요.

㉠ 48 초과 50 미만
㉡ 48 이상 55 이하
㉢ 47 초과 52 이하
㉣ 42 이상 48 미만

( )

18 수 카드 1, 3, 5, 6 중에서 3장을 뽑아 한 번씩만 사용하여 만들 수 있는 세 자리 수 중 340 이상 600 이하인 수는 모두 몇 개일까요?

( )

19 18 초과인 자연수 중에서 가장 작은 수는 얼마인지 풀이 과정을 쓰고 답을 구해 보세요.

풀이

답

20 수지가 처음에 생각한 자연수에 6을 곱해서 나온 수를 버림하여 십의 자리까지 나타내면 50입니다. 수지가 처음에 생각한 수는 얼마인지 풀이 과정을 쓰고 답을 구해 보세요.

풀이

답

단원 평가 Level 2

점수

확인

1 40이 포함되는 수의 범위를 모두 찾아 기호를 써 보세요.

㉠ 39 이하인 수　㉡ 40 초과인 수
㉢ 41 미만인 수　㉣ 40 이상인 수

(　　　　　　　　)

2 수를 올림하여 십의 자리까지 나타냈습니다. 잘못 나타낸 사람은 누구일까요?

시연: 3007 → 3000
보람: 5995 → 6000
연우: 9320 → 9320

(　　　　　　　　)

3 수를 반올림하여 일의 자리까지 나타낸 수가 다른 하나를 찾아 기호를 써 보세요.

㉠ 47.92　㉡ 46.8　㉢ 48.3

(　　　　　　　　)

4 12명이 정원인 자동차에 다음과 같이 사람이 탔습니다. 정원을 초과한 자동차는 모두 몇 대일까요?

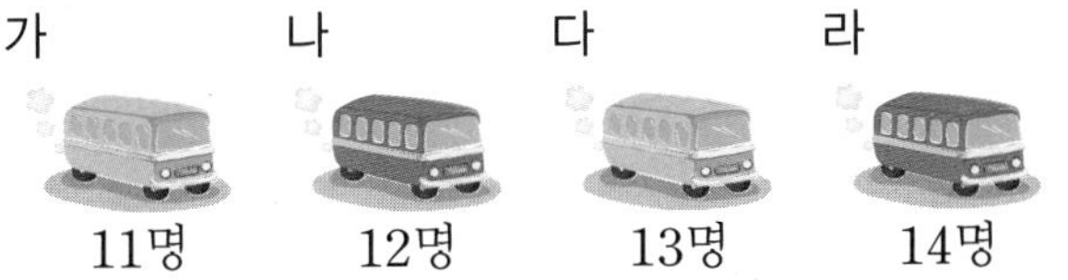

(　　　　　　　　)

5 수직선에 나타낸 수의 범위에 속하는 자연수는 모두 몇 개일까요?

(　　　　　　　　)

6 수의 범위에 속하는 자연수 중에서 가장 큰 수와 가장 작은 수의 합을 구해 보세요.

22 초과 49 이하인 수

(　　　　　　　　)

7 키가 125 cm 이상 155 cm 미만인 사람만 탈 수 있는 놀이 기구가 있습니다. 이 놀이 기구를 탈 수 있는 학생의 이름을 모두 써 보세요.

학생들의 키

이름	키(cm)	이름	키(cm)
예성	120.4	현성	124.8
보연	125.8	지석	160.1
인주	137.4	혜수	149.1
은성	156.7	지민	155.4

(　　　　　　　　)

8 큰 수부터 차례대로 기호를 써 보세요.

㉠ 5705를 올림하여 백의 자리까지 나타낸 수
㉡ 5930을 버림하여 천의 자리까지 나타낸 수
㉢ 5739를 반올림하여 백의 자리까지 나타낸 수

(　　　　　　　　)

[9~10] 현호네 학교에서 학생건강체력평가를 실시하였습니다. 남학생들의 50 m 달리기 기록을 보고 물음에 답하세요.

50 m 달리기 기록

이름	기록(초)	이름	기록(초)	이름	기록(초)
현호	10.5	준범	9.2	민혁	10.55
선균	8.81	승민	8.75	효준	10.39
재민	12.48	도현	9.93	지명	9.7

50 m 달리기 등급 (초5, 남자)

등급	기록(초)
아주 높음(1등급)	8.7 이상 8.8 이하
높음(2등급)	8.81 이상 9.7 이하
보통(3등급)	9.71 이상 10.5 이하
낮음(4등급)	10.51 이상 13.2 이하
아주 낮음(5등급)	13.21 이상 16.01 이하

9 2등급을 받은 학생은 모두 몇 명일까요?

( )

10 현호와 같은 등급을 받은 친구의 이름을 모두 써 보세요.

( )

11 공장에서 로봇을 37685개 만들었습니다. 이 로봇을 한 상자에 100개씩 넣어서 팔려고 합니다. 팔 수 있는 로봇은 모두 몇 개일까요?

( )

12 지구의 대기권은 높이에 따른 온도 분포에 따라 대류권, 성층권, 중간권, 열권으로 구분됩니다. 성층권은 공기층이 안정되어 있어 비행기의 항로로 쓰이며 오존층이 있어 자외선을 흡수 · 차단합니다. 성층권의 범위를 수직선에 나타내어 보세요.

대기권 구조

대기권	지상에서부터의 높이(km)
대류권	10 이하
성층권	10 초과 50 이하
중간권	50 초과 80 이하
열권	80 초과 1000 이하

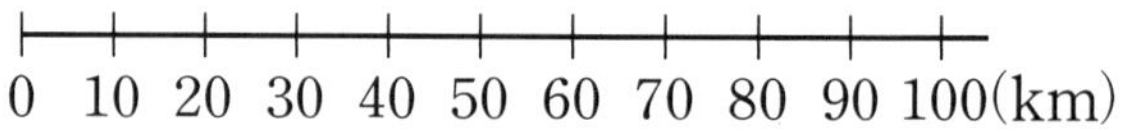

13 박물관에 입장하는데 할아버지만 입장료가 무료이고 다른 가족들은 모두 입장료를 냈다고 합니다. 이 박물관에 무료로 입장하려면 나이가 몇 세 초과여야 할까요?

가족들의 나이

가족	나이(세)	가족	나이(세)
할아버지	66	할머니	65
아버지	40	어머니	38
오빠	13	소진	9

( )

14 수를 버림하여 백의 자리까지 나타내면 8200이 되는 자연수 중에서 가장 작은 수와 가장 큰 수를 각각 구해 보세요.

가장 작은 수 ( )

가장 큰 수 ( )

15 반올림하여 천의 자리까지 나타냈을 때 28000이 되는 수의 범위를 이상과 미만을 사용하여 나타내어 보세요.

(　　　　　　　　　　)

16 네 자리 수 73□5를 올림하여 백의 자리까지 나타낸 수와 반올림하여 백의 자리까지 나타낸 수가 같습니다. □ 안에 들어갈 수 있는 수를 모두 써 보세요.

(　　　　　　　　　　)

17 다음 조건을 모두 만족하는 수를 구해 보세요.

- 40000 초과 60000 이하인 수입니다.
- 만의 자리 숫자는 5 미만입니다.
- 천의 자리 숫자는 가장 큰 숫자입니다.
- 백의 자리 숫자는 만의 자리 숫자와 같습니다.
- 십의 자리 숫자와 일의 자리 숫자가 같고 두 숫자의 합은 10입니다.

(　　　　　　　　　　)

18 제과점에서 오늘 만든 빵을 상자에 모두 담으려고 합니다. 빵을 12개까지 담을 수 있는 상자가 적어도 25개 필요하다면 오늘 만든 빵은 몇 개 이상 몇 개 이하일까요?

(　　　　　　　　　　)

19 호연이는 수학 문제집을 하루에 10쪽씩 푼다고 합니다. 128쪽인 수학 문제집을 모두 풀려면 적어도 며칠이 걸리는지 풀이 과정을 쓰고 답을 구해 보세요.

풀이

답

20 자연수 부분이 5 이상 7 미만이고, 소수 첫째 자리 숫자가 2 초과 5 이하인 소수 한 자리 수를 만들려고 합니다. 만들 수 있는 소수 한 자리 수는 모두 몇 개인지 풀이 과정을 쓰고 답을 구해 보세요.

풀이

답

1

서술형 문제

1 냉장고에 우유가 $\frac{3}{5}$ L 들어 있습니다. 지혜가 우유의 $\frac{1}{6}$만큼 마셨다면 지혜가 마신 우유는 몇 L인지 풀이 과정을 쓰고 답을 구해 보세요.

풀이 예 (마신 우유의 양)

$= (냉장고에 들어 있던 우유의 양) \times \frac{1}{6}$

$= \frac{\overset{1}{\cancel{3}}}{5} \times \frac{1}{\underset{2}{\cancel{6}}} = \frac{1}{10}$ (L)

답 $\frac{1}{10}$ L

1+ 냉장고에 주스가 $\frac{7}{10}$ L 들어 있습니다. 준수가 주스의 $\frac{2}{5}$만큼 마셨다면 준수가 마신 주스는 몇 L인지 풀이 과정을 쓰고 답을 구해 보세요.

풀이

답

2 $\frac{5}{6} \times 10$을 두 가지 방법으로 계산해 보세요.

방법 1 예 분자와 자연수를 곱한 후 계산합니다.

$\frac{5}{6} \times 10 = \frac{5 \times 10}{6} = \frac{\overset{25}{\cancel{50}}}{\underset{3}{\cancel{6}}} = \frac{25}{3} = 8\frac{1}{3}$

방법 2 예 분자와 분모를 약분하여 계산합니다.

$\frac{5}{6} \times 10 = \frac{5 \times \overset{5}{\cancel{10}}}{\underset{3}{\cancel{6}}} = \frac{25}{3} = 8\frac{1}{3}$

2+ $\frac{3}{4} \times 6$을 두 가지 방법으로 계산해 보세요.

방법 1

방법 2

3 사과 한 상자의 무게는 $5\frac{1}{5}$ kg입니다. 이 사과 10상자의 무게는 몇 kg인지 풀이 과정을 쓰고 답을 구해 보세요.

▶ 대분수를 가분수로 고쳐서 계산합니다.

풀이

답

4 계산 결과가 가장 큰 것을 찾아 기호를 쓰려고 합니다. 풀이 과정을 쓰고 답을 구해 보세요.

▶ 단위분수는 분모가 작을수록 큰 수입니다.

㉠ $\frac{1}{3} \times \frac{1}{5}$　㉡ $\frac{1}{7} \times \frac{1}{2}$　㉢ $\frac{1}{5} \times \frac{1}{5}$

풀이

답

5 직사각형의 넓이는 몇 cm^2인지 풀이 과정을 쓰고 답을 구해 보세요.

▶ (직사각형의 넓이) = (가로) × (세로)입니다.

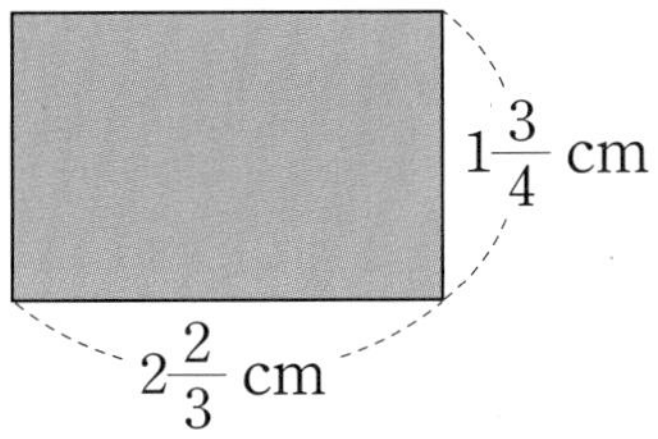

풀이

답

6 □ 안에 들어갈 수 있는 자연수는 모두 몇 개인지 풀이 과정을 쓰고 답을 구해 보세요.

$$10 \times \frac{3}{5} < \square < 14 \times \frac{5}{7}$$

풀이

답

▶ (자연수)×(분수)는 자연수와 분수의 분자를 곱하여 계산합니다.

7 수 카드 2, 3, 8 을 한 번씩만 사용하여 만들 수 있는 가장 큰 대분수와 가장 작은 대분수의 곱은 얼마인지 풀이 과정을 쓰고 답을 구해 보세요.

풀이

답

▶ 대분수의 자연수 부분이 클수록 큰 대분수입니다.

8 한 시간에 $82\frac{2}{3}$ km를 달리는 자동차가 있습니다. 이 자동차가 일정한 빠르기로 달리면 3시간 45분 동안 몇 km를 갈 수 있는지 풀이 과정을 쓰고 답을 구해 보세요.

풀이

답

▶ 달린 시간을 분수로 나타내어 계산합니다.

9 어떤 수에 $1\frac{1}{5}$을 곱해야 할 것을 잘못하여 더했더니 $2\frac{2}{3}$가 되었습니다. 바르게 계산하면 얼마인지 풀이 과정을 쓰고 답을 구해 보세요.

▶ ■+▲=●
➡ ■=●−▲

풀이

답

10 효리네 밭의 $\frac{3}{4}$에는 채소를 심고, 채소를 심은 밭의 $\frac{1}{2}$에는 파를 심었습니다. 파를 심은 밭의 $\frac{2}{3}$에서 파를 뽑았다면, 파를 뽑은 부분은 전체 밭의 몇 분의 몇인지 풀이 과정을 쓰고 답을 구해 보세요.

▶ 세 분수의 곱셈은 세 분수를 한꺼번에 곱하여 계산할 수도 있습니다.

풀이

답

11 분수의 곱셈식에 알맞은 문제를 만들고, 풀이 과정을 쓰고 답을 구해 보세요.

▶ 전체 20장에서 $\frac{3}{4}$을 선택하는 문제를 만듭니다.

$$20 \times \frac{3}{4}$$

문제 색종이 20장을 가지고 있습니다.

풀이

답

단원 평가 Level 1

점수

확인

1 오른쪽 그림을 보고 □ 안에 알맞은 수를 써넣으세요.

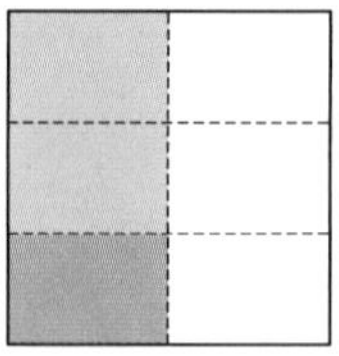

$$\frac{1}{2}\times\frac{1}{3}=\frac{1}{\square\times\square}=\frac{1}{\square}$$

2 □ 안에 알맞은 수를 써넣으세요.

방법 1 $7\times2\frac{1}{6}=7\times\frac{\square}{6}=\frac{\square}{6}$

$=\square\frac{\square}{6}$

방법 2 $7\times2\frac{1}{6}=(7\times2)+\left(7\times\frac{\square}{\square}\right)$

$=14+\frac{\square}{6}=15\frac{\square}{\square}$

3 더 큰 것을 찾아 기호를 써 보세요.

㉠ $\frac{1}{9}\times\frac{1}{4}$　　㉡ $\frac{1}{9}$

(　　　　　　)

4 잘못 계산한 사람의 이름을 쓰고, 바르게 계산한 값을 구해 보세요.

지영: $16\times\frac{5}{6}=14\frac{1}{3}$

민수: $15\times\frac{7}{10}=10\frac{1}{2}$

(　　　　　　), (　　　　　　)

5 빈칸에 알맞은 수를 써넣으세요.

×	6	8	10
$1\frac{3}{4}$			

6 빈칸에 알맞은 수를 써넣으세요.

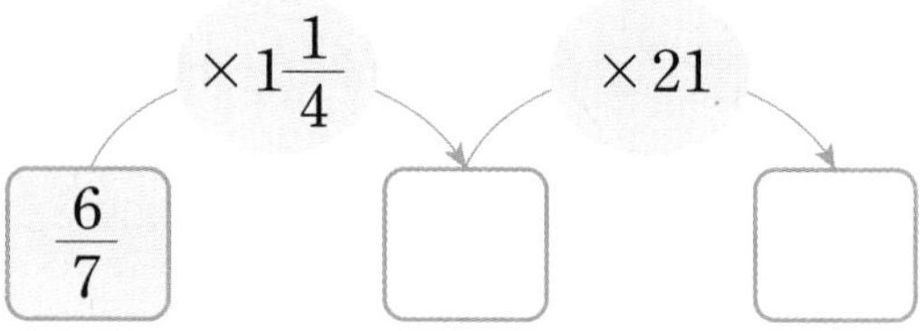

7 계산 결과를 비교하여 ○ 안에 >, =, <를 알맞게 써넣으세요.

$$4\times1\frac{5}{6}\ \bigcirc\ 28\times\frac{5}{21}$$

8 □ 안에 알맞은 수를 써넣으세요.
(단, 답은 여러 가지가 될 수 있습니다.)

$$\frac{1}{48}=\frac{1}{\square}\times\frac{1}{\square}$$

9 가장 큰 수와 가장 작은 수의 곱을 구해 보세요.

$\frac{1}{7}$ $\frac{1}{9}$ $\frac{1}{4}$ $\frac{1}{3}$

( )

10 관계있는 것끼리 선으로 이어 보세요.

$6\times\frac{7}{8}\times3\frac{1}{7}$ •	• $\frac{7}{36}$
$\frac{4}{9}\times\frac{1}{6}\times2\frac{5}{8}$ •	• $16\frac{1}{2}$
$\frac{1}{2}\times\frac{5}{12}\times9$ •	• $1\frac{7}{8}$

11 직사각형의 넓이는 몇 cm^2일까요?

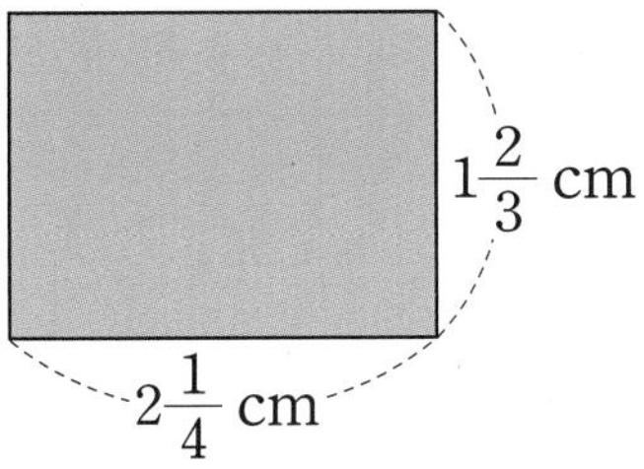

( )

12 선호는 구슬을 54개 가지고 있습니다. 그중에서 $\frac{5}{9}$를 동생에게 주었습니다. 동생에게 준 구슬은 몇 개일까요?

( )

13 계산 결과가 나머지와 다른 하나를 찾아 기호를 써 보세요.

㉠ $1\frac{1}{4}\times12$ ㉡ $2\frac{8}{15}\times10$ ㉢ $\frac{5}{6}\times18$

( )

14 길이가 $\frac{4}{5}$ m인 노끈의 $\frac{5}{8}$를 사용하여 상자를 묶었습니다. 상자를 묶는 데 사용한 노끈은 몇 m일까요?

( )

15 땅에 닿으면 떨어진 높이의 $\frac{3}{5}$만큼 튀어 오르는 공이 있습니다. 이 공을 60 cm 높이에서 떨어뜨렸을 때 공이 땅에 한 번 닿았다가 튀어 올랐을 때의 높이는 몇 cm일까요?

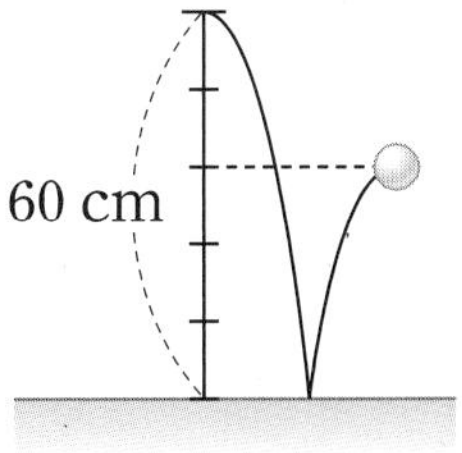

( )

2

16 1보다 큰 자연수 중에서 □ 안에 들어갈 수 있는 자연수를 구해 보세요.

$$\frac{5}{16}\times\frac{4}{15}<\frac{1}{4}\times\frac{1}{\square}$$

(　　　　　　　　　　)

17 3장의 수 카드 3, 7, 8 중에서 2장을 뽑아 한 번씩만 사용하여 만들 수 있는 가장 큰 진분수와 가장 작은 진분수의 곱을 구해 보세요.

(　　　　　　　　　　)

18 어떤 수에 $\frac{2}{3}$를 곱해야 할 것을 잘못하여 뺐더니 $\frac{7}{12}$이 되었습니다. 바르게 계산한 값은 얼마일까요?

(　　　　　　　　　　)

19 굵기가 일정한 철근 1 m의 무게가 $4\frac{1}{6}$ kg입니다. 이 철근 $1\frac{4}{5}$ m의 무게는 몇 kg인지 풀이 과정을 쓰고 답을 구해 보세요.

풀이

답

20 가♥나＝가×나×나라고 약속할 때, 다음을 계산하려고 합니다. 풀이 과정을 쓰고 답을 구해 보세요.

$$\frac{3}{64}♥4$$

풀이

답

단원 평가 Level 2

점수

확인

1 빈칸에 두 분수의 곱을 써넣으세요.

$\frac{9}{10}$	$\frac{5}{6}$

2 보기 와 같이 계산해 보세요.

보기

$$2\frac{2}{5}\times10=\frac{12}{\cancel{5}_{1}}\times\cancel{10}^{2}=24$$

$1\frac{2}{7}\times21=$ ....

3 계산 결과가 다른 하나를 찾아 기호를 써 보세요.

㉠ $\frac{1}{4}\times\frac{1}{9}$ ㉡ $\frac{1}{6}\times\frac{1}{6}$

㉢ $\frac{1}{12}\times\frac{1}{3}$ ㉣ $\frac{1}{16}\times\frac{1}{2}$

( )

4 빈칸에 알맞은 수를 써넣으세요.

(→ ×, ↓ ×)

$3\frac{3}{4}$	$1\frac{1}{5}$	
$1\frac{7}{9}$		

5 다음을 구해 보세요.

$1\frac{5}{6}$의 4배인 수

( )

6 계산 결과를 비교하여 ○ 안에 >, =, <를 알맞게 써넣으세요.

$10\times1\frac{3}{5}$ ○ $3\frac{1}{6}\times4$

7 사과 한 상자의 무게는 $5\frac{1}{4}$ kg입니다. 사과 12상자의 무게는 몇 kg일까요?

( )

2

8 꽃밭의 $\frac{1}{4}$에 국화를 심었는데 국화의 $\frac{1}{3}$이 노란 국화입니다. 노란 국화를 심은 부분은 꽃밭 전체의 몇 분의 몇일까요?

(　　　　　　　　　　)

9 길이가 $\frac{9}{10}$ m인 끈이 있습니다. 이 끈의 $\frac{5}{6}$를 사용하여 상자를 묶었습니다. 상자를 묶는 데 사용한 끈은 몇 m일까요?

(　　　　　　　　　　)

10 주선이네 밭에서 고구마를 $7\frac{1}{5}$ kg 캤습니다. 그중에서 $\frac{2}{9}$를 이모 댁에 드렸다면 이모 댁에 드린 고구마는 몇 kg일까요?

(　　　　　　　　　　)

11 빈칸에 알맞은 수를 써넣으세요.

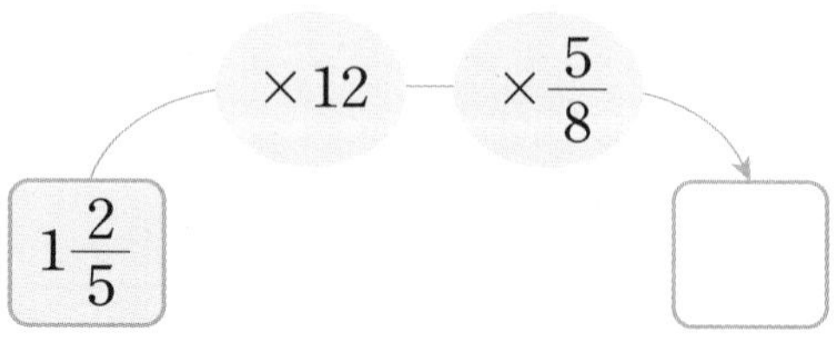

12 다음을 계산해 보세요.

$$1\frac{2}{5} \times \left(1\frac{1}{3} + 1\frac{1}{6}\right)$$

(　　　　　　　　　　)

13 어떤 수는 48의 $\frac{5}{8}$입니다. 어떤 수의 $1\frac{4}{5}$는 얼마일까요?

(　　　　　　　　　　)

14 한 시간에 92 km를 달리는 기차가 있습니다. 이 기차가 1시간 15분 동안 같은 빠르기로 달린다면 몇 km를 달릴 수 있을까요?

(　　　　　　　　　　)

15 미소는 피자 한 판의 $\frac{3}{8}$을 먹고, 승현이는 미소가 먹고 난 나머지의 $\frac{2}{5}$를 먹었습니다. 승현이가 먹은 피자는 피자 한 판의 몇 분의 몇일까요?

(　　　　　　　　　　)

16 □ 안에 들어갈 수 있는 자연수를 모두 구해 보세요.

$$\frac{1}{16} < \frac{1}{5} \times \frac{1}{\square} < \frac{1}{8}$$

( )

17 성주네 학교 5학년 학생의 $\frac{5}{9}$는 여학생입니다. 여학생 중에서 $\frac{4}{5}$는 꽃을 좋아하고, 그중에서 $\frac{3}{8}$은 장미꽃을 좋아합니다. 장미꽃을 좋아하는 여학생은 5학년 학생의 몇 분의 몇일까요?

( )

18 ㉠에 알맞은 분수 중에서 가장 작은 수를 구해 보세요.

㉠ $\times \frac{5}{14}$ =(자연수), ㉠ $\times \frac{10}{21}$ =(자연수)

( )

19 직사각형의 넓이는 몇 cm^2인지 풀이 과정을 쓰고 답을 구해 보세요.

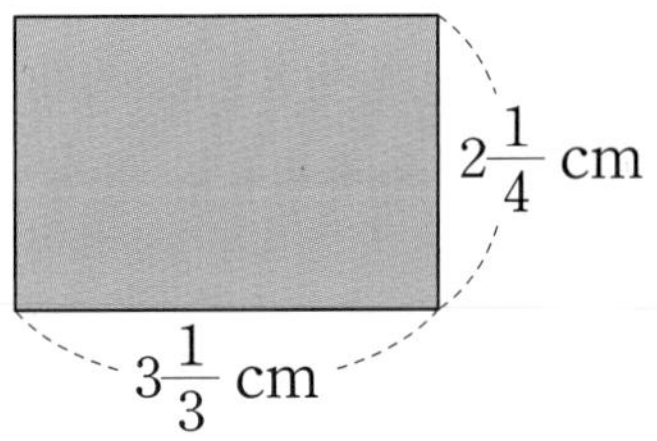

풀이

답

2

20 어떤 수에 $2\frac{2}{5}$를 곱해야 할 것을 잘못하여 나누었더니 $1\frac{1}{9}$이 되었습니다. 바르게 계산한 값은 얼마인지 풀이 과정을 쓰고 답을 구해 보세요.

풀이

답

서술형 문제

1 왼쪽 도형과 서로 합동인 도형을 찾아 기호를 쓰고, 그 이유를 설명하세요.

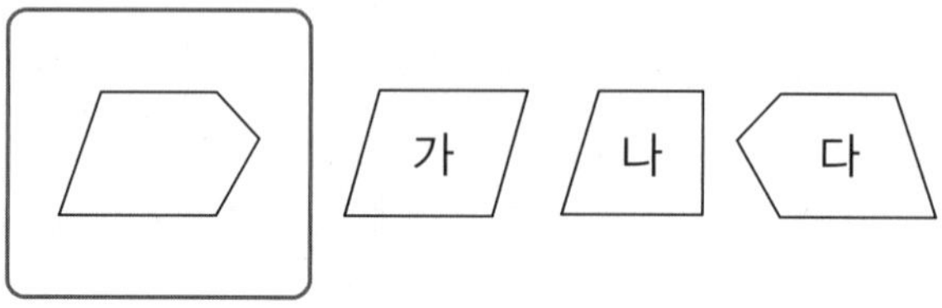

답 다

이유 ㉱ 두 도형을 포개었을 때 완전히 겹치기 때문입니다.

1⁺ 왼쪽 도형과 서로 합동인 도형을 찾아 기호를 쓰고, 그 이유를 설명하세요.

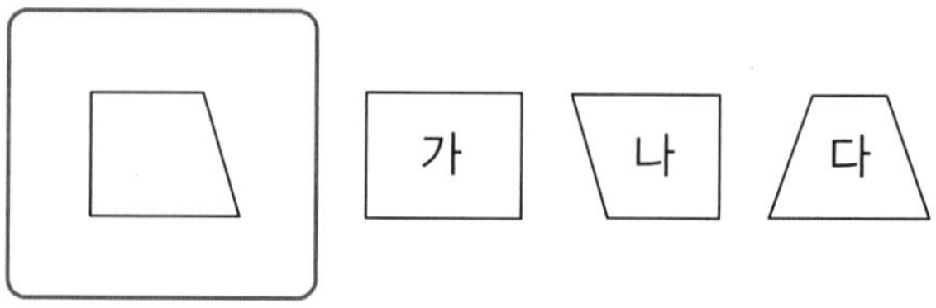

답

이유

2 직선 ㅅㅇ을 대칭축으로 하는 선대칭도형입니다. 선분 ㄱㅁ은 몇 cm인지 풀이 과정을 쓰고 답을 구해 보세요.

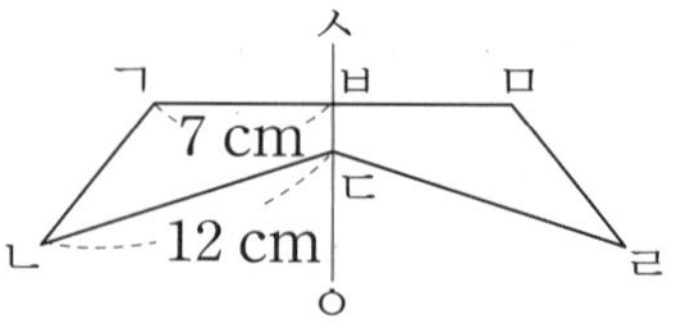

풀이 ㉱ (선분 ㅁㅂ) = (선분 ㄱㅂ) = 7 cm이므로

(선분 ㄱㅁ) = (선분 ㄱㅂ) + (선분 ㅁㅂ)

= 7 + 7 = 14 (cm)입니다.

답 14 cm

2⁺ 직선 ㅅㅇ을 대칭축으로 하는 선대칭도형입니다. 선분 ㄴㄷ은 몇 cm인지 풀이 과정을 쓰고 답을 구해 보세요.

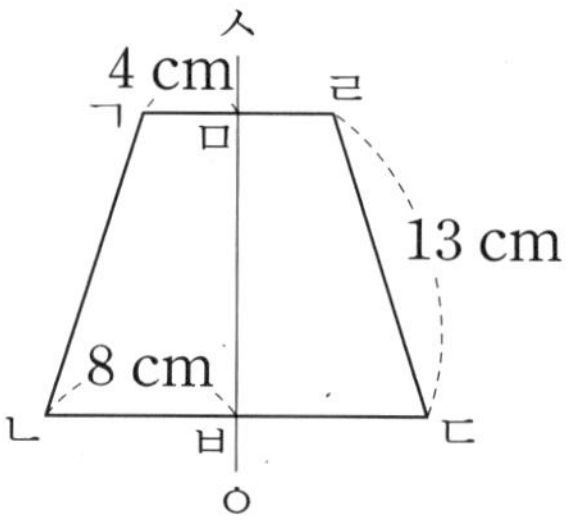

풀이

답

3 다음 도형은 점대칭도형인지 아닌지 쓰고, 그 이유를 설명하세요.

▶ 도형의 대칭의 중심을 찾을 수 있는지 확인합니다.

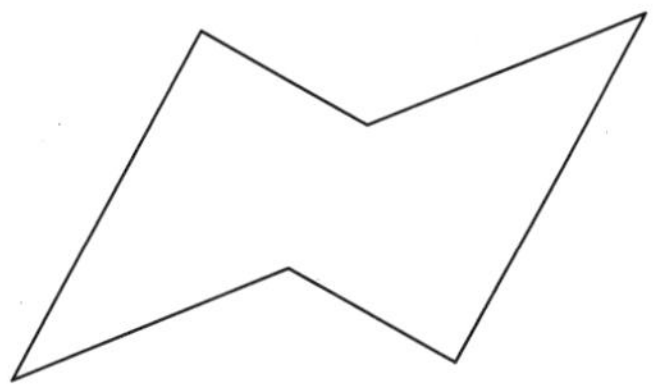

답 ....

이유 ....

....

4 직선 ㅅㅇ을 대칭축으로 하는 선대칭도형입니다. 선대칭도형에서 대응점끼리 이은 선분과 대칭축 사이의 관계를 써 보세요.

▶ 대칭축을 따라 접어서 완전히 겹치는 도형을 선대칭도형이라고 합니다.

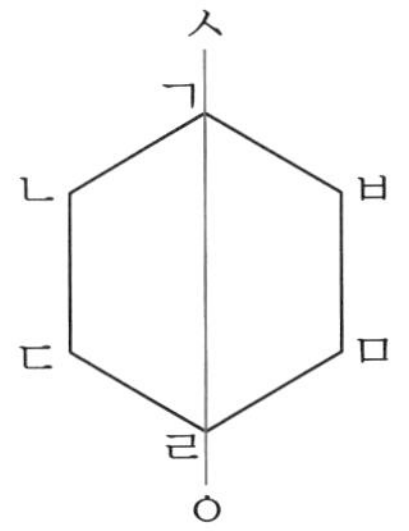

관계 ....

....

....

5 두 사각형은 서로 합동입니다. 사각형 ㄱㄴㄷㄹ의 둘레는 몇 cm인지 풀이 과정을 쓰고 답을 구해 보세요.

▶ 변 ㄱㄴ과 변 ㄷㄹ의 대응변을 알아봅니다.

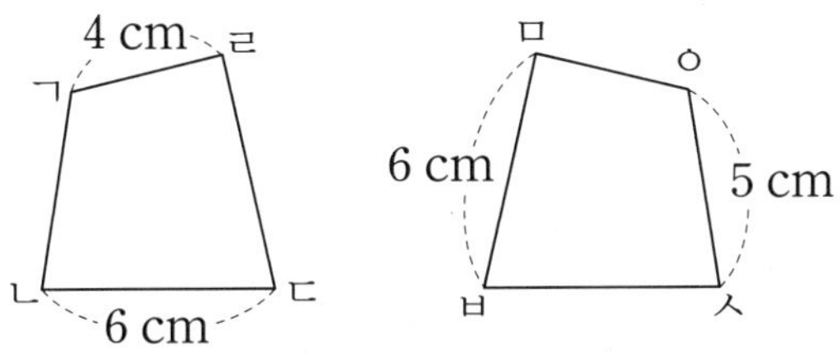

풀이 ....

....

....

답 ....

6 선대칭도형이면서 점대칭도형인 것은 모두 몇 개인지 풀이 과정을 쓰고 답을 구해 보세요.

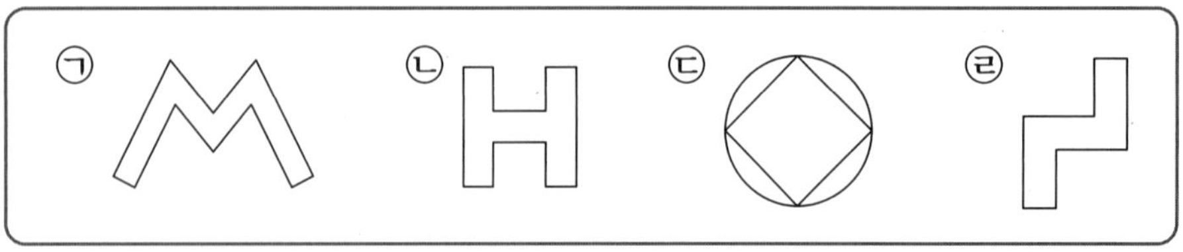

풀이

답

▶ 한 직선을 따라 접어서 완전히 겹치면서 어떤 점을 중심으로 180° 돌렸을 때 처음 도형과 완전히 겹치는 도형을 찾습니다.

7 점 ㅇ을 대칭의 중심으로 하는 점대칭도형입니다. 도형의 둘레가 30 cm일 때 변 ㄷㄹ은 몇 cm인지 풀이 과정을 쓰고 답을 구해 보세요.

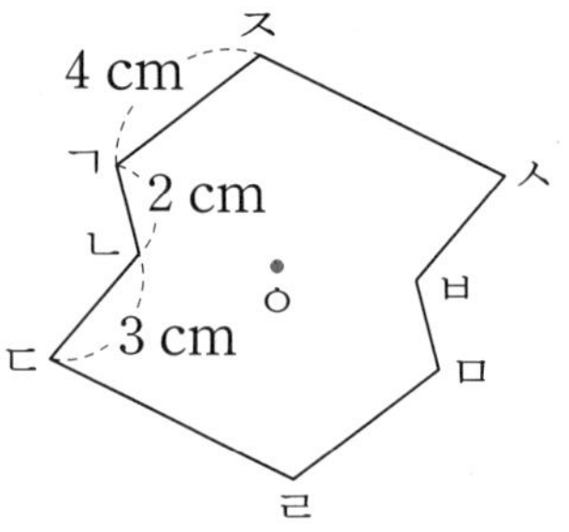

풀이

답

▶ 점대칭도형은 대응변의 길이가 같습니다.

8 두 삼각형은 서로 합동입니다. 각 ㄱㄷㄴ은 몇 도인지 풀이 과정을 쓰고 답을 구해 보세요.

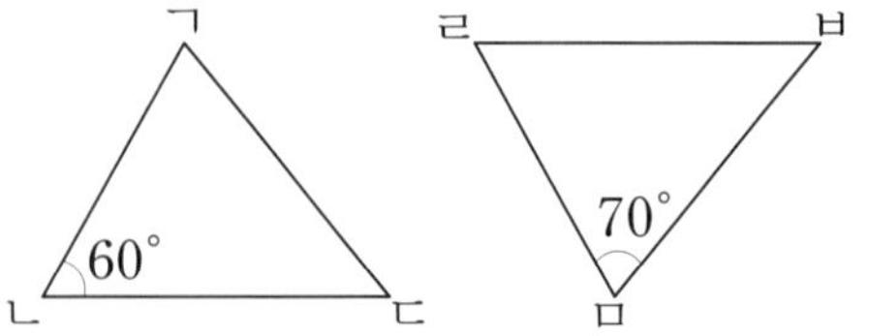

풀이

답

▶ 합동인 두 도형의 대응각의 크기는 서로 같습니다.

9 점 ㅇ을 대칭의 중심으로 하는 점대칭도형입니다. 선분 ㄷㅂ은 몇 cm인지 풀이 과정을 쓰고 답을 구해 보세요.

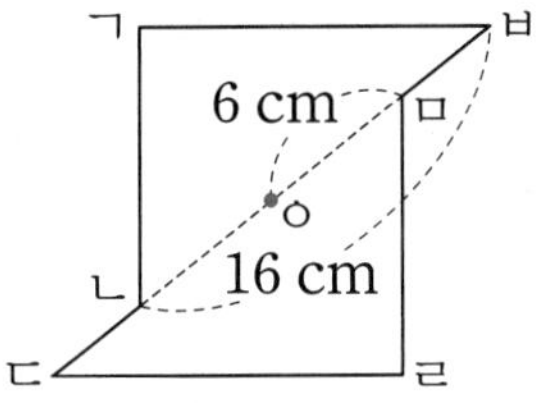

▶ 점대칭도형에서 각각의 대응점에서 대칭의 중심까지의 거리는 같습니다.

풀이

답

10 선분 ㄱㄴ을 대칭축으로 하는 선대칭도형입니다. 각 ㅂㅁㄷ은 몇 도인지 풀이 과정을 쓰고 답을 구해 보세요.

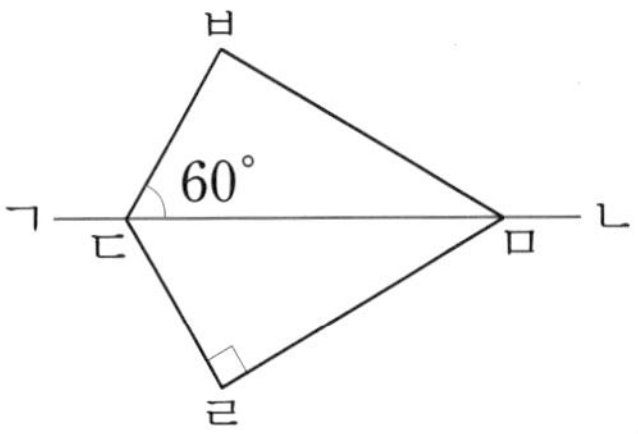

▶ 각 ㄷㅂㅁ의 대응각을 알아봅니다.

풀이

답

11 그림과 같이 직사각형 모양의 종이를 접었습니다. 직사각형 ㄱㄴㄷㄹ의 넓이는 몇 cm^2인지 풀이 과정을 쓰고 답을 구해 보세요.

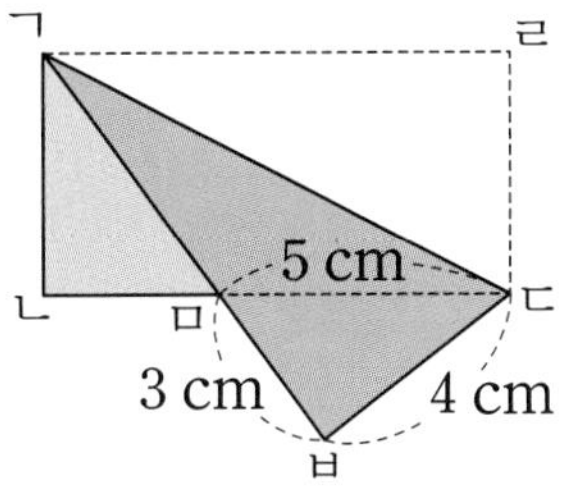

▶ 삼각형 ㄱㄹㄷ과 삼각형 ㄱㄴㅁ과 합동인 삼각형을 각각 찾아봅니다.

풀이

답

3

단원 평가 Level 1

점수

확인

1 직사각형 모양의 색종이를 잘라서 서로 합동인 도형을 4개 만들어 보세요.

2 서로 합동인 두 도형을 모두 찾아 기호를 써 보세요.

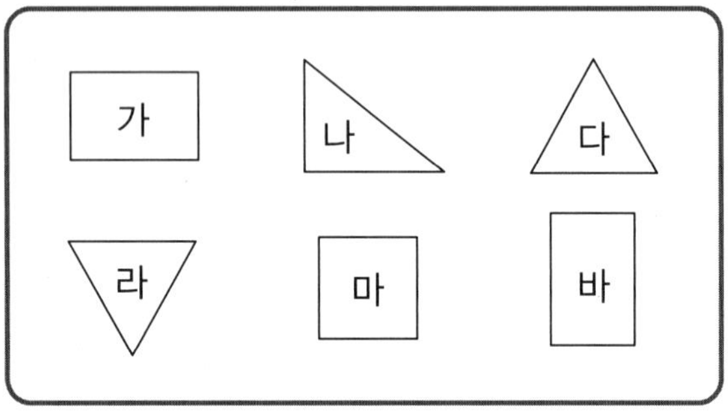

( )

3 두 사각형은 서로 합동입니다. 변 ㅁㅂ은 몇 cm일까요?

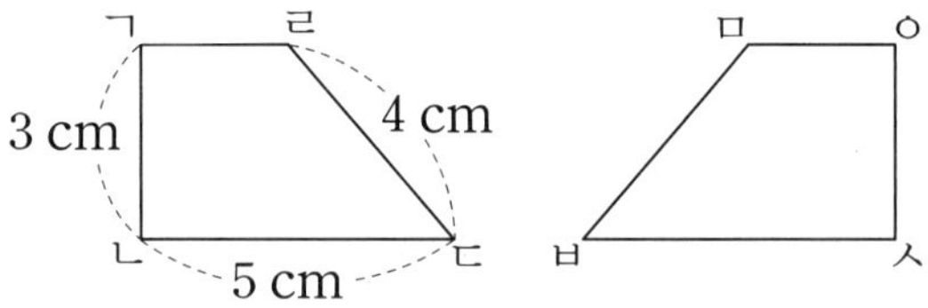

( )

4 점대칭도형에서 대칭의 중심은 모두 몇 개일까요?

( )

5 점대칭도형인 것에 ○표 하세요.

ㄷ ㄹ ㅋ

( ) ( ) ( )

6 직선 ㄱㄴ을 대칭축으로 하는 선대칭도형입니다. □ 안에 알맞은 수를 써넣으세요.

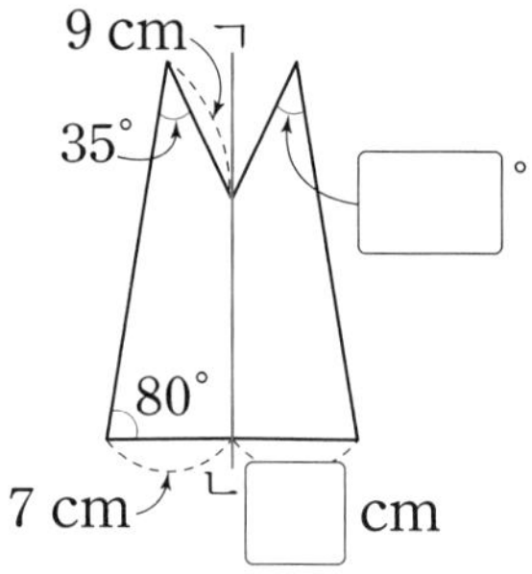

7 점 ㅇ을 대칭의 중심으로 하는 점대칭도형입니다. □ 안에 알맞은 수를 써넣으세요.

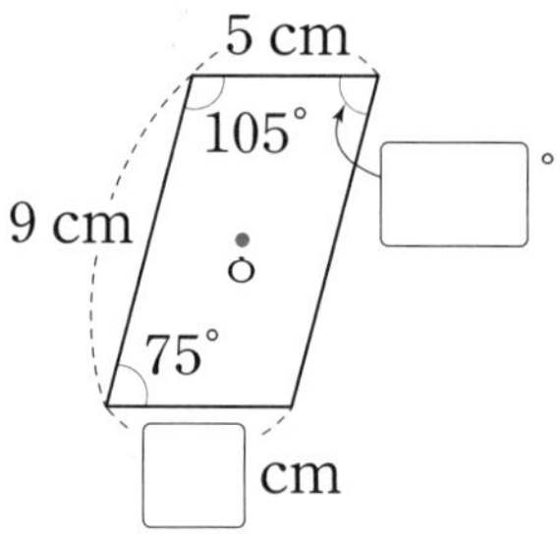

8 나머지 셋과 서로 합동이 아닌 도형을 찾아 기호를 써 보세요.

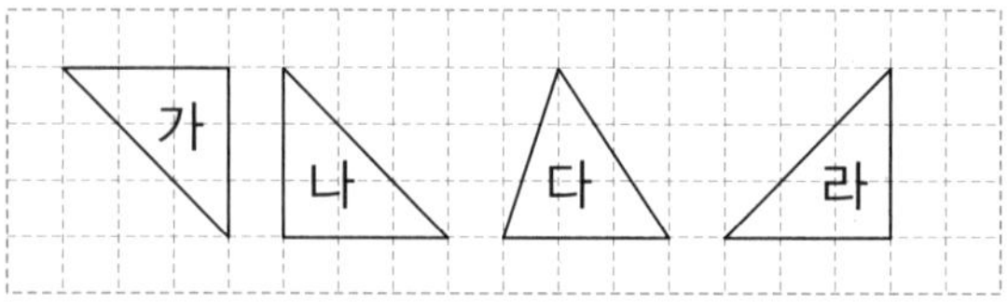

( )

9 다음은 선대칭도형입니다. 대칭축의 개수가 가장 많은 것의 기호를 써 보세요.

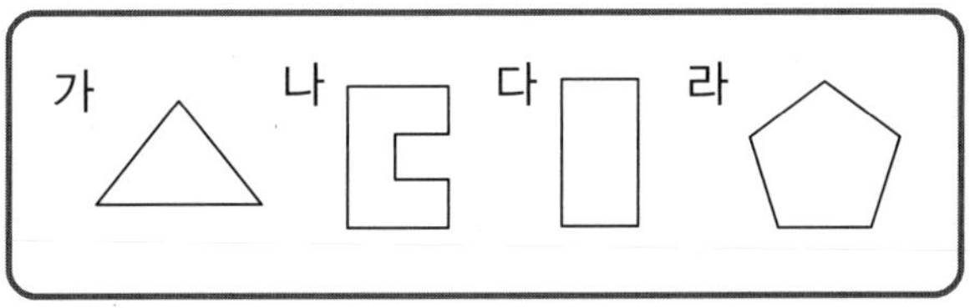

(　　　　　　　　　)

10 점대칭도형이 되도록 그림을 완성해 보세요.

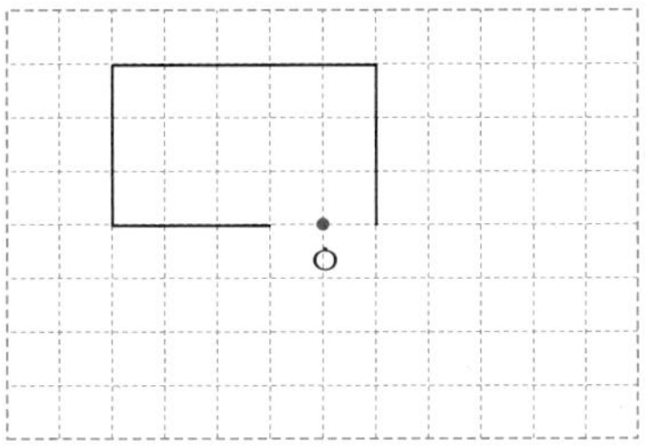

11 두 사각형은 서로 합동입니다. <u>잘못</u> 설명한 것을 찾아 기호를 써 보세요.

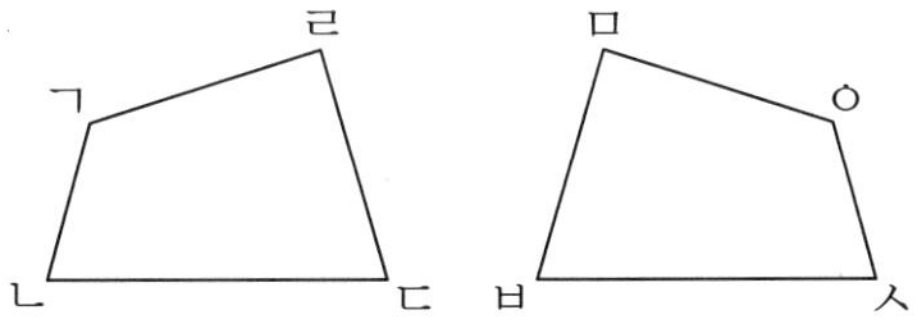

㉠ 점 ㄱ의 대응점은 점 ㅇ입니다.
㉡ 변 ㄹㄷ의 대응변은 변 ㅁㅂ입니다.
㉢ 각 ㄱㄴㄷ의 대응각은 각 ㅁㅂㅅ입니다.

(　　　　　　　　　)

12 두 삼각형은 서로 합동입니다. 삼각형 ㄱㄴㄷ의 둘레는 몇 cm일까요?

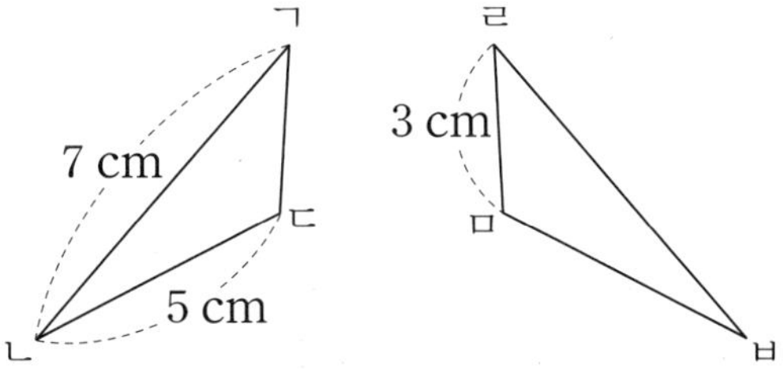

(　　　　　　　　　)

13 각 나라별 화장실을 표시하는 그림입니다. 화장실 표시 그림이 선대칭도형인 것은 모두 몇 개일까요?

(　　　　　　　　　)

14 직선 ㄱㄴ을 대칭축으로 하는 선대칭도형의 둘레가 40 cm입니다. 변 ㄷㅇ은 몇 cm일까요?

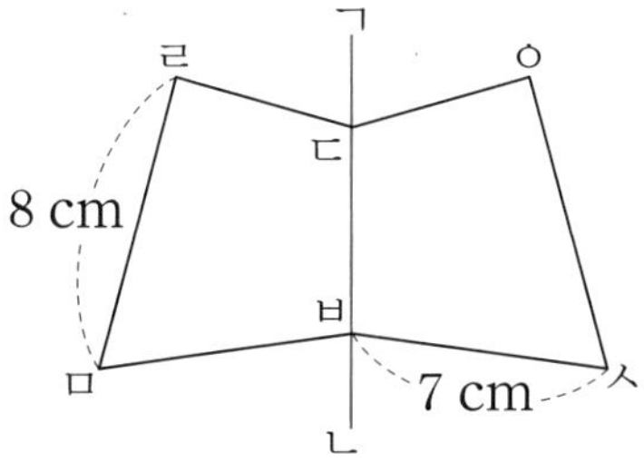

(　　　　　　　　　)

15 점 ㅇ을 대칭의 중심으로 하는 점대칭도형입니다. 각 ㄱㄹㄷ은 몇 도일까요?

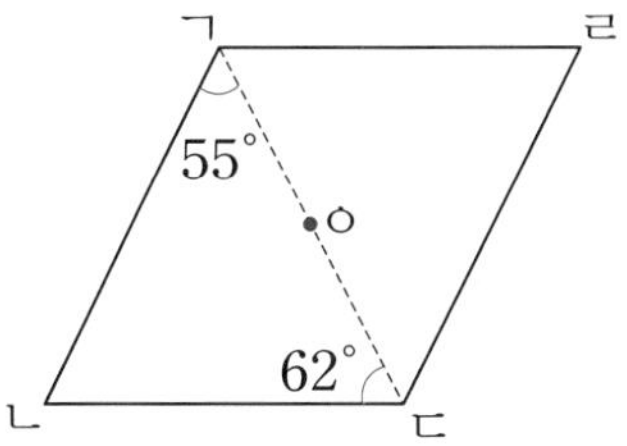

(　　　　　　　　　)

16 삼각형 ㄱㄴㅁ과 삼각형 ㄹㅁㄷ은 서로 합동입니다. 사각형 ㄱㄴㄷㄹ의 둘레는 몇 cm인지 구해 보세요.

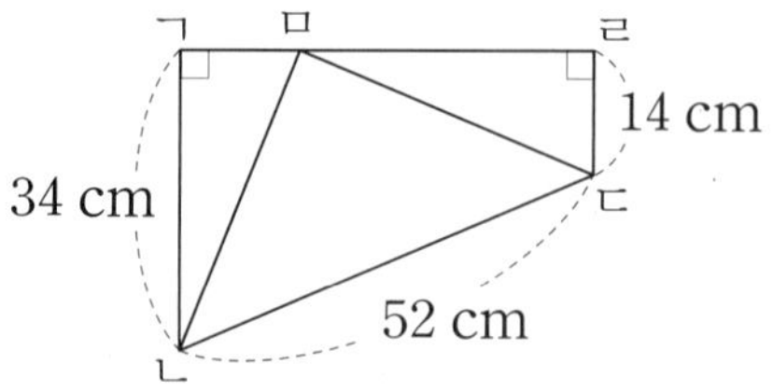

(　　　　　　　　　　)

17 대칭축에 대하여 선대칭도형이 되도록 완성하고 계산 결과를 써 보세요.

(　　　　　　　　　　)

18 직선 ㄱㄴ을 대칭축으로 하는 선대칭도형을 완성했을 때 완성한 선대칭도형의 둘레는 몇 cm일까요?

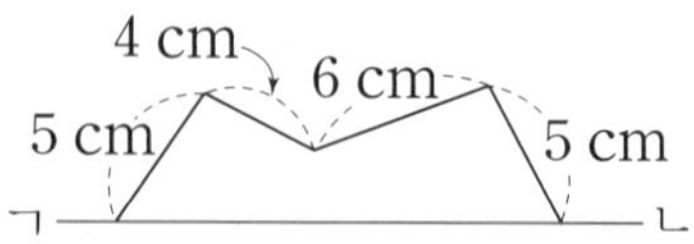

(　　　　　　　　　　)

19 두 직사각형은 서로 합동입니다. 직사각형 ㄱㄴㄷㄹ의 넓이는 몇 cm^2인지 풀이 과정을 쓰고 답을 구해 보세요.

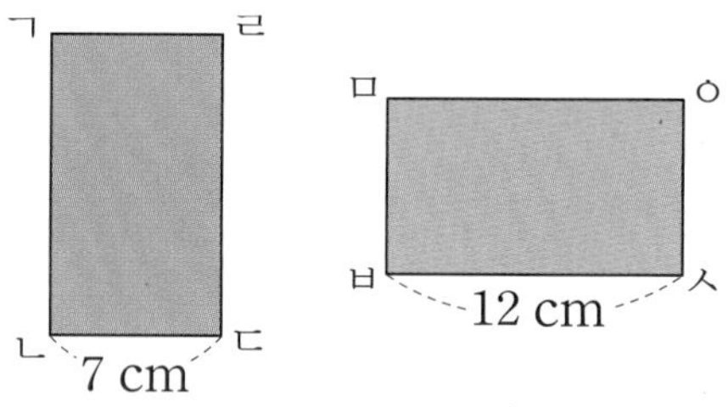

풀이

답

20 점 ㅇ을 대칭의 중심으로 하는 점대칭도형입니다. 선분 ㄱㄷ과 선분 ㄹㄴ의 합이 26 cm일 때 선분 ㅇㄷ은 몇 cm인지 풀이 과정을 쓰고 답을 구해 보세요.

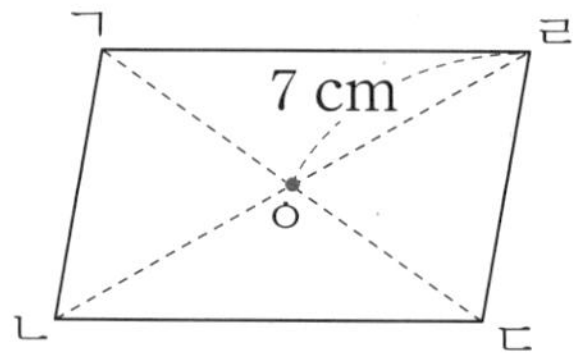

풀이

답

단원 평가 Level 2

점수

확인

1 서로 합동인 두 도형을 찾아 기호를 써 보세요.

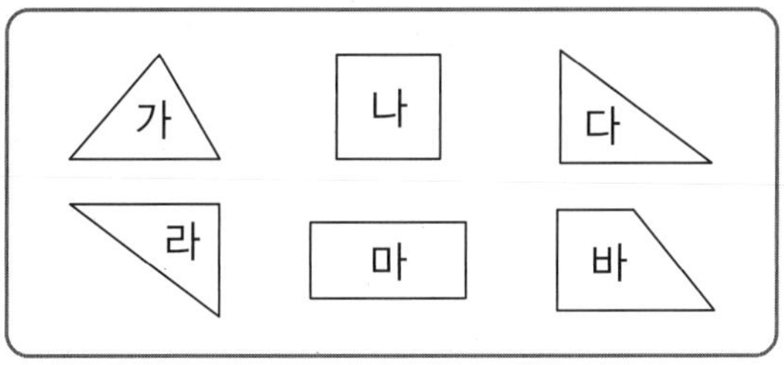

( )

[2~3] 삼각형 ㄱㄴㄷ과 삼각형 ㄹㄷㄴ은 서로 합동입니다. 물음에 답하세요.

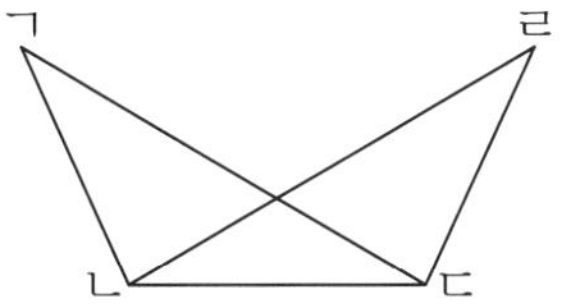

2 변 ㄱㄷ의 대응변은 어느 것일까요?

( )

3 각 ㄹㄴㄷ의 대응각은 어느 것일까요?

( )

4 두 사각형은 서로 합동입니다. □ 안에 알맞은 수를 써넣으세요.

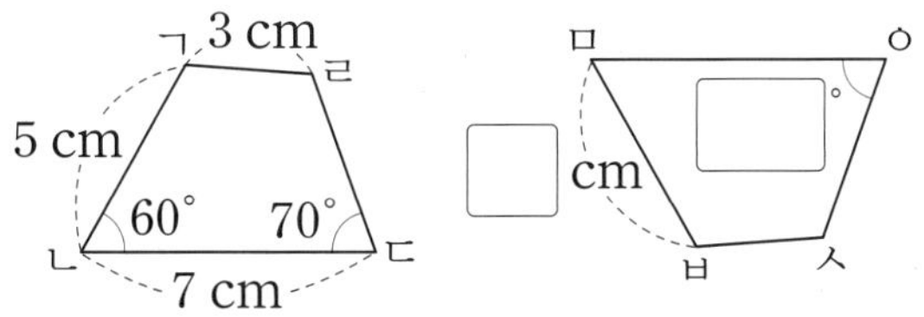

5 평행사변형에서 찾을 수 있는 크고 작은 삼각형 중에서 서로 합동인 삼각형은 모두 몇 쌍일까요?

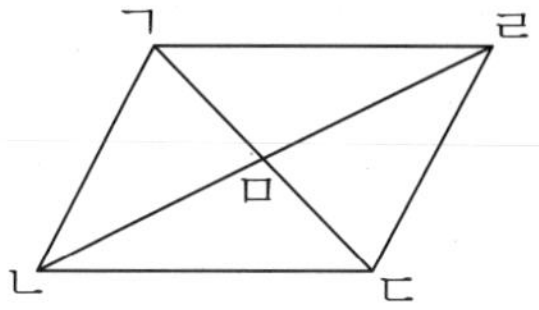

( )

6 점대칭도형을 모두 찾아 ○표 하세요.

[7~8] 도형을 보고 물음에 답하세요.

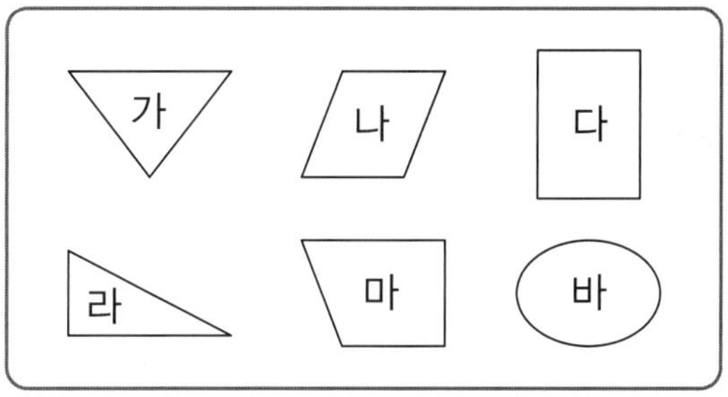

7 선대칭도형을 모두 찾아 기호를 써 보세요.

( )

8 대칭축이 2개인 선대칭도형을 모두 찾아 기호를 써 보세요.

( )

3

9 선대칭도형이 되도록 그림을 완성해 보세요.

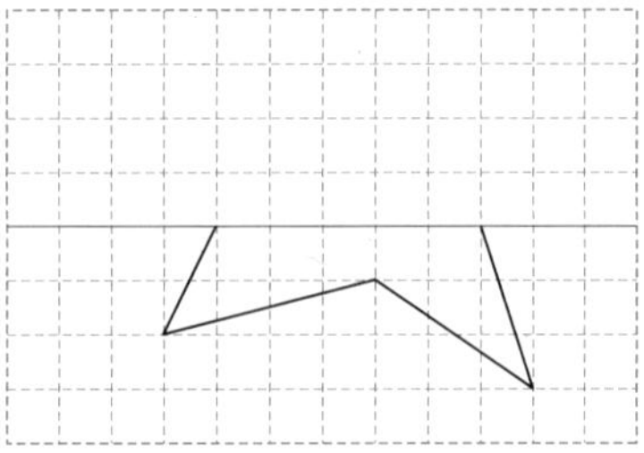

10 도형은 선대칭도형이면서 점대칭도형입니다. 대응점, 대응변, 대응각을 찾아 써 보세요.

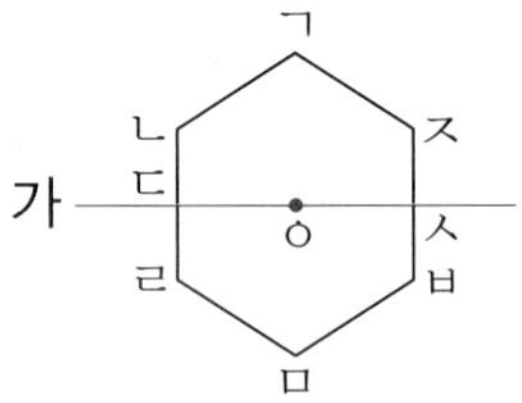

대응하는 것	대칭축: 직선 가	대칭의 중심: 점 ㅇ
점 ㄴ		
변 ㄱㅈ		
각 ㄱㄴㄷ		

11 선분 ㄱㄹ을 대칭축으로 하는 선대칭도형입니다. 각 ㄷㄱㄹ은 몇 도일까요?

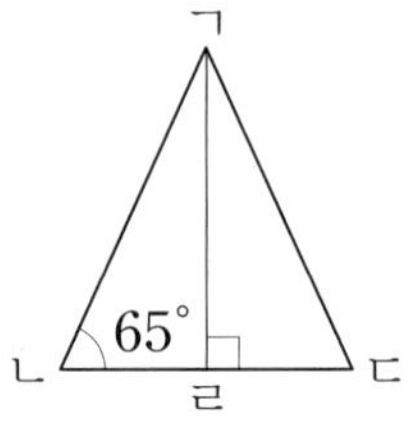

( )

12 점 ㅇ을 대칭의 중심으로 하는 점대칭도형입니다. 선분 ㄷㅇ은 몇 cm일까요?

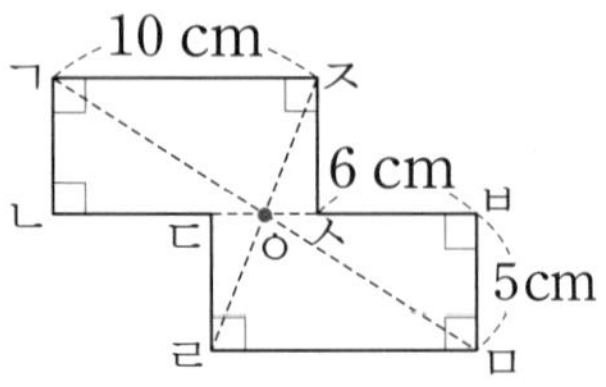

( )

13 두 사각형은 서로 합동입니다. 사각형 ㄱㄴㄷㄹ의 둘레가 31 cm일 때 변 ㅁㅂ은 몇 cm일까요?

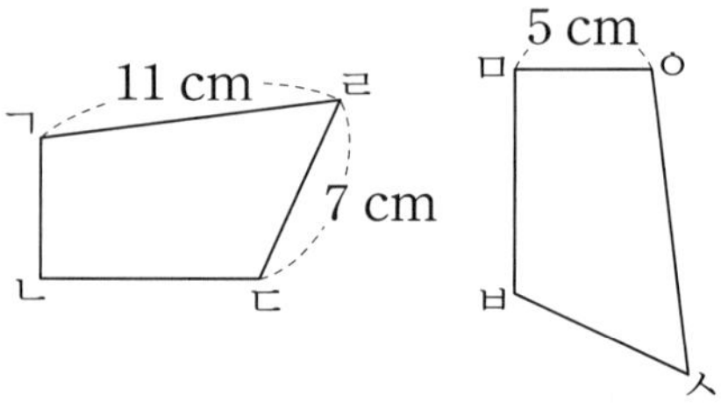

( )

14 점 ㅇ을 대칭의 중심으로 하는 점대칭도형입니다. 두 대각선의 길이의 합이 60 cm일 때 선분 ㅇㄴ은 몇 cm일까요?

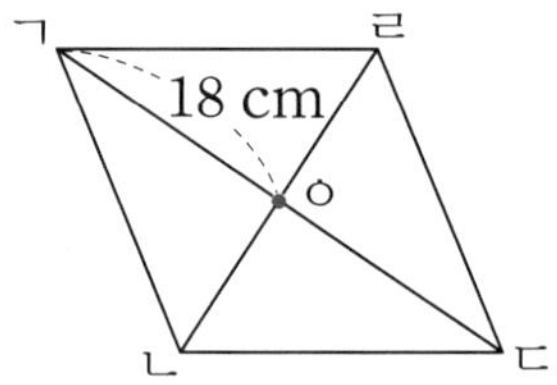

( )

15 점 ㅇ을 대칭의 중심으로 하는 점대칭도형입니다. 각 ㅇㄹㄷ은 몇 도일까요?

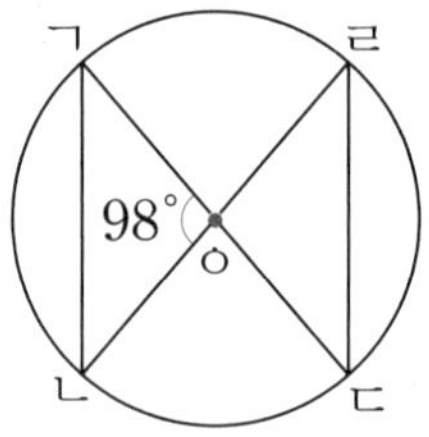

( )

16 선분 ㄹㄷ을 대칭축으로 하는 선대칭도형의 일부분입니다. 완성한 선대칭도형의 넓이는 몇 cm^2일까요?

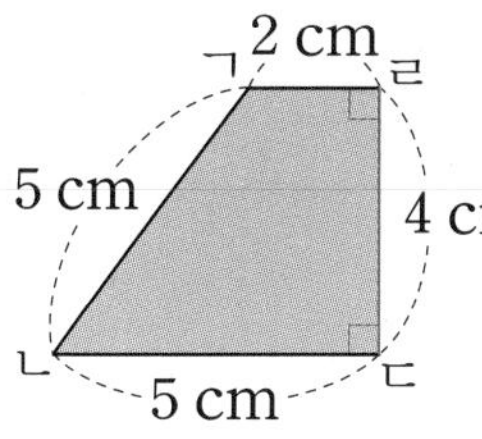

(   )

17 삼각형 ㄱㄴㄷ과 삼각형 ㄹㄷㄴ은 서로 합동입니다. 각 ㄹㅁㄷ은 몇 도일까요?

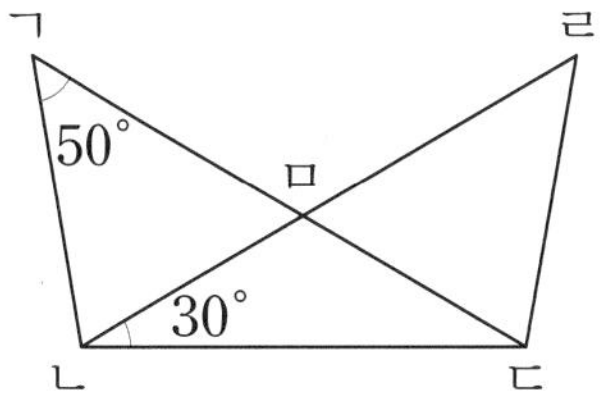

(   )

18 그림과 같이 삼각형 모양의 색종이를 접었습니다. 각 ㄱㅂㄹ은 몇 도일까요?

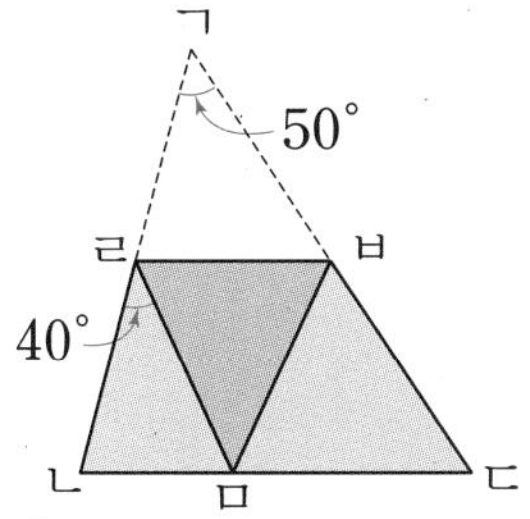

(   )

19 두 삼각형은 서로 합동입니다. 삼각형 ㄹㅁㅂ의 둘레는 몇 cm인지 풀이 과정을 쓰고 답을 구해 보세요.

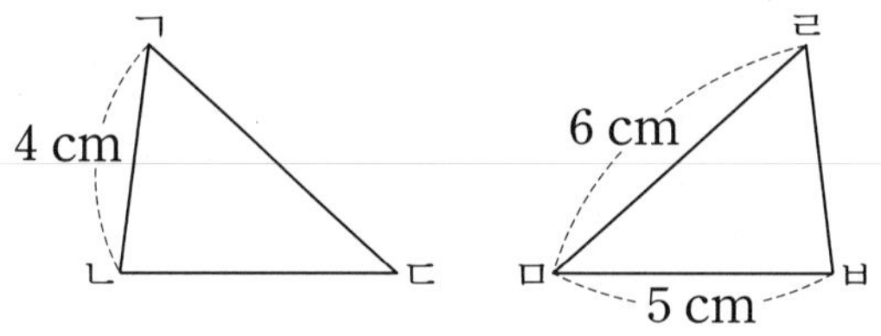

풀이

답

20 직사각형 모양의 종이를 그림과 같이 접었습니다. 종이 전체의 넓이는 몇 cm^2인지 풀이 과정을 쓰고 답을 구해 보세요.

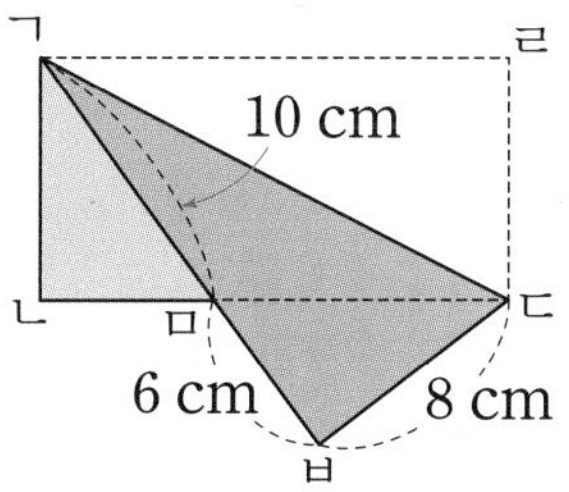

풀이

답

서술형 문제

1 87×16은 1392입니다. 8.7×1.6의 값은 얼마인지 풀이 과정을 쓰고 답을 구해 보세요.

풀이 예 8.7×1.6의 소수점 아래 자리 수의 합은 2이므로 1392에서 소수점을 왼쪽으로 두 칸 옮기면 13.92가 됩니다.

답 13.92

1+ 49×56은 2744입니다. 4.9×5.6의 값은 얼마인지 풀이 과정을 쓰고 답을 구해 보세요.

풀이

답

2 8×3.25를 두 가지 방법으로 계산해 보세요.

방법 1 예 분수의 곱셈으로 계산합니다.

$$8 \times 3.25 = 8 \times \frac{325}{100} = \frac{8 \times 325}{100}$$

$$= \frac{2600}{100} = 26$$

방법 2 예 자연수의 곱셈으로 계산합니다.

$8 \times 325 = 2600$

($\frac{1}{100}$배, $\frac{1}{100}$배)

$8 \times 3.25 = 26$

2+ 53×0.9를 두 가지 방법으로 계산해 보세요.

방법 1

방법 2

3 어림하여 계산 결과가 7보다 큰 것을 찾아 기호를 쓰고, 그 이유를 설명하세요.

㉠ 7.9의 0.75	㉡ 3.5의 2.1배	㉢ 2.8×2.2

답 ....

이유 ....

▶ 소수를 가장 가까운 자연수로 생각하여 곱을 어림합니다.

4 평행사변형의 넓이는 몇 cm^2인지 풀이 과정을 쓰고 답을 구해 보세요.

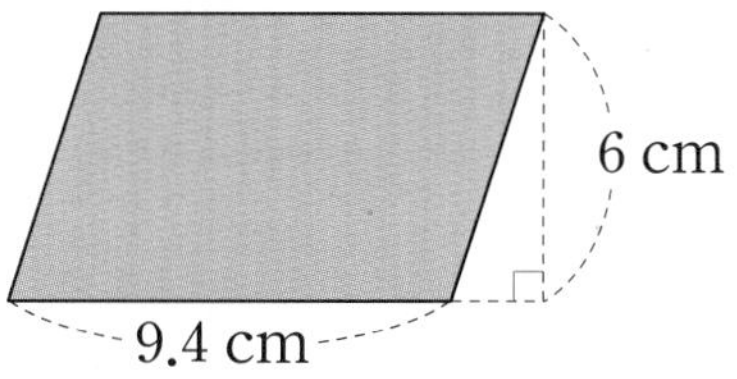

풀이 ....

답 ....

▶ (평행사변형의 넓이) = (밑변의 길이) × (높이)입니다.

5 마당에 심은 은행나무의 높이는 3.721 m이고, 단풍나무의 높이는 356.9 cm입니다. 어느 나무의 높이가 더 높은지 풀이 과정을 쓰고 답을 구해 보세요.

풀이 ....

답 ....

▶ 1 m = 100 cm입니다.

6 현지는 우유를 하루에 0.5 L씩 2주일 동안 매일 마셨습니다. 현지가 2주일 동안 마신 우유는 모두 몇 L인지 풀이 과정을 쓰고 답을 구해 보세요.

▶ 2주일은 며칠인지 구하여 계산합니다.

풀이

답

7 고운이네 집에서 서점까지의 거리는 1 km 900 m입니다. 고운이가 집에서 서점까지 다녀온다면 몇 km를 걸은 셈인지 풀이 과정을 쓰고 답을 구해 보세요.

▶ 1000 m = 1 km입니다.

풀이

답

8 □ 안에 들어갈 수 있는 자연수를 모두 구하려고 합니다. 풀이 과정을 쓰고 답을 구해 보세요.

▶ 먼저 두 식의 계산 결과를 구합니다.

$$3.5 \times 1.7 < \square < 2.4 \times 4.2$$

풀이

답

9 민지는 직사각형 모양의 꽃밭의 가로와 세로를 각각 1.2배씩 늘여 새로운 꽃밭을 만들려고 합니다. 새로운 꽃밭의 넓이는 몇 m^2인지 풀이 과정을 쓰고 답을 구해 보세요.

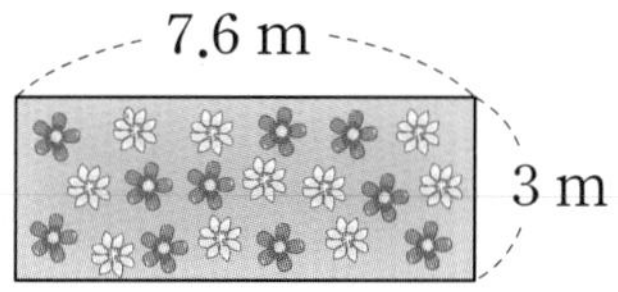

풀이

답

▶ 새로운 꽃밭의 가로와 세로를 각각 구합니다.

10 경민이는 한 시간에 12.21 km를 달릴 수 있습니다. 같은 빠르기로 3시간 30분 동안 달리면 몇 km를 갈 수 있는지 풀이 과정을 쓰고 답을 구해 보세요.

풀이

답

▶ 달린 시간을 소수로 나타내어 계산합니다.

11 진호의 몸무게는 42.7 kg입니다. 아버지의 몸무게는 진호의 몸무게의 1.5배이고, 동생의 몸무게는 아버지의 몸무게의 0.6배입니다. 동생의 몸무게는 몇 kg인지 풀이 과정을 쓰고 답을 구해 보세요.

풀이

답

▶ 먼저 아버지의 몸무게를 구합니다.

단원 평가 Level ❶

점수

확인

1 소수를 분수로 고쳐서 계산해 보세요.

$$0.36\times7=\frac{\square}{100}\times7=\frac{\square\times7}{100}=\frac{\square}{100}=\square$$

2 계산해 보세요.

(1) 3.476×10

(2) 3.476×100

3 빈칸에 알맞은 수를 써넣으세요.

×	2	4	6
0.58			

4 계산해 보세요.

$$\begin{array}{rl} 3.4\times2 & =\square \\ +)\ 3.4\times0.5 & =\square \\ \hline 3.4\times2.5 & =\square \end{array}$$

5 5.4×6을 0.1의 개수로 계산한 것입니다. ㉠과 ㉡에 알맞은 수를 각각 구해 보세요.

> 5.4는 0.1이 54개이므로 5.4×6은 0.1이 ㉠개입니다. 따라서 $5.4\times6=$㉡입니다.

㉠ (　　　　　　　)

㉡ (　　　　　　　)

6 크기를 비교하여 ○ 안에 >, =, <를 알맞게 써넣으세요.

(1) 0.94×6 ○ 6.4

(2) 42×0.15 ○ 4.2

7 계산 결과가 나머지와 다른 하나는 어느 것일까요? (　　　)

① 470.6×10　② 47.06×100

③ 4.706×1000　④ 47060×0.1

⑤ 4706×0.01

8 계산 결과가 같은 것끼리 선으로 이어 보세요.

2.7×3.61 •	• 0.27×361
2.7×36.1 •	• 27×0.361

9 □ 안에 알맞은 수를 써넣으세요.

$73 \times 298 = 21754$

➡ $2.98 \times \square = 2.1754$

10 ㉮와 ㉯의 차를 구해 보세요.

㉮ 0.32×0.8 ㉯ 0.6×0.49

( )

11 정사각형 가와 평행사변형 나 중에서 어느 것의 넓이가 더 넓은지 기호를 써 보세요.

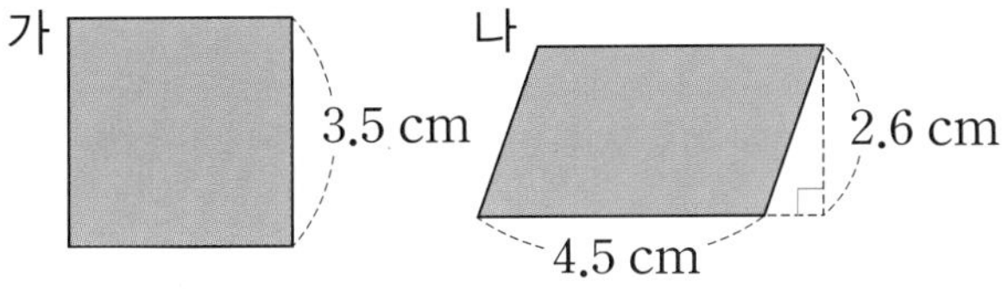

( )

12 소리는 1초 동안에 물속에서 1.5 km를 갑니다. 물속에서 화산이 폭발한 후 12.4초 후에는 화산이 폭발한 곳부터 몇 km 떨어진 곳까지 화산 폭발 소리를 들을 수 있을까요?

( )

13 승현이가 키우는 나무는 0.51 m까지 자랐고, 미혜가 키우는 나무는 50.1 cm까지 자랐습니다. 누가 키우는 나무가 더 긴지 써 보세요.

( )

14 하모니 마트에서는 물건을 산 금액의 0.15배만큼의 돈을 할인해주는 행사를 하고 있습니다. 수미가 하모니 마트에서 물건을 85000원어치 샀다면 수미가 내야 할 돈은 얼마일까요?

( )

15 미라는 고령토 10 kg 중에서 0.37만큼을 사용하여 항아리를 만들었습니다. 항아리를 만들고 남은 고령토는 몇 kg일까요?

( )

4

16 희주가 계산기로 0.45×0.4를 계산하려고 두 수를 눌렀는데 수 하나의 소수점 위치를 잘못 눌러서 1.8이 나왔습니다. 희주가 계산기에 누른 두 수를 써 보세요.

$\square \times \square$

17 길이가 0.68 m인 색 테이프 9개를 그림과 같이 0.05 m씩 겹치게 모두 이어 붙였습니다. 이어 붙인 색 테이프의 전체 길이는 몇 m가 될까요?

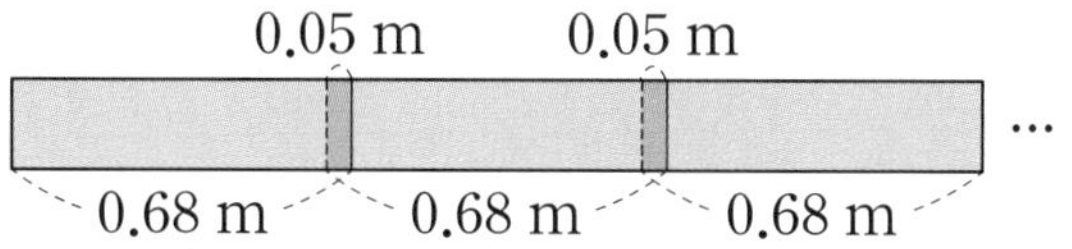

(　　　　　　　　)

18 4장의 수 카드를 한 번씩 모두 사용하여 곱이 가장 크게 되는 $\square.\square \times \square.\square$의 곱셈식을 만들려고 합니다. 만든 곱셈식의 곱을 구해 보세요.

2　3　5　7

(　　　　　　　　)

19 $705 \times 11 = 7755$입니다. 70.5×1.1의 값을 어림하여 결괏값에 소수점을 찍고, 그 이유를 설명하세요.

$70.5 \times 1.1 = 7\square7\square5\square5$

이유

20 유정이는 매일 생수를 1.6 L씩 마십니다. 유정이가 9월 한 달 동안 마시는 생수의 양은 모두 몇 L인지 풀이 과정을 쓰고 답을 구해 보세요.

풀이

답

단원 평가 Level 2

점수

확인

1 계산해 보세요.

(1) 5 × 0.43

(2) 8 × 2.14

2 □ 안에 알맞은 수를 써넣으세요.

0.8 → × 12 → □

3 빈칸에 알맞은 수를 써넣으세요.

× →		
0.9	0.28	
2.7		

(× ↓)

4 관계있는 것끼리 선으로 이어 보세요.

2.008 × 10 •	• 20.08
2.008 × 100 •	• 2008
2.008 × 1000 •	• 200.8

5 다음을 구해 보세요.

2.7의 5배인 수

( )

6 계산 결과를 비교하여 ○ 안에 >, =, <를 알맞게 써넣으세요.

4.78 × 3.5 ○ 2.8 × 6.43

7 빈칸에 알맞은 수를 써넣으세요.

5.4 → (× 1.45) → □ → (× 3.3) → □

8 □ 안에 알맞은 수를 써넣으세요.

(1) 0.42 × 100 = □

(2) 3.17 × □ = 0.317

(3) □ × 1000 = 184

(4) □ × 0.001 = 85

9 마름모의 둘레는 몇 cm일까요?

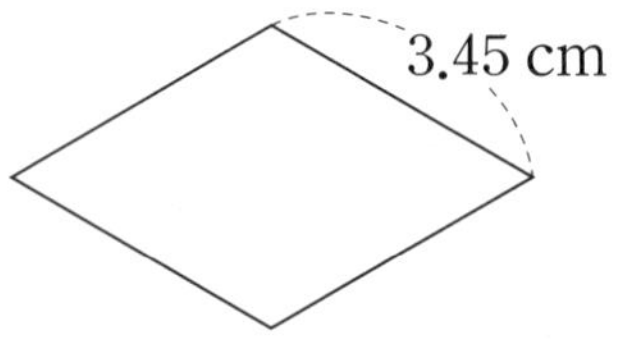

(　　　　　　　　　　)

10 민수는 어린이 철인 3종 경기에 출전하려고 합니다. 수영, 사이클, 마라톤의 거리가 각각 1.25 km씩일 때 민수가 출전한 철인 3종 경기의 거리는 모두 몇 km일까요?

(　　　　　　　　　　)

11 평행사변형의 넓이는 몇 cm^2일까요?

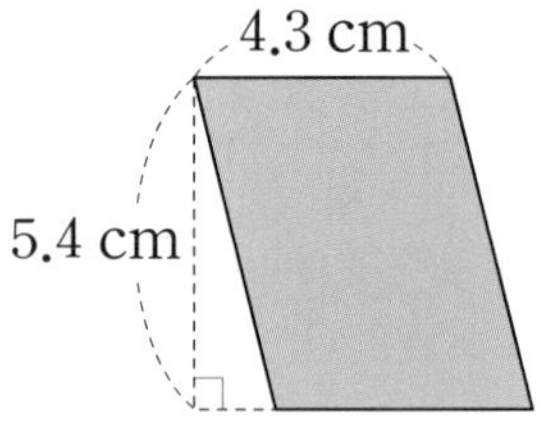

(　　　　　　　　　　)

12 세 수의 곱을 구해 보세요.

0.8	1.55	13

(　　　　　　　　　　)

13 □ 안에 알맞은 수가 더 큰 것의 기호를 써 보세요.

㉠ $43 \times \square = 4.3$　　㉡ $\square \times 0.1 = 0.43$

(　　　　　　　　　　)

14 곱의 소수점 아래 자리 수가 가장 적은 것은 어느 것일까요? (　　　　)

① 60.2×4.7　　② 6.02×4.7
③ 60.2×0.047　　④ 60.2×0.47
⑤ 6.02×0.47

15 자전거를 타고 한 시간에 5.8 km를 달릴 수 있습니다. 이와 같은 빠르기로 75분 동안 달린 거리는 몇 km일까요?

(　　　　　　　　　　)

16 □ 안에 들어갈 수 있는 자연수는 모두 몇 개일까요?

$$3.8 \times 6.4 < \square < 4.2 \times 7.8$$

(　　　　　　　　　)

17 수 카드 4, 5, 7, 8 을 한 번씩 모두 사용하여 다음 곱셈식의 곱이 가장 크게 되도록 만들려고 합니다. 곱이 가장 큰 곱셈식의 곱은 얼마일까요?

$$\square.\square \times \square.\square$$

(　　　　　　　　　)

18 1분에 0.92 km를 가는 기차가 있습니다. 이 기차가 어느 터널을 완전히 통과하는 데 2분 30초가 걸렸습니다. 기차의 길이가 350 m일 때 터널의 길이는 몇 km일까요?

(　　　　　　　　　)

19 귤 한 개는 23 g이고 사과 한 개의 무게는 귤 한 개의 무게의 2.3배입니다. 귤 한 개와 사과 한 개의 무게의 합은 몇 g인지 풀이 과정을 쓰고 답을 구해 보세요.

풀이

답

20 어느 공장에서 기계 1대를 1시간 동안 움직이는 데 연료 0.6 L가 필요합니다. 이 기계 5대를 3시간 24분 동안 움직이는 데 필요한 연료는 모두 몇 L인지 풀이 과정을 쓰고 답을 구해 보세요.

풀이

답

서술형 문제

1 직육면체에서 면 ㄱㄴㄷㄹ과 평행한 면의 모서리의 길이의 합은 몇 cm인지 풀이 과정을 쓰고 답을 구해 보세요.

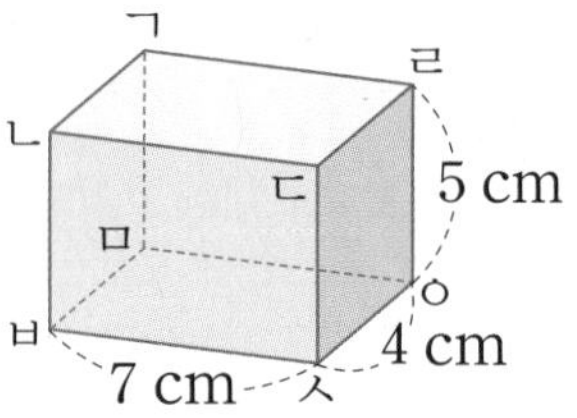

풀이 예 면 ㄱㄴㄷㄹ과 평행한 면은 면 ㅁㅂㅅㅇ입니다. 따라서 면 ㄱㄴㄷㄹ의 모서리의 길이의 합은 7+4+7+4=22 (cm)입니다.

답 22 cm

1+ 직육면체에서 면 ㄱㄴㄷㄹ과 평행한 면의 모서리의 길이의 합은 몇 cm인지 풀이 과정을 쓰고 답을 구해 보세요.

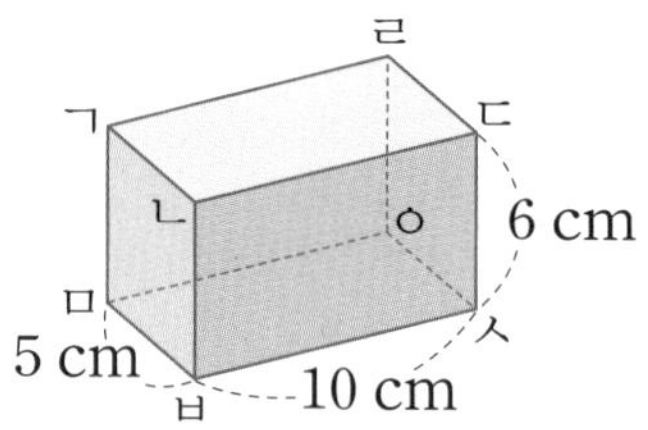

풀이

답

2 주사위의 마주 보는 면의 눈의 수의 합은 7입니다. 전개도에서 면 가의 눈의 수는 얼마인지 풀이 과정을 쓰고 답을 구해 보세요.

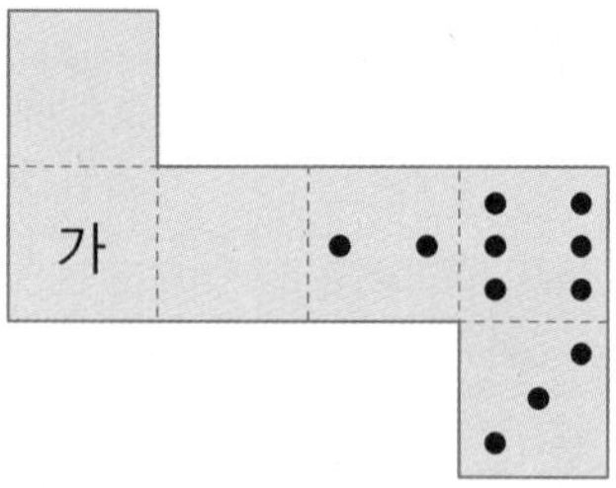

풀이 예 전개도에서 면 가와 평행한 면의 눈의 수는 2입니다. 따라서 면 가의 눈의 수는 7−2=5입니다.

답 5

2+ 주사위의 마주 보는 면의 눈의 수의 합은 7입니다. 전개도에서 면 가의 눈의 수는 얼마인지 풀이 과정을 쓰고 답을 구해 보세요.

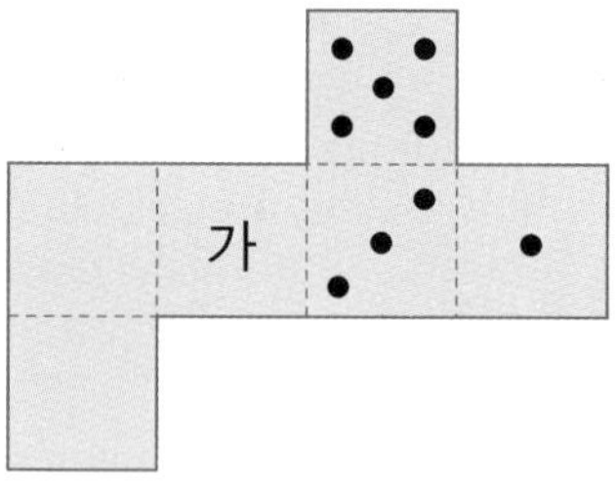

풀이

답

3 도형이 직육면체가 아닌 이유를 설명하세요.

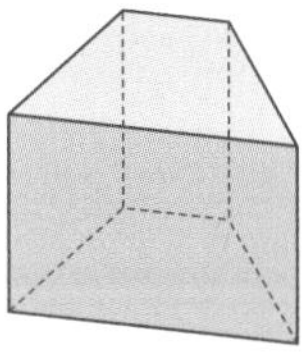

이유 ......

▶ 직사각형 6개로 둘러싸인 도형을 직육면체라고 합니다.

4 직육면체의 성질에 대해 잘못 설명한 것을 찾아 기호를 쓰고 바르게 고쳐 보세요.

㉠ 한 꼭짓점에서 만나는 면은 모두 3개입니다.
㉡ 한 면과 수직으로 만나는 면은 모두 5개입니다.
㉢ 서로 평행한 면은 모두 3쌍입니다.

잘못 설명한 것 ......

바르게 고치기 ......

▶ 직육면체에서 서로 수직인 면과 평행한 면을 찾아봅니다.

5 정육면체의 전개도가 아닌 이유를 설명하세요.

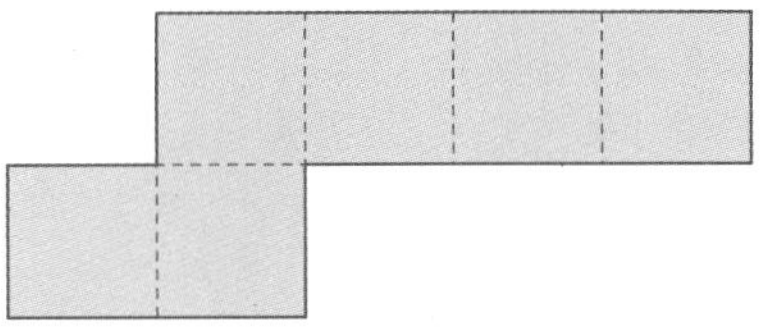

이유 ......

▶ 전개도는 모서리를 자르는 방법에 따라 여러 가지 모양이 나올 수 있습니다.

6 오른쪽 정육면체의 모든 모서리의 길이의 합은 몇 cm인지 풀이 과정을 쓰고 답을 구해 보세요.

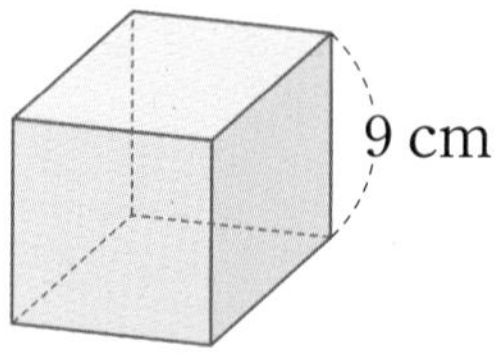

▶ 정육면체의 모서리의 수는 12개입니다.

풀이

답

7 오른쪽 정육면체에서 보이지 않는 면과 보이지 않는 모서리의 수의 합은 몇 개인지 풀이 과정을 쓰고 답을 구해 보세요.

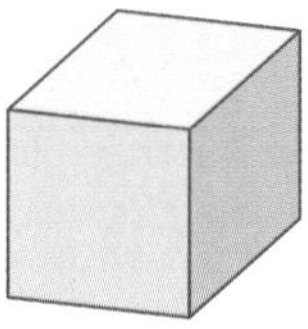

▶ 정육면체의 면의 수는 6개, 모서리의 수는 12개입니다.

풀이

답

8 직육면체의 겨냥도를 잘못 그린 이유를 설명하세요.

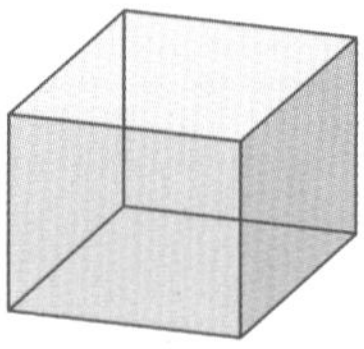

▶ 겨냥도에서는 보이는 모서리는 실선으로, 보이지 않는 모서리는 점선으로 그립니다.

이유

9 오른쪽 직육면체의 모든 모서리의 길이의 합은 몇 cm인지 풀이 과정을 쓰고 답을 구해 보세요.

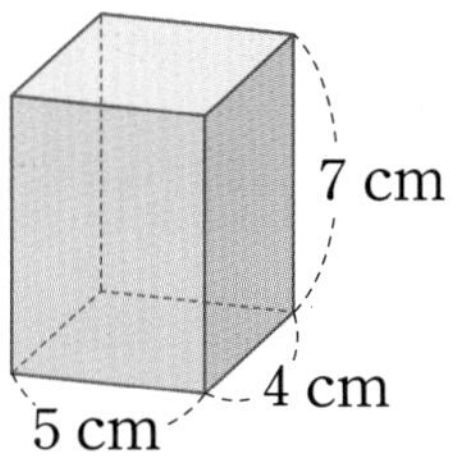

▶ 직육면체에서 길이가 같은 모서리는 4개씩 있습니다.

풀이

답

10 직육면체의 전개도를 그린 것입니다. 선분 ㅊㅇ은 몇 cm인지 풀이 과정을 쓰고 답을 구해 보세요.

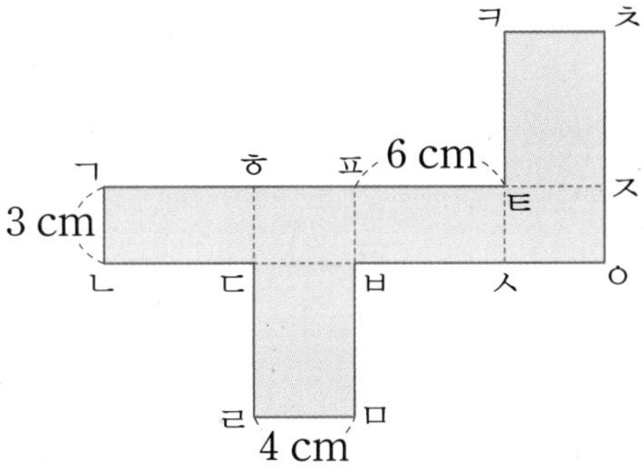

▶ 전개도를 접었을 때 만나는 모서리의 길이는 같습니다.

풀이

답

11 오른쪽 그림과 같이 직육면체 모양의 상자에 색 테이프를 붙였습니다. 사용한 색 테이프의 길이는 몇 cm인지 풀이 과정을 쓰고 답을 구해 보세요.

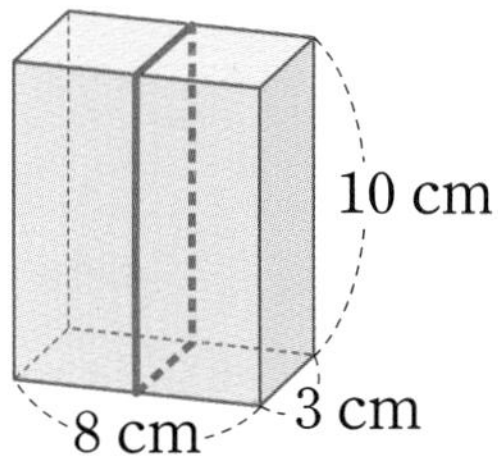

▶ 색 테이프와 평행한 모서리를 찾아봅니다.

풀이

답

단원 평가 Level ❶

1 오른쪽 그림을 보고 □ 안에 알맞게 써넣으세요.

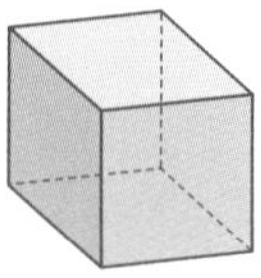

정사각형 □개로 둘러싸인 도형을 □(이)라고 합니다.

2 직육면체에서 색칠한 면과 평행한 면을 찾아 색칠해 보세요.

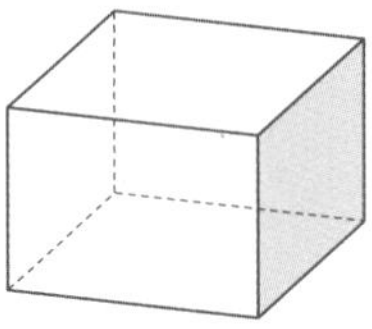

3 직육면체를 모두 고르세요. (　　　　　)

①
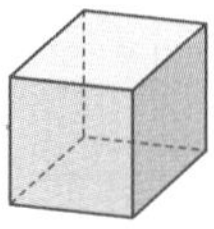

②
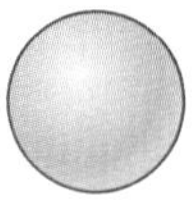

③
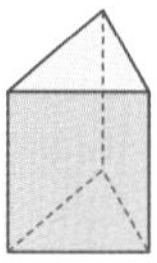

④
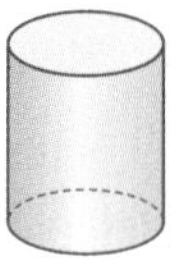

⑤
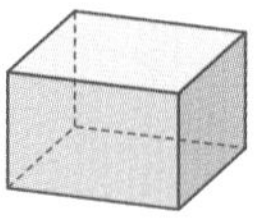

4 그림에서 빠진 부분을 그려 넣어 직육면체의 겨냥도를 완성해 보세요.

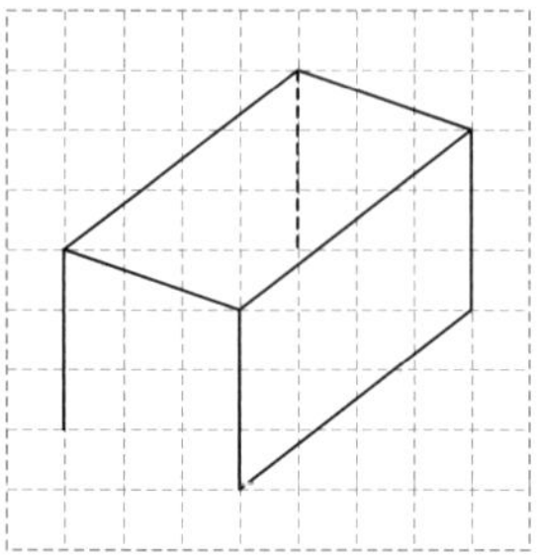

5 □ 안에 알맞은 수를 써넣으세요.

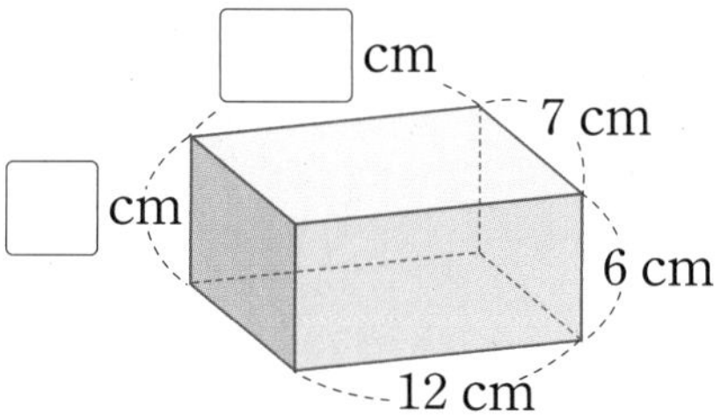

6 면 ㄱㅁㅂㄴ과 면 ㄴㅂㅅㄷ이 이루는 각은 몇 도인지 구해 보세요.

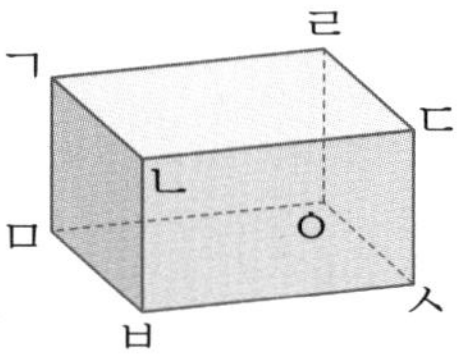

(　　　　　　　　　　)

7 정육면체의 전개도를 접었을 때 면 다와 수직으로 만나지 <u>않는</u> 면을 써 보세요.

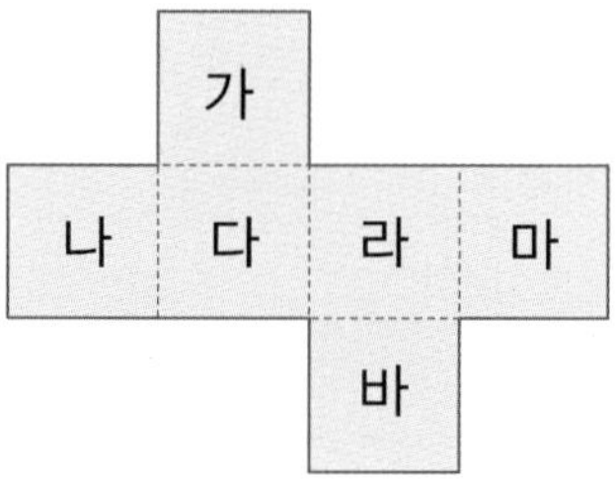

(　　　　　　　　　　)

8 직육면체에서 보이는 모서리의 길이의 합은 몇 cm일까요?

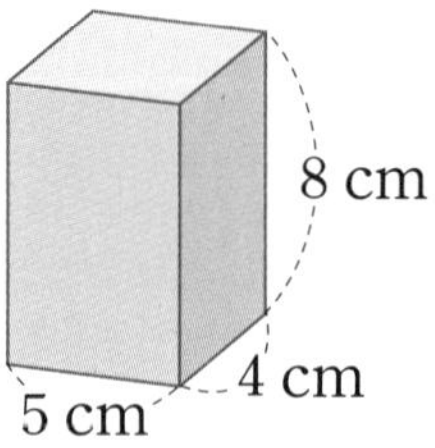

(　　　　　　　　　　)

[9 ~ 10] 직육면체의 전개도를 그린 것입니다. 물음에 답하세요.

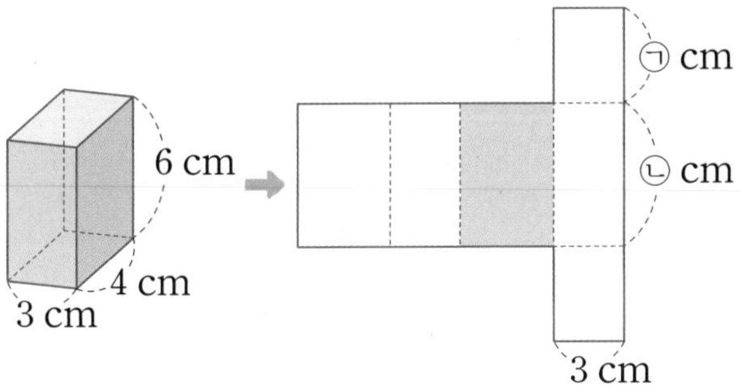

9 오른쪽 전개도를 접었을 때 색칠한 면과 평행한 면에 색칠해 보세요.

10 오른쪽 전개도에서 ㉠, ㉡에 알맞은 수를 각각 구해 보세요.

㉠ (　　　　　　), ㉡ (　　　　　　)

11 오른쪽 직육면체의 겨냥도를 보고 잘못 설명한 것을 찾아 기호를 써 보세요.

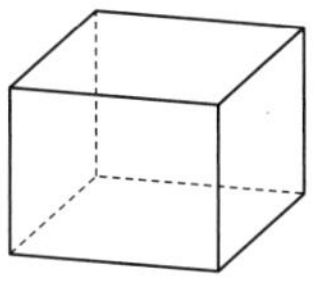

㉠ 보이는 면은 3개입니다.
㉡ 보이지 않는 모서리는 3개입니다.
㉢ 보이지 않는 꼭짓점은 7개입니다.

(　　　　　　)

12 한 모서리의 길이가 5 cm인 정육면체 모양의 상자가 있습니다. 이 상자의 모든 모서리의 길이의 합은 몇 cm인지 구해 보세요.

(　　　　　　)

13 직육면체의 전개도를 접었을 때 선분 ㄱㅎ과 겹치는 선분을 찾아 써 보세요.

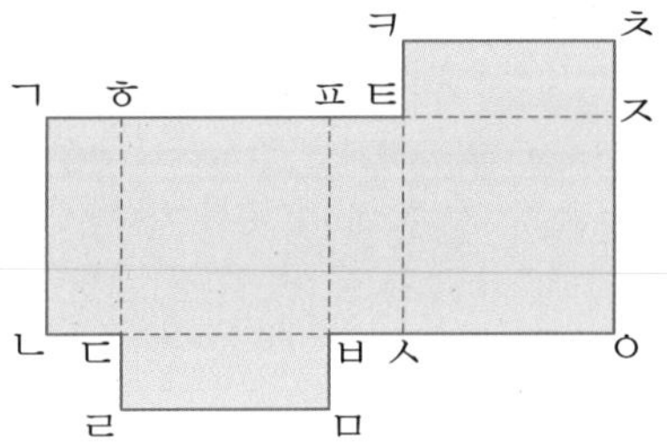

(　　　　　　)

[14 ~ 15] 민주, 예지, 소라는 다음 직육면체 중 서로 다른 직육면체를 가지고 있습니다. 물음에 답하세요.

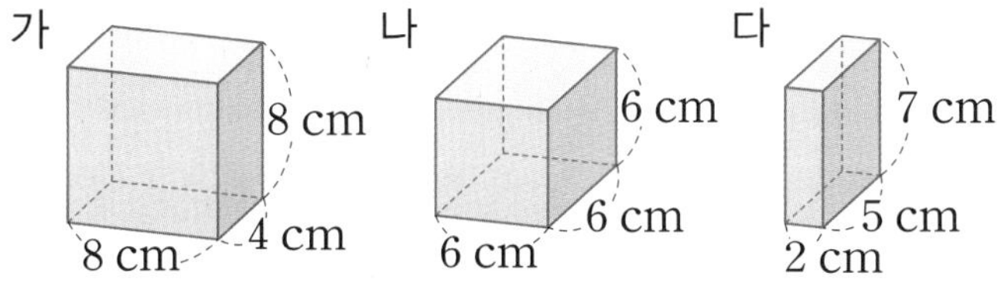

14 민주는 모양과 크기가 같은 면이 2개씩 3쌍인 직육면체를, 예지는 서로 모양과 크기가 같은 면이 4개인 직육면체를 가지고 있습니다. 소라가 가진 직육면체를 찾아 기호를 써 보세요.

(　　　　　　)

15 ㉠과 ㉡은 몇 cm인지 각각 구해 보세요.

㉠ 민주가 가진 직육면체의 모든 모서리의 길이의 합
㉡ 소라가 가진 직육면체의 모든 모서리의 길이의 합

㉠ (　　　　　　), ㉡ (　　　　　　)

16 직육면체의 두 면이 다음과 같을 때 이 직육면체의 모든 모서리의 길이의 합은 몇 cm일까요?

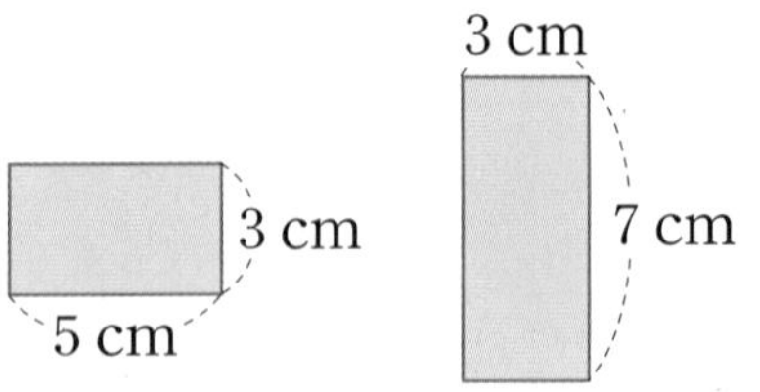

( )

17 주사위의 서로 평행한 두 면의 눈의 수의 합이 7이 되도록 전개도의 빈 곳에 주사위 눈을 알맞게 그려 넣으세요.

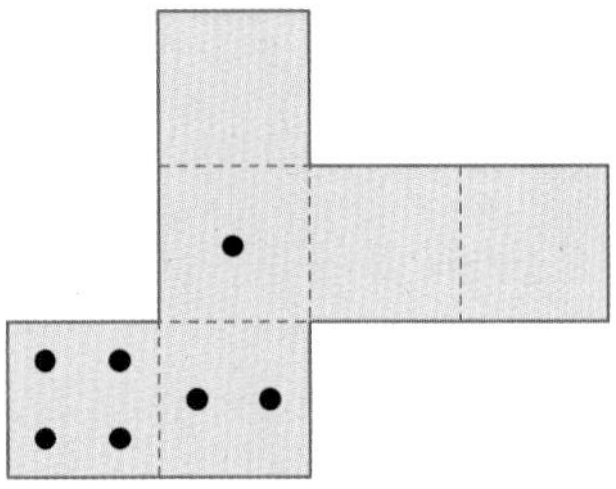

18 오른쪽 전개도는 어느 정육면체의 전개도인지 찾아 기호를 써 보세요.

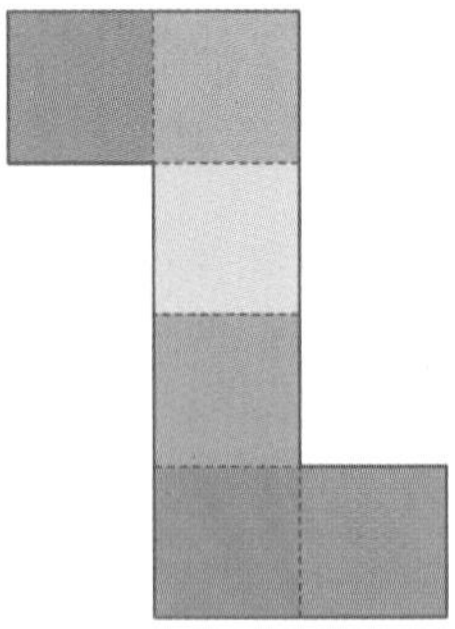

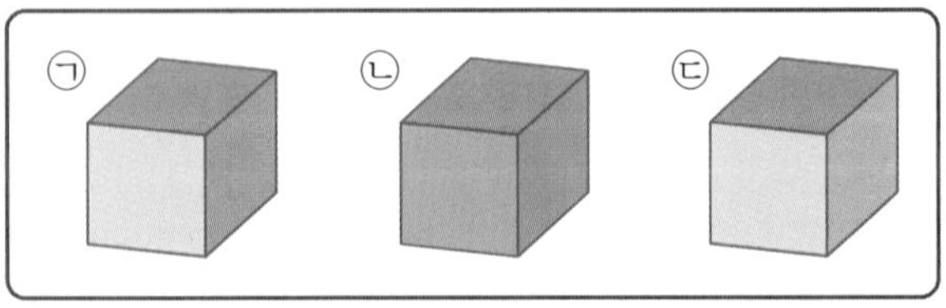

( )

19 다음 전개도가 직육면체의 전개도인지 아닌지 쓰고, 그 이유를 설명하세요.

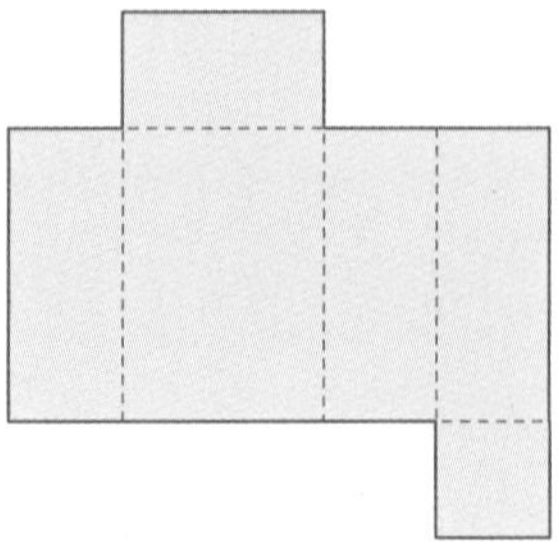

답

이유

20 오른쪽 정육면체에서 보이지 않는 모서리의 길이의 합이 21 cm입니다. 이 정육면체의 한 모서리의 길이는 몇 cm인지 풀이 과정을 쓰고 답을 구해 보세요.

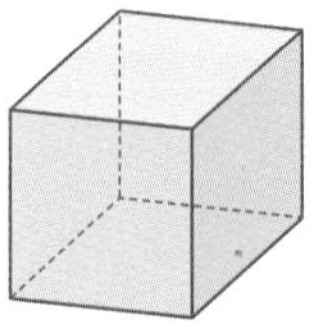

풀이

답

단원 평가 Level 2

점수

확인

1 직육면체에서 길이가 8 cm인 모서리는 모두 몇 개일까요?

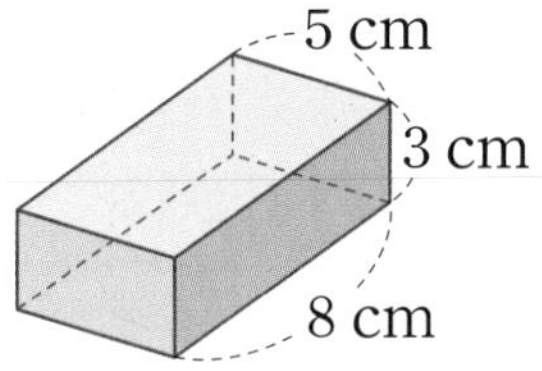

(　　　　　　　　　　)

2 그림에서 빠진 부분을 그려 넣어 직육면체의 겨냥도를 완성해 보세요.

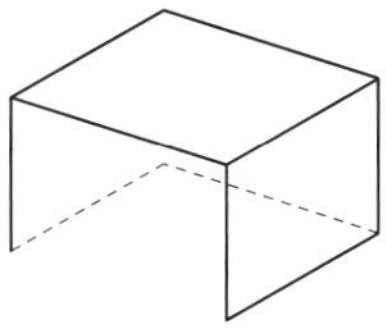

3 직육면체에서 색칠한 면과 평행한 면을 찾아 써 보세요.

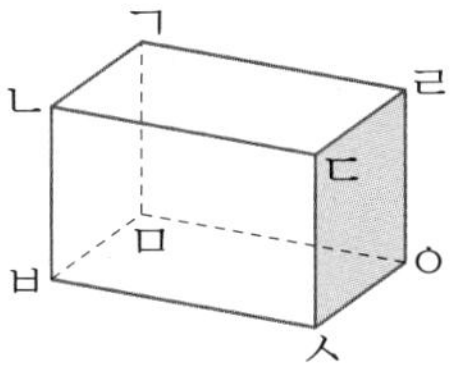

(　　　　　　　　　　)

4 정육면체의 모든 모서리 길이의 합은 몇 cm일까요?

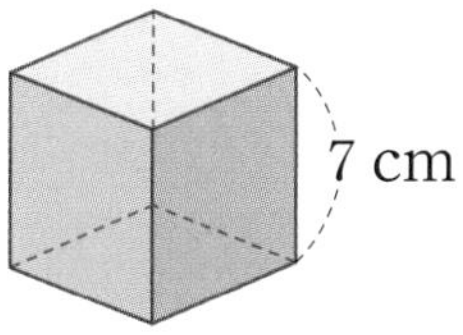

(　　　　　　　　　　)

5 오른쪽 직육면체의 겨냥도에서 보이지 않는 모서리 길이의 합은 몇 cm일까요?

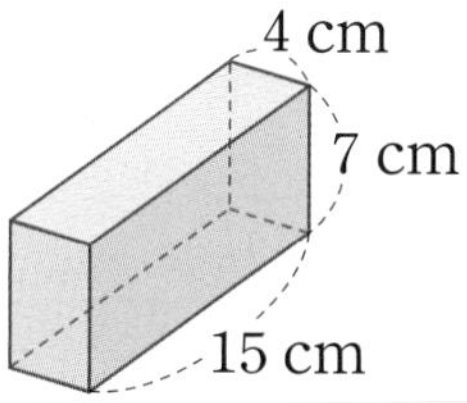

(　　　　　　　　　　)

6 정육면체의 전개도가 아닌 것을 찾아 기호를 써 보세요.

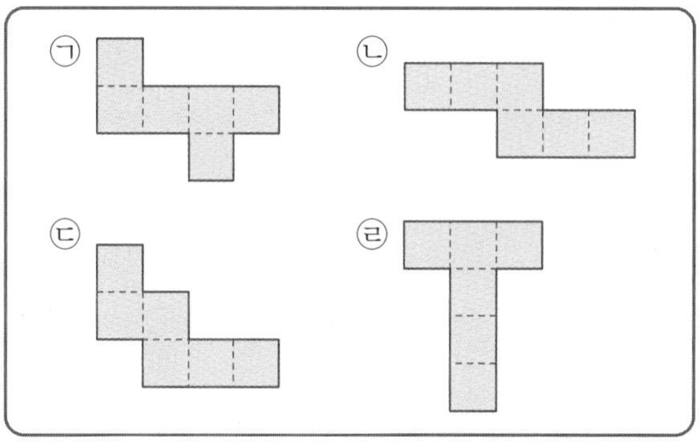

(　　　　　　　　　　)

7 직육면체의 전개도를 접었을 때 선분 ㄹㅁ과 겹치는 선분을 찾아 써 보세요.

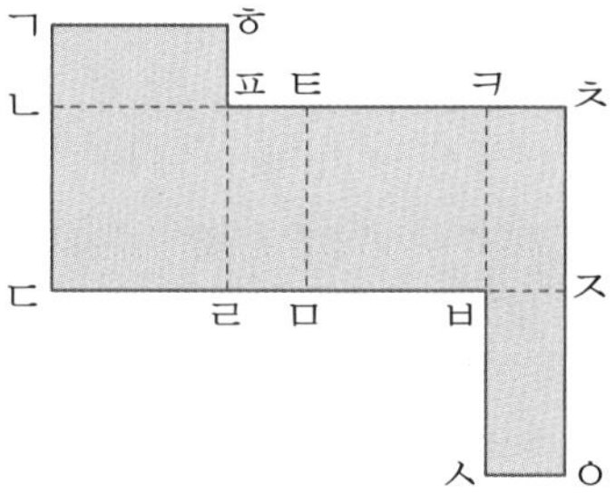

(　　　　　　　　　　)

8 오른쪽 정육면체의 전개도를 접었을 때 면 라와 수직인 면을 모두 찾아 써 보세요.

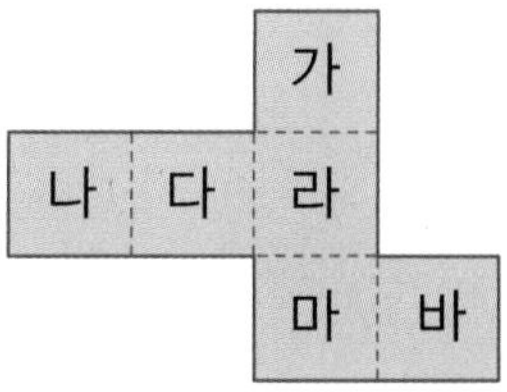

(　　　　　　　　　　)

5

9 직육면체에서 색칠한 면과 평행한 면의 모서리의 길이의 합은 몇 cm일까요?

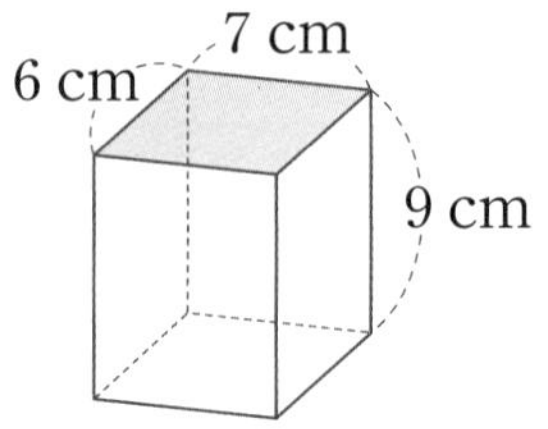

(   )

10 직육면체의 모든 모서리 길이의 합은 52 cm입니다. □ 안에 알맞은 수를 구해 보세요.

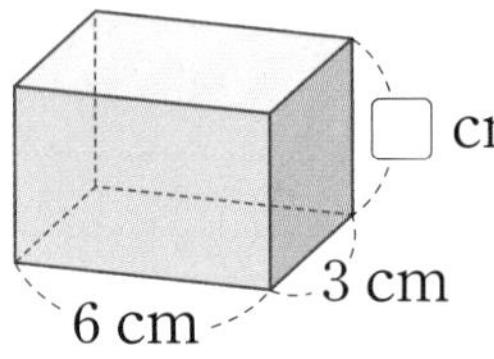

(   )

11 나무 판자를 사용하여 뚜껑이 없는 직육면체 모양의 상자를 만들려고 합니다. 이 상자를 만들기 위해 나무 판자를 준비했습니다. 더 필요한 나무 판자의 모양을 그리고 개수를 써 보세요. (단, 나무 판자의 두께는 생각하지 않습니다.)

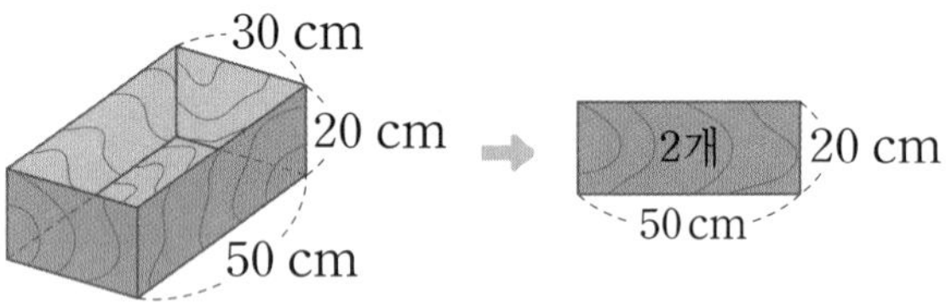

[12 ~14] 전개도를 접어서 직육면체를 만들었습니다. 물음에 답하세요.

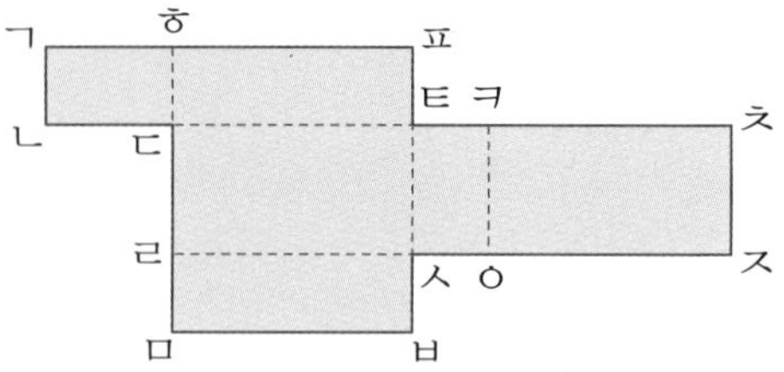

12 점 ㄱ과 만나는 점을 모두 찾아 써 보세요.

(   )

13 면 ㅎㄷㅌㅍ과 평행한 면을 찾아 써 보세요.

(   )

14 면 ㅌㅅㅇㅋ과 수직인 면을 모두 찾아 써 보세요.

(   )

15 민주는 친구들과 게임을 하는데 필요한 주사위를 만들려고 오른쪽과 같은 정육면체의 전개도를 그렸습니다. 민주가 만든 주사위를 찾아 기호를 써 보세요.

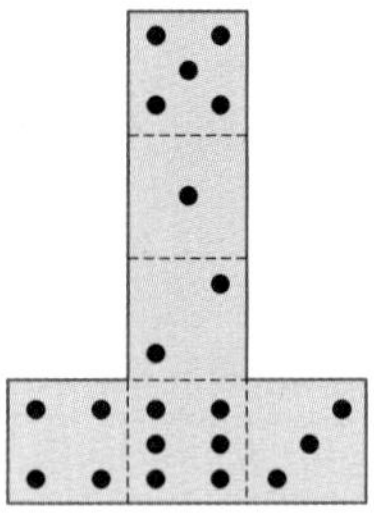

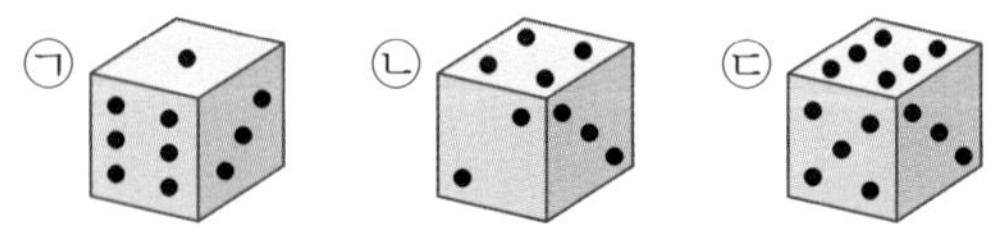

(   )

16 직육면체를 앞과 옆에서 본 모양입니다. 이 직육면체의 모든 모서리 길이의 합은 몇 cm일까요?

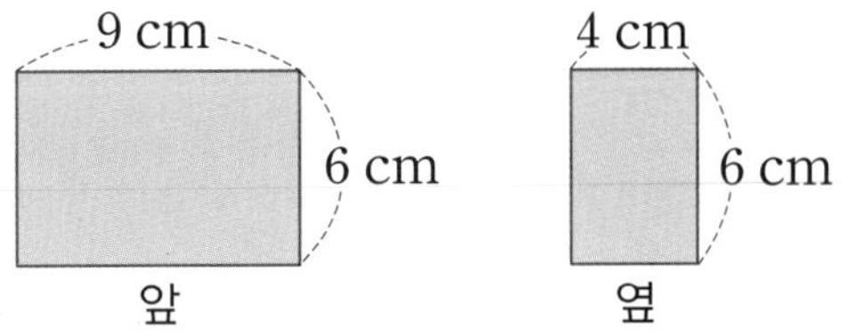

( )

17 직육면체의 면에 선을 그었습니다. 이 직육면체의 전개도가 오른쪽과 같을 때 전개도에 꼭짓점의 기호를 표시하고 나타나는 선을 그려 넣으세요.

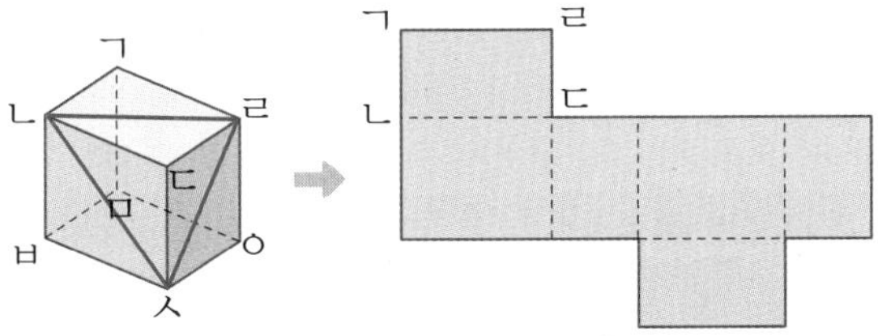

18 각 면에 서로 다른 숫자가 쓰여진 정육면체를 세 방향에서 본 것입니다. 2가 쓰여진 면과 평행한 면에는 어떤 숫자가 쓰여져 있을까요?

(단, 숫자의 방향은 생각하지 않습니다.)

( )

19 직육면체에서 모양과 크기가 같은 면에는 같은 색을, 모양과 크기가 다른 면에는 다른 색을 칠하려고 합니다. 몇 가지 색이 필요한지 풀이 과정을 쓰고 답을 구해 보세요.

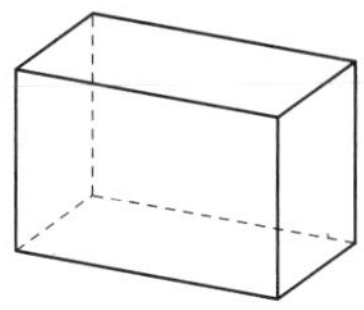

풀이

답

20 주사위는 서로 평행한 면의 눈의 수의 합이 7입니다. 전개도에서 면 가와 면 나의 눈의 수의 합은 얼마인지 풀이 과정을 쓰고 답을 구해 보세요.

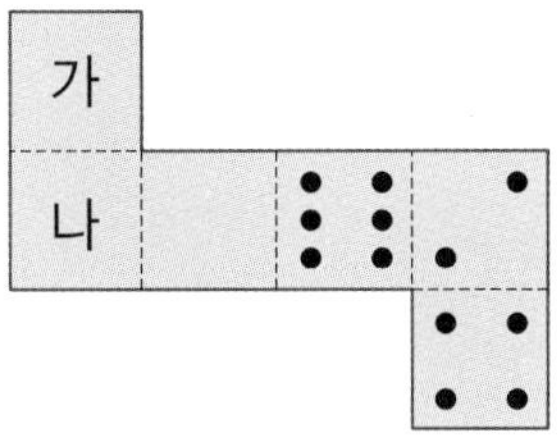

풀이

답

5

서술형 문제

1 재호네 양계장의 닭들이 낳은 달걀 수를 나타낸 표입니다. 하루에 낳은 달걀 수의 평균은 몇 개인지 풀이 과정을 쓰고 답을 구해 보세요.

요일별 낳은 달걀 수

요일	월	화	수	목	금
달걀 수(개)	72	88	63	51	66

풀이 예 낳은 달걀 수는 $72+88+63+51+66=340$(개)이고, 날수는 5일이므로 하루에 낳은 달걀 수의 평균은 $\frac{340}{5}=68$(개)입니다.

답 68개

1+ 수영이네 농장의 오리들이 낳은 오리알 수를 나타낸 표입니다. 하루에 낳은 오리알 수의 평균은 몇 개인지 풀이 과정을 쓰고 답을 구해 보세요.

요일별 낳은 오리알 수

요일	월	화	수	목	금
오리알 수(개)	46	35	48	52	39

풀이

답

2 지현이와 선우의 제기차기 기록을 나타낸 표입니다. 누가 제기차기를 더 잘했다고 볼 수 있는지 풀이 과정을 쓰고 답을 구해 보세요.

제기차기 기록

이름 \ 회	1회	2회	3회	4회
지현	5번	4번	8번	3번
선우	1번	2번	4번	17번

풀이 예 지현이의 기록의 평균은 $\frac{5+4+8+3}{4}=\frac{20}{4}=5$(번)이고, 선우의 기록의 평균은 $\frac{1+2+4+17}{4}=\frac{24}{4}=6$(번)이므로 선우가 더 잘했다고 볼 수 있습니다.

답 선우

2+ 연재와 미선이의 공 던지기 기록을 나타낸 표입니다. 누가 공 던지기를 더 잘했다고 볼 수 있는지 풀이 과정을 쓰고 답을 구해 보세요.

공 던지기 기록

이름 \ 회	1회	2회	3회	4회
연재	24 m	30 m	18 m	24 m
미선	14 m	21 m	36 m	17 m

풀이

답

3 500원짜리 동전 한 개를 한 번 던질 때 숫자 면이 나올 가능성을 찾아 기호를 쓰고 그 이유를 설명하세요.

㉠ 불가능하다 ㉡ ~아닐 것 같다 ㉢ 반반이다
㉣ ~일 것 같다 ㉤ 확실하다

답 ....

이유 ....

....

....

▶ 가능성은 어떠한 상황에서 특정한 일이 일어나길 기대할 수 있는 정도를 말합니다.

4 일이 일어날 가능성이 높은 순서대로 기호를 쓰려고 합니다. 풀이 과정을 쓰고 답을 구해 보세요.

㉠ 100원짜리 동전 한 개를 한 번 던질 때 그림 면이 나올 것입니다.
㉡ 내일 아침에 해가 서쪽에서 뜰 것입니다.
㉢ 검은색 바둑돌 2개가 들어 있는 주머니에서 바둑돌 1개를 꺼낼 때 검은색 바둑돌이 나올 것입니다.

풀이 ....

....

....

답 ....

▶ 각각의 일이 일어날 가능성을 말로 나타내어 봅니다.

5 명수네 모둠 남학생 5명의 몸무게의 평균은 36 kg입니다. 명수네 모둠 남학생 5명의 몸무게의 합은 몇 kg인지 풀이 과정을 쓰고 답을 구해 보세요.

풀이 ....

....

....

답 ....

▶ (평균)
$= \frac{(\text{자료 값을 모두 더한 수})}{(\text{자료의 수})}$
➡ (자료 값을 모두 더한 수)
=(평균)×(자료의 수)
입니다.

6 1부터 6까지의 눈이 있는 주사위를 굴렸을 때 주사위 눈의 수가 7이 나올 가능성을 수로 나타내면 얼마인지 풀이 과정을 쓰고 답을 구해 보세요.

▶ 일이 일어날 가능성을 말로 표현하고, 수로 나타내어 봅니다.

풀이

답

7 지우네 모둠 학생들의 키를 조사하여 나타낸 표입니다. 키의 평균보다 작은 학생은 몇 명인지 풀이 과정을 쓰고 답을 구해 보세요.

▶ 먼저 지우네 모둠 학생들의 키의 평균을 구합니다.

지우네 모둠 학생들의 키

이름	지우	호찬	정민	수진	진호
키(cm)	145	138	140	152	135

풀이

답

8 민유네 모둠 학생들의 멀리뛰기 기록을 조사하여 나타낸 표입니다. 멀리뛰기 기록의 평균이 176 cm라면 정완이의 멀리뛰기 기록은 몇 cm인지 풀이 과정을 쓰고 답을 구해 보세요.

▶ 멀리뛰기 기록의 평균을 이용하여 5명의 멀리뛰기 기록의 합을 구합니다.

민유네 모둠 학생들의 멀리뛰기 기록

이름	민유	정완	재현	효정	다윤
기록(cm)	183		165	174	182

풀이

답

9 주머니에 들어 있는 바둑돌 10개 중 검은 바둑돌은 5개입니다. 이 주머니에서 바둑돌 한 개를 꺼낼 때 꺼낸 바둑돌이 검은 바둑돌일 가능성을 수로 나타내면 얼마인지 풀이 과정을 쓰고 답을 구해 보세요.

▶ 일이 일어날 가능성을 말로 표현하고, 수로 나타내어 봅니다.

풀이

답

10 경석이의 중간고사 점수를 나타낸 표입니다. 중간고사 점수의 평균이 90점 이상이려면 국어 점수는 적어도 몇 점이어야 하는지 풀이 과정을 쓰고 답을 구해 보세요.

▶ 중간고사 점수의 평균을 이용하여 네 과목의 총점을 구합니다.

중간고사 점수

과목	국어	수학	사회	과학
점수(점)		86	84	92

풀이

답

11 현선이의 과목별 시험 점수를 나타낸 표입니다. 현선이의 시험 점수의 평균을 두 가지 방법으로 구해 보세요.

▶ 평균 점수를 예상하여 고르게 하는 방법과 점수를 모두 더한 수를 과목의 수로 나누는 방법이 있습니다.

과목별 시험 점수

과목	국어	수학	영어	과학
점수(점)	85	90	99	94

방법 1

방법 2

단원 평가 Level 1

점수

확인

[1~4] 현지네 반 친구들이 받은 칭찬 도장 수를 나타낸 표입니다. 물음에 답하세요.

칭찬 도장 수

이름	현지	태희	연정	형준
도장 수(개)	5	4	1	2

1 현지네 반 친구들이 받은 칭찬 도장 수만큼 ○표를 그려 나타냈습니다. 예상한 평균을 기준으로 ○표를 옮겨 칭찬 도장 수를 고르게 나타내어 보세요.

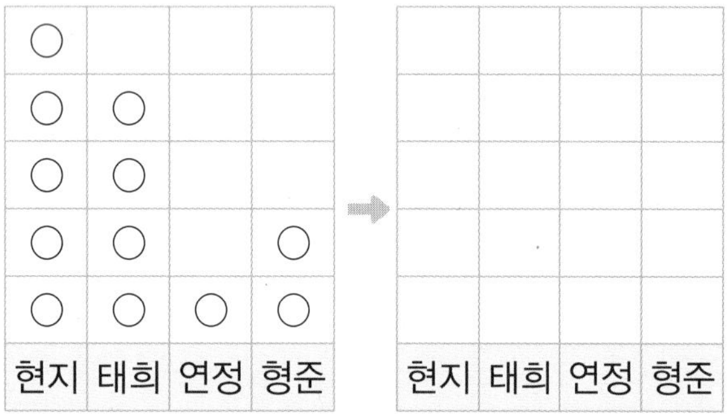

2 **1**에서 나타낸 것을 보고 칭찬 도장 수의 평균은 몇 개인지 구해 보세요.

(　　　　　　　　)

3 한 명당 받은 칭찬 도장 수를 정하는 올바른 방법에 ○표 하세요.

각 친구의 칭찬 도장 수 5, 4, 1, 2 중 가장 큰 수인 5로 정합니다.	
각 친구의 칭찬 도장 수 5, 4, 1, 2를 고르게 하면 3, 3, 3, 3이 되므로 3으로 정합니다.	

4 칭찬 도장 수의 평균을 (도장 수를 모두 더한 수) ÷(사람 수)를 이용하여 구해 보세요.

$$\frac{5+4+\square+\square}{\square}=\frac{\square}{\square}=\square\text{(개)}$$

5 1부터 6까지의 눈이 있는 주사위를 굴렸을 때 주사위 눈의 수가 0이 나올 가능성에 대해 알맞은 말에 ○표 하세요.

불가능하다	~일 것 같다	확실하다
(　　)	(　　)	(　　)

6 회전판을 돌릴 때 화살이 빨간색에 멈출 가능성을 수직선에 ↓로 나타내어 보세요.

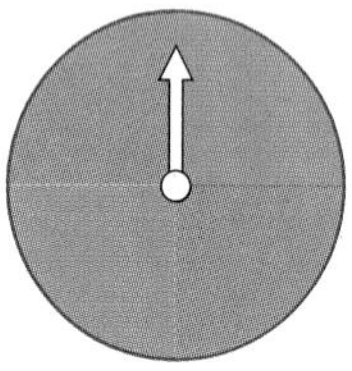

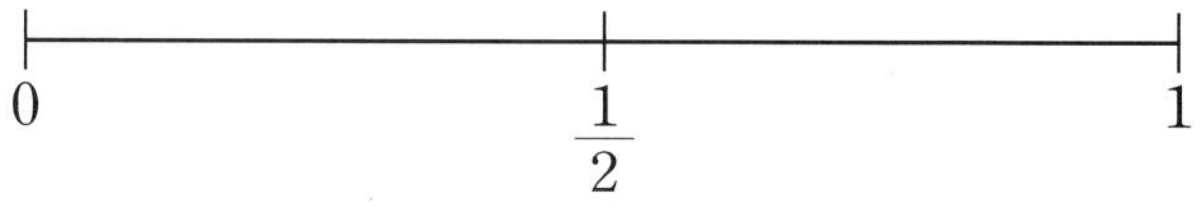

[7~8] 연주의 타자 속도를 매주 기록한 표입니다. 물음에 답하세요.

타자 기록

주	첫째	둘째	셋째	넷째
기록(타)	120	110	120	110

7 연주의 넷째 주까지의 타자 기록의 평균은 몇 타인지 구해 보세요.

(　　　　　　　　)

8 연주의 다섯째 주까지의 타자 기록의 평균이 넷째 주까지의 타자 기록의 평균보다 높으려면 다섯째 주의 타자는 몇 타를 쳐야 하는지 예상해 보세요.

[9～11] 친구들이 말한 일이 일어날 가능성입니다. 물음에 답하세요.

시우: 올해 5학년이므로 내년에는 4학년이 될 것입니다.
가현: 11월이 지나면 12월이 올 것입니다.
준기: 오늘 날씨가 춥기 때문에 내일은 눈이 올 것입니다.

9 일이 일어날 가능성이 '확실하다'인 경우를 말한 친구의 이름을 써 보세요.

( )

10 일이 일어날 가능성이 '불가능하다'인 경우를 말한 친구의 이름을 써 보세요.

( )

11 **10**과 같은 상황에서 일이 일어날 가능성이 '확실하다'가 되도록 말을 바꾸어 보세요.

말 ....

12 다음 카드 중에서 한 장을 뽑을 때 ◆의 카드를 뽑을 가능성을 수로 표현해 보세요.

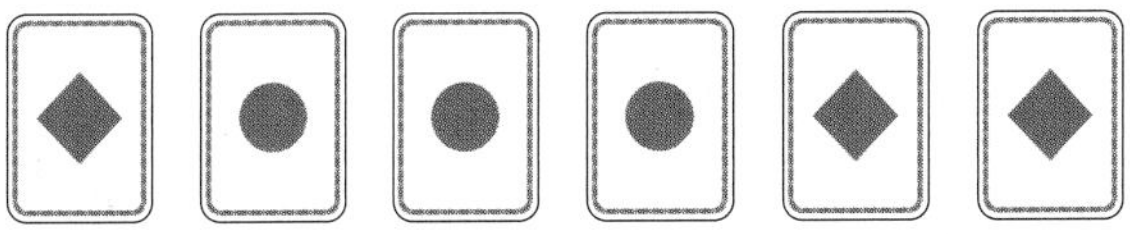

( )

[13～15] 경민이네 모둠과 진수네 모둠 학생들이 하루 동안 운동을 한 시간을 나타낸 표입니다. 두 모둠의 하루 운동 시간의 평균이 같을 때 물음에 답하세요.

경민이네 모둠의 하루 운동 시간

이름	경민	은정	윤호	진주	효천
시간(시간)	1.5	2	1	0.5	2

진수네 모둠의 하루 운동 시간

이름	진수	현미	지희	선화
시간(시간)	1	0.8	1.4	

13 경민이네 모둠 학생들의 하루 운동 시간의 평균은 몇 시간일까요?

( )

14 진수네 모둠 학생들 4명의 하루 운동 시간의 총합은 모두 몇 시간일까요?

( )

15 선화가 하루 동안 운동을 한 시간은 몇 시간일까요?

( )

6

16 영지네 학교 5학년 학생들은 책 220권을 모으려고 합니다. ㉠, ㉡, ㉢에 알맞은 수를 각각 구해 보세요.

학급별 학생 수

학급(반)	1	2	3	4	5
학생 수(명)	20	24	23	22	21

한 학급당 책을 평균 ㉠권씩 모아야 하고, 한 학급당 학생이 평균 ㉡명씩 있으므로 한 명당 책을 평균 ㉢권씩 모아야 합니다.

㉠ (　　　), ㉡ (　　　), ㉢ (　　　)

17 조건 에 알맞은 회전판이 되도록 오른쪽 회전판에 색칠해 보세요.

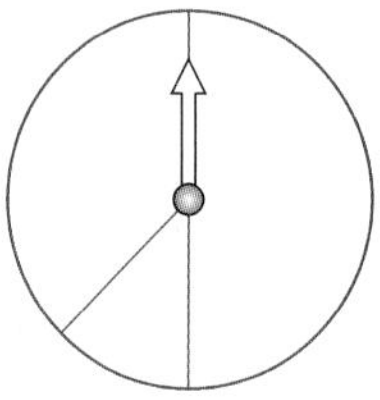

조건
- 화살이 노란색에 멈출 가능성이 가장 높습니다.
- 화살이 빨간색에 멈출 가능성은 파란색에 멈출 가능성의 3배입니다.

18 율동 동아리 회원의 나이를 나타낸 표입니다. 새로운 회원 한 명이 더 들어와서 나이의 평균이 한 살 늘어났다면 새로운 회원의 나이는 몇 살일까요?

율동 동아리 회원의 나이

이름	주희	지은	혁재	기훈
나이(살)	17	15	16	12

(　　　　　)

19 정수네 모둠 학생들의 윗몸 말아 올리기 기록을 나타낸 표입니다. 훈재는 모둠에서 평균보다 많이 한 편인지, 적게 한 편인지 풀이 과정을 쓰고 답을 구해 보세요.

정수네 모둠의 윗몸 말아 올리기 기록

이름	정수	나연	지효	훈재
횟수(회)	18	23	15	16

풀이

답

20 4장의 수 카드 2, 4, 6, 8 중에서 한 장을 뽑을 때 일이 일어날 가능성이 가장 높은 것을 찾아 기호를 쓰려고 합니다. 풀이 과정을 쓰고 답을 구해 보세요.

㉠ 뽑은 카드의 수가 4의 배수일 가능성
㉡ 뽑은 카드의 수가 홀수일 가능성
㉢ 뽑은 카드의 수가 짝수일 가능성

풀이

답

단원 평가 Level ❷

점수

확인

1 1부터 4까지 쓰여진 4장의 카드가 있습니다. 카드를 1장 뽑을 때, 4 이하인 수가 나올 가능성을 말로 표현해 보세요.

( )

2 민아의 5일 동안의 독서량을 나타낸 표입니다. 하루 평균 몇 쪽을 읽었을까요?

5일 동안의 독서량

요일	월	화	수	목	금
독서량(쪽)	55	43	30	34	23

( )

3 주머니 속에 흰색 바둑돌이 5개 있습니다. 그 중에서 바둑돌을 1개 꺼낼 때, 꺼낸 바둑돌이 검은색일 가능성을 수로 표현해 보세요.

( )

4 오른쪽 그림과 같은 과녁에 화살을 쏘아 맞혔을 때, 파란색을 맞힐 가능성을 수로 표현해 보세요.

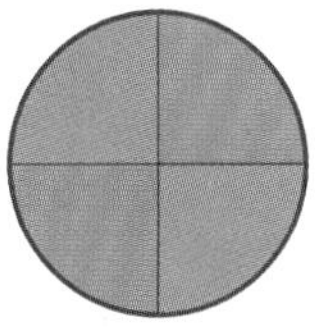

( )

5 수들의 평균을 구해 보세요.

39 48 46 30 32

( )

6 두 가게의 4개월 동안의 인형 판매량을 나타낸 표입니다. 가와 나 가게 중 어느 가게의 월별 평균 인형 판매량이 더 많은지 구해 보세요.

월별 인형 판매량 (단위: 개)

월	3	4	5	6
가 가게	198	204	193	209
나 가게	206	200	196	190

( )

[7~8] 가 모둠과 나 모둠 학생들이 가지고 있는 붙임딱지 수를 나타낸 표입니다. 물음에 답하세요.

가 모둠의 붙임딱지 수

이름	종석	선우	소율
붙임딱지 수(개)	9	7	8

나 모둠의 붙임딱지 수

이름	미주	준헌	동석	창희
붙임딱지 수(개)	16	18	14	12

7 가 모둠 학생들의 평균 붙임딱지는 몇 개일까요?

( )

8 가와 나 모둠 학생들의 평균 붙임딱지는 몇 개일까요?

( )

9 어느 자전거 공장에서 하루에 평균 480대의 자전거를 만든다고 합니다. 일주일 동안에는 모두 몇 대의 자전거를 만들 수 있을까요?

( )

10 정우와 소라의 1분간 타자 속도를 나타낸 표입니다. 누구의 평균 타자 속도가 더 빠를까요?

정우의 타자 속도

회	타자 속도(타)
1회	186
2회	188
3회	182
4회	204

소라의 타자 속도

회	타자 속도(타)
1회	184
2회	204
3회	190
4회	186

( )

11 빈우의 멀리뛰기 기록을 나타낸 표입니다. 4회까지 멀리뛰기 평균 기록이 115 cm라면 4회 기록은 몇 cm일까요?

멀리뛰기 기록

회	1회	2회	3회	4회
기록(cm)	118	112	116	

( )

12 버스는 5시간 동안 435 km를 달렸고 트럭은 4시간 동안 340 km를 달렸습니다. 버스와 트럭 중에서 어느 것이 더 빨리 달린 셈인지 구해 보세요.

( )

13 가능성이 높은 것부터 차례로 기호를 써 보세요.

㉠ 동전을 던져 숫자 면이 나올 가능성
㉡ 주사위를 던져 8이 나올 가능성
㉢ 검은색 공 4개가 들어 있는 주머니에서 공 1개를 꺼낼 때, 검은색 공을 꺼낼 가능성

( )

14 시후네 모둠 학생들이 읽은 책의 수를 나타낸 표입니다. 읽은 책의 수가 평균보다 많은 학생은 모두 몇 명일까요?

읽은 책의 수

이름	시후	동원	미라	소원
책의 수(권)	13	17	18	20

( )

15 흰색 공 몇 개와 검은색 공 6개가 들어 있는 주머니에서 흰색 공을 꺼낼 가능성을 수로 표현하면 $\frac{1}{2}$입니다. 흰색 공은 몇 개일까요?

( )

16 조건에 알맞은 회전판이 되도록 색칠해 보세요.

조건
- 화살이 노란색에 멈출 가능성이 가장 높습니다.
- 화살이 파란색에 멈출 가능성은 빨간색에 멈출 가능성의 2배입니다.

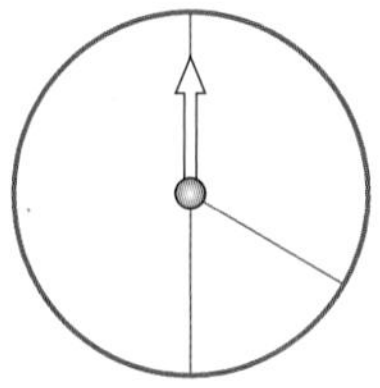

17 민재의 9월말 평가의 과목별 점수입니다. 10월말 평가에서 한 과목 점수만 올려서 평균 3점을 올리려고 한다면 어떤 과목의 점수를 몇 점 올려야 할까요? (단, 만점은 100점입니다.)

9월말 평가 점수

과목	국어	수학	사회	과학
점수(점)	89	87	94	90

(　　　　　　), (　　　　　　)

18 가람이네 모둠 학생들의 몸무게를 조사하여 나타낸 표입니다. 평균 몸무게는 42 kg이고, 해교의 몸무게가 수찬이의 몸무게보다 3 kg 더 무겁다면 수찬이의 몸무게는 몇 kg일까요?

가람이네 모둠 학생들의 몸무게

이름	가람	해교	소윤	수찬	경규
몸무게(kg)	43		44		46

(　　　　　　)

19 일이 일어날 가능성이 더 낮은 것의 기호를 쓰려고 합니다. 풀이 과정을 쓰고 답을 구해 보세요.

㉠ 은행에서 뽑은 번호표의 번호는 홀수일 것입니다.
㉡ 오늘이 12월 5일이면 일주일 후는 12월 12일일 것입니다.

풀이

답

20 두 모둠 학생들의 평균 키를 나타낸 표입니다. 두 모둠의 전체 학생들의 평균 키는 몇 cm인지 풀이 과정을 쓰고 답을 구해 보세요.

학생들의 평균 키

해 모둠 13명	142.4 cm
달 모둠 12명	137.4 cm

풀이

답

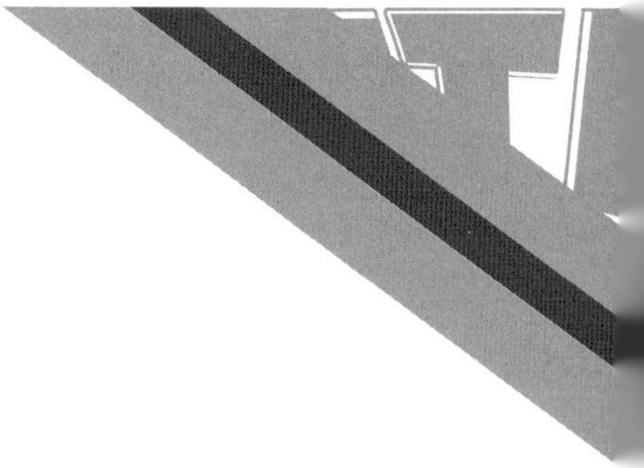

한걸음 한걸음 디딤돌을 걷다 보면
수학이 완성됩니다.

- **개념 다지기**
  원리, 기본

- **문제해결력 강화**
  문제유형, 응용

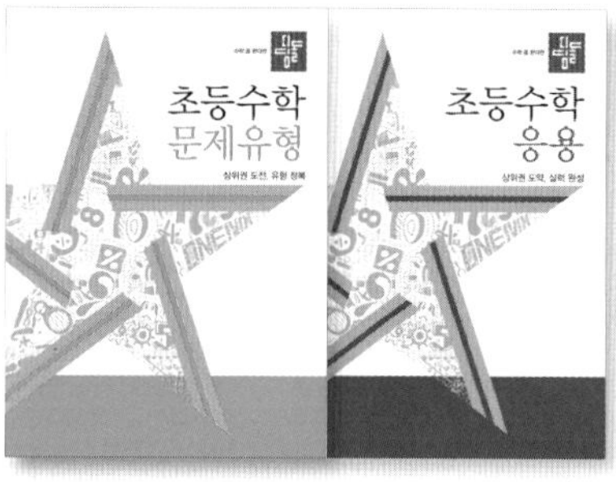

- **심화 완성**
  최상위 수학S, 최상위 수학

- **연산 개념 다지기**
  디딤돌 연산

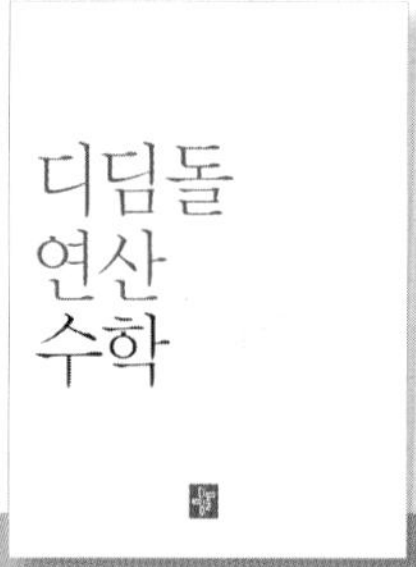

- **개념+문제해결력 강화를 동시에**
  기본+유형, 기본+응용

- **상위권의 힘, 사고력 강화**
  최상위 사고력

개념 이해 → **개념 응용** → **개념 확장**

학습 능력과 목표에 따라
맞춤형이 가능한 디딤돌 초등 수학

수능까지 연결되는 독해 로드맵

디딤돌 독해력은 수능까지 연결되는 체계적인 라인업을 통하여
수능에서 요구하는 핵심 독해 원리에 대한 이해는 물론,
단계 별로 심화되며 연결되는 학습의 과정을 통해
깊이 있고 종합적인 독해 사고의 능력까지 기를 수 있도록 도와줍니다.

독해력 공부를 처음 시작한다면, 기초를 튼튼히!

디딤돌 독해력 초등국어 1~6

- 초등 국어 교과서의 학년별 성취 기준을 바탕으로 독해 목표 설정
- 문학+비문학 제재로 구성, 차근차근 심화되는 독해 원리 학습

1~4학년군 1, 2, 3, 4

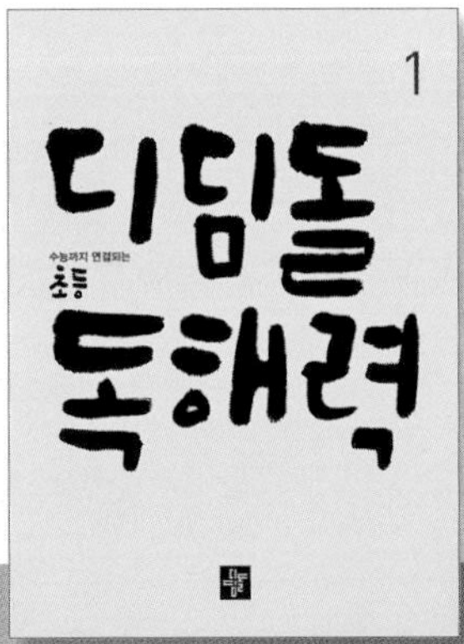

5~6학년군 5, 6

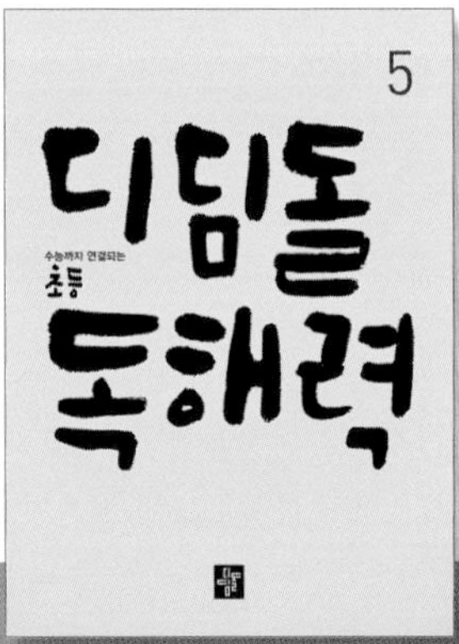

기초를 다진 후에는 본격 실전 독해 훈련으로!

디딤돌 독해력 고학년 Ⅰ~Ⅳ

- 수능 국어 독서 영역을 기준으로 주제별, 수준별 구성
- 초등 고학년이 감당할 수 있는 중등 수준의 지문을 4단계로 세분화

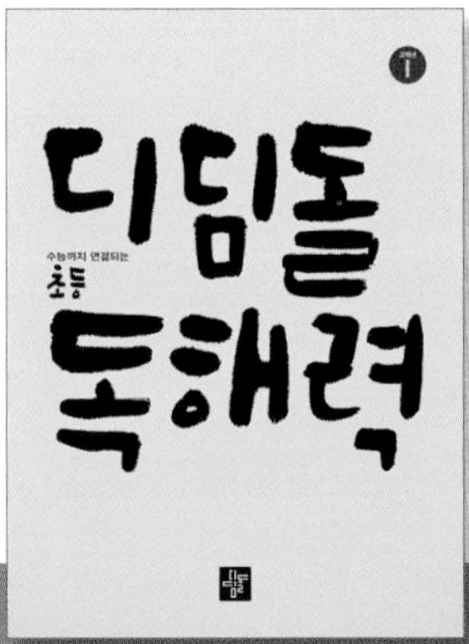

기초 기본 실력

초등 초등 고학년

기본+응용 | 정답과 풀이

5-2

수학 좀 한다면

디딤돌

정답과 풀이

1 수의 범위와 어림하기

수의 범위는 수를 몇 개의 범위로 구분하여 나눌 때 사용하고, 어림하기는 정확한 값이 아니지만 대략적이면서도 합리적인 값을 산출할 때 이용합니다. 특히 올림, 버림, 반올림은 일상생활에서 정확한 값을 구하기보다는 대략적인 값만으로도 충분한 상황에 유용합니다. 이에 이 단원은 학생들에게 친숙한 일상생활의 여러 상황을 통해서 수의 범위를 나누어 보고 여러 가지 어림을 해 보는 활동으로 구성하였습니다. 수의 범위에서는 경곗값이 포함되는지를 구분하여 지도하는 것이 중요합니다. 또 어림하기는 중학교 과정의 근삿값과 관련되므로 정확한 개념의 이해에 초점을 두어 지도하고, 기계적으로 올림, 버림, 반올림을 하기보다 그 의미를 알고 실생활에 활용하는 데 초점을 두어야 합니다.

교과서 개념 이해 1 이상과 이하를 알아볼까요 8~9쪽

! • 이상에 ○표 / 이하에 ○표

1 (1) 65, 40, 57 (2) 4 (3) 20, 13, 26 (4) 4

2 (1) 이상 (2) 이하 (3) 이하

3 (1) 승희 (2) 3명 (3) 140 cm, 143 cm, 145 cm

4 (1) 24, 25, 26, 27, 28, 29, 30
(2) 25, 24, 23, 22, 21

5 4개

6 (1) 

(2) 

7 7.6 이하인 수 **8** 2명

2 (1) 12와 같거나 큰 수이므로 12 이상인 수입니다.
(2) 37과 같거나 작은 수이므로 37 이하인 수입니다.
(3) 79와 같거나 작은 수이므로 79 이하인 수입니다.

3 (1) 키가 140 cm인 학생은 승희입니다.
(2) 세윤(140 cm)이와 키가 같거나 큰 학생은 우영(143 cm), 예은(145 cm), 승희(140 cm)로 모두 3명입니다.
(3) 키가 140 cm 이상인 학생은 세윤(140 cm), 우영(143 cm), 예은(145 cm), 승희(140 cm)입니다.
➡ 140 cm, 143 cm, 145 cm

4 (1) 24 이상인 수는 24와 같거나 큰 수입니다.
(2) 25 이하인 수는 25와 같거나 작은 수입니다.

5 38 이하인 수는 38과 같거나 작은 수이므로 38, 29.5, 16, 30으로 모두 4개입니다.

6 (1) 25를 점 ●으로 나타내고 오른쪽으로 선을 긋습니다.
(2) 67을 점 ●으로 나타내고 왼쪽으로 선을 긋습니다.

7 7.6을 점 ●으로 나타내고 왼쪽으로 선을 그었으므로 7.6 이하인 수입니다.

8 수학 점수가 85점과 같거나 높고 90점과 같거나 낮은 학생은 나리(90점), 현재(88점)로 모두 2명입니다.

교과서 개념 이해 2 초과와 미만을 알아볼까요 10~11쪽

! • 초과에 ○표 / 미만에 ○표

1 (1) 81, 93, 86, 79 (2) 4 (3) 49, 36, 15 (4) 3

2 (1) 34, 35 (2) 42, 41 **3** 초과

4 (1) 서울, 대구, 인천 (2) 부산, 서귀포

5 (1) 5개 (2) 4개

6 80, 62에 ○표 / 42, 32에 △표

7 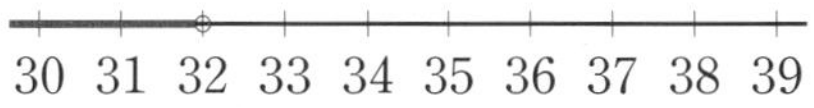

8 (1) ○ (2) × **9** ㉢, ㉣ **10** 2명

2 (1) 31 초과인 수는 31보다 큰 수입니다.
(2) 45 미만인 수는 45보다 작은 수입니다.

3 43보다 오른쪽의 수이므로 43 초과인 수입니다.

4 (1) 기온이 21 ℃보다 낮은 도시는 서울(17 ℃), 대구(20.3 ℃), 인천(18 ℃)입니다.
(2) 기온이 21 ℃보다 높은 도시는 부산(22.6 ℃), 서귀포(23 ℃)입니다.

5 (1) 33 초과인 수는 33보다 큰 수이므로 34, 35, 36, 37, 38로 모두 5개입니다.
(2) 33 미만인 수는 33보다 작은 수이므로 32, 31, 30, 29로 모두 4개입니다.

6 57 초과인 수는 57보다 큰 수이므로 80, 62이고 50 미만인 수는 50보다 작은 수이므로 42, 32입니다.

7 32를 점 ○으로 나타내고 왼쪽으로 선을 긋습니다.

8 (1) 30 초과인 수는 30보다 큰 수입니다.
(2) 0.5 미만인 수는 0.5보다 작은 수입니다.

9 투표를 할 수 있는 나이 ➡ 만 18세 이상
만 18세 이상은 만 18세와 같거나 많은 나이입니다.

10 줄넘기 기록이 120회보다 많은 학생은 기현(145회), 승연(121회)으로 모두 2명입니다.

교과서 개념 이해 3 수의 범위를 활용하여 문제를 해결해 볼까요 12~13쪽

1 (1) 이상, 이하 (2) 초과, 이하 (3) 이상, 미만

2 (1) 다 (2) 가 (3) 나 (4) 나 (5) 다

3 7, 10, 13에 ○표

4 (1) 재민, 태수
(2) 라이트헤비급 / 53 kg 초과 56 kg 이하
(3) 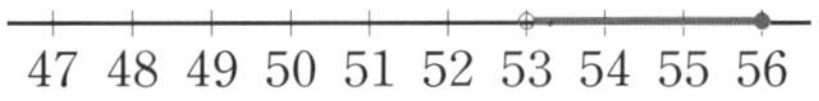

5 (1) 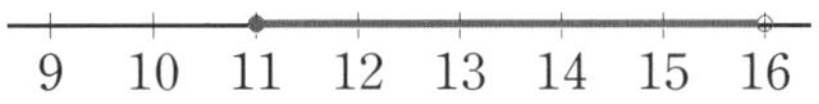

(2) 

6 22 **7** 다 **8** ㉠, ㉣

1 (1) 23과 같거나 크고 27과 같거나 작은 수입니다.
(2) 6보다 크고 9와 같거나 작은 수입니다.
(3) 42와 같거나 크고 46보다 작은 수입니다.

2 가: 21 초과 24 미만인 수입니다.
나: 21 이상 24 미만인 수입니다.
다: 21 초과 24 이하인 수입니다.

3 6보다 크고 15보다 작은 수에 모두 ○표 합니다.

4 (1) 미들급은 50 kg 초과 53 kg 이하이므로 여기에 속한 학생은 재민(51.6 kg), 태수(50.3 kg)입니다.
(2) 현수는 53.1 kg이므로 53 kg 초과 56 kg 이하인 라이트헤비급에 속합니다.
(3) 53을 점 ○으로, 56을 점 ●으로 나타낸 다음 두 점 사이를 선으로 긋습니다.

5 (1) 11을 점 ●으로, 16을 점 ○으로 나타낸 다음 두 점 사이를 선으로 긋습니다.
(2) 15를 점 ○으로, 20을 점 ○으로 나타낸 다음 두 점 사이를 선으로 긋습니다.

6 22 초과 26 이하이므로 22는 범위에 속하지 않습니다.

7 승객 수가 24명부터 47명까지이어야 하므로 48명인 다 버스는 출발할 수 없습니다.

8 ㉠은 57과 같거나 크고 60보다 작은 수의 범위이므로 57을 포함합니다.
㉡은 50보다 크고 57보다 작은 수의 범위이므로 57을 포함하지 않습니다.
㉢은 57보다 크고 60과 같거나 작은 수의 범위이므로 57을 포함하지 않습니다.
㉣은 50과 같거나 크고 57과 같거나 작은 수의 범위이므로 57을 포함합니다.
참고 | 57 이상인 수와 57 이하인 수는 57을 포함합니다.

교과서 개념 이해 4 올림을 알아볼까요 14~15쪽

● 십에 ○표 / 백에 ○표

1 (1) 7, 0 (2) 3, 0 **2** (1) 9, 0, 0 (2) 6, 0, 0

3 (1) 250 (2) 250 (3) 300 (4) 300

4 (1) 360에 ○표 (2) 1730에 ○표

5 (1) 2000 (2) 51000

6

수	십의 자리까지	백의 자리까지
209	210	300
5376	5380	5400

7 연우 **8** (1) 0.9 (2) 3.06

9 206 **10** ㉡

11 2, 1

1 일의 자리 숫자는 0이 되고 십의 자리 숫자는 1 커집니다.

2 백의 자리 아래 수는 모두 0이 되고 백의 자리 숫자는 1 커집니다.

3 (1) 연필을 10자루씩 묶음으로 사면 240명하고 나머지 1명에게도 나누어 주어야 하므로 적어도 250자루를 사야 합니다.

(3) 연필을 100자루씩 묶음으로 사면 200명하고 나머지 41명에게도 나누어 주어야 하므로 적어도 300자루를 사야 합니다.

4 (1) 십의 자리 아래 수인 4를 10으로 보고 올림하면 360이 됩니다.
(2) 십의 자리 아래 수인 6을 10으로 보고 올림하면 1730이 됩니다.

5 (1) 1456 ➡ 2000 (1000)
(2) 50764 ➡ 51000 (1000)

6 209 ➡ 210 (10)　　209 ➡ 300 (100)
5376 ➡ 5380 (10)　　5376 ➡ 5400 (100)

7 • 호진: 7852 ➡ 8000 (1000)
• 연우: 5037 ➡ 6000 (1000)
• 근영: 1789 ➡ 2000 (1000)
따라서 잘못 나타낸 사람은 연우입니다.

8 (1) 0.807 ➡ 0.9 (0.1)　(2) 3.058 ➡ 3.06 (0.01)

9 십의 자리 아래 수를 올림하여 각각 나타내면
246 ➡ 250, 260 ➡ 260, 206 ➡ 210, 289 ➡ 290
입니다.

10 백의 자리 아래 수가 00이 아닐 경우 ■■를 100으로 보고 올림해야 합니다. 따라서 175■■를 올림하여 백의 자리까지 나타내면 17600이 됩니다.

11 올림하여 백의 자리까지 나타내면 2200이 된다고 하였으므로 올림하기 전의 수는 21■■입니다.

교과서 개념 이해 5 버림을 알아볼까요 16~17쪽

! • 십에 ○표 / 백에 ○표

1 (1) 9, 0　(2) 1, 0　　**2** (1) 3, 0, 0　(2) 4, 0, 0

3 (1) 35000　(2) 35000　(3) 30000　(4) 30000

4 (1) 490에 ○표　(2) 6270에 ○표

5 (1) 2000　(2) 65000

6

수	십의 자리까지	백의 자리까지
329	320	300
1259	1250	1200

7 (1) 1　(2) 2.5　　**8** (1) ×　(2) ○

9 5 cm　　**10** 311

11 3199

1 일의 자리 숫자가 0이 됩니다.

2 십, 일의 자리 숫자가 모두 0이 됩니다.

3 (1) 1000원짜리 지폐 35장으로 35000원까지 바꿀 수 있고 남은 270원은 바꿀 수 없습니다.
(3) 10000원짜리 지폐 3장으로 30000원까지 바꿀 수 있고 남은 5270원은 바꿀 수 없습니다.

4 (1) 십의 자리 아래 수인 5를 0으로 보고 버림하면 490이 됩니다.
(2) 십의 자리 아래 수인 8을 0으로 보고 버림하면 6270이 됩니다.

5 (1) 2430 ➡ 2430 ➡ 2000
(2) 65029 ➡ 65029 ➡ 65000
참고 | 천의 자리 아래 수는 모두 0이 되고 천의 자리 숫자는 그대로입니다.

6 329 ➡ 329 ➡ 320　　329 ➡ 329 ➡ 300
1259 ➡ 1259 ➡ 1250　　1259 ➡ 1259 ➡ 1200

7 (1) 소수 첫째 자리 숫자부터 모두 0으로 보고 버림하면 1이 됩니다.
(2) 소수 둘째 자리 숫자부터 모두 0으로 보고 버림하면 2.5가 됩니다.

8 (1) 백의 자리 아래 수인 86을 0으로 보고 버림하면 4200이 됩니다.
(2) 천의 자리 아래 수인 916을 0으로 보고 버림하면 53000이 됩니다.

9 성냥의 길이는 5.3 cm이므로 일의 자리 아래 수인 0.3을 0으로 보고 버림하면 5 cm입니다.

10 십의 자리 아래 수를 버림하여 각각 나타내면
347 ➡ 340, 365 ➡ 360, 311 ➡ 310, 329 ➡ 320
입니다.

11 버림하여 백의 자리까지 나타내면 3100이 되는 자연수는 3100부터 3199까지의 자연수입니다. 따라서 가장 큰 수는 3199입니다.

교과서 개념 이해 6 반올림을 알아볼까요 18~19쪽

● 십에 ○표 / 백에 ○표

1 (1) 6, 0 (2) 1, 0 **2** (1) 9, 0, 0 (2) 5, 0, 0

3 (1)

(2) 1650 (3) 1650

4 (1) 210에 ○표 (2) 4360에 ○표

5

수	십의 자리	백의 자리	천의 자리
3284	3280	3300	3000
62035	62040	62000	62000

6 (1) 1250명 (2) 1200명

7 (1) 0.5 (2) 3.63 **8** (1) ○ (2) ×

9 ㉠ **10** ⑤

11 0, 1, 2, 3, 4

4 (1) 일의 자리 숫자가 5이므로 올림하여 나타내면 210입니다.
(2) 일의 자리 숫자가 4이므로 버림하여 나타내면 4360입니다.

5 3284 ➡ 3280, 3284 ➡ 3300, 3284 ➡ 3000
62035 ➡ 62040, 62035 ➡ 62000,
62035 ➡ 62000

6 (1) 일의 자리 숫자가 6이므로 올림하여 나타내면 1250입니다.
(2) 십의 자리 숫자가 4이므로 버림하여 나타내면 1200입니다.

7 (1) 소수 둘째 자리 숫자가 1이므로 버림하여 나타내면 0.5입니다.
(2) 소수 셋째 자리 숫자가 9이므로 올림하여 나타내면 3.63입니다.

8 (1) 십의 자리 숫자가 2이므로 버림하여 나타내면 1300입니다.
(2) 백의 자리 숫자가 7이므로 올림하여 나타내면 25000입니다.

9 ㉠ 백의 자리 숫자가 5이므로 올림하여 나타내면 5000입니다.
㉡ 백의 자리 숫자가 0이므로 버림하여 나타내면 4000입니다.
㉢ 백의 자리 숫자가 2이므로 버림하여 나타내면 4000입니다.

10 ① 2599 ➡ 3000 ② 2708 ➡ 3000
③ 2958 ➡ 3000 ④ 3126 ➡ 3000
⑤ 3512 ➡ 4000
따라서 반올림하여 천의 자리까지 나타낼 때 3000이 되는 수가 아닌 것은 ⑤입니다.

11 주어진 수와 반올림하여 십의 자리까지 나타낸 수의 십의 자리 숫자가 6으로 같으므로 일의 자리에서 버림한 것을 알 수 있습니다.
따라서 일의 자리에서 반올림했는데 버림한 것과 결과가 같으려면 일의 자리 숫자가 0, 1, 2, 3, 4 중 하나여야 합니다.

교과서 개념 이해 7 올림, 버림, 반올림을 활용하여 문제를 해결해 볼까요 20~21쪽

1 (1) 13 (2) 1400 (3) 올림 (4) 14

2 (1) 35 (2) 350 (3) 버림 (4) 350

3 (1) 올림 (2) 1600 g **4** 버림에 ○표, 3010

5 87개 **6** 145상자

7 예 수박 한 통의 무게는 8.3 kg인데 반올림하여 일의 자리까지 나타내면 8 kg이야.

8 4장 **9** 영지

3 (2) 밀가루를 100 g 단위로 팔면 1500 g으로는 47 g이 부족하므로 국수를 만들 수 없습니다. 따라서 밀가루를 1600 g 사야 합니다.

4 모자를 10개씩 포장하면 301묶음이 되므로 포장한 모자는 최대 3010개입니다.

5 10 kg씩 86자루에 담으면 팥은 4 kg이 남고, 남은 4 kg도 자루에 담아야 하므로 자루는 최소 86+1=87(개)가 필요합니다.

6 배추를 10포기씩 담으면 145상자에 담고 2포기가 남습니다. 따라서 상자에 담아서 팔 수 있는 배추는 최대 145상자입니다.

7 반올림을 해야 하는 상황을 적절하게 썼으면 모두 정답입니다.

8 500원짜리 동전 82개는 41000원이므로 10000원짜리 지폐는 최대 4장까지 바꿀 수 있습니다.

9 과자의 값을 모두 더하면 2570원이므로 버림의 방법으로 어림하면 물건을 살 수 없습니다. 따라서 2400원으로는 살 수 없으므로 더 적절하게 어림한 사람은 영지입니다.

개념 적용 기본기 다지기 22~27쪽

1 16, 18, 15.9 **2** 20.4, 25, 22.3, 20

3 ㉠

4

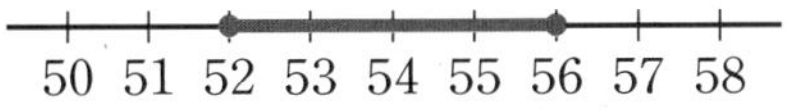

5 12개 **6** 윤지, 민수, 채영

7 9개 **8** 2개

9 15 초과 19 미만인 수 **10** ㉠, ㉡, ㉣

11

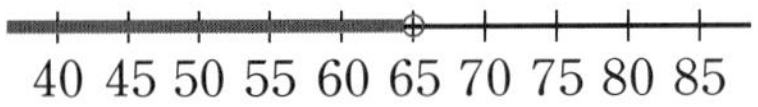

12 32 **13** ㉡, ㉢

14 9 **15** 34

16 15, 16, 17, 18에 ○표 **17** ㉠, ㉢

18 27 **19** 경진

20 5500원 **21** 28, 29

22 서은 **23** 34001

24 600, 700 **25** 3

26 50 **27** 지아

28 ㉠ **29** ㉡

30 1900, 1999 **31** 10개

32 9 **33** 7 cm

34 ㉡ **35** 5, 6, 7, 8, 9

36 100, 101, 102, 103, 104

37 9600 **38** 450, 549

39 655, 665 **40** 22대

41 2400개 **42** 약 230000명

43 은우

1 18과 같거나 작은 수를 모두 찾으면 16, 18, 15.9입니다.

2 20과 같거나 크고 25와 같거나 작은 수를 모두 찾으면 20.4, 25, 22.3, 20입니다.

3 가장 작은 수는 75, 가장 큰 수는 99이므로 75와 99를 포함하는 수의 범위를 찾으면 ㉠입니다.

4 52와 56을 각각 점 ●으로 나타내고 두 점 사이를 선으로 긋습니다.

서술형
5 예 11 이상 22 이하인 자연수는 11과 같거나 크고 22와 같거나 작은 수입니다. 따라서 11, 12, 13, 14, 15, 16, 17, 18, 19, 20, 21, 22이므로 모두 12개입니다.

단계	문제 해결 과정
①	11 이상 22 이하인 자연수를 모두 찾았나요?
②	11 이상 22 이하인 자연수의 개수를 구했나요?

6 8초 이하인 기록은 7.9초(윤지), 8.0초(민수), 7.7초(채영)입니다.

7 자연수 부분이 될 수 있는 수는 2, 3, 4이고, 소수 첫째 자리 숫자가 될 수 있는 수는 5, 6, 7입니다. 따라서 만들 수 있는 소수 한 자리 수는 2.5, 2.6, 2.7, 3.5, 3.6, 3.7, 4.5, 4.6, 4.7로 모두 9개입니다.

8 31보다 크고 35보다 작은 수는 34, 32.5로 모두 2개입니다.

9 15와 19에 각각 점 ○으로 표시되어 있고 그 사이를 선으로 그었으므로 15 초과 19 미만인 수입니다.

10 ㉠ 21 이하인 수

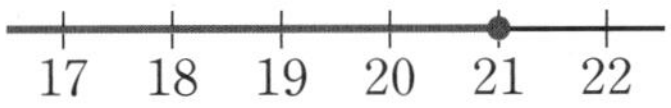

㉡ 20 이상인 수

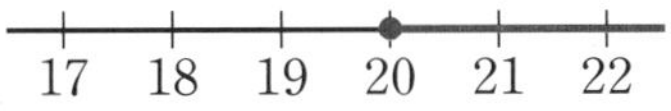

㉢ 20 미만인 수

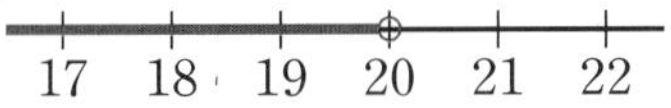

㉣ 19 초과인 수

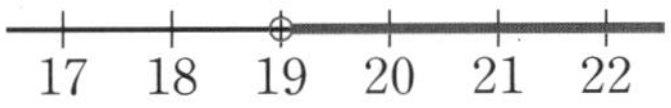

➡ 20이 포함되는 수의 범위는 ㉠, ㉡, ㉣입니다.

11 65점 미만이므로 65를 점 ○으로 나타내고 왼쪽으로 선을 긋습니다.

12 주어진 수는 33과 같거나 큰 수이므로 32 초과인 수입니다.
따라서 ▲에 알맞은 자연수는 32입니다.

13 높이가 3 m=300 cm보다 낮은 자동차는 ㉡ 290 cm, ㉢ 250 cm입니다.

14 6살 우혁이와 8살 지민이는 무료이고 9살 세린이는 입장료를 냈으므로 9살 미만이면 입장료가 무료입니다.
따라서 ■에 알맞은 수는 9입니다.

15 수직선에 나타낸 수의 범위는 28 초과 ㉠ 미만인 수이고, 이 범위에 속하는 자연수는 5개이므로 29, 30, 31, 32, 33입니다.
따라서 ㉠에 알맞은 자연수는 34입니다.

16 15와 같거나 크고 19보다 작은 수에 모두 ○표 합니다.

17 ▲ 이상인 수와 ▲ 이하인 수는 ▲를 포함하고,
▲ 초과인 수와 ▲ 미만인 수는 ▲를 포함하지 않습니다.

서술형
18 예 수직선에 나타낸 수의 범위는 12 이상 16 미만인 수이므로 이 범위에 속하는 자연수는 12, 13, 14, 15입니다. 따라서 가장 작은 수와 가장 큰 수의 합은 12+15=27입니다.

단계	문제 해결 과정
①	수의 범위에 속하는 자연수를 모두 찾았나요?
②	가장 작은 수와 가장 큰 수의 합을 구했나요?

19 종하는 45.6 kg이므로 청장급에 속합니다. 몸무게가 45 kg 초과 50 kg 이하인 학생은 48 kg인 경진입니다.

20 (택배의 무게)=4.8+0.3=5.1(kg)
5.1 kg은 5 kg 초과 10 kg 이하에 속하므로 요금으로 5500원을 내야 합니다.

21 첫 번째 수직선은 23 이상 30 미만인 수를 나타내고, 두 번째 수직선은 27 초과 33 이하인 수를 나타내므로 공통 범위는 27 초과 30 미만인 수입니다.
따라서 공통 범위에 속하는 자연수는 28, 29입니다.

22 십의 자리 아래 수를 올려서 나타냅니다.
2153 ➡ 2160, 1270 ➡ 1270, 3861 ➡ 3870
따라서 잘못 나타낸 사람은 서은입니다.

23 천의 자리 아래 수를 올림하여 35000이 되는 자연수는 34001부터 35000까지의 수이므로 가장 작은 수는 34001입니다.

24 백의 자리 아래 수를 올림하여 700이 되는 수는 600보다 크고 700과 같거나 작아야 합니다. 따라서 어떤 수가 될 수 있는 수는 600 초과 700 이하인 수입니다.

25 4□01에서 백의 자리 아래 수인 01을 100으로 보고 올림하면 4400이 되므로 올림하기 전의 수는 4301입니다. 따라서 □ 안에 알맞은 수는 3입니다.

서술형
26 예 5642의 백의 자리 아래 수를 올림하면 5700이고, 십의 자리 아래 수를 올림하면 5650입니다.
따라서 두 어림수의 차는 5700−5650=50입니다.

단계	문제 해결 과정
①	두 어림수를 구했나요?
②	두 어림수의 차를 구했나요?

27 천의 자리 아래 수를 버려서 나타냅니다.
21300 ➡ 21000, 38079 ➡ 38000,
60864 ➡ 60000
따라서 잘못 나타낸 사람은 지아입니다.

28 ㉠ 479의 십의 자리 아래 수 9를 0으로 보고 버림하면 470이 됩니다.
㉡ 486의 백의 자리 아래 수 86을 0으로 보고 버림하면 400이 됩니다.

29 5392의 십의 자리 아래 수를 버림하면 ㉣ 5390, 백의 자리 아래 수를 버림하면 ㉠ 5300, 천의 자리 아래 수를 버림하면 ㉢ 5000입니다. 따라서 5392를 버림하여 나타낼 수 있는 수가 아닌 것은 ㉡입니다.

30 백의 자리 아래 수를 버림하여 1900이 되는 자연수는 1900, 1901, 1902, …, 1999입니다. 따라서 가장 작은 수는 1900, 가장 큰 수는 1999입니다.

31 백의 자리 아래 수를 버림하여 6000이 되는 자연수는 6000, 6001, 6002, …, 6099입니다. 따라서 60□5에서 □ 안에 들어갈 수 있는 수는 0, 1, 2, …, 9로 모두 10개입니다.

32 십의 자리 아래 수를 버림하여 70이 되는 자연수는 70부터 79까지의 수 중 하나입니다. 이 수는 처음 자연수에 8을 곱해서 나온 수이므로 8의 배수인 72입니다.
따라서 처음 자연수는 72÷8=9입니다.

33 머리핀의 실제 길이는 6.7 cm입니다.
6.7을 반올림하여 일의 자리까지 나타내면 소수 첫째 자리 숫자가 7이므로 올림하여 7이 됩니다.

34 ㉠ 1328 ➡ 1330, 1328 ➡ 1300
㉡ 3997 ➡ 4000, 3997 ➡ 4000
㉢ 5064 ➡ 5060, 5064 ➡ 5100

35 284□의 일의 자리에서 반올림하여 2850이 되었으므로 일의 자리에서 올림한 것을 알 수 있습니다. 따라서 □ 안에 들어갈 수 있는 수는 5, 6, 7, 8, 9입니다.

36 일의 자리에서 반올림하여 100이 되는 자연수는 95, 96, ..., 103, 104이고, 이 중 세 자리 수는 100, 101, 102, 103, 104입니다.

37 수 카드 4장으로 만들 수 있는 가장 큰 네 자리 수는 9631입니다.
9631을 반올림하여 백의 자리까지 나타내면 십의 자리 숫자가 3이므로 버림하여 9600입니다.

38 십의 자리에서 반올림하여 500이 되는 자연수는 450, 451, ..., 548, 549입니다. 따라서 가장 작은 수는 450이고, 가장 큰 수는 549입니다.

39 일의 자리에서 반올림하여 660이 되는 수는 655와 같거나 크고 665보다 작아야 합니다.
따라서 어떤 수가 될 수 있는 수는 655 이상 665 미만인 수입니다.

40 10명씩 21대에 타고 남은 7명도 오리배에 타야 하므로 217명을 올림하여 220명으로 생각해야 합니다.
따라서 오리배는 최소 22대 필요합니다.

41 100개씩 24봉지에 담고 남은 쿠키 50개는 팔 수 없으므로 2450개를 버림하여 2400개로 생각해야 합니다.
따라서 팔 수 있는 쿠키는 최대 2400개입니다.

42 230951을 반올림하여 만의 자리까지 나타내면 천의 자리 숫자가 0이므로 버림하여 230000입니다.

43 혜빈이와 윤석이는 올림의 방법으로 어림해야 하고, 은우는 버림의 방법으로 어림해야 합니다.

개념 완성 **응용력 기르기** 28~31쪽

1 84962

1-1 30982 **1-2** 59486, 59489

2 0, 1, 2, 3, 4

2-1 5, 6, 7, 8, 9 **2-2** 0, 1, 2, 3, 4

3 161명 이상 200명 이하

3-1 210명 초과 252명 이하

3-2 161명 이상 181명 미만

3-3 108명 초과 127명 미만

4 1단계 예 동호는 마술나라를 탈 수 있으므로 110 cm 이상 150 cm 미만이고, 번개열차를 탈 수 없으므로 130 cm 미만입니다. 따라서 동호의 키는 110 cm 이상 130 cm 미만입니다.

2단계

1
• ㉠, ㉡에서 만의 자리 숫자는 7, 8 중에서 4로 나누어떨어지는 수인 8입니다.
• ㉢에서 천의 자리 숫자는 3, 4 중에서 2로 나누어떨어지는 수인 4입니다.
• ㉣에서 백의 자리 숫자는 9입니다.
• ㉤에서 십의 자리 숫자는 6 또는 7이고 일의 자리 숫자의 3배이므로 6입니다.
• ㉤에서 일의 자리 숫자는 6÷3=2입니다.
➡ 84962

1-1
• ㉠에서 만의 자리 숫자는 1, 2, 3 중에서 3 이상에 속하는 수인 3입니다.
• ㉡에서 천의 자리 숫자는 0입니다.
• ㉢에서 백의 자리 숫자는 7, 8, 9 중에서 3으로 나누어떨어지는 수인 9입니다.
• ㉤에서 일의 자리 숫자는 2입니다.
• ㉣에서 십의 자리 숫자는 2×4=8입니다.
➡ 30982

1-2
• ㉠에서 만의 자리 숫자는 5, 6, 7 중에서 6 미만에 속하는 수인 5입니다.
• ㉡에서 천의 자리 숫자는 9입니다.
• ㉢에서 백의 자리 숫자는 3, 4, 5 중에서 2로 나누어떨어지는 수인 4입니다.
• ㉣에서 십의 자리 숫자는 8입니다.
• ㉤에서 일의 자리 숫자는 6 또는 9입니다.
➡ 59486, 59489

2 28□4의 백의 자리 아래 수를 버림하면 2800입니다.
28□4를 반올림하여 백의 자리까지 나타낸 수가 2800이 되려면 십의 자리 숫자가 5보다 작아야 합니다.
따라서 □ 안에 들어갈 수 있는 수는 0, 1, 2, 3, 4입니다.

2-1 1□07의 천의 자리 아래 수를 올림하면 2000입니다.
1□07을 반올림하여 천의 자리까지 나타낸 수가 2000이 되려면 백의 자리 숫자가 5와 같거나 커야 합니다.
따라서 □ 안에 들어갈 수 있는 수는 5, 6, 7, 8, 9입니다.

2-2 40□9를 백의 자리에서 반올림하면 4000입니다.
40□9를 십의 자리에서 반올림하여 4000이 되려면 십의 자리 숫자가 5보다 작아야 합니다.
따라서 □ 안에 들어갈 수 있는 수는 0, 1, 2, 3, 4입니다.

3 버스 4대에 40명씩 타고 1명이 남는다면 $40 \times 4+1=161$(명)이므로 161명 이상이고, 버스 5대에 40명씩 타면 $40 \times 5=200$(명)이므로 200명 이하입니다.
따라서 재호네 학교 5학년 학생은 161명 이상 200명 이하입니다.

3-1 버스 5대에 42명씩 타면 $42 \times 5=210$(명)이므로 210명 초과이고, 버스 6대에 42명씩 타면 $42 \times 6=252$(명)이므로 252명 이하입니다.
따라서 서빈이네 학교 5학년 학생은 210명 초과 252명 이하입니다.

3-2 20명씩 탄 놀이 기구를 8번 운행하고 1명이 남는다면 $20 \times 8+1=161$(명)이므로 161명 이상이고, 20명씩 탄 놀이 기구를 9번 운행하면 $20 \times 9=180$(명)이므로 181명 미만입니다.
따라서 지수네 학교 5학년 학생들은 161명 이상 181명 미만입니다.

3-3 18명씩 탄 케이블카를 6번 운행하면 $18 \times 6=108$(명)이므로 108명 초과이고, 18명씩 탄 케이블카를 7번 운행하면 $18 \times 7=126$(명)이므로 127명 미만입니다.
따라서 민준이네 학교 5학년 학생은 108명 초과 127명 미만입니다.

4 2단계 동호의 키의 범위는 110 cm 이상 130 cm 미만이므로 110을 점 ●으로, 130을 점 ○으로 표시하고 두 점 사이를 선으로 긋습니다.

1단원 단원 평가 Level ❶ 32~34쪽

1 (1) 30, 45, 36 (2) 15, 19, 5, 7

2 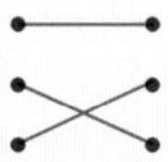

3 9, 10, 11, 12

4 (1) 400에 ○표 (2) 1300에 ○표

5

수	십의 자리까지	백의 자리까지
6237	6240	6200

6 ㉠, ㉢

7 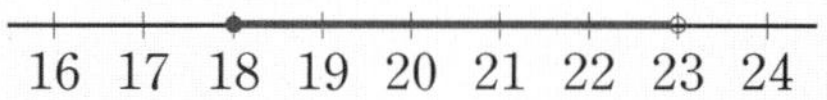

8 ㉠

9 15 초과 20 이하

10 문수, 경미

11 (위에서부터) 38, 41, 46 / 미영

12 이상

13 35대

14 1500명, 1400명

15 7400

16 45

17 14000원, 400원

18 5949, 5850

19 6

20 방법 1 예 3527을 버림하여 백의 자리까지 나타내면 백의 자리 아래 수인 27을 0으로 보고 버림하면 3500이 됩니다.
방법 2 예 3527을 반올림하여 백의 자리까지 나타내면 십의 자리 숫자가 2이므로 버림하면 3500이 됩니다.

1 (1) 30 이상인 수는 30과 같거나 큰 수입니다.
➡ 30, 45, 36
(2) 20 미만인 수는 20보다 작은 수입니다.
➡ 15, 19, 5, 7

3 9 이상 13 미만인 자연수는 9와 같거나 크고 13보다 작은 수이므로 9, 10, 11, 12입니다.

4 (1) 백의 자리 아래 수인 25를 100으로 보고 올림하면 400이 됩니다.
(2) 백의 자리 아래 수인 47을 100으로 보고 올림하면 1300이 됩니다.

5 6237을 반올림하여 십의 자리까지 나타내면 일의 자리 숫자가 7이므로 올림하여 6240, 반올림하여 백의 자리까지 나타내면 십의 자리 숫자가 3이므로 버림하여 6200이 됩니다.

6 ㉠
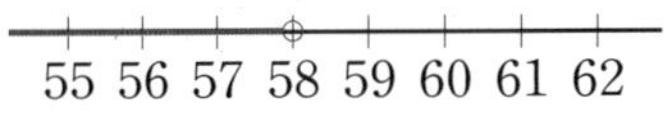

㉡
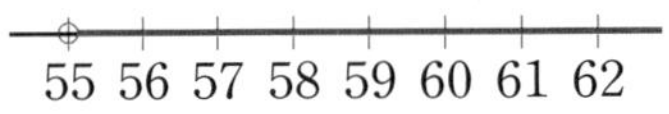

㉢
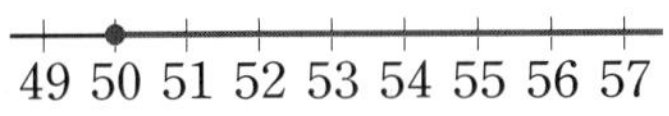

7 이상인 수는 점 ●으로 나타내고 미만인 수는 점 ○으로 나타냅니다.

8 ㉠ 6071의 십의 자리 아래 수인 1을 10으로 보고 올림하면 6080이 됩니다.
㉡ 6071의 백의 자리 아래 수인 71을 0으로 보고 버림하면 6000이 됩니다.
따라서 더 큰 수는 ㉠입니다.

9 2점은 10회 초과 15회 이하이고, 4점은 20회 초과 25회 이하이므로 3점은 그 사이인 15회 초과 20회 이하입니다.

10 팔 굽혀 펴기 1점이 속하는 범위는 10회 이하이므로 8회인 문수와 10회인 경미입니다.

11 반올림하여 일의 자리까지 나타내면 미영이의 몸무게는 38 kg, 지연이는 41 kg, 효찬이는 46 kg입니다. 따라서 반올림한 몸무게가 40 kg 이하인 학생은 미영입니다.

12 헌혈할 수 없는 사람: 16살보다 적은 사람
헌혈할 수 있는 사람: 16살과 같거나 많은 사람

다른 풀이 |

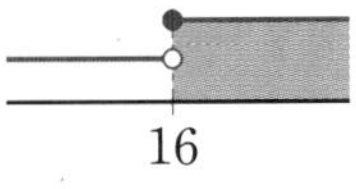

13 소형 버스 한 대에 10명씩 타면 버스 34대에 타고 남은 2명도 타고 갈 소형 버스 1대가 더 필요합니다. 따라서 소형 버스는 최소 35대 필요합니다.

14 남학생 수: 1472 (100) ➡ 1500명
여학생 수: 1395 (100) ➡ 1400명

15 [2][7][4][0]으로 만들 수 있는 가장 큰 네 자리 수는 7420입니다. 7420을 반올림하여 백의 자리까지 나타내기 위해서 십의 자리 숫자 2를 버림하면 7400입니다.

16 수직선에 나타낸 수의 범위는 15 초과 ㉠ 이하입니다. 15는 포함되지 않고 ㉠은 포함됩니다.
따라서 16부터 ㉠까지의 수가 30개이므로 ㉠은 16+29=45입니다.

17 (물건값)=7300+5500+800=13600(원)
따라서 13600원을 1000원짜리 지폐로만 낸다면 최소 14000원을 내야 하고, 400원의 거스름돈을 받게 됩니다.

18 어떤 수를 반올림하여 백의 자리까지 나타낸 수 5900은 십의 자리에서 올림하거나 버림하여 만들 수 있습니다.
십의 자리에서 올림했다면 5900보다는 작으면서 십의 자리 숫자가 5, 6, 7, 8, 9 중에서 하나여야 하므로 어떤 수는 5850부터여야 합니다.
또, 십의 자리에서 버림했다면 5900보다는 크면서 십의 자리 숫자가 0, 1, 2, 3, 4 중 하나여야 하므로 어떤 수는 5949까지의 수입니다.
따라서 어떤 수가 될 수 있는 자연수 중에서 가장 큰 수는 5949이고 가장 작은 수는 5850입니다.

서술형
19 ⓔ 올림하여 십의 자리까지 나타내면 60이 된다고 하였으므로 올림하기 전의 자연수는 51부터 60까지 수 중의 하나입니다.
이 중에서 9의 배수는 54이므로 어떤 자연수에 9를 곱해 54가 되는 수는 6입니다.

평가 기준	배점(5점)
올림하기 전의 자연수의 범위를 구했나요?	3점
어떤 수를 구했나요?	2점

서술형
20

평가 기준	배점(5점)
한 가지 방법으로 설명했나요?	3점
다른 한 가지 방법으로 설명했나요?	2점

1 단원 단원 평가 Level ❷ 35~37쪽

1 14, 12에 ○표, 5, 6에 △표

2 (1) 250 (2) 3890

3
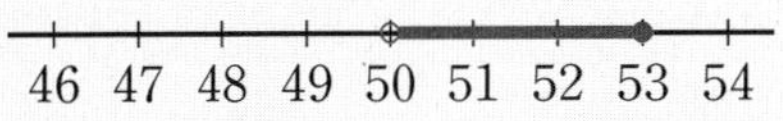

4 ②
5 ㉠, ㉣
6 재호, 석준, 지우, 동석
7 수아, 윤민
8 8개
9 ㉠
10 ㉠, ㉡, ㉢
11 39, 45
12 32 kg
13 6000원
14 4
15 10개
16 95 이상 105 미만인 수
17 5206
18 481명 이상 492명 이하
19 5개
20 5, 6, 7, 8, 9

1 12와 같거나 큰 수는 14, 12이고, 8보다 작은 수는 5, 6입니다.

2 (1) 245의 일의 자리 숫자는 5이므로 올림하여 250입니다.
(2) 3891의 일의 자리 숫자는 1이므로 버림하여 3890입니다.

3 50 kg 초과 53 kg 이하이므로 50은 점 ○으로, 53은 점 ●으로 나타내고 두 점 사이를 선으로 긋습니다.

4 ① 4806 ➡ 4800　② 4599 ➡ 4500
③ 4915 ➡ 4900　④ 4620 ➡ 4600
⑤ 4720 ➡ 4700

5 ▲ 이상인 수와 ▲ 이하인 수는 ▲를 포함하고,
▲ 초과인 수와 ▲ 미만인 수는 ▲를 포함하지 않습니다.

6 기록이 19초와 같거나 빠른 학생은 재호(17.9초), 석준(19.0초), 지우(18.8초), 동석(16.7초)입니다.

7 기록이 20초보다 느리고 22초보다 빠른 학생은 수아(20.2초), 윤민(21.8초)입니다.

8 34 이상 42 미만인 자연수는 34, 35, 36, 37, 38, 39, 40, 41로 모두 8개입니다.

9 2803의 십의 자리 아래 수를 올림하면 ㉣ 2810, 백의 자리 아래 수를 올림하면 ㉢ 2900, 천의 자리 아래 수를 올림하면 ㉡ 3000입니다. 따라서 2803을 올림하여 나타낼 수 있는 수가 아닌 것은 ㉠ 2910입니다.

10 ㉠ 1638 ➡ 2000
㉡ 1900 ➡ 1900
㉢ 1762 ➡ 1760
➡ ㉠>㉡>㉢

11 주어진 수는 39보다 크고 45와 같거나 작은 수입니다. 따라서 39 초과 45 이하인 수입니다.

12 32.4를 반올림하여 일의 자리까지 나타내면 소수 첫째 자리 숫자가 4이므로 버림하여 32입니다.

13 (펜과 가위 값)=1600+3700=5300(원)
5000원을 내면 300원이 부족하므로 5300원을 올림하여 6000원으로 생각해야 합니다. 따라서 1000원짜리 지폐로 6000원을 내야 합니다.

14 7□81의 십의 자리 숫자가 8이므로 올림하여 7500이 되었습니다. 따라서 반올림하기 전의 수는 7481이고 □ 안에 알맞은 수는 4입니다.

15 십의 자리 아래 수를 버림하여 100이 되는 자연수는 100부터 109까지이므로 모두 10개입니다.

16 103을 반올림하여 십의 자리까지 나타내면 100이므로 어떤 수를 반올림하여 십의 자리까지 나타낸 수는 200−100=100입니다. 어떤 수는 일의 자리에서 반올림하여 100이 되는 수이므로 95 이상 105 미만인 수입니다.

17 • ㉠, ㉡에서 천의 자리 숫자는 4, 5 중에서 5로 나누어떨어지는 수인 5입니다.
• ㉢에서 백의 자리 숫자는 2입니다.
• ㉣에서 십의 자리 숫자는 0입니다.
• ㉤에서 일의 자리 숫자는 2×3=6입니다.
➡ 5206

18 40타를 모두 나누어 주고 1자루를 더 나누어 준다고 하면 12×40+1=481(명)이므로 481명 이상이고, 41타를 모두 나누어 주면 12×41=492(명)이므로 492명 이하입니다.
따라서 민하네 학교 학생은 481명 이상 492명 이하입니다.

서술형
19 예 첫 번째 수직선은 30 초과 37 이하인 수를 나타내고, 두 번째 수직선은 33 이상 40 미만인 수를 나타내므로 공통 범위는 33 이상 37 이하인 수입니다.
따라서 공통 범위에 속하는 자연수는 33, 34, 35, 36, 37로 모두 5개입니다.

평가 기준	배점(5점)
공통 범위를 구했나요?	3점
공통 범위에 속하는 자연수의 개수를 구했나요?	2점

서술형
20 예 5□20의 천의 자리 아래 수를 올림하면 6000입니다. 5□20을 반올림하여 천의 자리까지 나타낸 수가 6000이 되려면 백의 자리 숫자가 5와 같거나 커야 합니다. 따라서 □ 안에 들어갈 수 있는 수는 5, 6, 7, 8, 9입니다.

평가 기준	배점(5점)
올림하여 천의 자리까지 나타낸 수를 구했나요?	2점
□ 안에 들어갈 수 있는 수를 모두 구했나요?	3점

2 분수의 곱셈

분수의 곱셈은 소수의 곱셈이 사용되기 이전에 사용되기 시작하였으며, 문명의 발달과 함께 자연스럽게 활용되어 왔습니다. 분수의 곱셈은 소수의 곱셈에 비해 보다 정확한 계산 결과를 얻을 수 있으며, 학생들의 논리적인 사고력을 향상시킬 수 있는 중요한 주제입니다. 이에 본 단원은 학생들에게 분수의 곱셈을 통해 수학의 논리적인 체계를 탐구하고 수학의 유용성을 느낄 수 있도록 구성하였습니다. 전 차시 활동을 통해 분수 곱셈의 계산 원리를 탐구하고, 분모는 분모끼리, 분자는 분자끼리 곱한다는 계산 원리가 (자연수)×(분수), (분수)×(자연수), (분수)×(분수)에 모두 적용될 수 있음을 지도합니다. 또 자연수의 곱셈에서는 항상 그 결과가 커지지만 분수의 곱셈에서는 그 결과가 작아질 수도 있다는 것을 명확히 인식하도록 합니다.

교과서 개념 이해 1 (분수)×(자연수)를 알아볼까요 41쪽

1 4, $\frac{4}{3}$, $1\frac{1}{3}$ **2** 3 / 3, 3 / 3, 3, 9, 1, 2

3 (1) 4 / 2, 5 / 2 (2) 3, 4 / 9 / $2\frac{1}{4}$

(3) 3, 2 / 2, 3 / 8 / $2\frac{2}{3}$

4 (1) 8 (2) $8\frac{3}{4}$

5 $1\frac{1}{5}\times4=\left(1+\frac{1}{5}\right)\times4=(1\times4)+\left(\frac{1}{5}\times4\right)$

$=4+\frac{4}{5}=4\frac{4}{5}$

6 $1\frac{1}{3}$, $4\frac{1}{3}$, $7\frac{1}{3}$ **7** $\frac{3}{4}$ cm

1 분모가 같은 분수의 덧셈을 할 때는 분자끼리만 더하면 됩니다.

3 (1) 분자와 자연수를 곱한 후, 분자와 분모를 2로 약분하여 계산하였습니다.

(2) 분자와 자연수를 곱하기 전, 분자와 분모를 2로 약분하여 계산하였습니다.

(3) (분수)×(자연수)의 식에서 자연수와 분모를 5로 약분하여 계산하였습니다.

4 (2) $4\frac{3}{8}\times2=(4\times2)+\left(\frac{3}{\cancel{8}_{4}}\times\cancel{2}^{1}\right)=8+\frac{3}{4}=8\frac{3}{4}$

5 $1\frac{1}{5}$을 1과 $\frac{1}{5}$로 나눈 후 각각에 4를 곱하여 계산합니다.

6 • $\frac{4}{\cancel{9}_{3}}\times\cancel{3}^{1}=\frac{4}{3}=1\frac{1}{3}$

• $1\frac{4}{9}\times3=\frac{13}{\cancel{9}_{3}}\times\cancel{3}^{1}=\frac{13}{3}=4\frac{1}{3}$

• $2\frac{4}{9}\times3=\frac{22}{\cancel{9}_{3}}\times\cancel{3}^{1}=\frac{22}{3}=7\frac{1}{3}$

참고 | 곱해지는 수가 1씩 커짐에 따라 계산 결과는 곱하는 수인 3만큼 커집니다.

7 (리본의 전체 길이)=(한 조각의 길이)×6

$=\frac{1}{\cancel{8}_{4}}\times\cancel{6}^{3}=\frac{3}{4}$ (cm)

교과서 개념 이해 2 (자연수)×(분수)를 알아볼까요 43쪽

1 2, 4

2 (1) 5 / 10, 3 / $3\frac{1}{3}$ (2) 4, 5 / 12 / $2\frac{2}{5}$

(3) 7, 4 / 35 / $8\frac{3}{4}$

3 (1) 7 / 35 / $17\frac{1}{2}$ (2) 3, 5 / 15, 5 / 15, 1 / $17\frac{1}{2}$

4 (1) $7\frac{1}{2}$ (2) $13\frac{3}{4}$ **5** 

6 (1) > (2) < **7** $18\frac{2}{3}$ kg

1 $6\times\frac{2}{3}$는 $6\times\frac{1}{3}$의 2배이므로 $6\times\frac{2}{3}=6\times\frac{1}{3}\times2$입니다.

2 (1) 자연수와 분자를 곱한 후, 분자와 분모를 2로 약분하여 계산하였습니다.

(2) 자연수와 분자를 곱하기 전, 분자와 분모를 2로 약분하여 계산하였습니다.

(3) (자연수)×(분수)의 식에서 자연수와 분모를 2로 약분하여 계산하였습니다.

3 (1) $3\frac{1}{2}$을 가분수로 바꾼 후 5와 곱하여 계산한 것입니다.

(2) $3\frac{1}{2}$을 3과 $\frac{1}{2}$로 나눈 후 5에 각각 3과 $\frac{1}{2}$을 곱해서 계산한 것입니다.

4 (1) $12\times\frac{5}{8}=\frac{\overset{3}{\cancel{12}}\times5}{\underset{2}{\cancel{8}}}=\frac{15}{2}=7\frac{1}{2}$

(2) $5\times2\frac{3}{4}=5\times\frac{11}{4}=\frac{55}{4}=13\frac{3}{4}$

다른 풀이 |

(2) $5\times2\frac{3}{4}=(5\times2)+\left(5\times\frac{3}{4}\right)=10+\frac{15}{4}$

$=10+3\frac{3}{4}=13\frac{3}{4}$

5 두 수를 바꾸어 곱해도 계산 결과는 변하지 않습니다.

$7\times1\frac{5}{6}=1\frac{5}{6}\times7=\frac{11}{6}\times7$

6 참고 | • 자연수에 진분수를 곱하면 곱한 결과는 자연수보다 작습니다.
• 자연수에 1을 곱하면 곱한 결과는 그대로 자연수입니다.
• 자연수에 대분수나 가분수를 곱하면 곱한 결과는 자연수보다 큽니다.

7 (어머니가 딴 포도의 무게)

$=16\times1\frac{1}{6}=\overset{8}{\cancel{16}}\times\frac{7}{\underset{3}{\cancel{6}}}=\frac{56}{3}=18\frac{2}{3}$ (kg)

교과서 개념 이해 3 진분수의 곱셈을 알아볼까요 45쪽

1 5, 4 / $\frac{3}{20}$

2 (1) 3, 25 / $\frac{3}{25}$ (2) 5, 2, 3, 9 / $\frac{10}{27}$
(3) 1, 1, 2, 3 / 6

3 $\frac{1}{12}$ / $\frac{1}{24}$

4 (1) $\frac{1}{15}$ (2) $\frac{8}{21}$ (3) $\frac{7}{20}$

5 (1) > (2) > (3) =

6 (1) $\frac{4}{45}$ (2) $\frac{4}{45}$ **7** 예 $\frac{5}{7}$

1 $\frac{1}{5}$의 $\frac{3}{4}$은 그림과 같이 똑같이 20칸으로 나눈 것 중의 3칸이 됩니다.

2 참고 | **분모와 분자가 약분이 될 때 (진분수)×(진분수)의 계산 방법**
① 분모끼리의 곱과 분자끼리의 곱을 구한 후 약분하여 계산
② 곱을 구하는 과정에서 약분하여 계산
③ 주어진 식에서 바로 약분하여 계산

4 (1) $\frac{1}{3}\times\frac{1}{5}=\frac{1}{3\times5}=\frac{1}{15}$

(2) $\frac{4}{\underset{3}{\cancel{9}}}\times\frac{\overset{2}{\cancel{6}}}{7}=\frac{8}{21}$

(3) $\frac{7}{8}\times\frac{4}{5}\times\frac{1}{2}=\left(\frac{7}{\underset{2}{\cancel{8}}}\times\frac{\overset{1}{\cancel{4}}}{5}\right)\times\frac{1}{2}$

$=\frac{7}{10}\times\frac{1}{2}=\frac{7}{20}$

5 (1) $\frac{1}{5}\times\frac{1}{3}$은 $\frac{1}{5}$의 $\frac{1}{3}$이므로 $\frac{1}{5}$보다 작습니다.

➡ 어떤 수에 진분수를 곱하면 계산 결과는 어떤 수보다 작습니다.

(2)
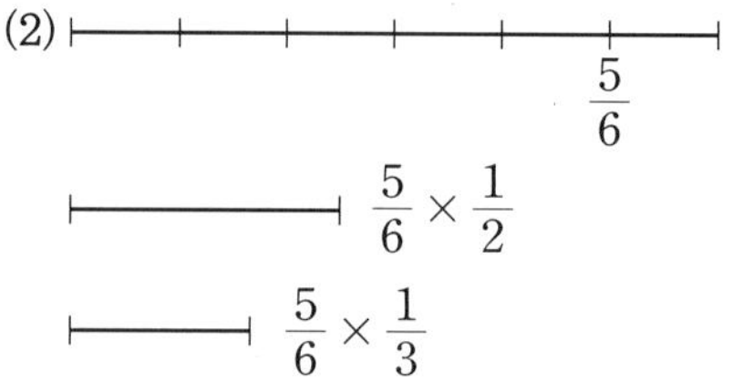

➡ 어떤 수에 더 큰 수를 곱할수록 계산 결과는 더 큰 수가 됩니다.

(3) 두 분수의 순서를 바꾸어 곱해도 계산 결과는 같습니다.

6 (1) $\left(\frac{4}{\underset{3}{\cancel{9}}}\times\frac{\overset{1}{\cancel{3}}}{5}\right)\times\frac{1}{3}=\frac{4}{15}\times\frac{1}{3}=\frac{4}{45}$

(2) $\frac{4}{9}\times\left(\frac{\overset{1}{\cancel{3}}}{5}\times\frac{1}{\underset{1}{\cancel{3}}}\right)=\frac{4}{9}\times\frac{1}{5}=\frac{4}{45}$

세 수의 곱셈은 순서에 상관없이 두 수씩 묶어서 계산할 수 있습니다.

7 분자는 분자끼리, 분모는 분모끼리 곱하므로
4×□=28, 3×□=15입니다.
4×7=28, 3×5=15이므로 분모는 7, 분자는 5입니다.

교과서 개념 이해 4 여러 가지 분수의 곱셈을 알아볼까요 46~47쪽

1 7, 3 / $\frac{7}{2}$ / $3\frac{1}{2}$

2 ㉡

3 (1) 8 / 8, 5 / 40 / 4 / $3\frac{1}{3}$ (2) 7 / 7 / $\frac{21}{10}$ / $2\frac{1}{10}$

4 $3\frac{1}{8}\times3\frac{1}{5}=\frac{\overset{5}{\cancel{25}}}{\underset{1}{\cancel{8}}}\times\frac{\overset{2}{\cancel{16}}}{\underset{1}{\cancel{5}}}=\frac{5\times2}{1\times1}=10$

5 (1) $7\frac{1}{2}$ (2) $12\frac{1}{2}$ (3) $3\frac{3}{5}$

6 $1\frac{3}{4}$, $4\frac{11}{20}$, $7\frac{7}{20}$

7 (1) $<$, $>$ (2) $>$, $<$

8 $1\frac{4}{5}$, $\frac{9}{10}$, $2\frac{7}{10}$

2 ㉠ (대분수)×(대분수)에서는 주어진 식에서 바로 약분하여 계산하면 안 됩니다. 반드시 대분수를 가분수로 바꾸어 약분해야 합니다.

4 대분수를 가분수로 바꾸어 약분하여 계산합니다.

5 (1) $1\frac{1}{4}\times6=\frac{5}{4}\times\frac{6}{1}=\frac{5\times\overset{3}{\cancel{6}}}{\underset{2}{\cancel{4}}\times1}=\frac{15}{2}=7\frac{1}{2}$

(2) $2\frac{6}{7}\times4\frac{3}{8}=\frac{\overset{5}{\cancel{20}}}{\underset{1}{\cancel{7}}}\times\frac{\overset{5}{\cancel{35}}}{\underset{2}{\cancel{8}}}=\frac{25}{2}=12\frac{1}{2}$

(3) $1\frac{3}{5}\times\frac{3}{4}\times3=\frac{\overset{2}{\cancel{8}}}{5}\times\frac{3}{\underset{1}{\cancel{4}}}\times\frac{3}{1}=\frac{2\times3\times3}{5\times1\times1}$

$=\frac{18}{5}=3\frac{3}{5}$

7 (어떤 수)×(진분수)<(어떤 수)
(어떤 수)×(대분수)>(어떤 수)

8 $1\frac{4}{5}\times1\frac{1}{2}=1\frac{4}{5}\times\left(1+\frac{1}{2}\right)$

$=\left(1\frac{4}{5}\times1\right)+\left(1\frac{4}{5}\times\frac{1}{2}\right)$

$=1\frac{4}{5}+\frac{9}{5}\times\frac{1}{2}$

$=1\frac{4}{5}+\frac{9}{10}=2\frac{7}{10}$

개념 적용 기본기 다지기 48~53쪽

1 ( ) (○)

2 $1\frac{1}{4}$, $2\frac{1}{2}$

3 ㉡ / 예 (진분수)×(자연수)는 분수의 분자에 자연수를 곱하여 계산합니다.

4 $\frac{3}{8}\times16=6$ / 6 kg

5 $1\frac{1}{2}$ L

6 ③

7 방법 1 예 대분수를 가분수로 바꾸어 계산합니다.

$2\frac{1}{6}\times3=\frac{13}{\underset{2}{\cancel{6}}}\times\overset{1}{\cancel{3}}=\frac{13}{2}=6\frac{1}{2}$

방법 2 예 대분수를 자연수와 진분수로 나누어 계산합니다.

$2\frac{1}{6}\times3=(2\times3)+\left(\frac{1}{\underset{2}{\cancel{6}}}\times\overset{1}{\cancel{3}}\right)$

$=6+\frac{1}{2}=6\frac{1}{2}$

8 10, $2\frac{2}{3}$, $12\frac{2}{3}$

9 $26\frac{2}{3}$

10 $1\frac{3}{7}\times4=5\frac{5}{7}$ / $5\frac{5}{7}$ km

11 19 cm

12 준하

13 $1\frac{1}{2}$, $7\frac{1}{2}$

14 $>$, $>$ / 예 어떤 수에 진분수를 곱하면 계산 결과는 어떤 수보다 작아집니다.

15 $3\times\frac{3}{5}=1\frac{4}{5}$ / $1\frac{4}{5}$ m^2

16 4개

17 ㉡

18 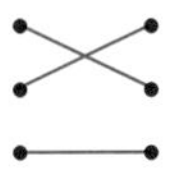

19 6, $\frac{1}{2}$, $6\frac{1}{2}$

20 $14\frac{2}{3}$

21 $5\times1\frac{1}{3}$, $5\times2\frac{3}{10}$에 ○표

22 $12\times2\frac{3}{8}=28\frac{1}{2}$ / $28\frac{1}{2}$ kg

23 40

24 예 의자의 무게는 3 kg이고, 식탁의 무게는 의자의 무게의 $5\frac{1}{3}$배입니다. 식탁의 무게는 몇 kg일까요? /

예 $3\times5\frac{1}{3}=\overset{1}{\cancel{3}}\times\frac{16}{\underset{1}{\cancel{3}}}=16(\text{kg})$ / 예 16 kg

25 $\frac{1}{6}$, $\frac{1}{28}$　　**26** $\frac{2}{7}$

27 ㉠　　**28** (1) > (2) <

29 예 3, 4 / $\frac{1}{12}$

30 $\frac{1}{7}\times\frac{3}{8}\times\frac{1}{3}=\frac{1}{56}$ / $\frac{1}{56}$

31 $\frac{1}{24}$　　**32** 1, 2, 3, 4

33 예 대분수를 가분수로 바꾸지 않고 약분하여 계산했습니다. /

$1\frac{1}{4}\times1\frac{4}{5}=\frac{\overset{1}{\cancel{5}}}{4}\times\frac{9}{\underset{1}{\cancel{5}}}=\frac{9}{4}=2\frac{1}{4}$

34 $8\frac{3}{4}$　　**35** $\frac{3}{4}$

36 $12\frac{5}{6}$　　**37** 5, 6, 7, 8, 9

38 $2\frac{7}{9}\times1\frac{4}{5}=5$ / 5 km

39 $43\frac{1}{3}$ kg　　**40** (1) $\frac{3}{5}$ (2) $\frac{4}{45}$

41 7 cm^2　　**42** $\frac{15}{16}$ m

1 (진분수)×(자연수)에서 자연수는 분수의 분자에 곱해야 하므로 분모와 자연수를 약분할 수 있습니다.

2 $\frac{5}{\underset{4}{\cancel{8}}}\times\overset{1}{\cancel{2}}=\frac{5}{4}=1\frac{1}{4}$, $\frac{5}{\underset{2}{\cancel{8}}}\times\overset{1}{\cancel{4}}=\frac{5}{2}=2\frac{1}{2}$

서술형
3

단계	문제 해결 과정
①	바르게 계산한 것의 기호를 썼나요?
②	(진분수)×(자연수)의 계산 방법을 설명했나요?

4 (전체 찰흙의 무게)=(찰흙 한 개의 무게)×(찰흙의 수)

$=\frac{3}{\underset{1}{\cancel{8}}}\times\overset{2}{\cancel{16}}=6(\text{kg})$

5 (필요한 우유의 양)

=(한 명에게 나누어 줄 우유의 양)×(사람 수)

$=\frac{1}{\underset{2}{\cancel{6}}}\times\overset{3}{\cancel{9}}=\frac{3}{2}=1\frac{1}{2}(\text{L})$

6 ③ $1\frac{2}{5}\times4=(1\times4)+\left(\frac{2}{5}\times4\right)=4+\frac{2\times4}{5}$

서술형
7

단계	문제 해결 과정
①	한 가지 방법으로 계산했나요?
②	다른 한 가지 방법으로 계산했나요?

8 $2\frac{8}{15}\times5=(2\times5)+\left(\frac{8}{\underset{3}{\cancel{15}}}\times\overset{1}{\cancel{5}}\right)$

$=10+\frac{8}{3}=10+2\frac{2}{3}=12\frac{2}{3}$

9 $4\frac{4}{9}\times6=\frac{40}{\underset{3}{\cancel{9}}}\times\overset{2}{\cancel{6}}=\frac{80}{3}=26\frac{2}{3}$

10 (4분 동안에 갈 수 있는 거리)

$=1\frac{3}{7}\times4=\frac{10}{7}\times4=\frac{40}{7}=5\frac{5}{7}(\text{km})$

11 (정사각형의 둘레)=(한 변의 길이)×4

$=4\frac{3}{4}\times4=\frac{19}{\underset{1}{\cancel{4}}}\times\overset{1}{\cancel{4}}=19(\text{cm})$

12 준하: 어떤 수에 진분수를 곱하면 계산 결과는 어떤 수보다 작아지므로 $8\times\frac{3}{4}$은 8보다 작습니다.

13 $\overset{3}{\cancel{9}}\times\frac{1}{\underset{2}{\cancel{6}}}=\frac{3}{2}=1\frac{1}{2}$, $\overset{3}{\cancel{9}}\times\frac{5}{\underset{2}{\cancel{6}}}=\frac{15}{2}=7\frac{1}{2}$

서술형
14

단계	문제 해결 과정
①	○ 안에 >, =, <를 알맞게 써넣었나요?
②	알 수 있는 점을 썼나요?

15 (직사각형의 넓이)=(가로)×(세로)

$=3\times\frac{3}{5}=\frac{9}{5}=1\frac{4}{5}(\text{m}^2)$

16 $\overset{3}{\cancel{6}}\times\frac{5}{\underset{4}{\cancel{8}}}=\frac{15}{4}=3\frac{3}{4}$, $\overset{2}{\cancel{18}}\times\frac{4}{\underset{1}{\cancel{9}}}=8$이므로

$3\frac{3}{4}<\square<8$입니다. 따라서 □ 안에 들어갈 수 있는 자연수는 4, 5, 6, 7로 모두 4개입니다.

17 ㉠ 1 m는 100 cm이므로

1 m의 $\frac{1}{4}$은 $\overset{25}{\cancel{100}}\times\frac{1}{\underset{1}{\cancel{4}}}=25(\text{cm})$입니다.

㉡ 1시간은 60분이므로

1시간의 $\frac{2}{3}$는 $\overset{20}{\cancel{60}}\times\frac{2}{\underset{1}{\cancel{3}}}=40$(분)입니다.

18 $4\times\frac{3}{7}=\frac{4\times3}{7}=\frac{4}{7}\times3$

$6\times2\frac{1}{3}=2\frac{1}{3}\times6$

$3\times3\frac{2}{5}=3\times\frac{17}{5}=\frac{3\times17}{5}=\frac{17}{5}\times3$

19 $3\times2\frac{1}{6}=(3\times2)+\left(\overset{1}{\cancel{3}}\times\frac{1}{\underset{2}{\cancel{6}}}\right)$

$=6+\frac{1}{2}=6\frac{1}{2}$

20 $8\times1\frac{5}{6}=\overset{4}{\cancel{8}}\times\frac{11}{\underset{3}{\cancel{6}}}=\frac{44}{3}=14\frac{2}{3}$

21 5에 1보다 작은 진분수를 곱하면 계산 결과는 작아지고, 1보다 큰 대분수를 곱하면 계산 결과는 커집니다.

22 (철근의 무게)=(철근 1 m의 무게)×(철근의 길이)

$=12\times2\frac{3}{8}=\overset{3}{\cancel{12}}\times\frac{19}{\underset{2}{\cancel{8}}}$

$=\frac{57}{2}=28\frac{1}{2}$ (kg)

23 어떤 수는 $20\times1\frac{2}{5}=\overset{4}{\cancel{20}}\times\frac{7}{\underset{1}{\cancel{5}}}=28$이므로

어떤 수의 $1\frac{3}{7}$배는 $28\times1\frac{3}{7}=\overset{4}{\cancel{28}}\times\frac{10}{\underset{1}{\cancel{7}}}=40$입니다.

서술형
24

단계	문제 해결 과정
①	분수의 곱셈식에 알맞은 문제를 만들었나요?
②	풀이 과정을 쓰고 답을 구했나요?

25 $\frac{1}{2}\times\frac{1}{3}=\frac{1}{2\times3}=\frac{1}{6}$, $\frac{1}{7}\times\frac{1}{4}=\frac{1}{7\times4}=\frac{1}{28}$

26 $\frac{\overset{1}{\cancel{4}}}{\underset{\underset{1}{\cancel{3}}}{\cancel{9}}}\times\frac{\overset{1}{\cancel{3}}}{\underset{1}{\cancel{4}}}\times\frac{\overset{2}{\cancel{6}}}{7}=\frac{2}{7}$

27 ㉠ $\frac{\overset{1}{\cancel{5}}}{\underset{4}{\cancel{8}}}\times\frac{\overset{1}{\cancel{2}}}{\underset{3}{\cancel{15}}}=\frac{1}{12}$ ㉡ $\frac{1}{\underset{2}{\cancel{6}}}\times\frac{\overset{1}{\cancel{3}}}{8}=\frac{1}{16}$

➡ $\frac{1}{12}>\frac{1}{16}$이므로 계산 결과가 더 큰 것은 ㉠입니다.

28 (1) 어떤 수에 진분수를 곱하면 계산 결과는 어떤 수보다 작아집니다.

(2) 어떤 수에 더 큰 수를 곱할수록 계산 결과가 커집니다.

29 $\frac{1}{\square}\times\frac{1}{\square}$에서 분모에 작은 수가 들어갈수록 계산 결과가 커지므로 계산 결과가 가장 큰 식은 $\frac{1}{3}\times\frac{1}{4}=\frac{1}{12}$ 또는 $\frac{1}{4}\times\frac{1}{3}=\frac{1}{12}$입니다.

30 $\frac{1}{7}\times\frac{\overset{1}{\cancel{3}}}{8}\times\frac{1}{\underset{1}{\cancel{3}}}=\frac{1}{56}$

31 어제 읽고 난 나머지는 전체의 $1-\frac{3}{4}=\frac{1}{4}$입니다.

따라서 오늘 읽은 양은 동화책 전체의 $\frac{1}{4}\times\frac{1}{6}=\frac{1}{24}$입니다.

32 $\frac{1}{5}\times\frac{1}{\square}=\frac{1}{5\times\square}$ ➡ $\frac{1}{5\times\square}>\frac{1}{25}$에서

분자가 1이므로 분모를 비교하면 $5\times\square<25$입니다.
따라서 □ 안에 들어갈 수 있는 자연수는 1, 2, 3, 4입니다.

서술형
33

단계	문제 해결 과정
①	잘못된 부분을 찾아 이유를 썼나요?
②	바르게 계산했나요?

34 가장 큰 수는 $3\frac{3}{4}$, 가장 작은 수는 $2\frac{1}{3}$입니다.

➡ $3\frac{3}{4}\times2\frac{1}{3}=\frac{\overset{5}{\cancel{15}}}{4}\times\frac{7}{\underset{1}{\cancel{3}}}=\frac{35}{4}=8\frac{3}{4}$

35 $\square\div\frac{3}{5}=1\frac{1}{4}$ ➡ $\square=1\frac{1}{4}\times\frac{3}{5}=\frac{\overset{1}{\cancel{5}}}{4}\times\frac{3}{\underset{1}{\cancel{5}}}=\frac{3}{4}$

36 가장 큰 대분수: $4\frac{2}{3}$, 가장 작은 대분수: $2\frac{3}{4}$

➡ $4\frac{2}{3}\times2\frac{3}{4}=\frac{\overset{7}{\cancel{14}}}{3}\times\frac{11}{\underset{2}{\cancel{4}}}=\frac{77}{6}=12\frac{5}{6}$

37 $4\frac{1}{5}\times1\frac{1}{7}=\frac{\overset{3}{\cancel{21}}}{5}\times\frac{8}{\underset{1}{\cancel{7}}}=\frac{24}{5}=4\frac{4}{5}$

$4\frac{4}{5}<\square\frac{2}{5}$이므로 □ 안에 들어갈 수 있는 자연수는 4보다 큰 5, 6, 7, 8, 9입니다.

38 (우석이가 걸은 거리)

$=$(한 시간에 걷는 거리)$\times$(걸은 시간)

$=2\frac{7}{9}\times1\frac{4}{5}=\frac{\overset{5}{\cancel{25}}}{\underset{1}{\cancel{9}}}\times\frac{\overset{1}{\cancel{9}}}{\underset{1}{\cancel{5}}}=5\,(\text{km})$

39 (지훈이의 몸무게)$=35\times1\frac{1}{7}=\overset{5}{\cancel{35}}\times\frac{8}{\underset{1}{\cancel{7}}}=40\,(\text{kg})$

(동민이의 몸무게)$=40\times1\frac{1}{12}=\overset{10}{\cancel{40}}\times\frac{13}{\underset{3}{\cancel{12}}}$

$=\frac{130}{3}=43\frac{1}{3}\,(\text{kg})$

40 (1) $\frac{2}{3}\times\left(\frac{2}{5}+\frac{1}{2}\right)=\frac{\overset{1}{\cancel{2}}}{\underset{1}{\cancel{3}}}\times\frac{\overset{3}{\cancel{9}}}{\underset{5}{\cancel{10}}}=\frac{3}{5}$

(2) $\left(\frac{1}{3}-\frac{2}{9}\right)\times\frac{4}{5}=\frac{1}{9}\times\frac{4}{5}=\frac{4}{45}$

서술형

41 예 색칠한 부분은 가로가 $\left(3\frac{2}{3}-1\frac{1}{6}\right)$cm이고, 세로가 $2\frac{4}{5}$ cm인 직사각형입니다.

(넓이)$=\left(3\frac{2}{3}-1\frac{1}{6}\right)\times2\frac{4}{5}=2\frac{1}{2}\times2\frac{4}{5}$

$=\frac{\overset{1}{\cancel{5}}}{\underset{1}{\cancel{2}}}\times\frac{\overset{7}{\cancel{14}}}{\underset{1}{\cancel{5}}}=7\,(\text{cm}^2)$

단계	문제 해결 과정
①	색칠한 부분의 넓이를 구하는 식을 세웠나요?
②	색칠한 부분의 넓이를 구했나요?

42 (사용한 끈의 길이)

$=\left(\frac{3}{4}+\frac{3}{8}\right)\times\frac{5}{6}=\frac{\overset{3}{\cancel{9}}}{8}\times\frac{5}{\underset{2}{\cancel{6}}}=\frac{15}{16}\,(\text{m})$

개념 완성 응용력 기르기 54~57쪽

1 $11\frac{2}{3}$ **1-1** $6\frac{1}{2}$

1-2 27 **1-3** $4\frac{2}{9}$

2 10권

2-1 15명 **2-2** 60쪽

3 $6\frac{2}{3}$

3-1 $4\frac{1}{5}$ **3-2** $22\frac{1}{2}$

4 1단계 예 1시간 45분$=1\frac{45}{60}$시간$=1\frac{3}{4}$시간입니다.

2단계 예 한 시간에 $500\frac{4}{7}$ km씩 일정하게 가는 빠르기로 $1\frac{3}{4}$시간 동안 갈 수 있는 거리는

$500\frac{4}{7}\times1\frac{3}{4}=\frac{\overset{876}{\cancel{3504}}}{\underset{1}{\cancel{7}}}\times\frac{\overset{1}{\cancel{7}}}{\underset{1}{\cancel{4}}}=876$ (km)입니다.

/ 876 km

4-1 301 km

1 어떤 수를 □라 하면 □$\div5=2\frac{1}{3}$이므로

□$=2\frac{1}{3}\times5=\frac{7}{3}\times5=\frac{35}{3}=11\frac{2}{3}$입니다.

1-1 어떤 수를 □라 하면 □$\div4=1\frac{5}{8}$이므로

□$=1\frac{5}{8}\times4=\frac{13}{\underset{2}{\cancel{8}}}\times\overset{1}{\cancel{4}}=\frac{13}{2}=6\frac{1}{2}$입니다.

1-2 어떤 수를 □라 하면 잘못 계산한 식은 □$\div6=\frac{3}{4}$이므로

□$=\frac{3}{\underset{2}{\cancel{4}}}\times\overset{3}{\cancel{6}}=\frac{9}{2}=4\frac{1}{2}$입니다.

따라서 바르게 계산하면 $4\frac{1}{2}\times6=\frac{9}{\underset{1}{\cancel{2}}}\times\overset{3}{\cancel{6}}=27$입니다.

1-3 어떤 수를 □라 하면 잘못 계산한 식은 $1\frac{1}{3}+$□$=4\frac{1}{2}$이므로 □$=4\frac{1}{2}-1\frac{1}{3}=3\frac{1}{6}$입니다.

따라서 바르게 계산하면

$1\frac{1}{3}\times3\frac{1}{6}=\frac{\overset{2}{\cancel{4}}}{3}\times\frac{19}{\underset{3}{\cancel{6}}}=\frac{38}{9}=4\frac{2}{9}$입니다.

2 (아동 도서)$=$(전체)$\times\frac{7}{8}$이므로

(동화책)$=$(아동 도서)$\times\frac{1}{3}=$(전체)$\times\frac{7}{8}\times\frac{1}{3}$이고,

(전래동화)=(동화책)$\times\frac{2}{7}$=(전체)$\times\frac{\overset{1}{\cancel{7}}}{\underset{4}{\cancel{8}}}\times\frac{1}{3}\times\frac{\overset{1}{\cancel{2}}}{\underset{1}{\cancel{7}}}$

=(전체)$\times\frac{1}{12}$입니다.

따라서 전래동화는 $\overset{10}{\cancel{120}}\times\frac{1}{\underset{1}{\cancel{12}}}=10$(권)입니다.

2-1 (남학생 수)=(전체 학생 수)$\times\frac{1}{2}$이므로

(문학을 좋아하는 남학생 수)

=(남학생 수)$\times\frac{2}{9}$=(전체 학생 수)$\times\frac{1}{2}\times\frac{2}{9}$이고,

(수필을 좋아하는 남학생 수)

=(문학을 좋아하는 남학생 수)$\times\frac{3}{8}$

=(전체 학생 수)$\times\frac{1}{\underset{1}{\cancel{2}}}\times\frac{\overset{1}{\cancel{2}}}{\underset{3}{\cancel{9}}}\times\frac{\overset{1}{\cancel{3}}}{8}$

=(전체 학생 수)$\times\frac{1}{24}$입니다.

따라서 수필을 좋아하는 남학생은 $\overset{15}{\cancel{360}}\times\frac{1}{\underset{1}{\cancel{24}}}=15$(명)

입니다.

2-2 어제 읽고 난 나머지는 전체의 $1-\frac{1}{5}=\frac{4}{5}$이므로 오늘

읽은 쪽수는 전체의 $\frac{\overset{2}{\cancel{4}}}{5}\times\frac{1}{\underset{3}{\cancel{6}}}=\frac{2}{15}$입니다.

어제와 오늘 읽은 쪽수는 전체의

$\frac{1}{5}+\frac{2}{15}=\frac{5}{15}=\frac{1}{3}$이므로 어제와 오늘 읽고 난 나

머지는 전체의 $1-\frac{1}{3}=\frac{2}{3}$입니다.

따라서 어제와 오늘 읽고 난 나머지는

$\overset{30}{\cancel{90}}\times\frac{2}{\underset{1}{\cancel{3}}}=60$(쪽)입니다.

3 ㉮의 분모가 될 수 있는 수는 $\frac{3}{4}$과 $\frac{9}{10}$에서 3과 9의 공약수이므로 1과 3입니다.

㉮의 분자가 될 수 있는 수는 $\frac{3}{4}$과 $\frac{9}{10}$에서 4와 10의 공배수이므로 20, 40, 60, ...입니다.

㉮가 가장 작은 분수가 되려면 분모는 3과 9의 최대공약수이고, 분자는 4와 10의 최소공배수이어야 하므로

㉮에 알맞은 가장 작은 분수는 $\frac{20}{3}=6\frac{2}{3}$입니다.

3-1 ㉮의 분모가 될 수 있는 수는 $\frac{5}{7}$와 $\frac{10}{21}$에서 5와 10의 공약수이므로 1과 5입니다.

㉮의 분자가 될 수 있는 수는 $\frac{5}{7}$와 $\frac{10}{21}$에서 7과 21의 공배수이므로 21, 42, 63, ...입니다.

㉮가 가장 작은 분수가 되려면 분모는 5와 10의 최대공약수이고, 분자는 7과 21의 최소공배수이어야 하므로

㉮에 알맞은 가장 작은 분수는 $\frac{21}{5}=4\frac{1}{5}$입니다.

3-2 어떤 분수의 분모가 될 수 있는 수는 $\frac{2}{9}$와 $\frac{8}{15}$에서 2와 8의 공약수이므로 1과 2입니다.

어떤 분수의 분자가 될 수 있는 수는 $\frac{2}{9}$와 $\frac{8}{15}$에서 9와 15의 공배수이므로 45, 90, 135, ...입니다.

어떤 분수가 가장 작은 분수가 되려면 분모는 2와 8의 최대공약수이고, 분자는 9와 15의 최소공배수이어야 하므로 어떤 분수 중에서 가장 작은 분수는 $\frac{45}{2}=22\frac{1}{2}$

입니다.

4-1 1시간 12분$=1\frac{12}{60}$시간$=1\frac{1}{5}$시간

한 시간에 $250\frac{5}{6}$ km씩 일정하게 가는 빠르기로 $1\frac{1}{5}$시간 동안 갈 수 있는 거리는

$250\frac{5}{6}\times1\frac{1}{5}=\frac{\overset{301}{\cancel{1505}}}{\underset{1}{\cancel{6}}}\times\frac{\overset{1}{\cancel{6}}}{\underset{1}{\cancel{5}}}=301$(km)입니다.

2단원 단원 평가 Level 1 　58~60쪽

1 3, 3, 3, 3 / 3, 4 / 3, 2 / $1\frac{1}{2}$

2 (1) 1, 6 / $\frac{1}{6}$　(2) 1, 1, 2, 3 / $\frac{1}{6}$　(3) 1, 1, 2, 3 / $\frac{1}{6}$

3 (1) $13\frac{1}{2}$　(2) $17\frac{1}{3}$　**4** 48

5 (1) $>$　(2) $<$　**6** ⑤

7 $3\frac{3}{4}$, $\frac{3}{4}$, $4\frac{1}{2}$

8 (1) 예 5, 6 (2) 예 4, 9

9 $6\frac{2}{3}\text{ cm}^2$ **10** ㉢

11 예 $\frac{7}{11}$ **12** $\frac{1}{48}$

13 (1) $3\frac{1}{4}$ (2) $\frac{1}{10}$ **14** 16 m

15 $\frac{3}{4}\text{ cm}^2$ **16** $4\frac{11}{16}$

17 3 **18** 225 m

19 방법 1 예 $3\frac{5}{9}$를 $3+\frac{5}{9}$로 생각하여 각각 12를 곱합니다.

$$3\frac{5}{9}\times12=\left(3+\frac{5}{9}\right)\times12$$
$$=(3\times12)+\left(\frac{5}{\underset{3}{\cancel{9}}}\times\overset{4}{\cancel{12}}\right)$$
$$=36+\frac{20}{3}$$
$$=36+6\frac{2}{3}=42\frac{2}{3}$$

방법 2 예 $3\frac{5}{9}$를 가분수 $\frac{32}{9}$로 바꾸어 곱합니다.

$$3\frac{5}{9}\times12=\frac{32}{\underset{3}{\cancel{9}}}\times\overset{4}{\cancel{12}}=\frac{128}{3}=42\frac{2}{3}$$

20 $\frac{1}{16}$

3 (1) $6\times2\frac{1}{4}=\overset{3}{\cancel{6}}\times\frac{9}{\underset{2}{\cancel{4}}}=\frac{27}{2}=13\frac{1}{2}$

(2) $3\frac{5}{7}\times4\frac{2}{3}=\frac{26}{\underset{1}{\cancel{7}}}\times\frac{\overset{2}{\cancel{14}}}{3}=\frac{52}{3}=17\frac{1}{3}$

4 $12\times5\frac{1}{3}\times\frac{3}{4}=12\times\frac{\overset{4}{\cancel{16}}}{\underset{1}{\cancel{3}}}\times\frac{\overset{1}{\cancel{3}}}{\underset{1}{\cancel{4}}}=48$

5 (1) $\frac{1}{9}$에 진분수를 곱하면 계산 결과는 $\frac{1}{9}$보다 작습니다.

(2) $\frac{1}{9}$에 더 큰 수를 곱할수록 계산 결과는 커집니다.

6 $2\frac{2}{7}\times\frac{7}{8}=\frac{16}{7}\times\frac{7}{8}=\frac{\overset{2}{\cancel{16}}\times\overset{1}{\cancel{7}}}{\underset{1}{\cancel{7}}\times\underset{1}{\cancel{8}}}=2$

7
$$3\frac{3}{5}\times1\frac{1}{4}=\left(3+\frac{3}{5}\right)\times1\frac{1}{4}$$
$$=\left(3\times1\frac{1}{4}\right)+\left(\frac{3}{5}\times1\frac{1}{4}\right)$$
$$=3\frac{3}{4}+\frac{3}{4}=4\frac{2}{4}=4\frac{1}{2}$$

8 두 수를 곱한 결과가 분모가 되는 경우 정답이므로 다양하게 나올 수 있습니다.

9 (직사각형의 넓이)$=\overset{5}{\cancel{15}}\times\frac{4}{\underset{3}{\cancel{9}}}=\frac{20}{3}=6\frac{2}{3}\ (\text{cm}^2)$

10 ㉠, ㉡ (어떤 수)×(진분수)<(어떤 수)

㉢ (어떤 수)×(대분수)>(어떤 수)

㉣ (어떤 수)×1=(어떤 수)

11 분자는 분자끼리, 분모는 분모끼리 곱하여 계산합니다.

$\frac{14}{5}\times\frac{\triangle}{\square}=\frac{98}{55}$ ⋯ ② (분자), ⋯ ① (분모)

① $5\times\square=55$, $\square=55\div5=11$

② $14\times\triangle=98$, $\triangle=98\div14=7$

12 곱이 가장 작은 단위분수의 곱셈식을 완성하려면 두 분모에 가장 큰 수와 두 번째로 큰 수를 넣으면 됩니다.

➡ $\frac{1}{8}\times\frac{1}{6}=\frac{1}{48}$ 또는 $\frac{1}{6}\times\frac{1}{8}=\frac{1}{48}$

13 (1) $\frac{4}{13}\times\frac{13}{4}=1$ ➡ $\frac{13}{4}=3\frac{1}{4}$

(2) $6\times1\frac{2}{3}=\overset{2}{\cancel{6}}\times\frac{5}{\underset{1}{\cancel{3}}}=10$ ➡ $\frac{10}{1}\times\frac{1}{10}=1$

14 (어제 사용한 철사의 길이)$=\overset{6}{\cancel{36}}\times\frac{1}{\underset{1}{\cancel{6}}}=6\ (\text{m})$

(남은 철사의 길이)$=36-6=30\ (\text{m})$

오늘 사용한 철사의 길이 ➡ 30 m의 $\frac{1}{3}$

➡ $\overset{10}{\cancel{30}}\times\frac{1}{\underset{1}{\cancel{3}}}=10\ (\text{m})$

(어제와 오늘 사용한 철사의 길이)$=6+10=16\ (\text{m})$

15 (삼각형의 넓이)$=3\frac{3}{7}\times1\frac{3}{4}\div2=\frac{\overset{6}{\cancel{24}}}{\underset{1}{\cancel{7}}}\times\frac{\overset{1}{\cancel{7}}}{\underset{1}{\cancel{4}}}\div2$

$=6\div2=3\ (\text{cm}^2)$

(색칠한 부분의 넓이)$=3\times\frac{1}{4}=\frac{3}{4}\ (\text{cm}^2)$

16 어떤 수를 □라 하면 $□-1\frac{1}{4}=2\frac{1}{2}$ 입니다.

$□=2\frac{1}{2}+1\frac{1}{4}=2\frac{2}{4}+1\frac{1}{4}=3\frac{3}{4}$

따라서 바르게 계산하면

$3\frac{3}{4}\times1\frac{1}{4}=\frac{15}{4}\times\frac{5}{4}=\frac{75}{16}=4\frac{11}{16}$ 입니다.

17 $\frac{5}{8}\times\frac{4}{15}\times1\frac{1}{2}=\frac{\overset{1}{\cancel{5}}}{\underset{2}{\cancel{8}}}\times\frac{\overset{1}{\cancel{4}}}{\underset{\underset{1}{\cancel{3}}}{\cancel{15}}}\times\frac{\overset{1}{\cancel{3}}}{2}=\frac{1}{4}$

$\frac{1}{4}<\frac{1}{□}$ 에서 □ 안에 들어갈 수 있는 자연수는 1, 2, 3이므로 가장 큰 수는 3입니다.

주의 | $\frac{1}{▲}<\frac{1}{●}$ 이면 ▲>●입니다. 이때, 부등호를 착각하여 틀릴 수 있으므로 주의합니다.

18 (첫 번째 튀어 올랐을 때의 높이)$=\overset{11}{\cancel{121}}\times\frac{4}{\underset{1}{\cancel{11}}}=44\,(\text{m})$

(두 번째 튀어 올랐을 때의 높이)$=\overset{4}{\cancel{44}}\times\frac{4}{\underset{1}{\cancel{11}}}=16\,(\text{m})$

(움직인 거리)

=(공을 떨어뜨린 높이)

+(첫 번째 튀어 올랐을 때의 높이)×2

+(두 번째 튀어 올랐을 때의 높이)

$=121+44\times2+16=225\,(\text{m})$

서술형
19

평가 기준	배점(5점)
한 가지 방법으로 계산했나요?	3점
다른 한 가지 방법으로 계산했나요?	2점

서술형
20 예 체육을 좋아하는 5학년 남학생은

전체의 $\frac{1}{6}\times\frac{3}{7}\times\frac{7}{8}$ 로 구합니다.

따라서 체육을 좋아하는 5학년 남학생은 전체의

$\frac{1}{\underset{2}{\cancel{6}}}\times\frac{\overset{1}{\cancel{3}}}{\underset{1}{\cancel{7}}}\times\frac{\overset{1}{\cancel{7}}}{8}=\frac{1}{16}$ 입니다.

평가 기준	배점(5점)
문제에 맞게 분수의 곱셈식을 세웠나요?	2점
체육을 좋아하는 5학년 남학생은 전체의 몇 분의 몇인지 구했나요?	3점

2 단원 단원 평가 Level ❷ 61~63쪽

1 (1) $\frac{1}{2}$ (2) $22\frac{1}{2}$

2 $1\frac{5}{18}$

3

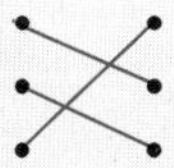

4 (1) 80 (2) 40

5 $4\times1\frac{1}{6}=\overset{2}{\cancel{4}}\times\frac{7}{\underset{3}{\cancel{6}}}=\frac{2\times7}{3}=\frac{14}{3}=4\frac{2}{3}$

6 ④

7 8

8 $3\frac{1}{3}$

9 $\frac{6}{7}\times3$, $4\times\frac{6}{7}$에 ○표 / $\frac{1}{2}\times\frac{6}{7}$, $\frac{6}{7}\times\frac{7}{9}$에 △표

10 10

11 $16\frac{2}{3}$ cm

12 $\frac{16}{21}$ m

13 $31\frac{1}{2}$ kg

14 $\frac{1}{10}$

15 14명

16 $\frac{7}{16}$

17 $9\frac{6}{7}\,\text{cm}^2$

18 3, 4, 5

19 예 승우네 학교 학생의 $\frac{3}{10}$은 남학생이고, 그중 $\frac{4}{5}$는 미술을 좋아합니다. 미술을 좋아하는 남학생은 승우네 학교 학생 수의 몇 분의 몇일까요? /

예 $\frac{3}{\underset{5}{\cancel{10}}}\times\frac{\overset{2}{\cancel{4}}}{5}=\frac{6}{25}$ / 예 $\frac{6}{25}$

20 $1\frac{35}{81}$

2 $\frac{5}{9}\times2\frac{3}{10}=\frac{\overset{1}{\cancel{5}}}{9}\times\frac{23}{\underset{2}{\cancel{10}}}=\frac{23}{18}=1\frac{5}{18}$

3 $\frac{2}{9}\times5=\frac{2\times5}{9}=2\times\frac{5}{9}$

$1\frac{1}{4}\times4=\frac{5}{4}\times4=4\times\frac{5}{4}$

$2\frac{1}{3}\times6=\frac{7}{\underset{1}{\cancel{3}}}\times\overset{2}{\cancel{6}}=7\times2$

4 (1) 1 m는 100 cm이므로

1 m의 $\frac{4}{5}$는 $\overset{20}{\cancel{100}}\times\frac{4}{\underset{1}{\cancel{5}}}=80$ (cm)입니다.

(2) 1시간은 60분이므로

1시간의 $\frac{2}{3}$는 $\overset{20}{\cancel{60}}\times\frac{2}{\underset{1}{\cancel{3}}}=40$(분)입니다.

5 대분수를 가분수로 바꾸어 약분한 후 자연수와 분자를 곱해야 하는데 자연수와 분모를 곱하여 잘못되었습니다.

6 ① $\frac{1}{18}$ ② $\frac{1}{9}$ ③ $\frac{1}{25}$ ④ $\frac{1}{28}$ ⑤ $\frac{1}{24}$

➡ $\frac{1}{28}<\frac{1}{25}<\frac{1}{24}<\frac{1}{18}<\frac{1}{9}$

7 $4\frac{1}{6}\times1\frac{4}{5}=\frac{\overset{5}{\cancel{25}}}{\underset{2}{\cancel{6}}}\times\frac{\overset{3}{\cancel{9}}}{\underset{1}{\cancel{5}}}=\frac{15}{2}=7\frac{1}{2}$

$7\frac{1}{2}<\square$이므로 □ 안에 들어갈 수 있는 가장 작은 자연수는 8입니다.

8 ㉠ $\frac{3}{\underset{1}{\cancel{8}}}\times\overset{2}{\cancel{16}}=6$　㉡ $\frac{2}{\underset{3}{\cancel{9}}}\times\overset{4}{\cancel{12}}=\frac{8}{3}=2\frac{2}{3}$

➡ ㉠−㉡ $=6-2\frac{2}{3}=3\frac{1}{3}$

9 $\frac{6}{7}$에 1보다 큰 수를 곱하면 계산 결과는 $\frac{6}{7}$보다 커지고, $\frac{6}{7}$에 1보다 작은 수를 곱하면 계산 결과는 $\frac{6}{7}$보다 작아집니다.

10 $\square\div1\frac{7}{8}=5\frac{1}{3}$

➡ $\square=5\frac{1}{3}\times1\frac{7}{8}=\frac{\overset{2}{\cancel{16}}}{\underset{1}{\cancel{3}}}\times\frac{\overset{5}{\cancel{15}}}{\underset{1}{\cancel{8}}}=10$

11 40 cm의 $\frac{5}{12}$만큼 튀어 오르므로 튀어 오른 높이는

$\overset{10}{\cancel{40}}\times\frac{5}{\underset{3}{\cancel{12}}}=\frac{50}{3}=16\frac{2}{3}$ (cm)입니다.

12 정호가 선물을 포장하는 데 사용한 색 테이프의 길이는

$\frac{6}{7}$ m의 $\frac{8}{9}$이므로 $\frac{\overset{2}{\cancel{6}}}{7}\times\frac{8}{\underset{3}{\cancel{9}}}=\frac{16}{21}$ (m)입니다.

13 (종욱이의 몸무게)

$=5\frac{1}{4}\times6=\frac{21}{\underset{2}{\cancel{4}}}\times\overset{3}{\cancel{6}}=\frac{63}{2}=31\frac{1}{2}$ (kg)

14 여학생은 전체의 $\frac{4}{9}$, 운동을 좋아하는 여학생은 전체의 $\frac{4}{9}\times\frac{3}{8}$이므로 피구를 좋아하는 여학생은 전체의

$\frac{\overset{1}{\cancel{4}}}{\underset{\underset{1}{\cancel{3}}}{\cancel{9}}}\times\frac{\overset{1}{\cancel{3}}}{\underset{2}{\cancel{8}}}\times\frac{\overset{1}{\cancel{3}}}{5}=\frac{1}{10}$입니다.

15 여학생이 전체의 $\frac{9}{16}$이므로 남학생은 전체의

$1-\frac{9}{16}=\frac{7}{16}$입니다.

따라서 유라네 반 남학생은 $\overset{2}{\cancel{32}}\times\frac{7}{\underset{1}{\cancel{16}}}=14$(명)입니다.

16 $1\frac{1}{2}\blacktriangle\frac{1}{4}=\frac{1}{4}\times\left(1\frac{1}{2}+\frac{1}{4}\right)$

$=\frac{1}{4}\times1\frac{3}{4}=\frac{1}{4}\times\frac{7}{4}=\frac{7}{16}$

17 색칠한 부분의 넓이는 직사각형 넓이의 $\frac{1}{3}$과 같습니다.

➡ $7\frac{5}{7}\times3\frac{5}{6}\times\frac{1}{3}=\frac{\overset{\overset{3}{\cancel{9}}}{\cancel{54}}}{7}\times\frac{23}{\underset{1}{\cancel{6}}}\times\frac{1}{\underset{1}{\cancel{3}}}$

$=\frac{69}{7}=9\frac{6}{7}$ (cm^2)

18 $\frac{1}{7}\times\frac{1}{\square}=\frac{1}{7\times\square}$ ➡ $\frac{1}{40}<\frac{1}{7\times\square}<\frac{1}{20}$에서

분자가 1이므로 분모를 비교하면 $20<7\times\square<40$입니다.

따라서 □ 안에 들어갈 수 있는 자연수는 3, 4, 5입니다.

서술형
19

평가 기준	배점(5점)
분수의 곱셈식에 알맞은 문제를 만들었나요?	3점
풀이 과정을 쓰고 답을 구했나요?	2점

서술형
20 예 어떤 수를 □라 하면 $\square+\frac{8}{9}=2\frac{1}{2}$이므로

$\square=2\frac{1}{2}-\frac{8}{9}=1\frac{27}{18}-\frac{16}{18}=1\frac{11}{18}$입니다.

따라서 바르게 계산하면

$1\frac{11}{18}\times\frac{8}{9}=\frac{29}{\underset{9}{\cancel{18}}}\times\frac{\overset{4}{\cancel{8}}}{9}=\frac{116}{81}=1\frac{35}{81}$입니다.

평가 기준	배점(5점)
어떤 수를 구했나요?	2점
바르게 계산한 값을 구했나요?	3점

3 합동과 대칭

합동과 대칭은 자연물뿐 아니라 일상생활에서 쉽게 접할 수 있는 주제이고, 수학 교과의 내용 외적으로 예술적, 조형적 아름다움과 밀접한 관련이 있습니다. 합동과 대칭의 학습을 통해 생활용품, 광고, 건축 디자인 등 다양한 실생활 장면에서 수학의 유용성을 확인할 수 있으며 자연 환경과 예술 작품에 대한 미적 감각과 예술적 소양을 기를 수 있습니다. 이 단원에서 학습하는 도형의 합동은 도형의 대칭을 이해하기 위한 선수 학습 요소이며, 도형의 대칭은 이후 직육면체, 각기둥과 각뿔을 배우는 데 기본이 되는 학습 요소입니다. 따라서 학생들이 합동과 대칭의 개념과 원리에 대한 정확한 이해를 바탕으로 도형에 대한 기본 개념과 공간 감각을 잘 형성할 수 있도록 지도해야 합니다.

교과서 개념 이해 1 도형의 합동을 알아볼까요 66~67쪽

❶ • 합동

1 (1) 같습니다에 ○표 (2) 합동

2 (1) 마 (2) 라 (3) 바 **3** 다

4 가, 나 **5** 다

6 가, 마

7 (1) 예 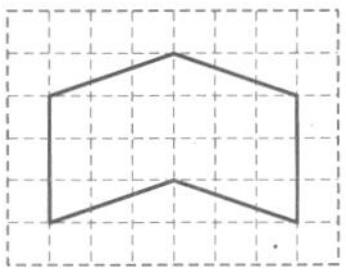 (2) 예 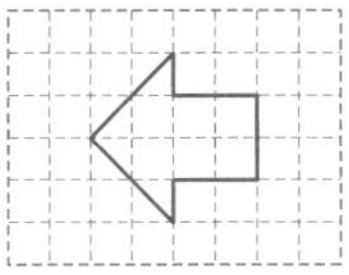

8 ㉡과 ㉥, ㉢과 ㉣ **9** 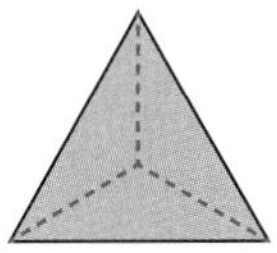

3 도형 가와 모양과 크기가 같아서 포개었을 때 완전히 겹치는 도형은 다입니다.

4 포개었을 때 남거나 모자란 부분이 없이 완전히 겹치는 두 도형은 가와 나입니다.

5 뒤집거나 돌렸을 때 다른 도형을 찾습니다.

다른 풀이 |

모눈의 칸 수를 세어 봅니다.

6 모양과 크기가 같아서 포개었을 때 완전히 겹치는 도형은 가와 마입니다.

7 주어진 도형과 포개었을 때 완전히 겹치도록 그립니다.

8 두 표지판을 포개었을 때 완전히 겹치는 것은 ㉡과 ㉥, ㉢과 ㉣입니다.

교과서 개념 이해 2 합동인 도형의 성질을 알아볼까요 68~69쪽

1 (1) ㄹ, ㅂ, ㅁ (2) ㄹㅂ, ㅂㅁ, ㅁㄹ
(3) ㄹㅂㅁ, ㅂㅁㄹ, ㅁㄹㅂ

2 (1) ㄱㄷ, 5 (2) ㄱㄴ, 4 (3) ㄴㄱㄷ, 40

3 ㉢

4 (1) 점 ㅇ (2) 변 ㅅㅂ (3) 각 ㅇㅁㅂ

5 6쌍, 6쌍 **6** (위에서부터) 85, 13

7 9 cm **8** (1) 6 cm (2) 65° (3) 19 cm

1 왼쪽 삼각형을 오른쪽으로 뒤집으면 오른쪽 삼각형과 포개어집니다.

2 (1) (변 ㄹㅁ)=(변 ㄱㄷ)=5 cm
(2) (변 ㄹㅂ)=(변 ㄱㄴ)=4 cm
(3) (각 ㅂㄹㅁ)=(각 ㄴㄱㄷ)=40°

3 각 ㄴㄷㄱ의 대응각은 각 ㅁㅂㄹ입니다.

5 두 도형은 서로 합동인 육각형이므로 대응변과 대응각이 각각 6쌍 있습니다.
참고 | 서로 합동인 ■각형은 대응변과 대응각이 각각 ■쌍 있습니다.

6 변 ㅂㅅ의 대응변은 변 ㄷㄴ이므로 13 cm이고,
각 ㅂㅅㅇ의 대응각은 각 ㄷㄴㄱ이므로 85°입니다.

7 변 ㄹㅁ의 대응변은 변 ㄱㄷ이므로 9 cm입니다.

8 (1) 변 ㅂㅅ의 대응변은 변 ㄴㄷ이므로 6 cm입니다.
(2) 각 ㅅㅇㅁ의 대응각은 각 ㄷㄹㄱ이므로 65°입니다.
(3) 변 ㄱㄴ의 대응변은 변 ㅁㅂ이므로 변 ㄱㄴ은 3 cm, 변 ㄱㄹ의 대응변은 변 ㅁㅇ이므로 변 ㄱㄹ은 5 cm입니다.
따라서 사각형 ㄱㄴㄷㄹ의 둘레는
$3+6+5+5=19$ (cm)입니다.

교과서 개념 이해 3 선대칭도형과 그 성질을 알아볼까요 71쪽

1 ④

2

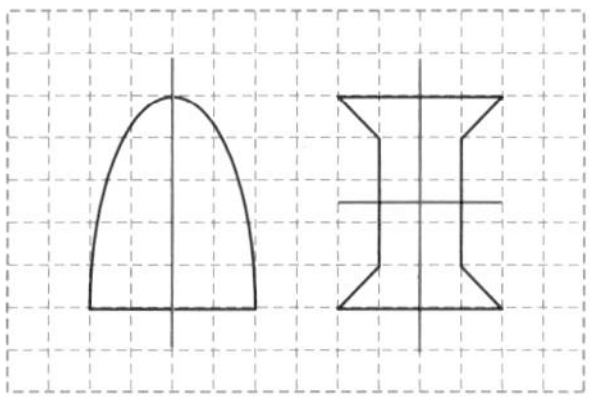

3 (1) 점 ㅅ, 변 ㅅㅂ, 각 ㅂㅁㄹ (2) 90°, 90°

4 (1) 1개 (2) 2개

5

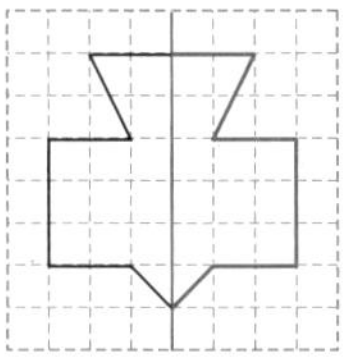

6 (1) 9 cm (2) 80° (3) 40°

1

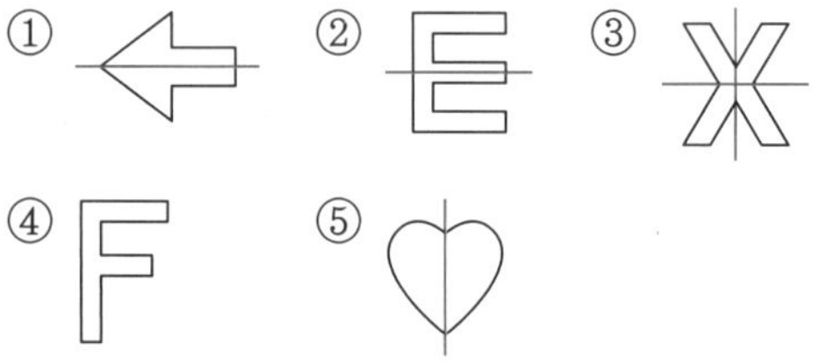

①, ②, ③, ⑤는 한 직선을 따라 접으면 완전히 겹치므로 선대칭도형입니다.

2 • 선대칭도형에서 도형이 완전히 겹치도록 접은 직선이 대칭축입니다.
• 선대칭도형의 모양에 따라 대칭축이 여러 개일 수도 있습니다.

3 (2) 대응점끼리 이은 선분은 대칭축과 수직으로 만납니다.

4

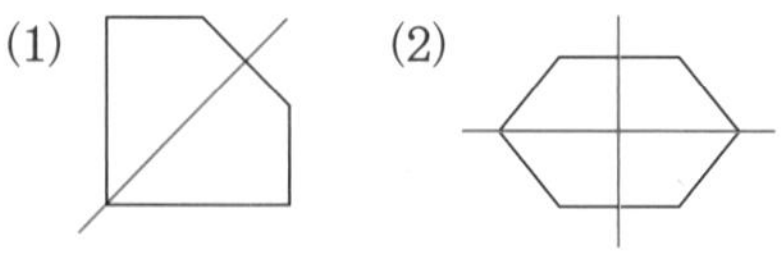

5 대응점을 찾아 표시한 후 서로 연결하여 선대칭도형을 완성합니다.

6 (1) 변 ㄱㄴ의 길이는 대응변인 변 ㄱㄹ과 같은 9 cm입니다.
(2) 각 ㄱㄹㄷ의 크기는 대응각인 각 ㄱㄴㄷ과 같은 80°입니다.
(3) 각 ㄴㄱㄷ의 크기는 대응각인 각 ㄹㄱㄷ과 같은 40°입니다.

교과서 개념 이해 4 점대칭도형과 그 성질을 알아볼까요 73쪽

1 (1) × (2) ○ (3) × (4) ○ **2** ㉢

3 (1) 점 ㅂ (2) 변 ㅁㅂ (3) 각 ㅁㅂㄱ

4

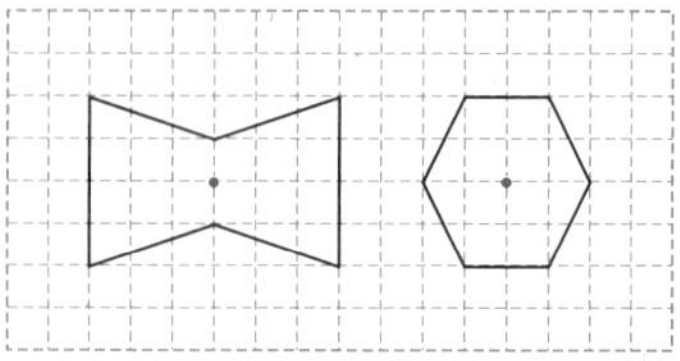

5

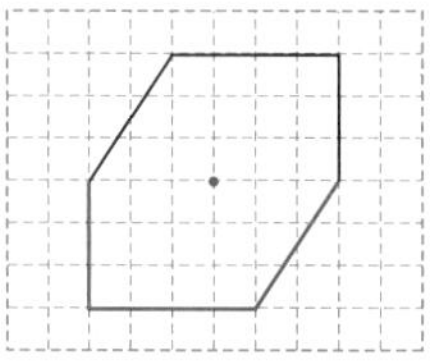

6 (1) (위에서부터) 130, 8
(2) (위에서부터) 120, 4

2 점 ㉢을 중심으로 180° 돌리면 처음 도형과 완전히 겹칩니다.

3

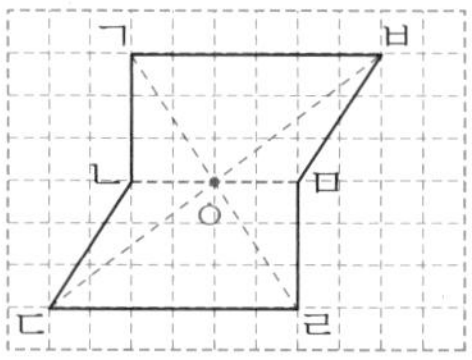

점 ㅇ을 중심으로 180° 돌렸을 때 겹치는 점, 변, 각을 찾으면 대응점, 대응변, 대응각을 찾을 수 있습니다.

4 각각의 대응점을 이었을 때 대응점끼리 이은 선분들이 만나는 한 점을 찾습니다.

5 각 점에서 대칭의 중심까지의 길이가 같도록 대응점을 찾아 표시한 후 각 대응점을 이어 점대칭도형을 완성합니다.

6 점대칭도형에서 대응변의 길이와 대응각의 크기는 각각 같습니다.

개념 적용 기본기 다지기 74~81쪽

1 나, 라 **2** 가

3 예

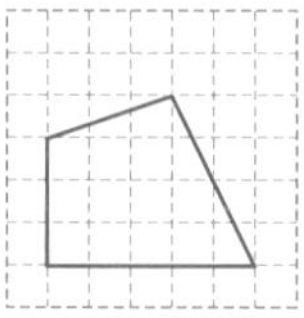

4 합동이 아닙니다. / 예 모양은 같지만 크기가 달라서 포개었을 때 완전히 겹치지 않기 때문입니다.

5 가와 사, 다와 마, 라와 바 **6** ④

7 변 ㅁㅂ, 각 ㄴㄱㄹ **8** 6쌍, 6쌍

9 (1) 변 ㄹㄴ (2) 각 ㄹㄴㄷ

10 9 cm **11** 23 cm

12 3 cm **13** 52 cm

14 70° **15** 60

16 35° **17** 135°

18 90° **19** 24 cm^2

20 252 cm^2 **21** 25 cm^2

22 256 cm^2 **23** 나, 라, 바

24 (1)

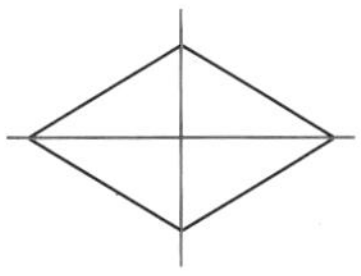

(2)

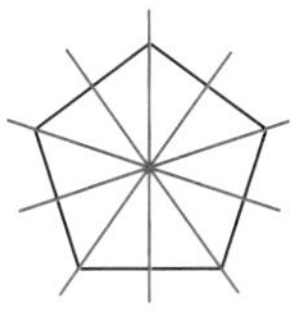

25 ㄱ, ㅂ **26** 독일, 캐나다

27 6개 **28** ②

29 (1) 점 ㄱ (2) 변 ㄷㄹ (3) 각 ㄹㅁㅂ

30 (1) (위에서부터) 95, 6 (2) (왼쪽에서부터) 5, 80

31 (1) 90° (2) 8 cm **32** 44 cm

33 (1)

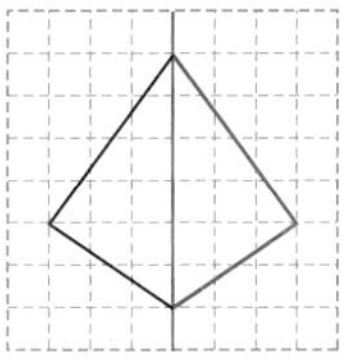

(2)

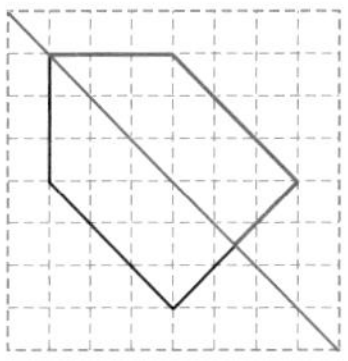

34 45° **35** (1) A (2) E

36 20° **37** ③, ⑤

38 (1)

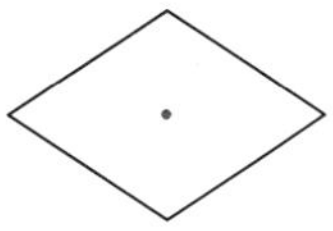

(2)

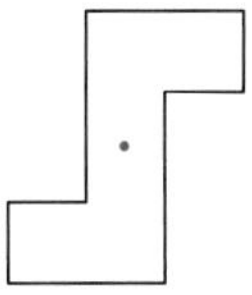

39 ㉠ / 예 ㉠은 어떤 점을 중심으로 180° 돌려도 처음 도형과 완전히 겹치지 않기 때문입니다.

40 (1) ㉠, ㉡, ㉢ (2) ㉡, ㉣ (3) ㉡

41 ②, ③, ④

42 (1) 점 ㄱ (2) 변 ㅁㅂ (3) 각 ㄱㄴㄷ

43 각 ㄷㄴㄱ

44 (왼쪽에서부터) 125, 9, 7

45 10 cm **46** 56 cm

47 70° **48** 16 cm

49

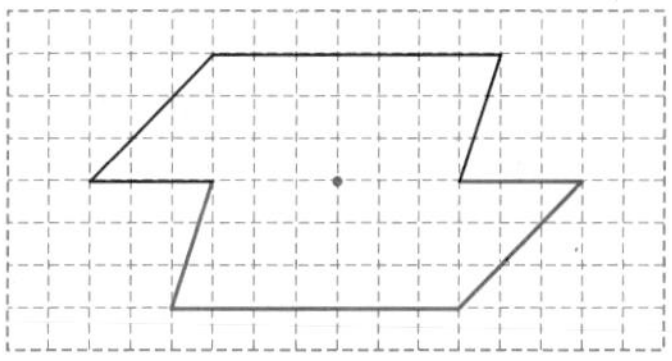

1 나와 라는 모양과 크기가 같아서 포개었을 때 완전히 겹치므로 서로 합동입니다.

2 점선 가를 따라 자르면 만들어진 두 도형의 모양과 크기가 같습니다.

서술형
4

단계	문제 해결 과정
①	두 도형이 합동인지 아닌지 답했나요?
②	그 이유를 설명했나요?

5 두 표지판을 포개었을 때 완전히 겹치는 것은 가와 사, 다와 마, 라와 바입니다.

6 ④ 마름모는 넓이가 같아도 모양이 다를 수 있습니다.

7 두 사각형을 포개었을 때 변 ㄹㄷ은 변 ㅁㅂ과, 각 ㅅㅇㅁ은 각 ㄴㄱㄹ과 겹칩니다.

8 두 도형은 서로 합동인 육각형이므로 대응변과 대응각은 각각 6쌍입니다.

9 삼각형 ㄱㄴㄷ과 삼각형 ㄹㄷㄴ을 포개면 점 ㄱ은 점 ㄹ과 겹치고 점 ㄴ은 점 ㄷ과 겹치므로 변 ㄱㄷ의 대응변은 변 ㄹㄴ이고 각 ㄱㄷㄴ의 대응각은 각 ㄹㄴㄷ입니다.

10 변 ㅇㅅ의 대응변은 변 ㄹㄱ이고 대응변의 길이는 서로 같으므로 (변 ㅇㅅ)=(변 ㄹㄱ)=9 cm입니다.

11 (변 ㅁㅂ)=(변 ㄷㄴ)=8 cm
(변 ㄹㅂ)=(변 ㄱㄴ)=9 cm
➡ (삼각형 ㄹㅁㅂ의 둘레)=6+8+9=23 (cm)

12 (변 ㅂㅅ)=(변 ㄷㄴ)=5 cm
(변 ㅇㅅ)=(변 ㄱㄴ)=6 cm
사각형 ㅁㅂㅅㅇ의 둘레가 18 cm이므로
(변 ㅁㅂ)=18−5−6−4=3 (cm)입니다.

13 삼각형 ㄱㄴㅁ과 삼각형 ㅁㄷㄹ은 서로 합동이므로
(변 ㄴㅁ)=(변 ㄷㄹ)=14 cm,
(변 ㅁㄷ)=(변 ㄱㄴ)=2 cm입니다.
따라서 사각형 ㄱㄴㄷㄹ의 둘레는
2+14+2+14+20=52 (cm)입니다.

14 각 ㄹㅂㅁ의 대응각은 각 ㄷㄴㄱ이고 대응각의 크기는 서로 같으므로 (각 ㄹㅂㅁ)=(각 ㄷㄴㄱ)=70°입니다.

15 (각 ㄱㄴㄷ)=(각 ㅇㅅㅂ)
=360°−100°−75°−125°
=60°

서술형
16 예 각 ㄹㅁㅂ의 대응각은 각 ㄴㄷㄱ입니다.
(각 ㄴㄷㄱ)=180°−95°−50°=35°이므로
각 ㄹㅁㅂ은 35°입니다.

단계	문제 해결 과정
①	각 ㄹㅁㅂ의 대응각을 찾았나요?
②	각 ㄹㅁㅂ의 크기를 구했나요?

17 (각 ㄱㄴㄷ)=(각 ㄹㄷㄴ)
=180°−25°−20°=135°

18 (각 ㄱㄴㅁ)+(각 ㄱㅁㄴ)=180°−90°=90°
(각 ㄷㄴㄹ)=(각 ㄱㅁㄴ)이므로
(각 ㄱㄴㅁ)+(각 ㄷㄴㄹ)=90°입니다.
따라서 (각 ㅁㄴㄹ)=180°−90°=90°입니다.

19 (변 ㄱㄴ)=(변 ㄷㄹ)=4 cm
➡ (직사각형 ㄱㄴㄷㅅ의 넓이)=6×4=24 (cm^2)

20 (선분 ㅁㅇ)=(선분 ㄷㄴ)=15 cm
직사각형 ㄱㄴㅅㅇ의 가로는 9+15−3=21 (cm), 세로는 12 cm이므로 넓이는 21×12=252 (cm^2)입니다.

21 (변 ㄱㄴ)=(변 ㅅㅂ)=(변 ㅇㅅ)=(변 ㄹㅁ)=5 cm
색칠한 부분은 한 변이 5 cm인 정사각형이므로 넓이는 5×5=25 (cm^2)입니다.

22 직사각형 1개의 짧은 변은 12−8=4 (cm)이므로 사각형 ㄱㄴㄷㄹ은 한 변이 12+4=16 (cm)인 정사각형입니다.
따라서 사각형 ㄱㄴㄷㄹ의 넓이는
16×16=256 (cm^2)입니다.

23 한 직선을 따라 접었을 때 완전히 겹치는 도형은 나, 라, 바입니다.

24 직선을 따라 접었을 때 도형이 완전히 겹치게 하는 직선을 찾아 그립니다.

25

26 독일, 캐나다의 국기는 한 직선을 따라 접었을 때 완전히 겹칩니다.

27

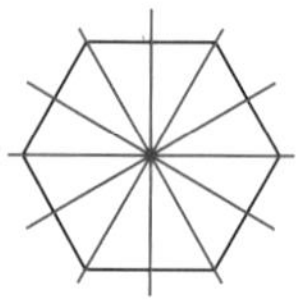

28 ① 1개 ② 셀 수 없이 많습니다.
③ 4개 ④ 8개 ⑤ 2개

30 선대칭도형에서 대응변의 길이와 대응각의 크기는 각각 같습니다.

31 (1) 선대칭도형에서 대응점끼리 이은 선분은 대칭축과 수직으로 만납니다.
(2) 선대칭도형에서 각각의 대응점에서 대칭축까지의 거리는 같으므로 (선분 ㄹㅂ)=4×2=8 (cm)입니다.

32 선대칭도형에서 대응변의 길이는 서로 같으므로
(변 ㅇㄷ)=(변 ㅇㅅ)=8 cm
(변 ㄷㄹ)=(변 ㅅㅂ)=5 cm
(변 ㅁㅂ)=(변 ㅁㄹ)=9 cm
➡ (선대칭도형의 둘레)=8+5+9+9+5+8
=44 (cm)

33 각 점의 대응점을 찾아 표시한 후 그 점들을 차례로 이어 선대칭도형을 완성합니다.

서술형
34 예 선대칭도형에서 대응각의 크기는 서로 같으므로
(각 ㄹㅁㅂ)=(각 ㄹㄷㅂ)=110°입니다.
따라서 (각 ㅁㄹㅂ)=180°−110°−25°=45°입니다.

단계	문제 해결 과정
①	각 ㄹㅁㅂ의 크기를 구했나요?
②	각 ㅁㄹㅂ의 크기를 구했나요?

35 선대칭도형을 완성하면 (1)은 A, (2)는 E의 알파벳이 됩니다.

36 선대칭도형에서 대응점끼리 이은 선분은 대칭축과 수직으로 만나므로 각 ㄱㄹㄴ은 90°이고,
(각 ㄱㄴㄹ)=(각 ㄱㄷㄹ)=70°입니다.
➡ (각 ㄴㄱㄹ)=180°−90°−70°=20°

37 어떤 점을 중심으로 180° 돌렸을 때 처음 알파벳과 완전히 겹치는 알파벳을 찾습니다.
③ N ⑤ S

38 대응점끼리 이은 선분들이 만나는 점이 대칭의 중심입니다.

서술형
39

단계	문제 해결 과정
①	점대칭도형이 아닌 것을 찾았나요?
②	점대칭도형이 아닌 이유를 설명했나요?

40 (1) 선대칭도형: ㉠, ㉡, ㉢
(2) 점대칭도형: ㉡, ㉣
(3) 선대칭도형이면서 점대칭도형: ㉡

41 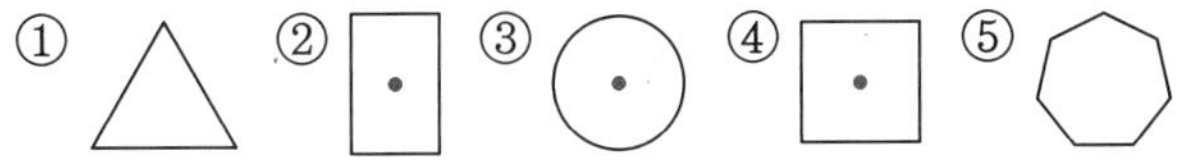

43 점대칭도형에서 각 ㄱㄹㄷ과 각 ㄷㄴㄱ은 대응각이므로 크기가 같습니다.

44 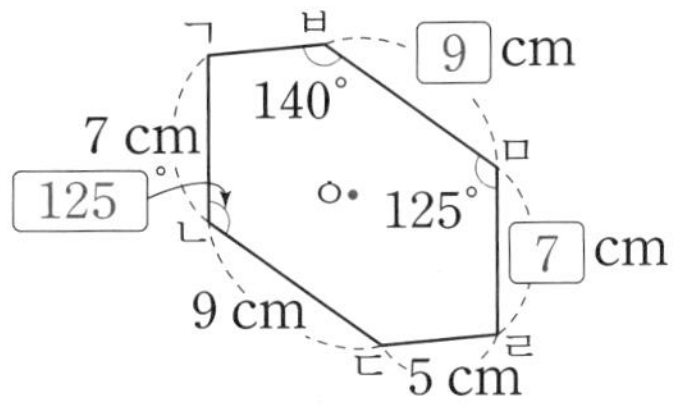

대응변의 길이와 대응각의 크기는 각각 같으므로
(변 ㅂㅁ)=(변 ㄷㄴ)=9 cm,
(변 ㅁㄹ)=(변 ㄴㄱ)=7 cm,
(각 ㄱㄴㄷ)=(각 ㄹㅁㅂ)=125°입니다.

45 점대칭도형에서 각각의 대응점에서 대칭의 중심까지의 거리는 같으므로 (선분 ㄱㅇ)=(선분 ㄹㅇ)입니다.
➡ (선분 ㄹㅇ)=(선분 ㄱㄹ)÷2=20÷2=10 (cm)

46 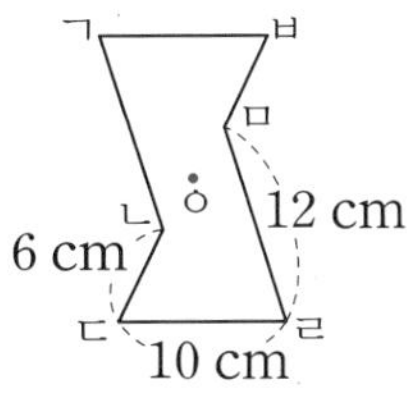

점대칭도형에서 대응변의 길이는 서로 같으므로
(변 ㄱㄴ)=(변 ㄹㅁ)=12 cm,
(변 ㄱㅂ)=(변 ㄹㄷ)=10 cm,
(변 ㅂㅁ)=(변 ㄷㄴ)=6 cm입니다.
➡ (점대칭도형의 둘레)=12+6+10+12+6+10
=56 (cm)

47 점대칭도형에서 대응각의 크기는 서로 같으므로
(각 ㅁㅂㄷ)=(각 ㄴㄷㅂ)=65°,
(각 ㄷㄹㅁ)=(각 ㅂㄱㄴ)=95°입니다.
따라서 (각 ㅂㄷㄹ)=360°−65°−95°−130°=70°입니다.

48 (선분 ㄴㅇ)=(선분 ㅁㅇ)=5 cm
(변 ㅁㅂ)=(변 ㄴㄷ)=13−5−5=3 (cm)
➡ (선분 ㄷㅂ)=13+3=16 (cm)

49 각 점의 대응점을 찾아 표시한 후 그 점들을 차례로 이어 점대칭도형을 완성합니다.

개념 완성 응용력 기르기 82~85쪽

1 $32\ cm^2$

1-1 $216\ cm^2$ **1-2** 6 cm

2 $108\ cm^2$

2-1 $238\ cm^2$ **2-2** $136\ cm^2$

3 202, 212, 222, 282

3-1 8228, 8558, 8698, 8888, 8968

3-2 15개

4 **1단계** 예 색칠한 삼각형의 밑변의 길이는 8 cm이고 양쪽의 모양이 같은 선대칭도형이므로 높이는 10÷2=5 (cm)입니다.

2단계 예 색칠한 삼각형 한 개의 넓이는 8×5÷2=20 (cm^2)이므로 색칠한 부분의 넓이는 20×2=40 (cm^2)입니다.

/ $40\ cm^2$

4-1 $98\ cm^2$

1 삼각형 ㄱㅁㄷ은 삼각형 ㄱㄴㄷ을 접은 것이므로 두 삼각형은 서로 합동입니다.
삼각형 ㄷㄹㄱ은 삼각형 ㄱㄴㄷ과 합동이므로
삼각형 ㄱㅁㄷ과도 합동이고
삼각형 ㄱㅁㅂ과 삼각형 ㄷㄹㅂ도 합동입니다.
따라서 (변 ㄹㅂ)=(변 ㅁㅂ)=3 cm,
(변 ㄹㄷ)=(변 ㅁㄱ)=4 cm이므로
직사각형 ㄱㄴㄷㄹ의 넓이는
(5+3)×4=8×4=32 (cm^2)입니다.

1-1 삼각형 ㄹㄷㅂ과 삼각형 ㄴㅁㅂ이 서로 합동이므로
(변 ㄴㅂ)=(변 ㄹㅂ)=13 cm,
(변 ㄹㄷ)=(변 ㄴㅁ)=12 cm입니다.
따라서 직사각형 ㄱㄴㄷㄹ의 넓이는
(13+5)×12=18×12=216 (cm^2)입니다.

1-2 삼각형 ㄷㅂㅁ과 삼각형 ㄱㄴㅁ이 서로 합동이므로
(변 ㄷㅁ)=(변 ㄱㅁ)=10 cm,
(변 ㄱㄴ)=(변 ㄷㅂ)=8 cm입니다.
선분 ㄴㅁ의 길이를 □cm라 하면
$(\square+10)\times8=128$, $\square+10=16$, $\square=6$입니다.

2 오른쪽과 같이 완성된 점대칭도형의 넓이는 삼각형 ㄱㄴㄷ의 넓이의 2배가 됩니다.

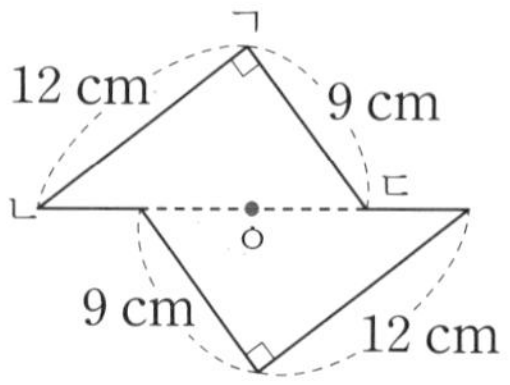

삼각형 ㄱㄴㄷ의 넓이는 $12\times9\div2=54\,(cm^2)$입니다.
따라서 완성된 점대칭도형의 넓이는
$54\times2=108\,(cm^2)$입니다.

2-1 오른쪽과 같이 완성된 점대칭도형의 넓이는 삼각형 ㄱㄴㄷ의 넓이의 2배가 됩니다.

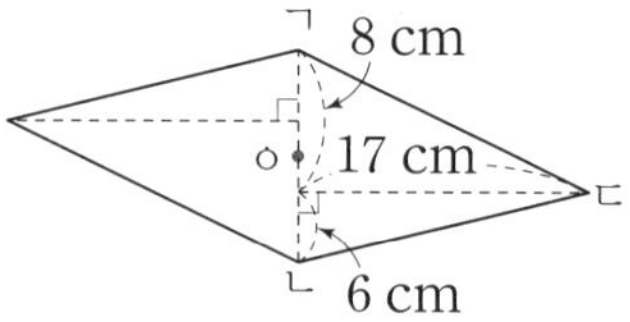

삼각형 ㄱㄴㄷ의 넓이는 $(8+6)\times17\div2=119\,(cm^2)$ 입니다.
따라서 완성된 점대칭도형의 넓이는
$119\times2=238\,(cm^2)$입니다.

2-2 오른쪽과 같이 완성된 점대칭도형의 넓이는 사다리꼴 ㄱㄴㄷㄹ의 넓이의 2배가 됩니다.

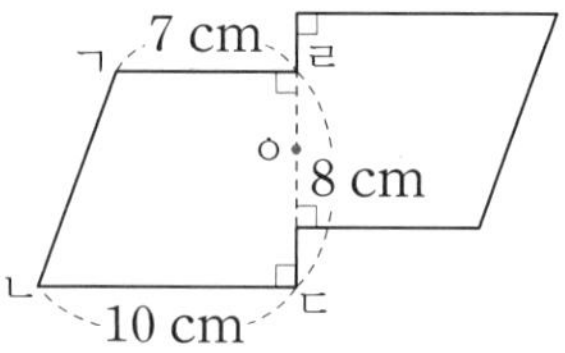

사다리꼴 ㄱㄴㄷㄹ의 넓이는 $(7+10)\times8\div2=68\,(cm^2)$입니다.
따라서 완성된 점대칭도형의 넓이는
$68\times2=136\,(cm^2)$입니다.

3 200부터 300까지의 자연수 중 한 점을 중심으로 180° 돌려도 같은 수를 나타내는 것은 백의 자리와 일의 자리 숫자는 2이고 십의 자리 숫자는 0, 1, 2, 8인 수입니다.
따라서 구하려는 수는 202, 212, 222, 282입니다.

3-1 8000부터 9000까지의 자연수 중 한 점을 중심으로 180° 돌려도 같은 수를 나타내는 것은 천의 자리와 일의 자리 숫자는 8이고 백의 자리와 십의 자리 숫자는 22, 55, 88, 69, 96인 수입니다.
따라서 구하려는 수는 8228, 8558, 8698, 8888, 8968입니다.

3-2 7000보다 작은 자연수 중 한 점을 중심으로 180° 돌려도 같은 수를 나타내는 것은 천의 자리와 일의 자리 숫자는 1, 2 또는 6과 9이고, 백의 자리와 십의 자리 숫자는 00, 11, 22, 69, 96인 수입니다.
따라서 구하려는 수는 1001, 1111, 1221, 1691, 1961, 2002, 2112, 2222, 2692, 2962, 6009, 6119, 6229, 6699, 6969로 모두 15개입니다.

4-1 양쪽의 모양이 같은 선대칭도형이므로
(변 ㄴㄷ)=(변 ㅂㅁ)=7 cm입니다.
색칠한 삼각형 한 개의 넓이는 $7\times14\div2=49\,(cm^2)$이므로 색칠한 부분의 넓이는 $49\times2=98\,(cm^2)$입니다.

3단원 단원 평가 Level ❶ 86~88쪽

1 가와 바, 나와 라

2 ㉡

3 예

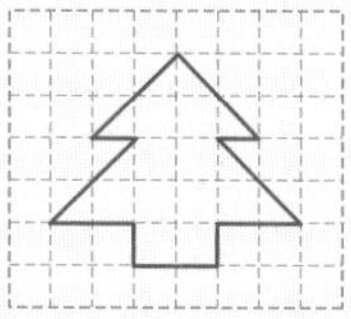

4 점 ㅁ, 변 ㄹㅂ, 각 ㄹㅂㅁ

5

6

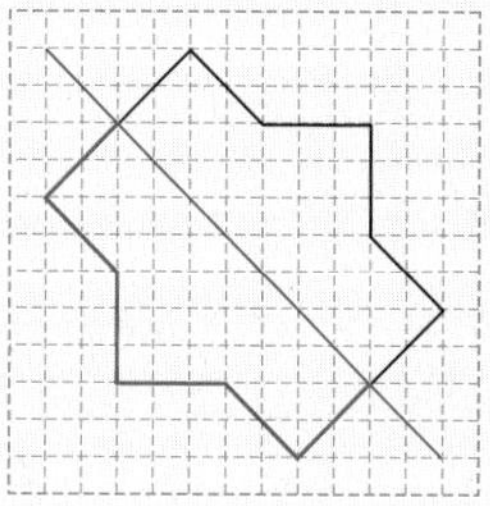

7

8 ⑤

9 40°

10 38 cm

11 ㉢

12 110

13 18 cm

14 3쌍

15 54 cm

16 116 cm

17 $375\,cm^2$

18 50°

19 36 cm

20 80°

8 ①

2개

②

1개

③

4개

④

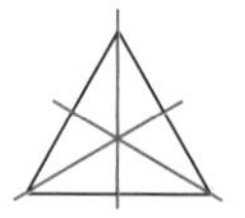

3개

⑤

6개

9 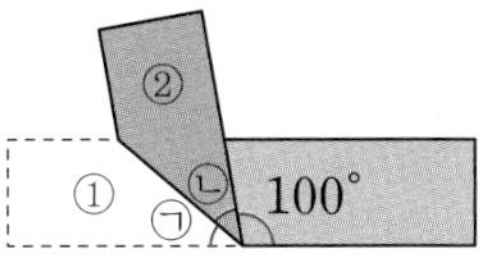

접은 사각형 ①과 사각형 ②는 서로 합동이므로 ㉠과 ㉡의 크기는 같습니다.
따라서 ㉠은 $(180^\circ-100^\circ)\div2=40^\circ$입니다.

10 (점대칭도형의 둘레)$=(5+7+7)\times2=38$ (cm)

11 ㉢ (각 ㄱㄹㄷ)=(각 ㅅㅂㅁ)$=115^\circ$
사각형 ㄱㄴㄷㄹ에서 세 각이 70°, 90°, 115°이므로
(각 ㄴㄱㄹ)$=360^\circ-(70^\circ+90^\circ+115^\circ)$
$=360^\circ-275^\circ=85^\circ$입니다.

12 각 ㄴㄹㄱ은 $180^\circ-155^\circ=25^\circ$입니다.
선대칭도형에서 대응각의 크기는 서로 같으므로 삼각형 ㄴㄷㄹ에서 두 각은 각각 45°, 25°입니다.
따라서 □$=180^\circ-(45^\circ+25^\circ)=110^\circ$입니다.

13 (변 ㅂㄷ)=(변 ㄹㅁ)=4 cm,
(선분 ㄹㅇ)=(선분 ㅂㅇ)=5 cm입니다.
따라서 (선분 ㅁㄷ)$=(4+5)\times2=18$ (cm)입니다.

14 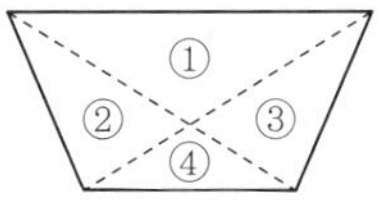

②와 서로 합동인 삼각형: ③ → 1쌍
②+④와 서로 합동인 삼각형: ③+④ → 1쌍
①+②와 서로 합동인 삼각형: ①+③ → 1쌍

15 완성된 선대칭도형은 다음과 같습니다.

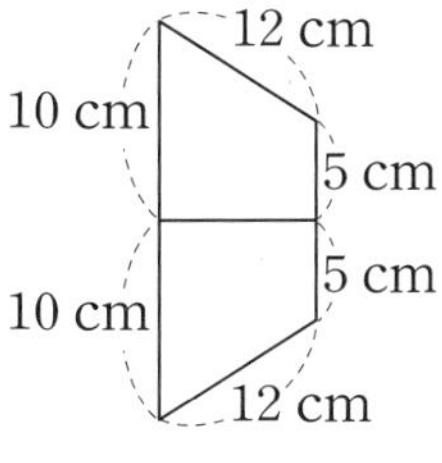

따라서 둘레는 $(5+12+10)\times2=54$ (cm)입니다.

16 6 cm는 점대칭도형을 완성하면 둘레가 아니므로 21 cm에서 빼 줍니다.

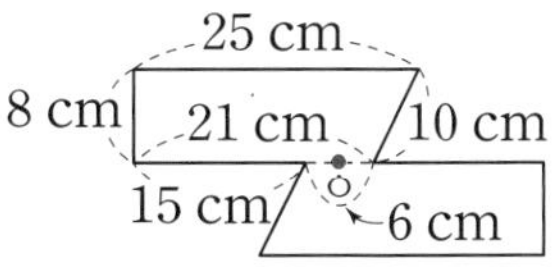

$(25+8+15+10)\times2$
$=58\times2=116$ (cm)

17 삼각형 ㄴㅁㅂ과 삼각형 ㄹㄷㅂ이 서로 합동이므로
(변 ㄷㅂ)=(변 ㅁㅂ)=8 cm입니다.
따라서 직사각형의 가로는 $17+8=25$ (cm)이고, 세로는 15 cm이므로 넓이는 $25\times15=375$ (cm^2)입니다.

18 삼각형 ㄱㄹㅁ과 삼각형 ㄷㅂㅁ은 서로 합동이므로
(각 ㅂㄷㅁ)=(각 ㄹㄱㅁ)$=20^\circ$입니다.
삼각형 ㄷㅂㅁ에서 두 각이 각각 90°, 20°이므로
(각 ㄷㅂㅁ)$=180^\circ-(90^\circ+20^\circ)=70^\circ$,
(각 ㄱㅂㄴ)$=180^\circ-70^\circ=110^\circ$입니다.
따라서 삼각형 ㄱㄴㅂ에서
(각 ㄱㄴㅂ)$=180^\circ-(110^\circ+20^\circ)=50^\circ$입니다.

서술형
19 예 선대칭도형이므로 대응각의 크기는 60°로 같으므로 선대칭도형은 정삼각형입니다.
따라서 정삼각형의 한 변의 길이는 $6\times2=12$ (cm)이므로 둘레는 $12\times3=36$ (cm)입니다.

평가 기준	배점(5점)
선대칭도형이 정삼각형임을 알고 있나요?	3점
선대칭도형의 둘레를 구했나요?	2점

서술형
20 예 (각 ㄴㄷㄱ)$=180^\circ-(80^\circ+30^\circ)=70^\circ$
대응각의 크기는 같으므로
(각 ㅁㄷㄹ)=(각 ㄴㄱㄷ)$=30^\circ$입니다.
따라서 일직선은 180°이므로
(각 ㄱㄷㅁ)$=180^\circ-(70^\circ+30^\circ)=80^\circ$입니다.

평가 기준	배점(5점)
각 ㄴㄷㄱ과 각 ㅁㄷㄹ의 크기를 각각 구했나요?	3점
일직선이 180°임을 이용하여 각 ㄱㄷㅁ의 크기를 구했나요?	2점

3단원 단원 평가 Level ❷

89~91쪽

1 나, 바
2 ①, ③, ⑤
3 변 ㄹㄷ, 각 ㄱㄷㄴ
4 예 
5 ③, ⑤
6 ㄹ, ㅍ
7 105°
8 13 cm
9 ㉡, ㉢, ㉠
10 38 cm
11 ㅍ
12 11 cm
13 2개
14 90°

15	487	**16**	4쌍
17	40 cm	**18**	864 cm^2
19	36 cm^2	**20**	55°

1 도형 나와 바는 모양과 크기가 같아서 포개었을 때 완전히 겹치므로 서로 합동입니다.

2 ②, ④를 점선을 따라 잘랐을 때 만들어지는 두 도형은 모양과 크기가 다르므로 합동이 아닙니다.

3 삼각형 ㄱㄴㄷ과 삼각형 ㄹㄷㄴ을 포개었을 때
변 ㄱㄴ과 변 ㄹㄷ, 각 ㄹㄴㄷ과 각 ㄱㄷㄴ이 겹칩니다.

4 예

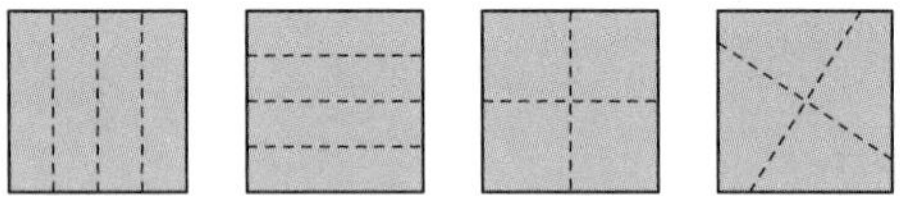

5 ③, ⑤는 직선을 따라 접었을 때 도형이 완전히 겹치게 하는 직선을 찾을 수 없습니다.

6 한 점을 중심으로 180° 돌렸을 때 처음 한글 자음과 완전히 겹치는 것은 ㄹ, ㅍ입니다.

7 점대칭도형에서 대응각의 크기는 서로 같으므로
(각 ㄴㄷㄹ)=(각 ㅁㅂㄱ)=105°입니다.

8 대칭의 중심은 대응점끼리 이은 선분을 둘로 똑같이 나누므로 (선분 ㄹㅇ)=26÷2=13 (cm)입니다.

9 ㉠ ㉡ ㉢

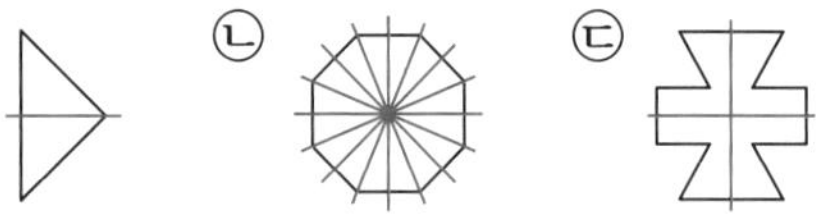

1개 8개 2개

10 (변 ㅁㄹ)=(변 ㄷㄹ)=6 cm
(변 ㅁㅂ)=(변 ㄷㅇ)=10 cm
따라서 선대칭도형의 둘레는
6+6+10+6+10=38 (cm)입니다.

11 선대칭도형을 완성하면 ㅍ이 됩니다.

12 (변 ㄱㄴ)=(변 ㄹㅂ)=9 cm이므로
(변 ㄱㄷ)=33−13−9=11 (cm)입니다.

13 선대칭도형인 알파벳: B, M, H, X
점대칭도형인 알파벳: H, X, Z
➡ 선대칭도형이면서 점대칭도형인 알파벳: H, X

14 (각 ㄱㄴㄷ)=(각 ㄹㄷㄴ)=115°
(각 ㄹㄴㄷ)=180°−40°−115°=25°
따라서 (각 ㄱㄴㅁ)=115°−25°=90°입니다.

15 561-289를 한 점을 중심으로 180° 돌렸을 때 나오는 식은 682-195이므로 계산한 값은 487입니다.

16 삼각형 ㄱㄴㅁ과 삼각형 ㄷㄹㅁ, 삼각형 ㄱㅁㄹ과 삼각형 ㄷㅁㄴ, 삼각형 ㄱㄴㄹ과 삼각형 ㄷㄹㄴ, 삼각형 ㄱㄴㄷ과 삼각형 ㄷㄹㄱ이 합동이므로 합동인 삼각형은 모두 4쌍입니다.

17 완성된 점대칭도형은 오른쪽과 같으므로 점대칭도형의 둘레는
(8+5+2+5)×2
=40 (cm)입니다.

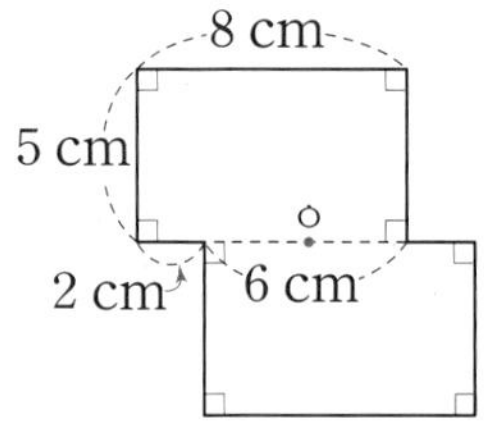

18 삼각형 ㄱㄴㅁ과 삼각형 ㅂㄹㅁ은 서로 합동이므로
(변 ㄱㄴ)=(변 ㅂㄹ)=24 cm,
(변 ㄱㅁ)=(변 ㅂㅁ)=10 cm,
(변 ㄱㄹ)=10+26=36 (cm)입니다.
➡ (직사각형 ㄱㄴㄷㄹ의 넓이)=36×24=864 (cm^2)

서술형
19 예 합동인 도형에서 대응변의 길이는 서로 같으므로
(변 ㄷㄹ)=(변 ㄱㄴ)=9 cm입니다.
따라서 직사각형 ㄷㄹㅁㅂ의 넓이는 9×4=36 (cm^2)입니다.

평가 기준	배점(5점)
변 ㄷㄹ의 길이를 구했나요?	3점
직사각형 ㄷㄹㅁㅂ의 넓이를 구했나요?	2점

서술형
20 예 (각 ㅇㅅㅂ)=(각 ㅇㄷㄹ)=80°이고
(각 ㅇㅁㅂ)=(각 ㅇㅁㄹ)=130°이므로
(각 ㅁㅂㅅ)=360°−80°−95°−130°=55°입니다.

평가 기준	배점(5점)
각 ㅇㅅㅂ과 각 ㅇㅁㅂ의 크기를 각각 구했나요?	3점
각 ㅁㅂㅅ의 크기를 구했나요?	2점

4 소수의 곱셈

소수는 자연수와 같이 십진법이 적용되며 분수에 비해 크기 비교가 쉽기 때문에 일상생활에서 자주 활용됩니다. 소수의 개념뿐만 아니라 소수의 덧셈과 뺄셈, 곱셈과 나눗셈은 일상생활에서 접하는 여러 가지 문제를 해결하는 데 유용할 뿐 아니라 이후에 학습하게 될 유리수 개념과 유리수의 계산 학습의 기초가 됩니다. 소수의 곱셈 계산을 하기 전에 여러 가지 방법으로 소수의 곱셈 결과를 어림해 보도록 함으로써 수 감각을 기르도록 지도하고, 곱의 소수점 위치를 찾는 활동을 지나치게 기능적으로 접근하지 않도록 주의합니다. 분수와 소수의 관계를 바탕으로 개념적으로 이해하도록 활동을 제공하고 안내하는 것이 필요합니다.

교과서 개념 이해 1 (소수)×(자연수)를 알아볼까요 (1) 95쪽

1 (1) 0.6, 0.6 / 1.8 (2) 3 / 18 / 1.8 (3) 6, 18, 1.8

2 (1) 5.4 (2) 0.6 **3** 0.6, 3

4 (1) 1.5 (2) 0.68 (3) 0.8 (4) 0.84

5 (1) < (2) <

6 (1) 7 / 56 / 5.6 (2) 49, 7 / 343 / 3.43

7 (1) ○ (2) ×

2 (2) 소수점 아래 마지막 0은 생략하여 나타내므로 0.60이라고 쓰지 않습니다.

3 소수점 아래 마지막 0은 생략하여 나타내므로 3.0이라고 쓰지 않습니다.

4 (3) $\begin{array}{r} 0.4 \\ \times\ \ 2 \\ \hline 0.8 \end{array}$ $\begin{array}{r} 4 \\ \times 2 \\ \hline 8 \end{array}$ 의 계산에 0을 쓰고 소수점을 그대로 내려 찍습니다.

5 (1) 0.9×7은 1과 7의 곱인 7보다 작습니다.
(2) 0.26×5는 0.3과 5의 곱인 1.5보다 작습니다.

참고 | (1)

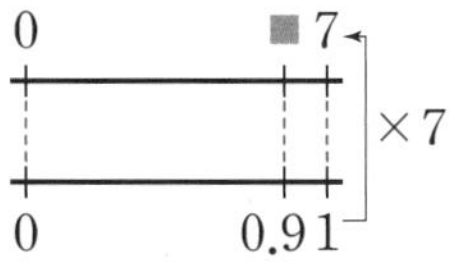

0.9×7은 7보다 작습니다.

6 (1) 0.8=0.1×8로 계산합니다.
(2) 0.49=0.01×49로 계산합니다.

7 (2) 79와 6의 곱이 약 480이고, 0.79는 79의 0.01배입니다. 0.79×6은 480의 0.01배인 4.8 정도 됩니다.

교과서 개념 이해 2 (소수)×(자연수)를 알아볼까요 (2) 97쪽

1 (1) 2.1, 4.2 (2) 2 / 42 / 4.2 (3) 21, 21 / 42, 4.2

2 (1) 12.6 (2) 4.08

3 (왼쪽에서부터) 4.8 / 3, 1.8, 4.8

4 1446, 14.46

5 (1) 5.1 (2) 11.5 (3) 2.8 (4) 8.56

6 7, 10.5, 14 **7** ㉢

2 (1) 1.8은 18의 $\frac{1}{10}$배이므로 1.8×7은 126의 $\frac{1}{10}$배인 12.6입니다.
(2) 2.04는 204의 $\frac{1}{100}$배이므로 2.04×2는 408의 $\frac{1}{100}$배인 4.08입니다.

3 1.6×3=1.6+1.6+1.6=4.8

5 (3) $\begin{array}{r} 1.4 \\ \times\ \ 2 \\ \hline 2.8 \end{array}$ $\begin{array}{r} 1\ 4 \\ \times\ \ 2 \\ \hline 2\ 8 \end{array}$ 의 계산에 소수점을 그대로 내려 찍습니다.

6 참고 | 3.5에 1씩 커지는 수를 곱하면 곱은 3.5씩 커집니다.

7 ㉢ 3.2×2를 3×2 정도로 어림하면 6보다 크고 4×2=8보다 작습니다.

교과서 개념 이해 3 (자연수)×(소수)를 알아볼까요 (1) 99쪽

1 (1) 9, 9 / 18, 1.8 (2) 18, 1.8

2 (1) $5\times0.7=5\times\frac{7}{10}=\frac{35}{10}=3.5$
(2) $15\times0.31=15\times\frac{31}{100}=\frac{465}{100}=4.65$

3 0.3, 2.1 **4** (1) 31.2 (2) 1.48

5 1, 1.25, 1.5

6 (1) 15.2 (2) 0.24 **7** ㉡

1 (2) 곱하는 수가 $\frac{1}{10}$배이면 계산 결과도 $\frac{1}{10}$배입니다.

3 곱하는 수가 7배이면 계산 결과도 7배입니다.

4 (1) $\begin{array}{r} 5\ 2 \\ \times\ 0.6 \\ \hline 3\ 1.2 \end{array}$ $\begin{array}{r} 5\ 2 \\ \times\ \ \ 6 \\ \hline 3\ 1\ 2 \end{array}$ 의 계산에 소수점을 그대로 내려 찍습니다.

5 참고 | 곱해지는 수가 1씩 커지면 곱은 곱하는 수인 0.25씩 커집니다.

6 두 수를 바꾸어 곱해도 계산 결과는 같습니다.

7 ㉠ 5의 0.87배는 5의 1배인 5보다 작습니다.
㉡ 10×0.6은 10의 0.5배인 5보다 큽니다.
㉢ 6의 0.49는 6의 0.5배인 3보다 작습니다.
참고 | 어떤 수에 1보다 작은 수를 곱하면 곱은 어떤 수보다 작습니다.

교과서 개념 이해 4 (자연수)×(소수)를 알아볼까요 (2) 101쪽

1 (1) 28, 28 / 112, 11.2 (2) 112, 11.2

2 (1) $6\times5.7=6\times57\times\frac{1}{10}=\frac{342}{10}=34.2$
(2) $9\times2.03=9\times203\times\frac{1}{100}=\frac{1827}{100}=18.27$

3 9.6, 19.2

4 (1) 7.5 (2) 16.05

5 24, 1.8, 25.8

6 (1) = (2) <

7 ㉡

2 (1) 5.7은 57의 $\frac{1}{10}$배이므로 6×5.7의 값은 6×57의 $\frac{1}{10}$배입니다.
(2) 2.03은 203의 $\frac{1}{100}$배이므로 9×2.03의 값은 9×203의 $\frac{1}{100}$배입니다.

3 곱하는 수가 2배이면 계산 결과도 2배입니다.

4 (1) $3\times2.5=3\times\frac{25}{10}=\frac{75}{10}=7.5$
(2) $5\times3.21=5\times\frac{321}{100}=\frac{1605}{100}=16.05$

5 $6\times4.3=6\times(4+0.3)=6\times4+6\times0.3$
$=24+1.8=25.8$
참고 | 분배법칙

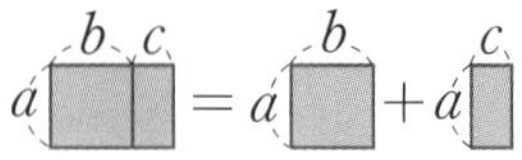

$a\times(b+c)=a\times b+a\times c$

6 (2) 11×4.09는 $11\times409\times\frac{1}{100}$과 같습니다.

7 ㉡ $8\times3.74=8\times\frac{374}{100}=8\times374\times\frac{1}{100}$이므로 8×374의 계산 결과의 $\frac{1}{100}$배입니다.

교과서 개념 이해 5 (소수)×(소수)를 알아볼까요 (1) 102~103쪽

1 (1) 9, 8 / 72, 0.072 (2) 72, 0.072

2 ㉡

3 (1) 0.36 (2) 0.04 (3) 0.168 (4) 0.0806

4 (1) 0.6, 0.3 (2) 0.192, 0.384

5 (1) 0.05 / 0.04, 0.2 (2) 0.05 / 0.05 / 0.03, 0.27

6 ㉢

7 (1) < (2) =

8 0.063 L

2 ㉡ $\frac{777}{10000}=0.0777$

4 (1) 0.6×0.5는 0.6의 반입니다.
(2) $0.48\times0.8=0.48\times0.4\times2$입니다.

5 (1) $0.25=0.05\times5$로 계산합니다.
(2) $0.45=0.05\times9$로 계산합니다.
곱셈에서는 두 수를 바꾸어 곱해도 계산 결과는 같습니다.

6 0.34와 0.27을 0.3으로 어림하면 0.34×0.27의 값은 $0.3\times0.3=0.09$에 가까운 ㉢ 0.0918입니다.

7 (1) $0.35<0.4$이므로 $0.9\times0.35<0.9\times0.4$입니다.
(2) $0.62\times0.2=0.2\times0.62$이므로
$0.4\times0.31=0.2\times2\times0.31=0.2\times0.62$입니다.

8 (필요한 휘발유의 양)$=0.07\times0.9=0.063$ (L)

교과서 개념 이해 6 (소수)×(소수)를 알아볼까요 (2) 104~105쪽

1 (1) 31, 14 / 434, 4.34 (2) 434, 4.34

2 $6.2\times5.7=62\times\frac{1}{10}\times57\times\frac{1}{10}=\frac{3534}{100}$
$=35.34$

3 1□2⊡4□2

4 (1) 4.55 (2) 19.74 (3) 4.563 (4) 9.976

5 14.7, 0.98, 15.68

6 ㉡ **7** 12.48

8 ④ **9** 4 m^2

2 6.2는 62의 $\frac{1}{10}$배이고, 5.7은 57의 $\frac{1}{10}$배이므로 6.2×5.7의 값은 62×57의 $\frac{1}{100}$배입니다.

3 5.4×2.3을 5×2 정도로 어림하면 10보다 조금 큰 값이므로 12.42가 되도록 소수점을 찍습니다.

4 곱의 소수점 아래 자리 수는 곱하는 두 소수의 소수점 아래 자리 수의 합과 같습니다.

5 $4.9\times3.2=4.9\times3+4.9\times0.2$
$=14.7+0.98=15.68$

6 ㉠ 3.8×3.1은 3.8과 3.1이 모두 3보다 크므로 계산 결과는 9보다 큽니다.
㉡ 3.9의 1.7은 4의 2배가 8이므로 계산 결과는 8보다 작습니다.
㉢ 2.25의 4.2배는 2의 4배가 8이므로 계산 결과는 8보다 큽니다.

7 가장 큰 수: 7.8, 가장 작은 수: 1.6
➡ $7.8\times1.6=12.48$

8 $\underbrace{1.2\times2.34}_{①}=\underbrace{2.34\times1.2}_{③}=\underbrace{2.34\times\frac{12}{10}}_{②}$
$=2.34\times0.6\times2$
$=(1+0.2)\times2.34$
$=\underbrace{2.34+0.2\times2.34}_{⑤}$

9 (직사각형의 넓이)$=$(가로)$\times$(세로)
$=1.25\times3.2=4\ (m^2)$

교과서 개념 이해 7 곱의 소수점의 위치는 어떻게 달라질까요 107쪽

1 (1) 3.72, 37.2, 372 (2) 4.7, 0.47, 0.047

2 ⑤

3 3□9⊡6□5

4 (1) $<$ (2) $=$

5 (1) 645, 6.45, 0.645 (2) 16.1, 161, 161

6 (1) 0.1, 0.01 (2) 0.01, 0.001, 0.001

7 10배

1 (1) 곱하는 수의 0이 하나씩 늘어날 때마다 곱의 소수점이 오른쪽으로 한 칸씩 옮겨집니다.
(2) 곱하는 소수의 소수점 아래 자리 수만큼 소수점이 왼쪽으로 옮겨집니다.

2 소수점 아래 자리 수가 모자라면 0을 더 채워 씁니다.
⑤ $32\times0.001=0.032$

3 $13\times305=3965$에서 1.3은 13의 0.1배, 30.5는 305의 0.1배이므로 1.3×30.5는 3965의 0.01배입니다.

4 (1) $5.3\times0.6=53\times6\times0.01$
$0.53\times60=53\times60\times0.01=53\times6\times0.1$
(2) $4.17\times2=417\times2\times0.01$
$0.417\times20=417\times20\times0.001$
$=417\times2\times0.01$

5 (1) $4.3\times1.5=43\times15\times0.01$
$4.3\times0.15=43\times15\times0.001$
(2) $2.3\times70=2.3\times7\times10$
$0.23\times700=2.3\times7\times10$

6 (1) $25\times13=$ □ $\xrightarrow{\times0.1}$ $25\times1.3=$ □ $\xrightarrow{\times0.1}$ $25\times0.13=$ □
(13 $\xrightarrow{\times0.1}$ 1.3 $\xrightarrow{\times0.1}$ 0.13)
(2) 3.4와 5.8 모두 소수 한 자리 수이므로 계산 결과는 소수 두 자리 수입니다.
➡ $34\times58\times0.01$

7 ㉠ 0.028의 50배는 28×5의 0.01배,
㉡ 2.8의 5배는 28×5의 0.1배입니다.
따라서 ㉡은 ㉠의 10배입니다.

기본기 다지기 (개념 적용) 108~114쪽

1 ④

2 4, 24, 2.4

3 **방법 1** 예 덧셈식으로 계산합니다.
$0.7\times5=0.7+0.7+0.7+0.7+0.7=3.5$
방법 2 예 분수의 곱셈으로 계산합니다.
$0.7\times5=\frac{7}{10}\times5=\frac{7\times5}{10}=\frac{35}{10}=3.5$

4 ㉢

5 1.96 L

6 1.6 kg

7 8, 1.2, 9.2

8 정민 / 예 4.03과 5의 곱은 20 정도가 됩니다.

9 11.2

10 15.48 m

11 3 km

12 (1) 38, 3.8 (2) 224, 2.24

13 0.6, 1.2, 1.8, 2.4

14 >

15 딸기

16 55.8 cm

17 20, 0.4, 20.4

18 102, 10.2

19 ㉠

20 2.5 kg

21 있습니다에 ○표 /
예 300×9.5는 $300\times10=3000$보다 작기 때문입니다.

22 **방법 1** 예 $0.2\times0.9=\frac{2}{10}\times\frac{9}{10}=\frac{18}{100}=0.18$
방법 2 예 $2\times9=18$ ➡ $0.2\times0.9=0.18$

23 222, 0.222

24 ㉢

25 0.36 kg

26 0.24

27
$$\begin{array}{r} 1.08 \\ +\ 3.4 \\ \hline 4.48 \end{array} \qquad \begin{array}{r} 1.08 \\ \times\ 3.4 \\ \hline 432 \\ 324 \\ \hline 3.672 \end{array}$$

28 4.5×1.1, 4.5×2.9에 ○표

29 5, 6

30 3.64 kg

31 9.8 km

32 11.2, 1.5 (또는 1.12, 15)

33 

34 ㉢

35 50.8 g, 508 g, 5080 g

36 0.37 kg

37 =

38 (1) 100 (2) 0.1

39 (1) 4.93 (2) 0.016

40 0.93

41 2.31

42 24.128

43 37.8 kg

44 319.2 L

45 27.06 cm^2

46 10.933 cm^2

47 13.52 cm^2

48 14.25

49 4.1078

50 226.775

1 ①, ②, ③, ⑤의 계산 결과는 1.6이고, ④의 계산 결과는 8.2입니다.

2 0.4는 0.1이 4개입니다.

서술형
3

단계	문제 해결 과정
①	한 가지 방법으로 계산했나요?
②	다른 한 가지 방법으로 계산했나요?

4 ㉠ $0.5\times9=4.5$
㉡ 0.63×6은 $0.6\times6=3.6$보다 큽니다.
㉢ 0.98×3은 $1\times3=3$보다 작습니다.
따라서 계산 결과가 3보다 작은 것은 ㉢입니다.

5 (일주일 동안 마신 두유의 양)
=(하루에 마시는 두유의 양)×(날수)
$=0.28\times7=1.96$ (L)

6 1000 g=1 kg이므로 400 g=0.4 kg입니다.
따라서 고구마 4개의 무게는 $0.4\times4=1.6$ (kg)입니다.

7 $2.3\times4=(2\times4)+(0.3\times4)$
$=8+1.2=9.2$

서술형
8 정민: 403과 5의 곱이 약 2000이고 4.03은 403의 0.01배이므로 4.03과 5의 곱은 2000의 0.01배인 20 정도입니다.

단계	문제 해결 과정
①	잘못 말한 사람을 찾았나요?
②	잘못 말한 부분을 바르게 고쳤나요?

9 $\square\div7=1.6$ ➡ $\square=1.6\times7=11.2$

10 (배 모양을 만드는 데 사용한 철사의 길이)
=(철사 한 개의 길이)×(사용한 철사의 수)
$=2.58\times6=15.48$ (m)

11 1000 m=1 km이므로 1 km 500 m=1.5 km입니다.
따라서 집에서 문구점까지 다녀온다면
$1.5\times2=3$ (km)를 걸은 셈입니다.

12 (1) 곱하는 수가 $\frac{1}{10}$배가 되면 계산 결과도 $\frac{1}{10}$배가 됩니다.
(2) 곱하는 수가 $\frac{1}{100}$배가 되면 계산 결과도 $\frac{1}{100}$배가 됩니다.

13 곱해지는 수가 ■배가 되면 계산 결과도 ■배가 됩니다.

14 어떤 수에 1보다 작은 수를 곱하면 어떤 수보다 작아집니다.

15 5 cm의 약 0.4배가 2 cm이므로 딸기 줄기의 키를 잰 것입니다.

16 (색 테이프의 길이)=(막대의 길이)$\times0.9$
$=62\times0.9=55.8$ (cm)

17 $4\times5.1=4\times5+4\times0.1$
$=20+0.4=20.4$

18 곱하는 수가 $\frac{1}{10}$배가 되면 계산 결과도 $\frac{1}{10}$배가 됩니다.

19 ㉠ 2×6.2는 $2\times6=12$보다 큽니다.
㉡ 3의 3.9배는 3의 4배인 12보다 작습니다.
㉢ 4의 2.7은 4의 3배인 12보다 작습니다.
따라서 계산 결과가 12보다 큰 것은 ㉠입니다.

20 (진하의 가방 무게)=(정우의 가방 무게)$\times1.25$
$=2\times1.25=2.5$ (kg)

서술형
21

단계	문제 해결 과정
①	쿠키를 살 수 있을지 답했나요?
②	그 이유를 설명했나요?

서술형
22

단계	문제 해결 과정
①	한 가지 방법으로 설명했나요?
②	다른 한 가지 방법으로 설명했나요?

23 (소수 두 자리 수)×(소수 한 자리 수)
=(소수 세 자리 수)

24 0.48×0.93을 0.5×0.9로 어림하면 0.45이므로
0.48×0.93은 0.45에 가까운 ㉢ 0.4464입니다.

25 (부침개를 만드는 데 사용한 부침가루의 양)
=(전체 부침가루의 양)$\times0.6$
$=0.6\times0.6=0.36$ (kg)

26 $0.3▲0.5=(0.3+0.5)\times0.3=0.8\times0.3=0.24$

27 소수의 덧셈은 소수점의 자리를 맞추어 쓰고 같은 자리에 소수점을 찍습니다.
소수의 곱셈은 오른쪽 끝을 맞추어 쓰고 곱의 소수점 아래 자리 수가 곱하는 두 소수의 소수점 아래 자리 수의 합과 같도록 소수점을 찍습니다.

28 어떤 수에 1보다 작은 수를 곱하면 어떤 수보다 작아지고, 1보다 큰 수를 곱하면 어떤 수보다 커집니다.

29 $3.6\times1.2=4.32$, $2.9\times2.4=6.96$
$4.32<\square<6.96$이므로 □ 안에 들어갈 수 있는 자연수는 5, 6입니다.

30 (거위의 무게)=(오리의 무게)$\times2.6$
$=1.4\times2.6=3.64$ (kg)

31 1시간=60분이므로 3시간 30분=3.5시간입니다.
따라서 3시간 30분 동안 걷는다면
$2.8\times3.5=9.8$ (km)를 걸을 수 있습니다.

32 $1.12\times1.5=1.68$인데 16.8이 나왔으므로 소수점 아래 자리 수가 하나 적어졌습니다.
따라서 11.2×1.5 또는 1.12×15를 누른 것입니다.

33 곱의 소수점 아래 자리 수는 곱하는 두 소수의 소수점 아래 자리 수의 합과 같습니다.

34 ㉠ $8.32\times10=83.2$ ㉡ $832\times0.1=83.2$
㉢ $83.2\times0.1=8.32$ ㉣ $0.832\times100=83.2$
따라서 계산 결과가 다른 것은 ㉢입니다.

35 구슬 10개의 무게: $5.08\times10=50.8$ (g)
구슬 100개의 무게: $5.08\times100=508$ (g)
구슬 1000개의 무게: $5.08\times1000=5080$ (g)

36 (수제비를 만드는 데 사용한 밀가루의 양)
=(전체 밀가루의 양)$\times0.01$
$=37\times0.01=0.37$ (kg)

37 15×25의 곱은 같습니다. 따라서 1.5×0.25의 곱은 소수 세 자리 수이고 0.15×2.5의 곱도 소수 세 자리 수이므로 두 계산 결과는 같습니다.

38 (1) 2.841의 소수점을 오른쪽으로 두 칸 옮기면 284.1이 되므로 □ 안에 알맞은 수는 100입니다.
(2) 60.5의 소수점을 왼쪽으로 한 칸 옮기면 6.05가 되므로 □ 안에 알맞은 수는 0.1입니다.

39 (1) 1.6은 16의 0.1배인데 7.888은 7888의 0.001배이므로 □ 안에 알맞은 수는 493의 0.01배인 4.93입니다.
(2) 49.3은 493의 0.1배인데 0.7888은 7888의 0.0001배이므로 □ 안에 알맞은 수는 16의 0.001배인 0.016입니다.

40 0.52×9.3은 소수 세 자리 수가 되므로 $5.2 \times □$도 소수 세 자리 수가 되어야 합니다. 따라서 □ 안에 알맞은 수는 소수 두 자리 수인 0.93입니다.

41 $4.2 \times 0.5 \times 1.1 = 2.1 \times 1.1 = 2.31$

42 $1.3 \times 3.2 \times 5.8 = 4.16 \times 5.8 = 24.128$

43 기훈이의 몸무게: $52.5 \times 0.8 = 42$ (kg)
동생의 몸무게: $42 \times 0.9 = 37.8$ (kg)

44 1분에 수도꼭지 7개로 받은 물의 양:
$0.76 \times 7 = 5.32$ (L)
1시간=60분
1시간 동안 수도꼭지 7개로 받은 물의 양:
$5.32 \times 60 = 319.2$ (L)

45 (평행사변형의 넓이)=(밑변)×(높이)
$= 6.6 \times 4.1 = 27.06$ (cm^2)

서술형
46 ⓔ (가로)$= 2.9 \times 1.3 = 3.77$ (cm)
(직사각형의 넓이)$= 3.77 \times 2.9 = 10.933$ (cm^2)

단계	문제 해결 과정
①	직사각형의 가로를 구했나요?
②	직사각형의 넓이를 구했나요?

47 (마름모의 넓이)$= 5.2 \times 5.2 \times 0.5$
$= 13.52$ (cm^2)

48 가장 큰 소수 한 자리 수: 9.5
가장 작은 소수 한 자리 수: 1.5
➡ $9.5 \times 1.5 = 14.25$

49 가장 큰 소수 두 자리 수: 8.74
가장 작은 소수 두 자리 수: 0.47
➡ $8.74 \times 0.47 = 4.1078$

50 가장 큰 소수: 96.5
가장 작은 소수: 2.35
➡ $96.5 \times 2.35 = 226.775$

개념 완성 응용력 기르기 115~118쪽

1 4.56 **1-1** 4.4
1-2 0.234 **1-3** 3.4068
2 23.1 cm^2
2-1 36.8 cm^2 **2-2** 31.464 cm^2
3 ⓔ $7.1 \times 5.3 = 37.63$
3-1 ⓔ $8.2 \times 6.4 = 52.48$ **3-2** ⓔ $1.8 \times 5.9 = 10.62$
4 1단계 ⓔ 1유로가 0.96달러이므로 2.5유로는 $2.5 \times 0.96 = 2.4$(달러)입니다.
2단계 ⓔ 1달러가 1420원이므로 2.4달러는 $2.4 \times 1420 = 3408$(원)입니다.
/ 3408원
4-1 12.6원

1 (어떤 수)+1.2=5이므로 (어떤 수)=5−1.2=3.8입니다.
따라서 바르게 계산하면 $3.8 \times 1.2 = 4.56$입니다.

1-1 (어떤 수)−0.8=4.7이므로
(어떤 수)=4.7+0.8=5.5입니다.
따라서 바르게 계산하면 $5.5 \times 0.8 = 4.4$입니다.

1-2 (어떤 수)÷0.3=2.6이므로
(어떤 수)$= 2.6 \times 0.3 = 0.78$입니다.
따라서 바르게 계산하면 $0.78 \times 0.3 = 0.234$입니다.

1-3 2.04+(어떤 수)=3.71이므로
(어떤 수)=3.71−2.04=1.67입니다.
따라서 바르게 계산하면 $2.04 \times 1.67 = 3.4068$입니다.

2 (직사각형의 넓이)$= 8.4 \times 5.5 = 46.2$ (cm^2)
(삼각형의 넓이)$= 8.4 \times 5.5 \times 0.5 = 23.1$ (cm^2)
➡ (색칠한 부분의 넓이)$= 46.2 - 23.1 = 23.1$ (cm^2)

2-1 (사다리꼴의 넓이)$= (10.6 + 7.8) \times 8 \times 0.5$
$= 73.6$ (cm^2)
(마름모의 넓이)$= 9.2 \times 8 \times 0.5 = 36.8$ (cm^2)
➡ (색칠한 부분의 넓이)$= 73.6 - 36.8 = 36.8$ (cm^2)

2-2 색칠한 세 부분을 모으면 가로가 (9.3－1.2－1.2) cm, 세로가 4.56 cm인 직사각형이 됩니다.
(색칠한 부분의 넓이)＝(9.3－1.2－1.2)×4.56
＝6.9×4.56＝31.464 (cm^2)

3 곱이 가장 큰 (소수 한 자리 수)×(소수 한 자리 수)의 식을 만들려면 일의 자리에 가장 큰 수와 두 번째로 큰 수를 놓아야 합니다.
7＞5＞3＞1이므로 일의 자리에 7과 5를 놓으면
7.3×5.1＝37.23, 7.1×5.3＝37.63입니다.
따라서 곱이 가장 큰 곱셈식은 7.1×5.3＝37.63입니다.

3-1 곱이 가장 큰 (소수 한 자리 수)×(소수 한 자리 수)의 식을 만들려면 일의 자리에 가장 큰 수와 두 번째로 큰 수를 놓아야 합니다.
8＞6＞4＞2이므로 일의 자리에 8과 6을 놓으면
8.4×6.2＝52.08, 8.2×6.4＝52.48입니다.
따라서 곱이 가장 큰 곱셈식은 8.2×6.4＝52.48입니다.

3-2 곱이 가장 작은 (소수 한 자리 수)×(소수 한 자리 수)의 식을 만들려면 일의 자리에 가장 작은 수와 두 번째로 작은 수를 놓아야 합니다.
1＜5＜8＜9이므로 일의 자리에 1과 5를 놓으면
1.8×5.9＝10.62, 1.9×5.8＝11.02입니다.
따라서 곱이 가장 작은 곱셈식은 1.8×5.9＝10.62입니다.

4-1 일주일 동안 1위안은 201.5－200.6＝0.9(원) 내렸습니다.
따라서 일주일 동안 14위안은 0.9×14＝12.6(원) 내렸습니다.

4단원 단원 평가 Level 1 119~121쪽

1 32, 3.2

2 1.6×3＝1.6＋1.6＋1.6＝4.8

3 (1) 32.4 (2) 2.99 **4** (1) 1.7 (2) 2.38

5 4.5, 4.5 **6** 0.3024, 0.3024

7 ㉠ **8**

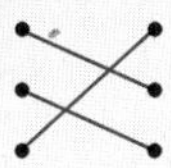

9 3⊡9□7□8 **10** (1) 3.3 (2) 0.248

11 28 **12** 37.72 cm^2

13 현제 **14** 420원

15 예 2.4는 2보다 큰 수이므로 3.5×2.4는 7보다 큰 값이야.

16 11.7 L **17** 8.05 m

18 3.6×5.9 (또는 5.9×3.6) / 21.24

19 당류 성분 **20** 19.872 cm^2

3 (2)

13	—$\frac{1}{10}$배→	1.3
×23	—$\frac{1}{10}$배→	×2.3
299	—$\frac{1}{100}$배→	2.99

4 곱셈에서는 두 수를 바꾸어 곱해도 계산 결과는 같습니다.

5 0.5×9에서 0.5는 5의 0.1배이므로 45의 0.1배인 4.5입니다.
5×0.9에서 0.9는 9의 0.1배이므로 45의 0.1배인 4.5입니다.

6 0.72 × 0.42 ＝ 0.3024
(0.36에서 0.72로 2배, 0.42에서 0.84로 2배)
0.36 × 0.84 ＝ 0.3024

7 ㉠ 3.9의 2.2는 4의 2배인 8 정도 되므로 7보다 큽니다.
㉡ 7×0.93은 7에 1보다 작은 수를 곱했으므로 7보다 작습니다.
㉢ 14의 0.43배는 14의 0.5배가 7이므로 7보다 작습니다.
따라서 계산 결과가 7보다 큰 것은 ㉠입니다.

8 3.15×0.24에서 3.15는 315의 0.01배, 0.24는 24의 0.01배이므로 7560의 0.0001배인 0.756입니다.
3.15×240에서 3.15는 315의 0.01배, 240은 24의 10배이므로 7560의 0.1배인 756입니다.
315×0.024에서 315는 315의 1배, 0.024는 24의 0.001배이므로 7560의 0.001배인 7.56입니다.

9 2.34×1.7을 2.3의 2배 정도로 어림하면 4에 가까운 수이므로 3.978이 되도록 소수점을 찍습니다.

10 (1) 2.48은 248의 0.01배인데 8.184는 8184의 0.001배이므로 □ 안에 알맞은 수는 33의 0.1배인 3.3입니다.

(2) 330은 33의 10배인데 81.84는 8184의 0.01배이므로 □ 안에 알맞은 수는 248의 0.001배인 0.248입니다.

11 $11 \times 2.5 = 27.5$이므로 $27.5 <$ □입니다.
따라서 □ 안에 들어갈 수 있는 가장 작은 자연수는 28입니다.

12 (직사각형의 넓이)＝(가로)×(세로)
$= 8.2 \times 4.6 = 37.72\,(\text{cm}^2)$

13 정민이가 마신 우유를 L 단위로 나타내면 1 L는 1000 mL이므로 240 mL는 0.24 L입니다.
따라서 0.24 L와 0.29 L를 비교하면 현제가 우유를 더 많이 마셨습니다.

14 초코 맛 파이의 가격은 350원에서 1.2배로 올랐으므로 2022년 초코 맛 파이의 가격은 $350 \times 1.2 = 420$(원)입니다.

15 두 수를 어림하여 계산 결과가 7보다 큰 값을 나타냄을 바르게 설명했는지 확인합니다.

16 4시간 30분$=4\frac{30}{60}$시간$=4\frac{5}{10}$시간$=4.5$시간
➡ (필요한 휘발유의 양)$=2.6 \times 4.5 = 11.7$ (L)

17 (이어 붙인 색 테이프의 전체 길이)
＝(색 테이프 10개의 길이의 합)－(겹친 부분의 길이의 합)
$= 0.85 \times 10 - 0.05 \times 9$
$= 8.5 - 0.45 = 8.05$ (m)

18 곱이 가장 작은 곱셈식을 만들려면 높은 자리에 작은 숫자를 넣어야 합니다.
$3 < 5 < 6 < 9$이므로 일의 자리에 3, 5를, 소수 첫째 자리에 6, 9를 넣습니다.
$3.6 \times 5.9 = 21.24$, $3.9 \times 5.6 = 21.84$이므로 곱이 가장 작은 곱셈식은 $3.6 \times 5.9 = 21.24$입니다.

서술형
19 예 과자 한 봉지 중 당류 성분은 약 0.41만큼이므로 무게가 반보다 적습니다. 과자 한 봉지 중 탄수화물 성분은 약 0.88만큼이므로 무게가 거의 같습니다. 따라서 현주가 약 30 g만큼 먹은 영양 성분은 당류 성분입니다.

평가 기준	배점(5점)
과자 한 봉지에 들어 있는 영양 성분의 무게를 각각 어림했나요?	3점
어떤 영양 성분을 먹었는지 구했나요?	2점

서술형
20 예 새로운 직사각형의 가로는 $4.6 \times 1.2 = 5.52$ (cm), 세로는 $3 \times 1.2 = 3.6$ (cm)입니다.
따라서 새로운 직사각형의 넓이는
$5.52 \times 3.6 = 19.872\,(\text{cm}^2)$입니다.

평가 기준	배점(5점)
새로 늘린 직사각형의 가로와 세로를 각각 구했나요?	3점
새로운 직사각형의 넓이를 구했나요?	2점

4단원 단원 평가 Level ❷

122~124쪽

1 156, 1.56
2 $0.4 \times 0.18 = \frac{4}{10} \times \frac{18}{100} = \frac{72}{1000} = 0.072$
3 (1) 0.9 (2) 34.3 (3) 0.1 (4) 10.44
4 0.21, 0.35, 0.56
5 ④
6 ㉣
7 5×2.3, 5×1.09에 ○표
8 12.3
9 ㉢
10 (1) 0.01 (2) 100
11 (1) 1.97 (2) 0.034
12 13.8
13 26
14 0.276 km
15 27 kg
16 3.64
17 16.1 L
18 예 $9.3 \times 7.6 = 70.68$
19 19.845 /
예 31.5×0.63을 30의 0.6배 정도로 어림하면 18에 가까운 수이므로 19.845입니다.
20 7.98

1 곱하는 수가 $\frac{1}{100}$배가 되면 계산 결과도 $\frac{1}{100}$배가 됩니다.

2 소수 한 자리 수는 분모가 10인 분수로, 소수 두 자리 수는 분모가 100인 분수로 나타냅니다.

3 곱의 소수점 아래 자리 수는 곱하는 두 수의 소수점 아래 자리 수의 합과 같습니다.

4 $0.7\times0.3=0.21$
$0.7\times0.5=0.35$
$0.7\times0.8=0.56$

5 ④ $86\times0.1=8.6$

6 ㉠ $0.092\times10=0.92$ ㉡ $92\times0.01=0.92$
㉢ $0.0092\times100=0.92$ ㉣ $0.92\times0.1=0.092$
따라서 계산 결과가 다른 것은 ㉣입니다.

7 어떤 수에 1보다 작은 수를 곱하면 어떤 수보다 작아지고, 1보다 큰 수를 곱하면 어떤 수보다 커집니다.

8 $\square\div3=4.1$ ➡ $\square=4.1\times3=12.3$

9 ㉠ 0.83×9는 $0.9\times9=8.1$보다 작습니다.
㉡ 2.5×3.9는 $2.5\times4=10$보다 작습니다.
㉢ 6×2.15는 $6\times2=12$보다 큽니다.
따라서 계산 결과가 12보다 큰 것은 ㉢입니다.

10 (1) 10.9의 소수점을 왼쪽으로 두 칸 옮기면 0.109가 되므로 □ 안에 알맞은 수는 0.01입니다.
(2) 6.8의 소수점을 오른쪽으로 두 칸 옮기면 680이 되므로 □ 안에 알맞은 수는 100입니다.

11 (1) 3.4는 34의 0.1배인데 6.698은 6698의 0.001배이므로 □ 안에 알맞은 수는 197의 0.01배인 1.97입니다.
(2) 19.7은 197의 0.1배인데 0.6698은 6698의 0.0001배이므로 □ 안에 알맞은 수는 34의 0.001배인 0.034입니다.

12 $46\times0.15=6.9$, $4.6\times1.5=6.9$
➡ $6.9+6.9=13.8$

13 $9.3\times2.7=25.11$
$25.11<\square$이므로 □ 안에 들어갈 수 있는 가장 작은 자연수는 26입니다.

14 (공원에서 정빈이네 집까지의 거리)
=(공원에서 선규네 집까지의 거리)$\times0.92$
$=0.3\times0.92=0.276$ (km)

15 (상자에 담은 토마토의 무게)
=(한 상자에 담은 토마토의 무게)×(상자 수)
$=0.6\times45=27$ (kg)

16 4♥1.4$=(4-1.4)\times1.4=2.6\times1.4=3.64$

17 1분=60초이므로
5분 45초$=5\frac{45}{60}$분$=5\frac{3}{4}$분=5.75분입니다.
따라서 받은 물의 양은 $2.8\times5.75=16.1$ (L)입니다.

18 곱이 가장 큰 (소수 한 자리 수)×(소수 한 자리 수)의 식을 만들려면 일의 자리에 가장 큰 수와 두 번째로 큰 수를 놓아야 합니다.
$9>7>6>3$이므로 일의 자리에 9와 7을 놓으면
$9.6\times7.3=70.08$, $9.3\times7.6=70.68$입니다.
따라서 곱이 가장 큰 곱셈식은 $9.3\times7.6=70.68$입니다.

서술형
19

평가 기준	배점(5점)
결괏값에 소수점을 찍었나요?	2점
그 이유를 설명했나요?	3점

서술형
20 예 (어떤 수)$+4.2=6.1$이므로
(어떤 수)$=6.1-4.2=1.9$입니다.
따라서 바르게 계산하면 $1.9\times4.2=7.98$입니다.

평가 기준	배점(5점)
어떤 수를 구했나요?	2점
바르게 계산한 값을 구했나요?	3점

사고력이 반짝 125쪽

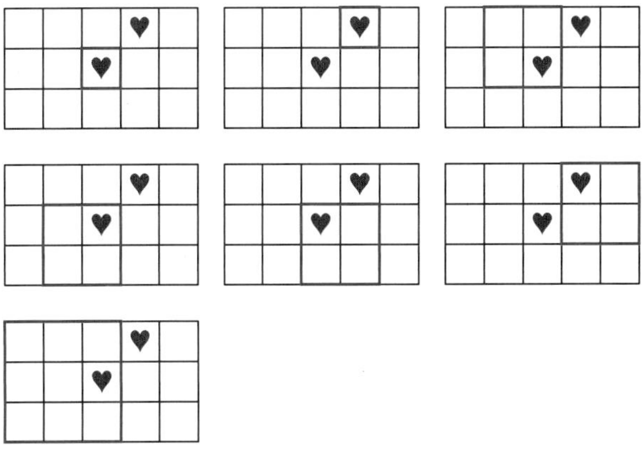

5 직육면체

우리는 일상생활에서 도형을 쉽게 발견할 수 있습니다. 도형에 대한 학습은 1학년 때 여러 가지 모양을 관찰하고 여러 가지 모양을 만들어 보는 활동을 통해 기본적인 감각을 익혔고, 2학년 1학기 때 도형의 이름을 알아보는 활동을 하였습니다. 초등학교에서는 도형의 개념을 형식화된 방법으로 구성해 나가는 것이 아니라, 직관에 의한 관찰을 통하여 도형의 기본적인 구성 요소와 성질을 파악하게 됩니다. 생활 주변의 물건들을 기하학적 관점에서 바라보고 입체도형의 일부로 인식함으로써 학생들은 공간 지각 능력이 발달하는 기회를 가지게 됩니다. 직육면체에 대한 구체적이고 다양한 활동으로 학생들이 주변 사물에 대한 공간 지각 능력을 향상시킬 수 있도록 지도하는 것이 바람직합니다.

교과서 개념 이해 1 직(정)사각형 6개로 둘러싸인 도형을 알아볼까요 128~129쪽

1 직육면체 **2** 6

3 꼭짓점, 면, 모서리 **4** ㉠, ㉣, ㉤

5 나, 라, 바 **6** 나

7 (1) 3개 (2) 9개 (3) 7개

8 6개 **9** (1) ○ (2) ×

4 직사각형 6개로 둘러싸인 도형이 아닌 것을 찾으면 ㉠, ㉣, ㉤입니다.

5 직사각형 6개로 둘러싸인 도형은 나, 라, 바입니다.

6 정사각형 6개로 둘러싸인 도형은 나입니다.

8 정육면체에서 보이지 않는 면은 3개, 보이지 않는 모서리는 3개입니다.
➡ $3+3=6$(개)

9 (2) 정육면체는 직육면체라고 할 수 있지만 직육면체는 정육면체라고 할 수 없습니다.

교과서 개념 이해 2 직육면체의 성질을 알아볼까요 130~131쪽

1 (1) 평행 (2) ㄴㅂㅅㄷ, ㄷㅅㅇㄹ (3) 3

2 (1) 수직 (2) ㄱㄴㄷㄹ, ㄹㅇㅅㄷ, ㅁㅂㅅㅇ (3) 4

3 (1) 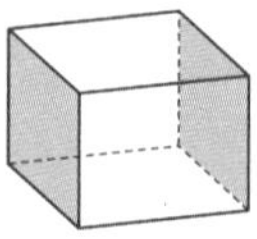 (2) 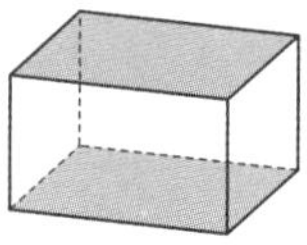

4 ㉡ **5** 면 ㄱㅁㅇㄹ

6 면 ㄴㅂㅅㄷ, 면 ㄷㅅㅇㄹ, 면 ㄱㅁㅇㄹ, 면 ㄴㅂㅁㄱ

7 (1) 면 ㄴㅂㅅㄷ, 면 ㅁㅂㅅㅇ, 면 ㄷㅅㅇㄹ (2) 예 직각

8 28 cm **9** ㉠

3 색칠한 면과 마주 보는 면을 찾아 색칠합니다.

4 색칠한 면과 마주 보는 면을 제외한 나머지 4개의 면이 색칠한 면과 수직입니다.

5 면 ㄴㅂㅅㄷ과 평행한 면은 면 ㄴㅂㅅㄷ과 마주 보는 면인 면 ㄱㅁㅇㄹ입니다.

6 면 ㄱㄴㄷㄹ과 수직인 면은 면 ㄱㄴㄷㄹ과 만나는 면입니다.
다른 풀이 |
면 ㄱㄴㄷㄹ과 평행한 면인 면 ㅁㅂㅅㅇ을 제외한 나머지 4개의 면과 모두 수직입니다.

8 면 ㄷㅅㅇㄹ과 평행한 면은 면 ㄴㅂㅁㄱ입니다.
➡ $5+9+5+9=28$ (cm)
참고 | 직육면체에서 서로 평행한 면의 모서리의 길이는 같습니다.

9 ㉡ 한 꼭짓점에서 만나는 면은 모두 3개입니다.
㉢ 한 모서리에서 만나는 두 면은 서로 수직입니다.

교과서 개념 이해 3 직육면체의 겨냥도를 알아볼까요 132~133쪽

1 (1) 실선, 점선 (2) 겨냥도

2 (1) 3, 3 (2) 9, 3 (3) 7, 1

3 ( )(○)

4 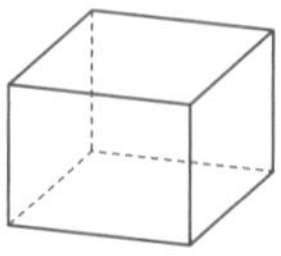

5 (1) 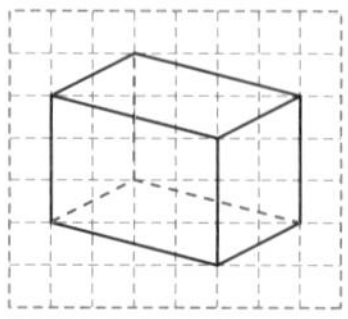 (2) 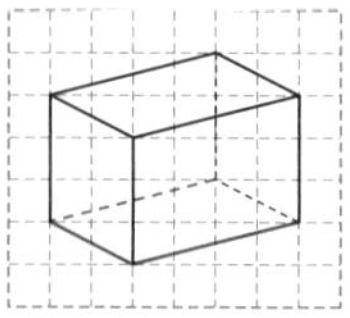

6 ㉡

7 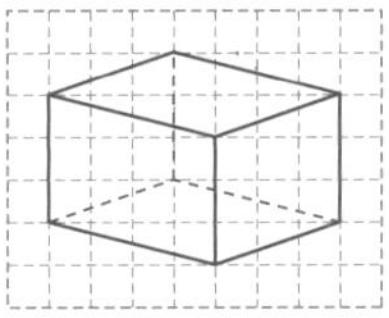

8 3개, 9개, 7개

2 (1) 보이는 면과 보이지 않는 면은 각각 3개씩입니다.
(2) 보이는 모서리는 9개, 보이지 않는 모서리는 3개입니다.
(3) 보이는 꼭짓점은 7개, 보이지 않는 꼭짓점은 1개입니다.

3 왼쪽 그림은 보이지 않는 모서리를 점선으로 그려야 하는데 실선으로 잘못 그렸습니다.

4 보이는 모서리 9개를 실선으로 그립니다.

5 (1) 보이지 않는 모서리 3개를 점선으로 그립니다.
(2) 보이는 모서리 2개를 실선으로, 보이지 않는 모서리 1개를 점선으로 그립니다.

6 직육면체의 겨냥도는 보이는 모서리는 실선으로, 보이지 않는 모서리는 점선으로 그려야 하는데 보이지 않는 모서리를 그리지 않아 잘못 그린 것입니다.

7 보이는 모서리는 실선으로, 보이지 않는 모서리는 점선으로 그립니다.

교과서 개념 이해 4 정(직)육면체의 전개도를 알아볼까요 134~135쪽

1 예 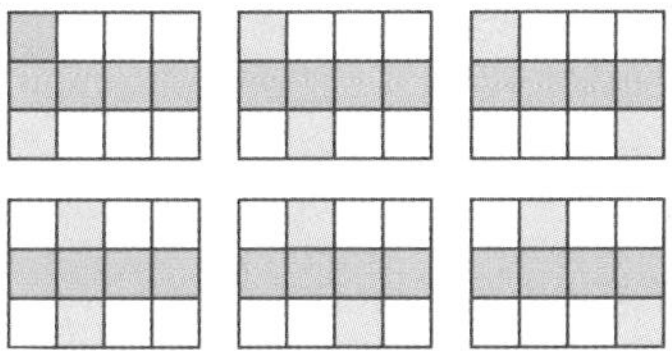

2 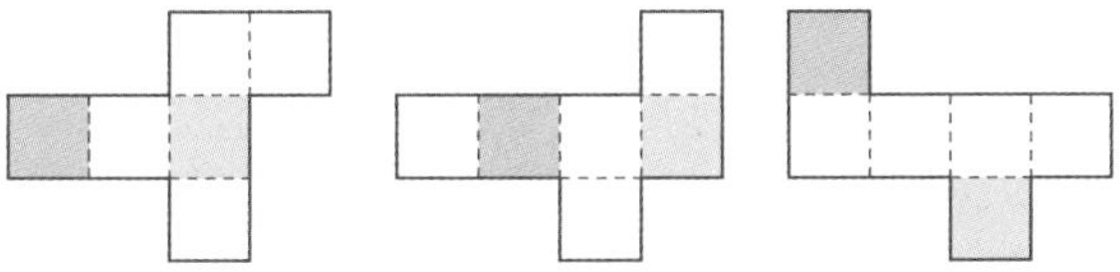

3 (○)(   ) **4** 3쌍

5 (1) 면 바 (2) 면 나, 면 다, 면 라, 면 마 (3) 선분 ㅅㅂ

6 5, 3

7 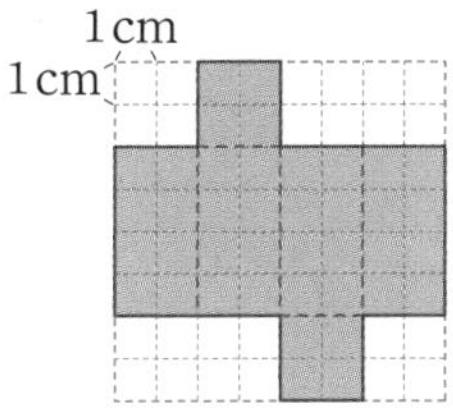

8 예 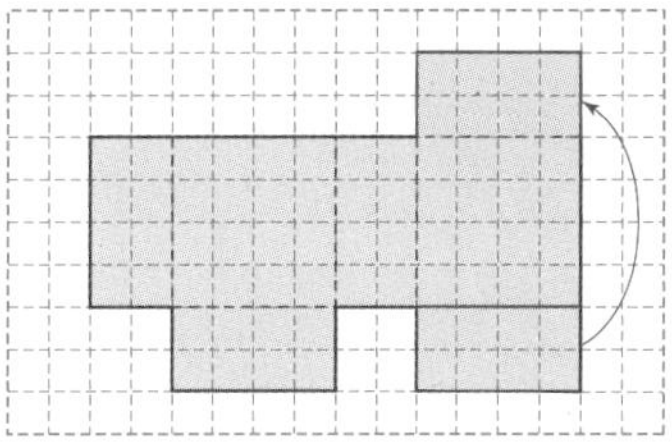

9 (위에서부터) ㄱ, ㅅ, ㅁ

1 돌리거나 뒤집어서 같으면 같은 모양입니다.

3 오른쪽 그림은 면이 5개이므로 직육면체의 전개도가 아닙니다.

4 전개도를 접었을 때 서로 평행한 면끼리 모양과 크기가 같습니다.

5 (1) 면 가와 모양과 크기가 같고 만나는 모서리와 꼭짓점이 없는 면을 찾습니다.
(2) 면 가와 평행한 면 바를 제외한 모든 면과 수직입니다.

참고 | 평행한 면을 찾을 때에는 한쪽 방향으로 한 개의 면을 건너 뛰어 찾을 수 있습니다.

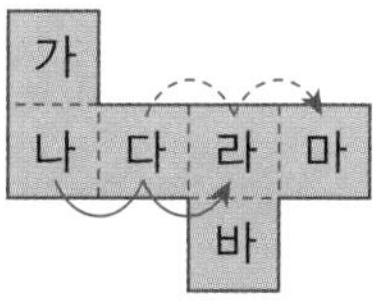

➡ 평행한 면: 면 나와 면 라, 면 다와 면 마, 면 가와 면 바

7 전개도를 접었을 때 마주 보는 면이 3쌍이고 마주 보는 면의 모양과 크기가 같아야 합니다. 또, 만나는 모서리의 길이가 같도록 점선을 그려 넣습니다.

8 전개도를 접었을 때 서로 겹치는 부분이 없어야 하므로 겹쳐진 한 면을 겹치지 않게 이동합니다.

개념 적용 기본기 다지기 136~142쪽

1 (×)(×)(○)

2 (1) × (2) ○ (3) ○ **3** 3가지

4 직육면체가 아닙니다. /
예 직육면체는 6개의 직사각형으로 이루어져 있어야 하는데 주어진 도형은 4개의 직사각형과 2개의 사다리꼴로 이루어져 있습니다.

5 64 cm **6** 64 cm

7 ①, ⑤

8 예 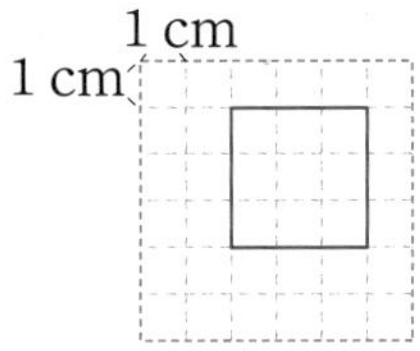

9 ①, ②, ④

10 4개

11 7, 7

12 성은 /
예 직사각형은 정사각형이라고 할 수 없으므로 직사각형으로 이루어진 직육면체는 정사각형으로 이루어진 정육면체라고 할 수 없습니다.

13 7개

14 48 cm

15 ①, ④, ⑤

16 5 cm

17 9 cm

18 3쌍

19 4개

20 ④

21 면 ㅁㅂㅅㅇ

22 28 cm

23 윤석 / 예 한 꼭짓점에서 만나는 세 면은 서로 수직입니다.

24 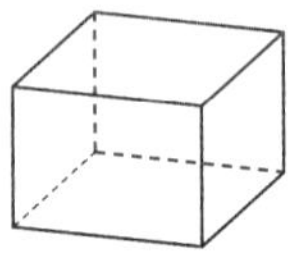

25 모서리 ㄱㄹ, 모서리 ㅁㅂ /
예 모서리 ㄱㄹ은 보이는 모서리이므로 실선으로 그려야 하고, 모서리 ㅁㅂ은 보이지 않는 모서리이므로 점선으로 그려야 합니다.

26 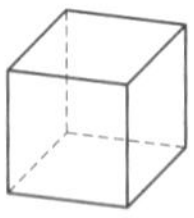

27 3개

28 7, 1

29 6개

30 11 cm

31 ㉡, ㉢

32 (1) 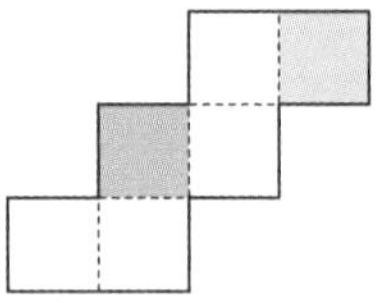 (2) 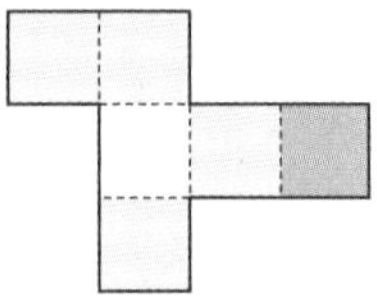

33 (위에서부터) ㄹ, ㄱ, ㅁ, ㅁ

34 예 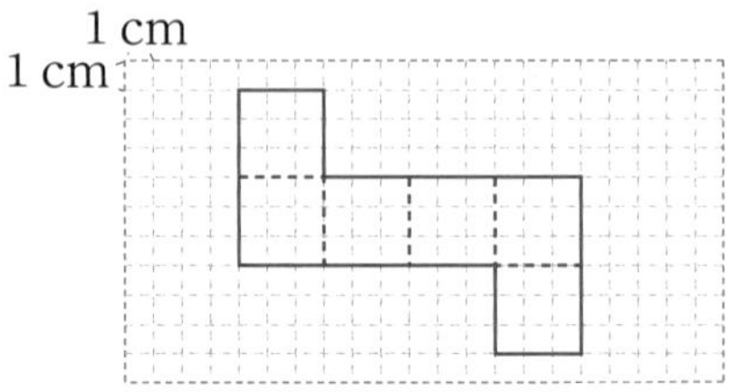

35 (1) 예 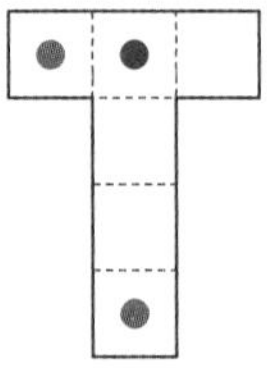 (2) 예 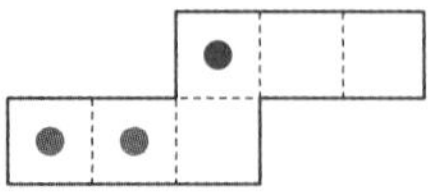

36 ㉠, ㉢

37 선분 ㅍㅎ

38 (위에서부터) ㄹ, ㅇ, ㅇ, ㅅ, ㅂ

39 예 전개도를 접었을 때 마주 보는 면의 모양과 크기가 같지 않고, 겹치는 모서리의 길이가 다릅니다. /
예 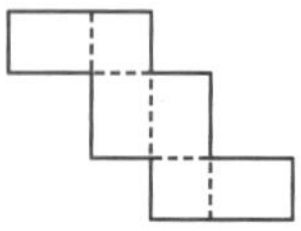

40 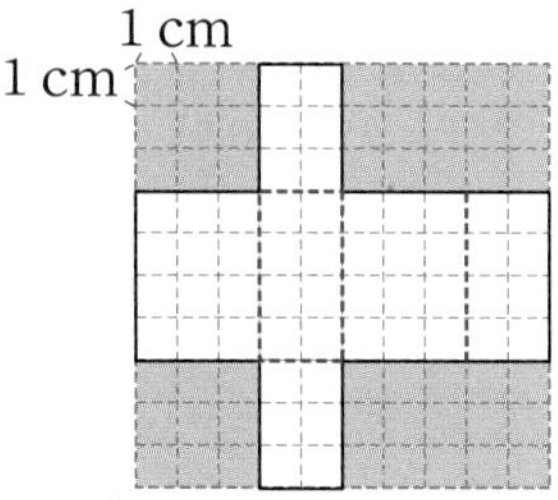

41 예 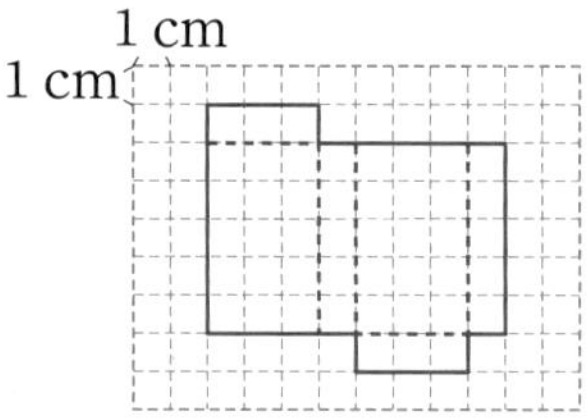

42 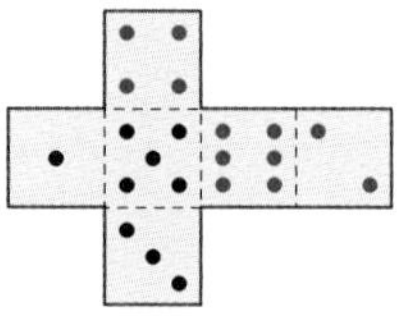

43 ㉠

44 12

1 직육면체는 직사각형 6개로 둘러싸인 도형입니다.

2 (1) 직육면체는 직사각형 6개로 둘러싸인 도형입니다.

3 직육면체에는 모양과 크기가 같은 면이 3쌍 있으므로 3가지 색이 필요합니다.

서술형
4

단계	문제 해결 과정
①	주어진 도형이 직육면체인지 아닌지 썼나요?
②	그 이유를 설명했나요?

5 길이가 8 cm, 3 cm, 5 cm인 모서리가 4개씩 있으므로 직육면체의 모든 모서리의 길이의 합은
$(8+3+5)\times 4=64$ (cm)입니다.

6 (사용한 끈의 길이)
$=10\times 2+10\times 2+6\times 4=64$ (cm)

7 정사각형 6개로 둘러싸인 도형은 ①, ⑤입니다.

8 정육면체는 모서리의 길이가 모두 같으므로 면 ㉮를 본뜬 모양은 한 변이 3 cm인 정사각형입니다.

9 ③ 꼭짓점은 8개입니다.
⑤ 모서리의 길이는 모두 같습니다.

10 모서리의 수는 12개, 꼭짓점의 수는 8개이므로 차는 $12-8=4$(개)입니다.

11 정육면체는 모서리의 길이가 모두 같습니다.

서술형
12

단계	문제 해결 과정
①	잘못 말한 사람을 찾았나요?
②	그 이유를 설명했나요?

13 정육면체의 면 6개, 모서리 12개, 꼭짓점 8개 중 보이지 않는 면은 3개, 보이지 않는 모서리는 3개, 보이지 않는 꼭짓점은 1개입니다.
➡ $3+3+1=7$(개)

14 정육면체의 모서리는 12개이고 길이가 모두 같으므로 모든 모서리의 길이의 합은 $4\times12=48$ (cm)입니다.

15 ② 면의 모양이 직육면체는 직사각형, 정육면체는 정사각형입니다.
③ 직육면체는 평행한 모서리끼리 길이가 같고, 정육면체는 모서리의 길이가 모두 같습니다.

16 직육면체를 잘라 가장 큰 정육면체를 만들려면 정육면체의 한 모서리의 길이를 직육면체의 가장 짧은 모서리의 길이인 5 cm로 해야 합니다.

17 직육면체의 모든 모서리의 길이의 합은 $(13+6+8)\times4=108$ (cm)입니다.
정육면체의 모든 모서리의 길이의 합도 108 cm이므로 한 모서리의 길이는 $108\div12=9$ (cm)입니다.

18 직육면체에서 서로 평행하고 모양과 크기가 같은 면은 모두 3쌍입니다.

19 정육면체에서 한 면과 수직으로 만나는 면은 모두 4개입니다.

20 ①, ②, ③, ⑤는 서로 수직인 면이고 ④는 서로 평행한 면입니다.

21 직육면체에서 서로 평행한 두 면이 밑면이므로 면 ㄱㄴㄷㄹ과 평행한 면인 면 ㅁㅂㅅㅇ이 다른 밑면입니다.

22 면 ㄴㅂㅁㄱ과 평행한 면은 면 ㄷㅅㅇㄹ이므로 모서리의 길이의 합은 $(8+6)\times2=28$ (cm)입니다.

서술형
23

단계	문제 해결 과정
①	잘못 설명한 사람을 찾았나요?
②	바르게 고쳐 썼나요?

24 보이는 모서리는 실선으로, 보이지 않는 모서리는 점선으로 그립니다.

서술형
25

단계	문제 해결 과정
①	잘못 그린 모서리를 모두 찾았나요?
②	그 이유를 설명했나요?

26 보이지 않는 모서리 3개는 점선으로 그려야 합니다.

27 밑면 1개와 옆면 2개가 동시에 보일 때 면이 가장 많이 보입니다.

28 직육면체의 꼭짓점 8개 중 보이는 꼭짓점은 7개이고 보이지 않는 꼭짓점은 1개입니다.

29 보이는 모서리는 9개, 보이지 않는 면은 3개이므로 ㉠−㉡$=9-3=6$(개)입니다.

30 보이지 않는 모서리는 길이가 5 cm, 4 cm, 2 cm인 모서리가 각각 1개입니다.
따라서 보이지 않는 모서리의 길이의 합은 $5+4+2=11$ (cm)입니다.

31 ㉠은 겹치는 면이 있고 ㉣은 면이 5개이므로 정육면체의 전개도가 아닙니다.

32 (2) 색칠한 면과 수직인 면은 색칠한 면과 평행한 면을 제외한 나머지 4개의 면입니다.

33 전개도를 접었을 때 만나는 점끼리 같은 기호를 씁니다.

34 여러 가지 방법으로 전개도를 그려 봅니다.
예
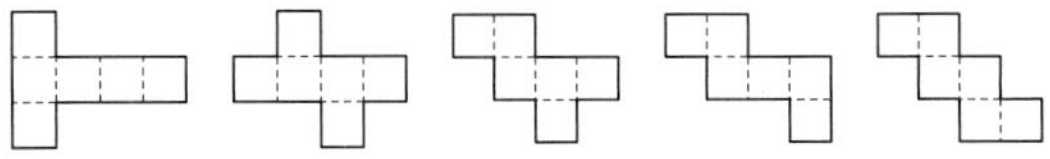

35 무늬가 있는 3개의 면이 한 꼭짓점에서 만나도록 전개도에 무늬를 그립니다.

36 ㉡ 마주 보는 면의 모양과 크기가 다릅니다.
㉣ 겹치는 면이 있습니다.

37 전개도를 접었을 때 점 ㅈ과 만나는 점은 점 ㅋ, 점 ㅍ이고, 점 ㅇ과 만나는 점은 점 ㅎ이므로 선분 ㅈㅇ과 겹치는 선분은 선분 ㅍㅎ입니다.

38 전개도를 접었을 때 만나는 점끼리 같은 기호를 씁니다.

서술형
39

단계	문제 해결 과정
①	전개도가 잘못된 이유를 썼나요?
②	전개도를 바르게 그렸나요?

40 전개도를 접었을 때 마주 보는 면의 모양과 크기가 같고 겹치는 모서리의 길이가 같도록 점선을 그립니다.

41 길이가 1 cm인 모서리는 1칸, 길이가 3 cm인 모서리는 3칸, 길이가 5 cm인 모서리는 5칸으로 하여 겹치는 모서리의 길이가 같도록 직육면체의 전개도를 그립니다.

42

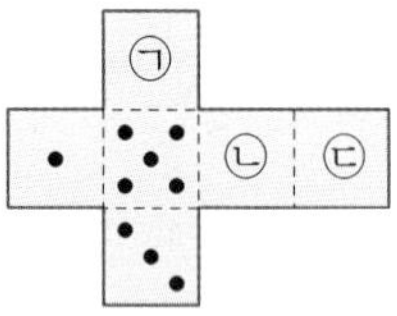

서로 평행한 면은 과 ㉠, 과 ㉡, 와 ㉢입니다. 따라서 ㉠의 눈의 수는 4, ㉡의 눈의 수는 6, ㉢의 눈의 수는 2입니다.

43 ㉠ 눈의 수가 1, 2, 4인 면은 서로 수직으로 만납니다.
㉡ 눈의 수가 3인 면과 4인 면은 서로 평행한 면이므로 수직으로 만날 수 없습니다.

44 주사위의 보이지 않는 면에 있는 눈의 수는 각각 1, 3, 5와 더해서 7이 되는 수입니다. 따라서 보이지 않는 세 면에 있는 눈의 수의 합은 $6+4+2=12$입니다.

개념 완성 응용력 기르기 143~146쪽

1 64 cm
1-1 96 cm　**1-2** 144 cm
2 3
2-1 D　**2-2**

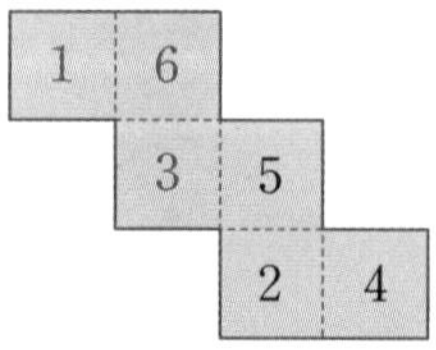

3

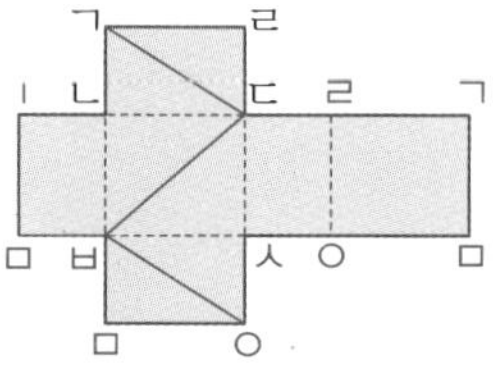

3-1

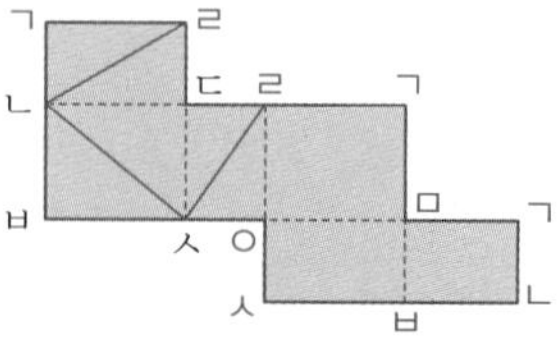

3-2

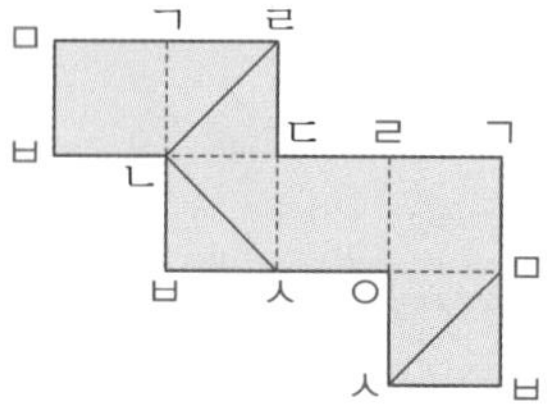

4 **1단계** 예 상자의 가로는 $17+1=18$ (cm), 세로는 $5+1=6$ (cm), 높이는 $20+1=21$ (cm)입니다.
2단계 예

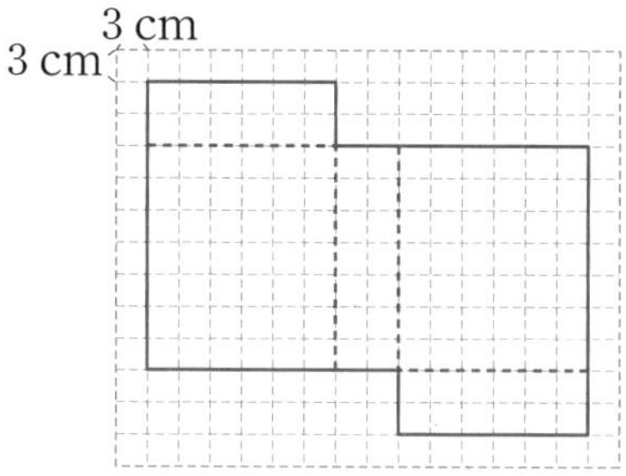

4-1 예

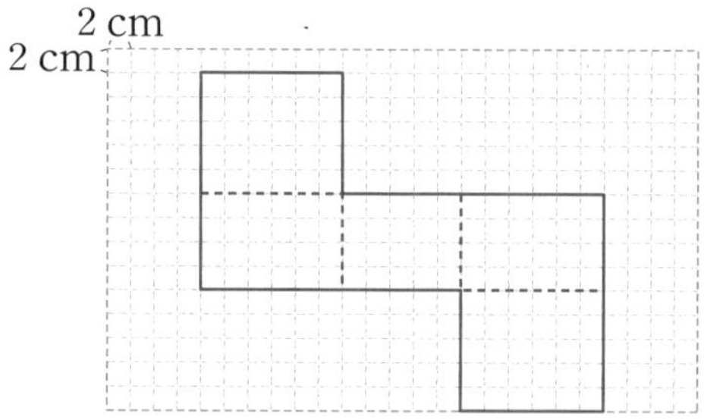

1 앞과 옆에서 본 모양을 이용하여 직육면체의 겨냥도를 그려 봅니다.
직육면체의 모든 모서리의 길이의 합은 $(5+7+4)\times4=64$ (cm)입니다.

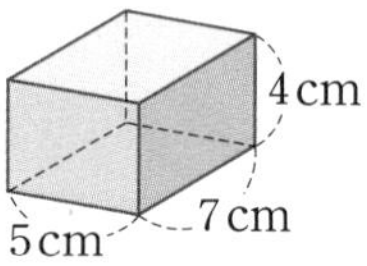

1-1 위와 옆에서 본 모양을 이용하여 직육면체의 겨냥도를 그려 봅니다.
직육면체의 모든 모서리의 길이의 합은 $(8+6+10)\times4=96$ (cm)입니다.

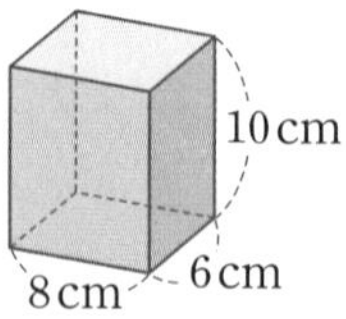

1-2 가로 9 cm, 세로 12 cm인 나무 판자 2개와 가로 15 cm, 세로 12 cm인 나무 판자 2개를 각각 평행하게 마주 보도록 놓고, 가로 9 cm, 세로 15 cm인 나무 판사 2개를 더 잘라 위와 아래에 놓으면 오른쪽과 같은 직육면체 모양의 상자가 됩니다.
따라서 완성한 상자의 모든 모서리의 길이의 합은 $(9+15+12)\times4=144$ (cm)입니다.

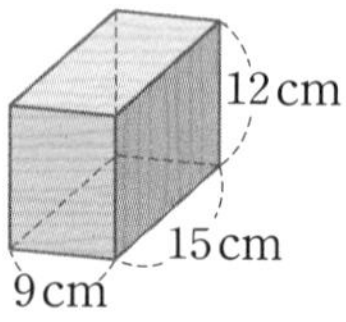

2 4와 수직인 면에는 1, 2, 3, 5가 쓰여져 있고 5의 왼쪽 면에는 1, 오른쪽 면에는 3이 쓰여져 있습니다.
따라서 1과 3은 마주 보는 면이므로 1이 쓰여진 면과 평행한 면에는 3이 쓰여져 있습니다.

2-1 B와 수직인 면에는 A, C, D, F가 쓰여져 있고 C의 오른쪽 면에는 D, 왼쪽 면에는 F가 쓰여져 있습니다.
따라서 D와 F는 마주 보는 면이므로 F가 쓰여진 면과 평행한 면에는 D가 쓰여져 있습니다.

2-2 1과 수직인 면에는 2, 3, 4, 6이 쓰여져 있고 4의 왼쪽 면에는 6, 오른쪽 면에는 2가 쓰여져 있습니다.
따라서 6과 2, 3과 4가 마주 보는 면이므로 1과 마주 보는 면에는 5가 쓰여져 있습니다.

3 전개도에 각 꼭짓점의 기호를 표시한 후 점 ㄱ과 점 ㄷ, 점 ㄷ과 점 ㅂ, 점 ㅂ과 점 ㅇ을 각각 선으로 잇습니다.

3-1 전개도에 각 꼭짓점의 기호를 표시한 후 점 ㄹ과 점 ㄴ, 점 ㄴ과 점 ㅅ, 점 ㅅ과 점 ㄹ을 각각 선으로 잇습니다.

3-2 전개도에 각 꼭짓점의 기호를 표시한 후 점 ㄹ과 점 ㄴ, 점 ㄴ과 점 ㅅ, 점 ㅅ과 점 ㅁ을 각각 선으로 잇습니다.

4-1 가로가 $10+2=12$ (cm), 세로가 $8+2=10$ (cm), 높이가 $6+2=8$ (cm)이고 한 면이 뚫려 있는 상자의 전개도를 그립니다.

5단원 단원 평가 Level 1

147~149쪽

1 ②, ⑤

2 (1)
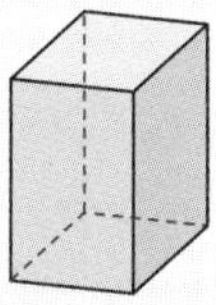
(2)
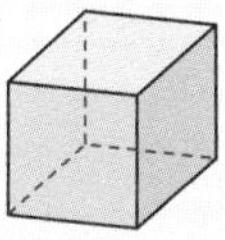

3 3쌍

4 12개

5 (위에서부터) 4, 7

6 90°

7 면 ㄱㄴㄷㄹ, 면 ㄴㅂㅁㄱ, 면 ㅁㅂㅅㅇ, 면 ㄷㅅㅇㄹ

8 ㉢

9 9 cm

10 ㉣

11 선분 ㅎㄱ

12 예
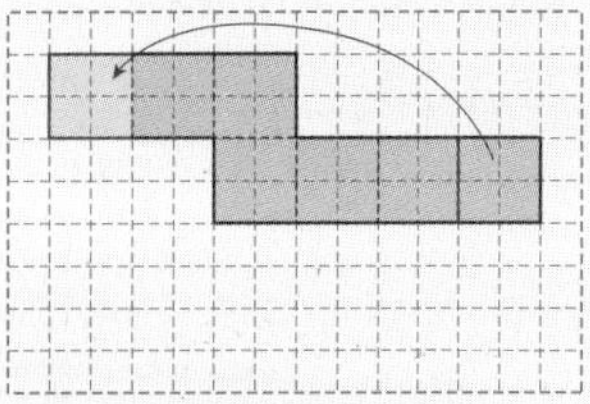

13 ㉠ / 예 정육면체에서 서로 평행한 면은 3쌍입니다.

14
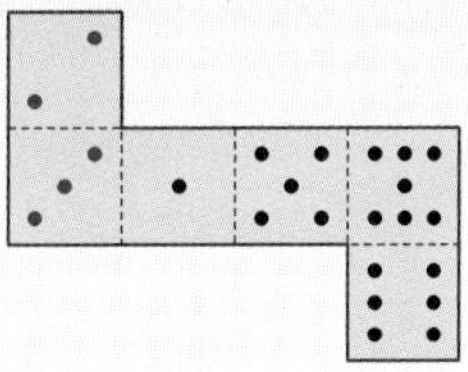

15 (위에서부터) ㅂ, ㅁ, ㄷ, ㄴ

16 84 cm

17 56 cm

18 예

19 예 보이는 모서리는 실선으로, 보이지 않는 모서리는 점선으로 그려야 하는데 모두 실선으로 그려서 잘못 그렸습니다. /
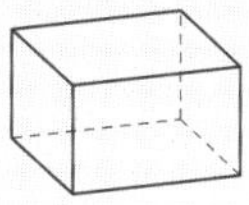

20 3 cm

1 직사각형 6개로 둘러싸인 도형을 찾으면 ②, ⑤입니다.

2 보이지 않는 모서리 3개를 점선으로 그립니다.

3 직육면체에서 서로 마주 보는 면은 평행합니다.

5 직육면체에서 서로 평행한 면의 모서리의 길이는 같습니다.

7 면 ㄴㅂㅅㄷ과 평행한 면인 면 ㄱㅁㅇㄹ을 제외한 모든 면과 수직입니다.

8 ㉢ 정육면체의 모든 모서리의 길이는 같습니다.

9 보이지 않는 모서리는 점선으로 나타낸 모서리이므로 길이의 합은 $4+2+3=9$ (cm)입니다.

10 ㉣
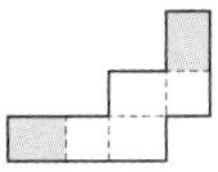
색칠한 면이 겹치므로 직육면체의 전개도가 아닙니다.

11 점 ㅊ과 점 ㅎ, 점 ㅈ과 점 ㄱ이 만나므로 선분 ㅊㅈ과 겹쳐지는 선분은 선분 ㅎㄱ입니다.

12 다음과 같이 옮길 수 있습니다.

예 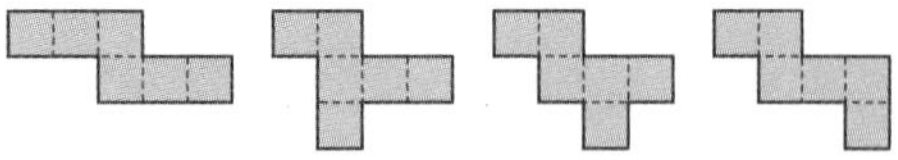

14 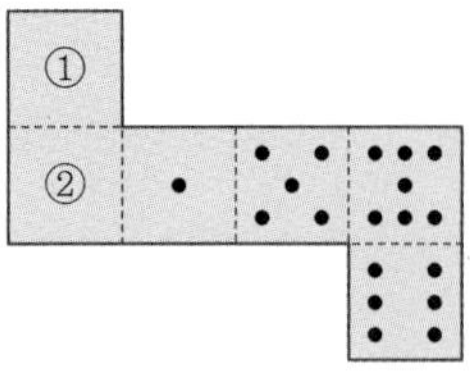

①의 면과 평행한 면의 눈의 수는 6개이므로 ①의 면에는 눈 2개를 그려 넣습니다.
②의 면과 평행한 면의 눈의 수는 5개이므로 ②의 면에는 눈 3개를 그려 넣습니다.

16 직육면체의 모양은 오른쪽과 같습니다. 따라서 모든 모서리의 길이의 합은 $(11+4+6)\times4=84$ (cm)입니다.

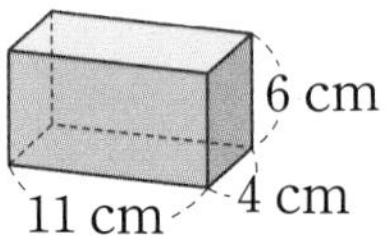

17 정육면체이므로 모든 모서리의 길이는 7 cm입니다. 면에 두른 끈은 길이가 7 cm인 부분이 8군데입니다. 따라서 상자를 두르는 데 사용한 끈의 길이는 $7\times8=56$ (cm)입니다.

18 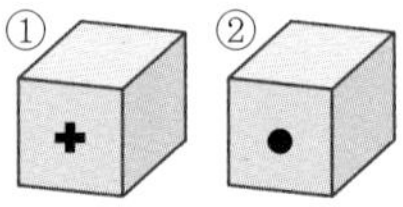

①의 두 면에는 ● 모양을 제외한 모양이 모두 나올 수 있고 ②의 두 면에는 ✚ 모양을 제외한 모양이 모두 나올 수 있습니다.

서술형
19

평가 기준	배점(5점)
직육면체의 겨냥도를 잘못 그린 이유를 설명했나요?	2점
직육면체의 겨냥도를 바르게 그렸나요?	3점

서술형
20 예 정육면체에서 보이는 모서리는 9개입니다.
정육면체의 한 모서리의 길이를 □ cm라 하면 □×9=27이므로 □=3입니다. 따라서 정육면체의 한 모서리의 길이는 3 cm입니다.

평가 기준	배점(5점)
정육면체에서 보이는 모서리의 수를 구했나요?	3점
정육면체의 한 모서리의 길이를 구했나요?	2점

5단원 단원 평가 Level 2 150~152쪽

1 ①, ⑤
2 6, 12, 8
3 5, 5
4 2개
5 ③
6 4개
7 36 cm
8 면 ㄷㅅㅇㄹ
9 ③, ④
10 ④
11 면 나, 면 다, 면 마, 면 바
12 (위에서부터) 5, 7, 9
13 면 ㄱㄴㄷㄹ, 면 ㅁㅂㅅㅇ
14 16 cm
15 선분 ㅋㅊ
16 23 cm, 13 cm
17 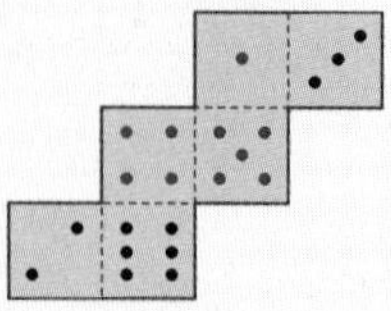
18 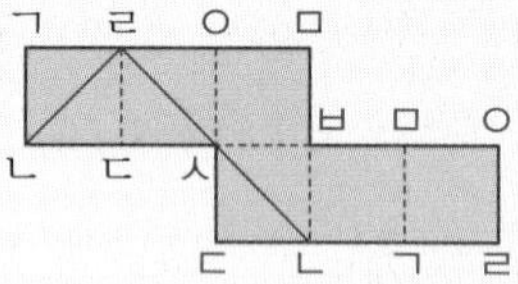

19 직육면체가 아닙니다. /
예 직육면체는 직사각형 6개로 이루어져 있어야 하는데 주어진 도형은 직사각형 2개와 사다리꼴 4개로 이루어져 있으므로 직육면체가 아닙니다.
20 8

1 직육면체의 면이 될 수 있는 도형은 직사각형, 정사각형입니다.

2 정육면체에서 면은 선분으로 둘러싸인 부분으로 6개, 모서리는 면과 면이 만나는 선분으로 12개, 꼭짓점은 모서리와 모서리가 만나는 점으로 8개 있습니다.

3 정육면체는 모서리의 길이가 모두 같습니다.

4 직육면체의 꼭짓점은 8개, 면은 6개이므로 꼭짓점의 수는 면의 수보다 $8-6=2$(개) 더 많습니다.

5 모서리 ㅁㅇ은 보이지 않는 모서리이므로 점선으로 그려야 합니다.

6 직육면체에서 길이가 같은 모서리는 4개씩 3쌍 있으므로 길이가 5 cm인 모서리는 4개입니다.

7 정육면체의 모서리는 12개이고 길이가 모두 같습니다.
➡ $3\times12=36$ (cm)

8 직육면체에서 서로 평행한 두 면이 밑면이므로 면 ㄴㅂㅁㄱ과 평행한 면인 면 ㄷㅅㅇㄹ이 다른 밑면입니다.

9 ① 직육면체의 면은 모두 직사각형입니다.
② 직사각형은 정사각형이라고 할 수 없으므로 직육면체는 정육면체라고 할 수 없습니다.
⑤ 직육면체와 정육면체는 모서리의 수가 12개로 같습니다.

10 ④는 겹치는 면이 있으므로 정육면체의 전개도가 아닙니다.

11 면 라와 수직인 면은 면 라와 마주 보는 면인 면 가를 제외한 4개의 면입니다.

13 면 ㄷㅅㅇㄹ과 수직이면서 면 ㄱㅁㅇㄹ과도 수직인 면은 빗금 친 면입니다.

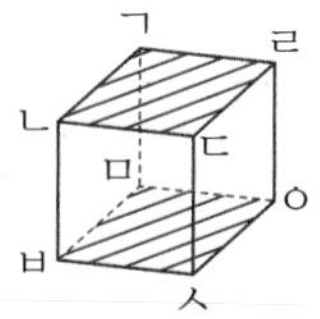

14 보이지 않는 모서리는 점선으로 나타낸 모서리입니다.
➡ $5+4+7=16$ (cm)

15 전개도를 접었을 때 점 ㅁ과 만나는 점은 점 ㄱ, 점 ㅋ이고 점 ㅂ과 만나는 점은 점 ㅊ이므로 선분 ㅁㅂ과 겹쳐지는 선분은 선분 ㅋㅊ입니다.

16

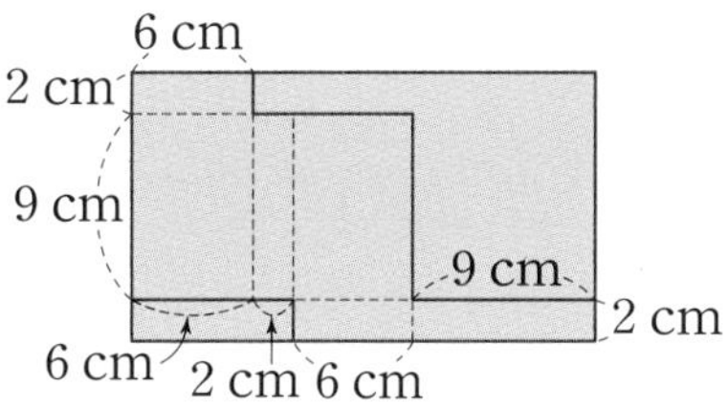

전개도를 접었을 때 마주 보는 두 면은 서로 모양과 크기가 같고 만나는 모서리의 길이는 같습니다.
➡ (가로)$=6+2+6+9=23$ (cm)
(세로)$=2+9+2=13$ (cm)

17

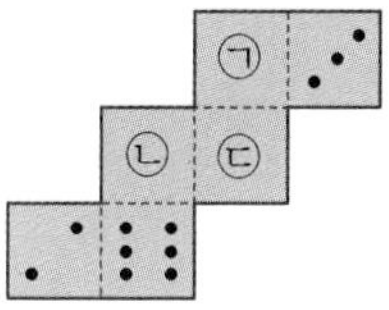

서로 평행한 면은 과 ㉡, 와 ㉢, 과 ㉠입니다.
따라서 ㉠의 눈의 수는 1, ㉡의 눈의 수는 4, ㉢의 눈의 수는 5입니다.

18 전개도에 각 꼭짓점의 기호를 표시한 후 점 ㄴ과 점 ㄹ, 점 ㄹ과 점 ㅅ, 점 ㅅ과 점 ㄴ을 각각 선으로 잇습니다.

서술형
19

평가 기준	배점(5점)
주어진 도형이 직육면체인지 아닌지 썼나요?	2점
그 이유를 설명했나요?	3점

서술형
20 예 직육면체에는 길이가 4 cm, □ cm, 6 cm인 모서리가 각각 4개씩 있습니다.
$(4+\square+6)\times4=72$, $10+\square=18$, $\square=8$

평가 기준	배점(5점)
직육면체에는 길이가 같은 모서리가 몇 개씩 있는지 알고 있나요?	2점
□ 안에 알맞은 수를 구했나요?	3점

사고력이 반짝 153쪽

③

6 평균과 가능성

일상생활에서 접하는 많은 상황들에는 제시된 정보의 특성을 파악하고 그와 관련된 자료들을 수집하고 정리하며 해석하는 등 통계적 이해를 바탕으로 정보를 처리하고 문제를 해결해야 하는 경우가 포함되어 있습니다. 이러한 정보 처리 과정은 수집된 자료의 각 값들을 고르게 하여 자료의 대푯값을 정하는 평균에 대한 개념을 바탕으로 하고 있습니다. 평균의 개념은 주어진 자료들이 분포된 상태를 직관적으로 파악할 수 있도록 할 뿐만 아니라, 제시된 자료들을 통계적으로 분석하는 데 가장 기초가 되는 개념이며 확률 개념의 기초와도 관련이 있습니다. 한편 확률 개념은 중학교에서 다루지만 확률 개념의 기초가 되는 '일이 일어날 가능성'은 초등학교에서 다룹니다. 이와 같은 '평균' 및 '일이 일어날 가능성'에 대한 개념은 통계적 이해를 위한 가장 기초적이고도 핵심적인 개념으로써 중요성을 가집니다.

교과서 개념 이해 1 평균을 알아볼까요 157쪽

1 (1) 예 21번 (2) ㉡ (3) 21번

2 $\frac{21+20+17+19+23}{5}$, $\frac{100}{5}$, 20

3 (1) 계절별 읽은 책의 수 (2) 7권

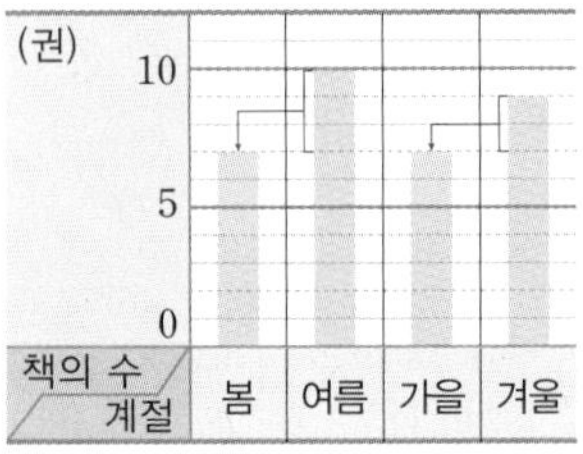

4 (1) 15, 22, 18, 5 (2) 12명 (3) 85명

1 (3) $\frac{(\text{자료의 값을 모두 더한 수})}{(\text{자료의 수})}=\frac{21+19+23}{3}$

$=\frac{63}{3}=21(\text{번})$

3 (2) 막대의 높이를 고르게 하면 막대의 높이가 7권이 됩니다. 따라서 계절별 읽은 책의 수의 평균은 7권입니다.

4 (2) (입장객 수의 차의 평균)

$=\frac{15+22+18+0+5}{5}=\frac{60}{5}=12(\text{명})$

(3) $73+12=85$(명)

교과서 개념 이해 2 평균을 어떻게 이용할까요 158~159쪽

1 (1) 5, 7 / 7, 5 (2) 가

2 (1) 5, 30 (2) 30, 9, 3, 6, 7 / 5

3 (1) 255 cm, 251 cm (2) 현욱 (3) 현욱

4 14000원

5 (1) 28개 (2) 4명 (3) 7개

6 25 kg

7 남자

3 (1) • (현욱이의 멀리뛰기 기록의 평균)

$=\frac{185+252+318+265}{4}=\frac{1020}{4}$

$=255(\text{cm})$

• (석호의 멀리뛰기 기록의 평균)

$=\frac{211+285+257}{3}=\frac{753}{3}$

$=251(\text{cm})$

(2) 멀리뛰기 기록의 평균이 더 좋은 사람은 $255>251$이므로 현욱입니다.

4 일주일은 7일이므로 $2000\times7=14000$(원)입니다.

5 (1) 모두 4가족이므로

(한 가족당 만들어야 하는 만두 수의 평균)

$=\frac{(\text{만두 수})}{(\text{가족 수})}=\frac{112}{4}=28$(개)입니다.

(2) (사람 수)$=4+3+6+3=16$(명)이므로

(사람 수의 평균)$=\frac{16}{4}=4$(명)입니다.

(3) 한 가족당 만두를 평균 28개씩 만들어야 하고, 한 가족당 사람이 평균 4명씩 있으므로 한 사람당 만두를 평균 $28\div4=7$(개)씩 만들어야 합니다.

6 몸무게의 평균이 23 kg이므로 네 명의 몸무게의 합은 $23\times4=92$ (kg)입니다.

따라서 유민이의 몸무게는

$92-(24+22+21)=25$ (kg)입니다.

7 (남자들의 제기차기 기록의 평균)$=\frac{39}{3}=13$(개)

(여자들의 제기차기 기록의 평균)$=\frac{48}{4}=12$(개)

따라서 제기차기 기록의 평균이 더 좋은 성별은 남자입니다.

교과서 개념 이해

3 일이 일어날 가능성을 비교하고 수로 표현해 볼까요 161쪽

1 (1) 불가능하다에 ○표 (2) 확실하다에 ○표

2 (1)

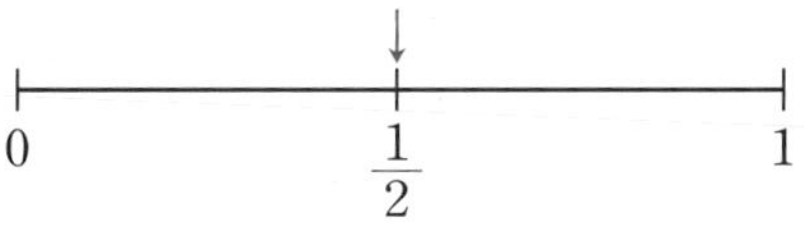

(2)

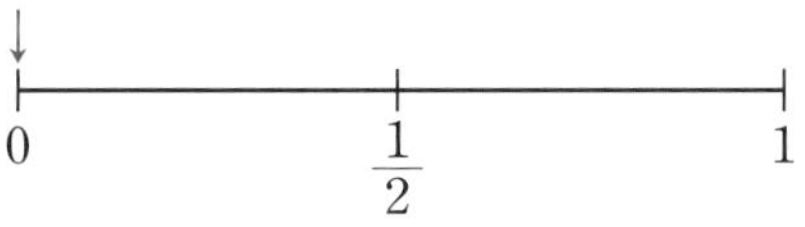

3 ( )( )(○)

4 (1) $\frac{1}{2}$ (2) 0

5 ㉡ / 예 오늘은 24일이니까 내일은 25일일 것입니다.

6 (1) 확실하다 (2) 0

3 파란색과 노란색에 멈출 가능성이 비슷하고, 빨간색은 파란색과 노란색에 멈출 가능성의 2배쯤이므로 빨간색을 가장 넓은 부분에, 파란색과 노란색은 같은 넓이만큼 색칠된 회전판을 찾습니다.

4 (1) 6칸 중 3칸이 파란색이므로 화살이 파란색에 멈출 가능성은 '반반이다'이고, 수로 표현하면 $\frac{1}{2}$입니다.
(2) 회전판에 파란색이 없으므로 화살이 파란색에 멈출 가능성은 '불가능하다'이고, 수로 표현하면 0입니다.

5 ㉠ 가능성은 '~ 아닐 것 같다', ㉢ 가능성은 '반반이다' 입니다.

6 (1) 흰색 바둑돌이 2개 있으므로 흰색 바둑돌을 꺼낼 가능성은 '확실하다'입니다.
(2) 검은색 바둑돌을 꺼낼 가능성은 '불가능하다'이므로 수로 표현하면 0입니다.

개념 적용

기본기 다지기 162~166쪽

1 9초 **2** 11 ℃

3 20 ℃ **4** 7개, 6개

5 정아네 모둠

6 ㉢ / 예 최저 기록은 한 친구의 기록이므로 최저 기록만으로 어느 모둠이 더 잘했다고 말할 수 없습니다.

7 방법 1 예 10 /
예 평균을 10으로 예상한 후 10, (8, 12), (11, 9)로 수를 짝 지어 자료의 값을 고르게 하여 구한 평균은 10입니다.

방법 2 예 (평균)$=\frac{8+12+10+11+9}{5}$
$=\frac{50}{5}=10$

8 30분 **9** 150 cm

10 인석, 정후, 가은 **11** 76번

12 예 5회에는 줄넘기를 76번보다 많이 해야 합니다.

13 나, 마 **14** 207 cm

15 211 cm **16** 50분

17 19초 **18** 29번

19 불가능하다 **20** 은주

21 예 주사위를 굴려서 나온 주사위 눈의 수는 1 이상일 거야.

22 수영, 동섭, 은주, 종서, 준기

23 (위에서부터) ㉤, ㉡ / ㉢, ㉠

24 (1) ㉡ (2) ㉢ (3) ㉠

25

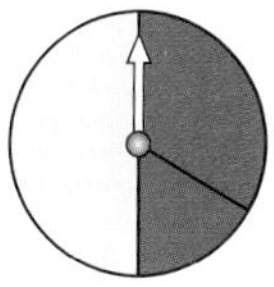

26 반반이다, $\frac{1}{2}$

27 확실하다, 1 **28** (1) 1 (2) 0

29 $\frac{1}{2}$

30 (1) 반반이다, $\frac{1}{2}$ (2) 예

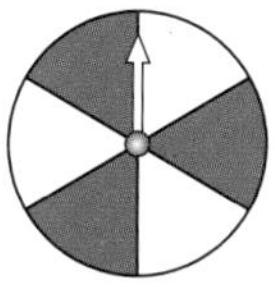

1 (평균)$=\frac{9+12+8+7+9}{5}=\frac{45}{5}=9$(초)

2 (평균)$=\frac{8+13+12+15+10+7+12}{7}$
$=\frac{77}{7}=11$ (℃)

3 (평균)$=\frac{20+18+24+19+15+22+22}{7}$
$=\frac{140}{7}=20$ (℃)

4 (정아네 모둠의 평균) $=\frac{4+8+9+7}{4}=\frac{28}{4}=7$(개)

(윤서네 모둠의 평균) $=\frac{5+7+6+7+5}{5}$

$=\frac{30}{5}=6$(개)

5 고리 던지기 기록의 평균이 더 높은 정아네 모둠이 더 잘 했다고 볼 수 있습니다.

서술형
6

단계	문제 해결 과정
①	잘못 설명한 것을 찾았나요?
②	그 이유를 썼나요?

서술형
7

단계	문제 해결 과정
①	한 가지 방법으로 평균을 구했나요?
②	다른 한 가지 방법으로 평균을 구했나요?

8 (평균) $=\frac{25+40+35+30+20}{5}=\frac{150}{5}=30$(분)

9 (평균) $=\frac{148+155+142+151+154}{5}$

$=\frac{750}{5}=150\,(\mathrm{cm})$

10 평균 150 cm보다 키가 큰 학생은 인석(155 cm), 정후(151 cm), 가은(154 cm)입니다.

11 (평균) $=\frac{72+90+65+77}{4}=\frac{304}{4}=76$(번)

12 1회부터 5회까지 기록의 평균이 1회부터 4회까지 기록의 평균보다 높으려면 5회에는 1회부터 4회까지 기록의 평균보다 더 많이 해야 합니다.

13 (평균) $=\frac{310+250+300+340+290}{5}$

$=\frac{1490}{5}=298$(개)

따라서 생산을 중지해야 할 음료수는 판매량이 평균 298개보다 적은 나, 마입니다.

14 (평균) $=\frac{208+203+210}{3}=\frac{621}{3}=207\,(\mathrm{cm})$

15 두 학생의 평균이 같으므로 신영이의 기록의 합은 $207\times4=828\,(\mathrm{cm})$입니다.
따라서 3회 제자리 멀리뛰기 기록은
$828-(202+200+215)=211\,(\mathrm{cm})$입니다.

서술형
16 예 하루 평균 40분을 공부했으므로 5일 동안 공부를 한 시간의 합은 $40\times5=200$(분)입니다. 따라서 금요일에 공부를 한 시간은 $200-(30+55+20+45)=50$(분)입니다.

단계	문제 해결 과정
①	5일 동안 공부를 한 시간의 합을 구했나요?
②	금요일에 공부를 한 시간을 구했나요?

17 모둠 전체 학생의 100 m 달리기 기록의 합은 $18.8\times6+19.3\times4=190$(초)입니다.
따라서 세은이네 모둠 전체 학생의 100 m 달리기 기록의 평균은 $\frac{190}{6+4}=\frac{190}{10}=19$(초)입니다.

18 $20+24+31+28+30+\square$가 27×6과 같거나 커야 합니다.
$133+\square=162$일 때 $\square=29$이므로 마지막에 줄넘기를 적어도 29번 해야 합니다.

19 계산기로 '$3\times4=$'을 누르면 12가 나오므로 7이 나올 가능성은 '불가능하다'입니다.

20 학교에 전학을 올 친구는 남자 아니면 여자이므로 남자일 가능성은 '반반이다'입니다.

22 일이 일어날 가능성은 종서: '~ 아닐 것 같다', 은주: '반반이다', 수영: '확실하다', 준기: '불가능하다', 동섭: '~일 것 같다'입니다.

23 회전판에서 초록색이 차지하는 부분의 넓이를 보고 화살이 초록색에 멈출 가능성을 생각해 봅니다.

24 ㉠ 빨강, 노랑, 파랑이 각각 전체의 $\frac{1}{3}$이므로 (3)의 표와 일이 일어날 가능성이 비슷합니다.

㉡ 파랑이 전체의 $\frac{1}{2}$이고 빨강과 노랑이 각각 전체의 $\frac{1}{4}$이므로 (1)의 표와 일이 일어날 가능성이 비슷합니다.

㉢ 빨강이 전체의 $\frac{3}{4}$이고 노랑과 파랑이 각각 전체의 $\frac{1}{8}$이므로 (2)의 표와 일이 일어날 가능성이 비슷합니다.

25 화살이 노란색에 멈출 가능성이 가장 높으므로 회전판에서 가장 넓은 곳에 노란색을 칠하고, 빨간색에 멈출 가능성이 파란색에 멈출 가능성의 2배이므로 두 번째로 넓은 곳에 빨간색을, 가장 좁은 곳에 파란색을 칠합니다.

26 동전의 면은 그림 면 또는 숫자 면이므로 숫자 면이 나올 가능성은 '반반이다'이고, 수로 표현하면 $\frac{1}{2}$입니다.

27 도서관에 도착해야 할 시각이 지나서 집에서 출발했으므로 도서관에 늦게 도착할 가능성은 '확실하다'이고, 수로 표현하면 1입니다.

28 사탕은 모두 자두 맛이므로 꺼낸 사탕이 자두 맛일 가능성은 '확실하다'이고, 사과 맛일 가능성은 '불가능하다'입니다.

29 빨간색과 초록색이 회전판에 반씩 색칠되어 있으므로 화살이 빨간색에 멈출 가능성은 '반반이다'입니다.

30 (1) 당첨 제비가 전체의 절반이므로 뽑은 제비가 당첨 제비일 가능성은 '반반이다'이고, 수로 표현하면 $\frac{1}{2}$입니다.

(2) 화살이 파란색에 멈출 가능성이 $\frac{1}{2}$이 되려면 전체 6칸 중 3칸에 파란색을 칠해야 합니다.

개념 완성 응용력 기르기 167~170쪽

1 ㉢, ㉥, ㉠, ㉣, ㉡, ㉤

1-1 ㉠, ㉡, ㉢, ㉤, ㉥, ㉣

2 국어, 16점

2-1 134 cm **2-2** 28권

3 340 kg

3-1 16초 **3-2** 192대

4 **1단계** 예 미세 먼지 농도가 '좋음'인 지역은 30마이크로그램 이하인 광주, 제주, 울산이고, '좋음'인 지역이 4군데이므로 대전도 포함됩니다.

2단계 예 4군데의 미세 먼지 농도의 평균이 24마이크로그램이므로 미세 먼지 농도의 합은
$24 \times 4 = 96$(마이크로그램)입니다.
따라서 대전의 미세 먼지 농도는
$96-(29+18+27)=22$(마이크로그램)입니다.
/ 22마이크로그램

1 ㉠ 2의 배수는 2, 4, 6이므로 6가지 중 3가지입니다.
㉡ 1은 6가지 중 1가지입니다.
㉢ 7 미만은 1, 2, 3, 4, 5, 6이므로 6가지 중 6가지입니다.
㉣ 2 이하인 수는 1, 2이므로 6가지 중 2가지입니다.
㉤ 7 이상인 수는 없으므로 6가지 중 0가지입니다.
㉥ 6의 약수는 1, 2, 3, 6이므로 6가지 중 4가지입니다.

1-1 ㉠ 검은색 공은 10개 중 0개입니다.
㉡ 초록색 공은 10개 중 2개입니다.
㉢ 빨간색 공은 10개 중 4개입니다.
㉣ 노란색 공은 10개 중 10개입니다.
㉤ 흰색 공은 10개 중 5개입니다.
㉥ 파란색 공은 10개 중 8개입니다.

2 4과목 점수의 평균을 4점 올리려면 전체 점수가 $4 \times 4 = 16$(점) 높아져야 하므로 $100-16=84$(점)보다 낮은 점수를 받은 국어 점수를 16점 올려야 합니다.

2-1 4회까지의 평균 기록을 2 cm 올리려면 각 기록의 합이 $2 \times 4 = 8$ (cm) 높아져야 하므로 3회 기록보다 8 cm를 더 뛰어야 합니다.
따라서 $126+8=134$ (cm)를 뛰어야 합니다.

2-2 (1월부터 4월까지 읽은 책 수의 평균)
$=\frac{13+12+17+10}{4}=\frac{52}{4}=13$(권)
평균을 3권 높이려면 5월에 1월부터 4월까지 읽은 책 수의 평균보다 $3 \times 5 = 15$(권)을 더 읽어야 합니다.
따라서 평균을 3권 이상 높이려면 수지는 5월에 책을 $13+15=28$(권) 이상 읽어야 합니다.

3 (네 마을의 감자 생산량의 합)$=380 \times 4 = 1520$ (kg)
다 마을의 감자 생산량을 □ kg이라 하면 라 마을의 감자 생산량은 (□+70) kg이므로
$410+360+□+□+70=1520$,
$840+□\times 2=1520$, $□\times 2=680$, $□=340$입니다.
따라서 다 마을의 감자 생산량은 340 kg입니다.

3-1 (1회부터 4회까지 기록의 합)$=18 \times 4 = 72$(초)
3회 기록을 □초라 하면 4회 기록은 2초 느리므로 (□+2)초입니다.
$18+20+□+□+2=72$, $□\times 2+40=72$,
$□\times 2=32$, $□=16$
따라서 3회 기록은 16초입니다.

3-2 (네 회사의 에어컨 판매량의 합)$=140 \times 4 = 560$(대)
라 회사의 판매량을 □대라 하면 나 회사의 판매량은 (□×2)대이므로 $142+□\times 2+130+□=560$,
$272+□\times 3=560$, $□\times 3=288$, $□=96$입니다.
따라서 나 회사의 판매량은 $96 \times 2 = 192$(대)입니다.

6단원 단원 평가 Level 1 171~173쪽

1 43 kg **2** 가벼운 편입니다.

3

4 $\frac{1}{2}$

5 25상자 **6** 예 25

7

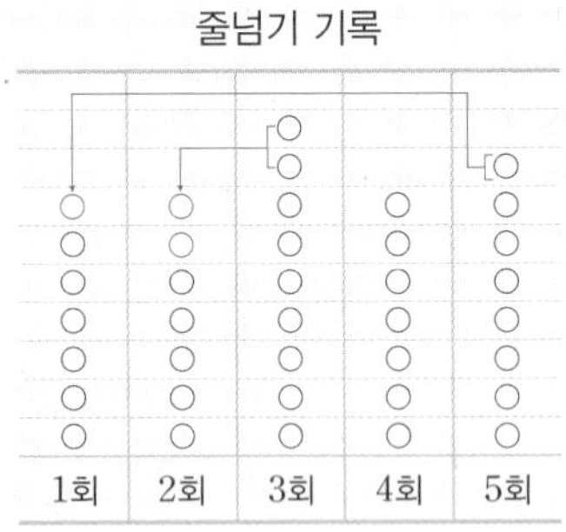

/ 7번

8

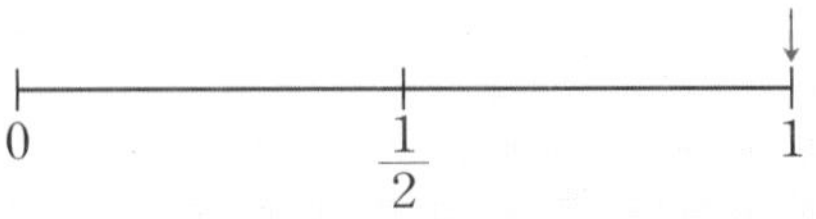

9 민종, 1타 **10** 반반이다

11 가 모둠

12 ㉡ / 예 내일 아침에는 해가 동쪽에서 뜰 것입니다.

13 화요일, 금요일 **14** ㉠

15 예

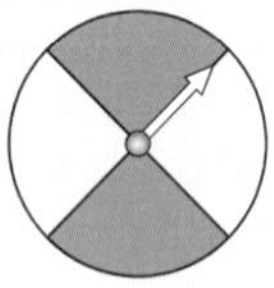

16 50 kg

17 285권 **18** 430 g

19 94점

20 ① 예 몸무게가 50 kg인 엄마와 몸무게가 35 kg인 내가 시소의 양쪽에 타면 엄마 쪽으로 기울어집니다.
② 예 당첨 제비만 3개 들어 있는 제비뽑기 상자에서 제비 1개를 뽑았을 때 뽑은 제비는 당첨 제비입니다.

1 $\frac{43+42+48+47+35}{5}=\frac{215}{5}=43\,(\text{kg})$

2 모둠 학생들의 몸무게의 평균이 43 kg이므로 42 kg인 성모는 평균 몸무게보다 가볍습니다.

4 500원짜리 동전 1개는 그림 면, 숫자 면으로 2가지 경우가 있습니다. 이 중 그림 면이 나올 가능성은 '반반이다'이고, 수로 표현하면 $\frac{1}{2}$입니다.

5 $\frac{34+15+26}{3}=\frac{75}{3}=25$(상자)

6 네 마을의 사과 생산량의 평균이 세 마을의 사과 생산량의 평균보다 낮아졌다면 금빛 마을의 사과 생산량은 25 상자보다 적어야 합니다.

7 평균을 7번으로 예상하여 (6, 8), (5, 9), 7로 수를 옮기고 짝 지어 자료의 값을 고르게 합니다.

8 흰색 바둑돌만 들어 있는 주머니에서 흰색 바둑돌을 꺼낼 가능성은 '확실하다'이고, 수로 표현하면 1입니다.

9 • (정란이의 타자 속도의 평균)
$=\frac{201+208+200}{3}=\frac{609}{3}=203$(타)
• (민종이의 타자 속도의 평균)
$=\frac{210+202+200}{3}=\frac{612}{3}=204$(타)
따라서 민종이의 타자 속도의 평균이 1타 더 빠릅니다.

10 주사위를 굴렸을 때 나올 수 있는 눈의 수는 1, 2, 3, 4, 5, 6으로 6가지 경우가 있습니다. 이 중 4의 약수는 1, 2, 4이므로 3가지입니다.
따라서 4의 약수가 나올 가능성은 '반반이다'입니다.

11 (가 모둠의 1명당 주운 밤의 수의 평균)$=\frac{65}{5}=13$(개)
(나 모둠의 1명당 주운 밤의 수의 평균)$=\frac{88}{8}=11$(개)
따라서 1명당 주운 밤의 수의 평균이 더 많은 모둠은 가 모둠입니다.

12 ㉠ 가능성은 '확실하다', ㉢ 가능성은 '반반이다'입니다.

13 (하루 평균 방문자 수)
$=\frac{128+142+99+132+164}{5}=\frac{665}{5}=133$(명)
따라서 133명보다 방문자 수가 많았던 요일은 화요일, 금요일입니다.

14 ㉠ 2+1=3이므로 가능성은 '확실하다'입니다.
㉡ 상자에 흰색 공은 하나도 없으므로 흰색 공이 나올 가능성은 '불가능하다'입니다.
㉢ 수 카드를 뽑을 때 2의 배수가 나오는 경우는 2, 4로 2가지 경우가 있습니다. 따라서 2의 배수가 쓰여진 수 카드가 나올 가능성은 '반반이다'입니다.
따라서 일이 일어날 가능성이 가장 높은 것은 ㉠입니다.

15 구슬을 꺼낼 때 나올 수 있는 수는 1, 2, 3, 4로 4가지 경우가 있습니다. 이 중 꺼낸 구슬에 적힌 수가 홀수인 경우는 1, 3으로 2가지입니다. 따라서 꺼낸 구슬에 적힌 수가 홀수일 가능성은 '반반이다'이므로 회전판에서 2칸을 초록색으로 색칠하면 꺼낸 구슬에 적힌 수가 홀수일 가능성과 회전판의 화살이 초록색에 멈출 가능성이 같습니다.

16 (어머니의 몸무게)$=43+8=51$ (kg)
(아버지의 몸무게)$=43+13=56$ (kg)
(세 사람의 몸무게의 합)$=43+51+56=150$ (kg)
(세 사람의 몸무게의 평균)$=\frac{150}{3}=50$ (kg)

17 (네 서점의 책 판매량의 평균)
$=\frac{260+230+300+150}{4}=\frac{940}{4}=235$(권)
마 서점까지 다섯 서점의 책 판매량의 평균을 235권보다 10권 이상 높이려면 마 서점의 판매량은
$235+10\times5=285$(권) 이상이어야 합니다.
다른 풀이 | 다섯 서점의 책 판매량의 평균이 245권 이상 되려면 다섯 서점의 판매량은 $245\times5=1225$(권) 이상 되어야 합니다.
따라서 마 서점의 판매량은
$1225-940=285$(권) 이상이어야 합니다.

18 (사과 16개의 무게의 합)$=40\times16=640$ (g)
(초록색 사과 6개의 무게의 합)$=35\times6=210$ (g)
(빨간색 사과 10개의 무게의 합)
$=640-210=430$ (g)

서술형
19 예 네 과목의 총점은 $94\times4=376$(점)입니다.
따라서 수학 점수는 $376-(98+88+96)=94$(점)입니다.

평가 기준	배점(5점)
평균을 이용하여 네 과목의 총점을 구했나요?	3점
수학 점수는 몇 점인지 구했나요?	2점

서술형
20 여러 가지 상황 중에서 일이 일어날 가능성이 '확실하다'인 경우를 알맞게 표현한 경우 정답으로 처리합니다.

평가 기준	배점(5점)
상황 한 가지를 썼나요?	2점
다른 상황 한 가지를 썼나요?	3점

6단원 단원 평가 Level 2 174~176쪽

1 확실하다, 1	**2** 24개
3 가	**4** 반반이다
5 83점	**6** 84점
7 88	**8** $\frac{1}{2}$
9 ~ 아닐 것 같다	**10** $\frac{1}{2}$
11 210문제	**12** 진수네 모둠
13 58번	**14** 63번
15 ㉣, ㉠, ㉢, ㉡	**16** ㉢
17 6권	**18** 사회, 12점
19 ㉡	**20** 2명

1 친구와 만나기로 한 시각이 지나서 출발했으므로 약속 시간에 늦을 가능성은 '확실하다'이고, 수로 표현하면 1입니다.

2 (평균)$=\frac{25+27+19+22+27}{5}=\frac{120}{5}=24$(개)

3 가 회전판은 모두 노란색이므로 화살이 빨간색에 멈출 가능성은 '불가능하다'입니다.

4 나 회전판에서 노란색이 차지하는 부분의 넓이가 절반이므로 화살이 노란색에 멈출 가능성은 '반반이다'입니다.

5 (평균)$=\frac{72+84+90+86}{4}=\frac{332}{4}=83$(점)

6 국어 점수의 합은 $86\times4=344$(점)이므로 지아의 국어 점수는 $344-(92+78+90)=84$(점)입니다.

7 (평균)$=\frac{88+82+94+96+80}{5}=\frac{440}{5}=88$(점)

8 카드는 ♠ 모양과 ◆ 모양이 2장씩이므로 ♠의 카드가 나올 가능성은 '반반이다'이고, 수로 표현하면 $\frac{1}{2}$입니다.

9 4의 배수인 주사위 눈의 수는 4로 1가지이므로 4의 배수가 나올 가능성은 '~ 아닐 것 같다'입니다.

10 4 이상인 주사위 눈의 수는 4, 5, 6으로 3가지이므로 4 이상인 수가 나올 가능성은 '반반이다'이고, 수로 표현하면 $\frac{1}{2}$입니다.

11 일주일은 7일입니다.
➡ $30\times7=210$(문제)

12 (세린이네 모둠의 제기차기 기록의 평균)
$=\frac{3+6+7+8}{4}=\frac{24}{4}=6$(개)
(진수네 모둠의 제기차기 기록의 평균)
$=\frac{10+2+8+6+9}{5}=\frac{35}{5}=7$(개)

13 (평균)$=\frac{56+62+48+66}{4}=\frac{232}{4}=58$(번)

14 지수는 줄넘기를 모두 $58\times4=232$(번) 했으므로 2회 줄넘기 기록은 $232-(45+64+60)=63$(번)입니다.

15 일이 일어날 가능성은 ㉠ '~일 것 같다', ㉡ '불가능하다', ㉢ '반반이다', ㉣ '확실하다'입니다.

16 화살이 파란색에 멈춘 횟수가 $\frac{1}{2}$쯤 되고 빨간색과 노란색에 멈춘 횟수가 $\frac{1}{4}$쯤 되므로 일이 일어날 가능성이 가장 비슷한 회전판은 ㉢입니다.

17 5월부터 8월까지 읽은 책의 수의 평균은
$\frac{12+7+11+14}{4}=\frac{44}{4}=11$(권)입니다.
따라서 기훈이가 9월에 읽은 책은 $11-1\times5=6$(권)입니다.

18 4과목 점수의 평균을 3점 올리려면 전체 점수가 $3\times4=12$(점) 높아져야 하므로 $100-12=88$(점)보다 낮은 점수를 받은 사회를 12점 올려야 합니다.

서술형
19 예 일이 일어날 가능성은 ㉠은 '반반이다', ㉡은 '확실하다', ㉢은 '불가능하다'입니다.
따라서 일이 일어날 가능성이 가장 높은 것은 ㉡입니다.

평가 기준	배점(5점)
각각의 일이 일어날 가능성을 구했나요?	3점
일이 일어날 가능성이 가장 높은 것을 찾았나요?	2점

서술형
20 예 (평균)$=\frac{92+85+88+83}{4}=\frac{348}{4}=87$(점)
따라서 점수가 평균보다 높은 학생은 유라와 시울이로 모두 2명입니다.

평가 기준	배점(5점)
수학 단원평가 점수의 평균을 구했나요?	3점
점수가 평균보다 높은 학생은 모두 몇 명인지 구했나요?	2점

실력보강 자료집 | 정답과 풀이

1 수의 범위와 어림하기

서술형 문제 2~5쪽

1⁺ 30개	2⁺ 55000
3 158	4 300
5 8, 16	6 36
7 6개	8 10개
9 33개	10 3장
11 874봉지	

1⁺ 예 10부터 55까지의 자연수 중에서 25 초과인 자연수는 25보다 크고 55와 같거나 작은 수이므로 모두 $55-25=30$(개)입니다.

단계	문제 해결 과정
①	두 가지 범위를 모두 만족하는 수의 범위를 구했나요?
②	조건을 만족하는 자연수의 개수를 구했나요?

2⁺ 예 54613을 올림하여 천의 자리까지 나타내기 위해서 천의 자리 아래 수인 613을 1000으로 보고 올림하면 55000입니다.

단계	문제 해결 과정
①	어느 자리를 올려서 나타내야 하는지 알고 있나요?
②	올림하여 수를 나타냈나요?

3 예 38 이상 42 미만인 수는 38과 같거나 크고 42보다 작은 수이므로 38, 39, 40, 41입니다.
따라서 38 이상 42 미만인 자연수들의 합은 $38+39+40+41=158$입니다.

단계	문제 해결 과정
①	38 이상 42 미만인 자연수를 모두 구했나요?
②	38 이상 42 미만인 자연수들의 합을 구했나요?

4 예 7614를 올림하여 천의 자리까지 나타내기 위해서 천의 자리 아래 수인 614를 1000으로 보고 올림하면 8000, 올림하여 백의 자리까지 나타내기 위해서 백의 자리 아래 수인 14를 100으로 보고 올림하면 7700입니다.
따라서 두 수의 차는 $8000-7700=300$입니다.

단계	문제 해결 과정
①	올림하여 천의 자리, 백의 자리까지 각각 나타냈나요?
②	나타낸 두 수의 차를 구했나요?

5 예 수직선에 나타낸 수의 범위는 24 미만인 수입니다.
따라서 24보다 작은 수 중에서 8의 배수는 8, 16입니다.

단계	문제 해결 과정
①	수직선에 나타낸 수의 범위를 구했나요?
②	수직선에 나타낸 수의 범위에 속하는 수 중에서 8의 배수를 모두 구했나요?

6 예 24 초과 □ 이하인 자연수는 25, 26, 27, ..., □입니다.
따라서 $□-24=12$이므로 $□=36$입니다.

단계	문제 해결 과정
①	24 초과 □ 이하인 자연수를 이해했나요?
②	□ 안에 들어갈 수 있는 자연수를 구했나요?

7 예 499 초과 700 미만인 자연수이므로 만들 수 있는 수는 백의 자리 숫자가 5인 세 자리 수입니다.
따라서 만들 수 있는 수는 524, 527, 542, 547, 572, 574로 모두 6개입니다.

단계	문제 해결 과정
①	만들 수 있는 499 초과 700 미만인 자연수를 모두 구했나요?
②	만들 수 있는 499 초과 700 미만인 자연수는 모두 몇 개인지 구했나요?

8 예 반올림하여 십의 자리까지 나타내면 2000이 되는 수는 1995 이상 2005 미만인 수이므로 1995, 1996, 1997, 1998, 1999, 2000, 2001, 2002, 2003, 2004입니다.
따라서 반올림하여 십의 자리까지 나타내면 2000이 되는 자연수는 모두 10개입니다.

단계	문제 해결 과정
①	반올림하여 십의 자리까지 나타내면 2000이 되는 자연수를 모두 구했나요?
②	반올림하여 십의 자리까지 나타내면 2000이 되는 자연수의 개수를 구했나요?

9 예 학생 324명이 의자 한 개당 10명씩 앉는다면 의자 32개에 320명이 앉고 남은 4명이 앉을 의자 한 개가 더 필요합니다.
따라서 의자는 최소 33개가 필요합니다.

단계	문제 해결 과정
①	10명씩 앉을 수 있는 의자 수와 남은 학생 수를 구했나요?
②	의자는 최소 몇 개 필요한지 구했나요?

10 예 500원짜리 동전 74개는 37000원이므로 10000원짜리 지폐는 최대 3장까지 바꿀 수 있습니다.

단계	문제 해결 과정
①	500원짜리 동전 74개가 얼마인지 구했나요?
②	10000원짜리 지폐는 최대 몇 장까지 바꿀 수 있는지 구했나요?

11 예 빵을 10개씩 봉지에 담으면 874봉지에 담고 5개가 남습니다.
따라서 팔 수 있는 빵은 최대 874봉지입니다.

단계	문제 해결 과정
①	담을 수 있는 봉지 수와 남은 빵의 수를 구했나요?
②	팔 수 있는 빵의 봉지 수를 구했나요?

1단원 단원 평가 Level ❶

6~8쪽

1 43, 50 **2** 7, 12, 9
3 930 **4** ①, ⑤
5 19 이상 26 미만인 수 **6** 소연, 수호
7 2명
8 (위에서부터) 14000, 13000, 14000 / 69000, 68000, 68000 / 80000, 79000, 80000
9 = **10** 현빈
11 ㉢ **12** 수인, 초희
13 65통 **14** 28000원
15 300 **16** ㉢
17 ㉡, ㉢ **18** 10개
19 19 **20** 9

1 40 이상인 수는 40과 같거나 큰 수입니다. ➡ 43, 50

2 15 미만인 수는 15보다 작은 수입니다. ➡ 7, 12, 9

3 921을 올림하여 십의 자리까지 나타내기 위해서 십의 자리 아래 수인 1을 10으로 보고 올림하면 930입니다.

4 25 초과 45 이하인 수는 25보다 크고 45와 같거나 작은 수입니다.

5 수직선에 나타낸 수의 범위는 19와 같거나 크고 26보다 작으므로 19 이상 26 미만인 수입니다.

6 점수가 65점과 같거나 낮은 학생은 소연, 수호입니다.

7 발길이가 230 mm보다 크고 240 mm보다 작은 사람은 종현(231.3 mm), 태우(239.4 mm)이므로 모두 2명입니다.

9 1201을 반올림하여 십의 자리까지 나타내면 일의 자리 숫자가 1이므로 버림하여 1200입니다.
1196을 반올림하여 백의 자리까지 나타내면 십의 자리 숫자가 9이므로 올림하여 1200입니다.

10 현빈: 3001을 올림하여 천의 자리까지 나타내기 위해서 천의 자리 아래 수인 1을 1000으로 보고 올림하면 4000입니다.

11 ㉠ 버림하여 천의 자리까지 나타내면 7000입니다.
㉡ 버림하여 백의 자리까지 나타내면 7200입니다.
㉣ 버림하여 십의 자리까지 나타내면 7290입니다.

12 41 kg보다 무겁고 47 kg과 같거나 가벼운 사람은 수인(41.3 kg), 초희(45.8 kg)입니다.

13 우유 643 L를 한 통에 10 L씩 담는다면 64통에 담고 남은 3 L를 담을 통이 한 통 더 필요합니다. ➡ 65통

14 10원짜리 동전 2893개는 28930원입니다.
따라서 28930원을 1000원짜리 지폐로 바꾼다면 28000원까지 바꿀 수 있습니다.

15 반올림하여 천의 자리까지 나타낸 수: 24000
반올림하여 백의 자리까지 나타낸 수: 23700
➡ 24000−23700=300

16 ㉠ 35729 → 35700
㉡ 36014 → 36000
㉢ 38005 → 38000
㉣ 37963 → 37900
➡ ㉢>㉣>㉡>㉠

17 ㉠ 48보다 크고 50보다 작은 수의 범위이므로 48을 포함하지 않습니다.
㉣ 42와 같거나 크고 48보다 작은 수의 범위이므로 48을 포함하지 않습니다.

18 수 카드로 만들 수 있는 세 자리 수는 135, 136, 153, 156, 163, 165, 315, 316, 351, 356, 361, 365, 513, 516, 531, 536, 561, 563, 613, 615, 631, 635, 651, 653입니다. 이 중에서 340 이상 600 이하인 수는 밑줄 친 수로 모두 10개입니다.

서술형

19 예 18 초과인 자연수는 18보다 큰 자연수이므로 19, 20, 21, ...입니다.
따라서 가장 작은 자연수는 19입니다.

평가 기준	배점(5점)
18 초과인 자연수를 구했나요?	3점
구한 자연수 중 가장 작은 자연수를 찾았나요?	2점

서술형

20 예 버림하여 십의 자리까지 나타내면 50이므로 버림하기 전의 자연수는 50부터 59까지의 수 중의 하나입니다. 이 수는 수지가 처음에 생각한 자연수에 6을 곱해서 나온 수이므로 6의 배수를 찾으면 54입니다. 따라서 수지가 처음에 생각한 자연수는 $54 \div 6 = 9$입니다.

평가 기준	배점(5점)
버림하여 십의 자리까지 나타내면 50인 수의 범위를 구했나요?	2점
수지가 처음에 생각한 수를 구했나요?	3점

1단원 단원 평가 Level 2 9~11쪽

1 ㉢, ㉣ **2** 시연
3 ㉡ **4** 2대
5 7개 **6** 72
7 보연, 인주, 혜수 **8** ㉠, ㉢, ㉡
9 3명 **10** 도현, 효준
11 37600개
12
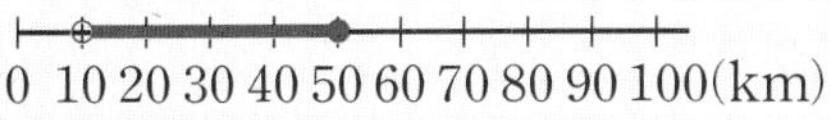

13 65세 초과 **14** 8200, 8299
15 27500 이상 28500 미만인 수
16 5, 6, 7, 8, 9 **17** 49455
18 289개 이상 300개 이하 **19** 13일
20 6개

1
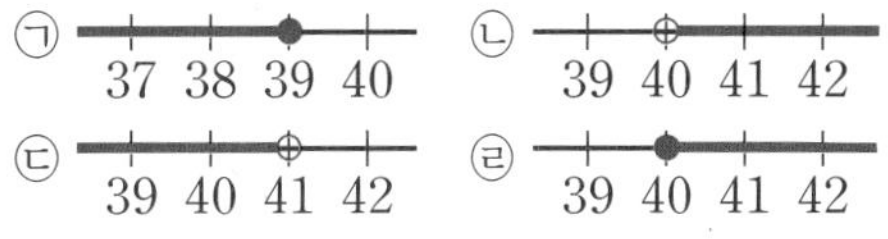

2 3007을 올림하여 십의 자리까지 나타내면 3010이므로 잘못 나타낸 사람은 시연입니다.

3 ㉠ 47.92 ➡ 48 ㉡ 46.8 ➡ 47 ㉢ 48.3 ➡ 48
따라서 수가 다른 하나는 ㉡입니다.

4 정원이 12명이므로 12명보다 더 많이 탄 자동차는 다, 라로 모두 2대입니다.

5 수직선에 나타낸 수의 범위는 12 초과 20 미만인 수입니다. 이 수의 범위에 속하는 자연수는 13, 14, 15, 16, 17, 18, 19이므로 모두 7개입니다.

6 22 초과 49 이하인 자연수는 23, 24, 25, ..., 48, 49입니다.
따라서 가장 큰 수는 49이고, 가장 작은 수는 23이므로 두 수의 합은 $49+23=72$입니다.

7 키가 125 cm와 같거나 크고 155 cm보다 작은 학생은 보연, 인주, 혜수입니다.

8 ㉠ 5705 ➡ 5800
㉡ 5930 ➡ 5000
㉢ 5739 ➡ 5700
➡ ㉠>㉢>㉡

9 50 m 달리기 기록이 8.81초와 같거나 느리고 9.7초와 같거나 빠른 사람은 선균, 준범, 지명으로 모두 3명입니다.

10 현호는 9.71초 이상 10.5초 이하에 속하므로 3등급입니다. 50 m 달리기 기록이 9.71초와 같거나 느리고 10.5초와 같거나 빠른 사람은 도현, 효준입니다.

11 100개씩 팔려고 하므로 버림하여 백의 자리까지 나타내면 37685 ➡ 37600입니다.
따라서 팔 수 있는 로봇은 37600개입니다.

12 성충권은 10 km 초과 50 km 이하이므로 10에 ○로 나타내고 50에 ●로 나타내어 두 점을 선으로 연결합니다.

13 66세인 할아버지는 무료이고 65세인 할머니는 입장료를 내야 합니다. 따라서 65세 초과여야 무료로 입장할 수 있습니다.

14 버림하여 백의 자리까지 나타내면 8200이 되는 자연수는 8200 이상 8300 미만입니다.
따라서 가장 작은 수는 8200이고, 가장 큰 수는 8299입니다.

15 백의 자리 숫자가 5, 6, 7, 8, 9이면 올리므로 27500 이상이고, 백의 자리 숫자가 0, 1, 2, 3, 4이면 버리므로 28500 미만입니다.
따라서 27500 이상 28500 미만인 수입니다.

16 73□5를 올림하여 백의 자리까지 나타내면 7400입니다. 반올림하여 백의 자리까지 나타낸 수가 7400이 되려면 십의 자리 숫자가 5와 같거나 커야 합니다.
따라서 □ 안에 들어갈 수 있는 수는 5, 6, 7, 8, 9입니다.

17 40000 초과 60000 이하인 수에서 만의 자리 숫자는 5 미만이므로 4입니다.
천의 자리 숫자는 9입니다.
백의 자리 숫자는 만의 자리 숫자와 같으므로 4입니다.
두 숫자의 합이 10이면서 같은 수는 5이므로 십의 자리와 일의 자리 숫자는 5입니다.
따라서 구하는 수는 49455입니다.

18 12개씩 24상자까지 모두 담고 나머지 한 상자에는 1개부터 12개까지 담을 수 있습니다.
(가장 적은 경우)$=12\times24+1=289$(개)
(가장 많은 경우)$=12\times25=300$(개)
➡ 289개 이상 300개 이하

서술형
19 예 수학 문제집을 10쪽씩 12일 동안 풀면 8쪽이 남습니다. 남은 8쪽도 풀어야 하므로 올림을 합니다.
따라서 수학 문제집을 모두 풀려면 적어도 13일이 걸립니다.

평가 기준	배점(5점)
어떻게 어림해야 하는지 알고 있나요?	2점
적어도 며칠이 걸리는지 구했나요?	3점

서술형
20 예 자연수 부분이 될 수 있는 수는 5, 6이고,
소수 첫째 자리 숫자가 될 수 있는 수는 3, 4, 5입니다.
따라서 만들 수 있는 소수 한 자리 수는
5.3, 5.4, 5.5, 6.3, 6.4, 6.5로 모두 6개입니다.

평가 기준	배점(5점)
자연수 부분이 될 수 있는 수를 구했나요?	2점
소수 첫째 자리 숫자가 될 수 있는 수를 구했나요?	2점
만들 수 있는 소수 한 자리 수의 개수를 구했나요?	1점

2 분수의 곱셈

서술형 문제 12~15쪽

1⁺ $\frac{7}{25}$ L

2⁺ 방법 1 예 분자와 자연수를 곱한 후 계산합니다.

$\frac{3}{4}\times 6=\frac{3\times 6}{4}=\frac{\overset{9}{\cancel{18}}}{\underset{2}{\cancel{4}}}=\frac{9}{2}=4\frac{1}{2}$

방법 2 예 분자와 분모를 약분하여 계산합니다.

$\frac{3}{4}\times 6=\frac{3\times \overset{3}{\cancel{6}}}{\underset{2}{\cancel{4}}}=\frac{9}{2}=4\frac{1}{2}$

3 52 kg

4 ㉡

5 $4\frac{2}{3}$ cm²

6 3개

7 $20\frac{7}{12}$

8 310 km

9 $1\frac{19}{25}$

10 $\frac{1}{4}$

11 문제 예 이 중 전체의 $\frac{3}{4}$을 사용했다면 사용한 색종이는 몇 장일까요? /

풀이 예 $\overset{5}{\cancel{20}}\times\frac{3}{\underset{1}{\cancel{4}}}=15$(장) / 15장

1⁺ 예 (마신 주스의 양)

$=$(냉장고에 들어 있던 주스의 양)$\times\frac{2}{5}$

$=\frac{7}{\underset{5}{\cancel{10}}}\times\frac{\overset{1}{\cancel{2}}}{5}=\frac{7}{25}$ (L)

단계	문제 해결 과정
①	마신 주스의 양을 구하는 식을 세웠나요?
②	마신 주스의 양을 구했나요?

2⁺

단계	문제 해결 과정
①	한 가지 방법으로 계산했나요?
②	다른 한 가지 방법으로 계산했나요?

3 예 (사과 10상자의 무게)

$=$(사과 한 상자의 무게)$\times 10$

$=5\frac{1}{5}\times 10=\frac{26}{\underset{1}{\cancel{5}}}\times\overset{2}{\cancel{10}}=52$ (kg)

단계	문제 해결 과정
①	사과 10상자의 무게를 구하는 식을 세웠나요?
②	사과 10상자의 무게를 구했나요?

4 예 ㉠ $\frac{1}{3}\times\frac{1}{5}=\frac{1}{15}$, ㉡ $\frac{1}{7}\times\frac{1}{2}=\frac{1}{14}$,

㉢ $\frac{1}{5}\times\frac{1}{5}=\frac{1}{25}$ ➡ $\frac{1}{14}>\frac{1}{15}>\frac{1}{25}$

따라서 계산 결과가 가장 큰 것은 ㉡입니다.

단계	문제 해결 과정
①	단위분수끼리의 곱을 계산했나요?
②	계산 결과가 가장 큰 것을 찾았나요?

5 예 (직사각형의 넓이)$=$(가로)$\times$(세로)

$=2\frac{2}{3}\times 1\frac{3}{4}=\frac{\overset{2}{\cancel{8}}}{3}\times\frac{7}{\underset{1}{\cancel{4}}}$

$=\frac{14}{3}=4\frac{2}{3}$ (cm²)

단계	문제 해결 과정
①	직사각형의 넓이를 구하는 식을 세웠나요?
②	직사각형의 넓이를 구했나요?

6 예 $\overset{2}{\cancel{10}}\times\frac{3}{\underset{1}{\cancel{5}}}=6$, $\overset{2}{\cancel{14}}\times\frac{5}{\underset{1}{\cancel{7}}}=10$

6<□<10이므로 □ 안에 들어갈 수 있는 자연수는 7, 8, 9로 모두 3개입니다.

단계	문제 해결 과정
①	(자연수)×(분수)를 각각 계산했나요?
②	□ 안에 들어갈 수 있는 자연수는 모두 몇 개인지 구했나요?

7 예 8>3>2이므로 만들 수 있는 가장 큰 대분수는 $8\frac{2}{3}$이고, 가장 작은 대분수는 $2\frac{3}{8}$입니다.

따라서 가장 큰 대분수와 가장 작은 대분수의 곱은

$8\frac{2}{3}\times 2\frac{3}{8}=\frac{\overset{13}{\cancel{26}}}{3}\times\frac{19}{\underset{4}{\cancel{8}}}=\frac{247}{12}=20\frac{7}{12}$입니다.

단계	문제 해결 과정
①	만들 수 있는 가장 큰 대분수와 가장 작은 대분수를 구했나요?
②	가장 큰 대분수와 가장 작은 대분수의 곱을 구했나요?

8 예) 3시간 45분$=3\frac{45}{60}$시간$=3\frac{3}{4}$시간이므로

$82\frac{2}{3}\times3\frac{3}{4}=\frac{\overset{62}{\cancel{248}}}{\underset{1}{\cancel{3}}}\times\frac{\overset{5}{\cancel{15}}}{\underset{1}{\cancel{4}}}=310\,(\mathrm{km})$를 갈 수 있습니다.

단계	문제 해결 과정
①	3시간 45분을 분수로 나타냈나요?
②	3시간 45분 동안 몇 km를 갈 수 있는지 구했나요?

9 예) 어떤 수를 □라 하면 $□+1\frac{1}{5}=2\frac{2}{3}$입니다.

$□=2\frac{2}{3}-1\frac{1}{5}=2\frac{10}{15}-1\frac{3}{15}=1\frac{7}{15}$

따라서 바르게 계산하면

$1\frac{7}{15}\times1\frac{1}{5}=\frac{22}{\underset{5}{\cancel{15}}}\times\frac{\overset{2}{\cancel{6}}}{5}=\frac{44}{25}=1\frac{19}{25}$입니다.

단계	문제 해결 과정
①	어떤 수를 구했나요?
②	바르게 계산한 값을 구했나요?

10 예) 채소를 심은 부분은 전체의 $\frac{3}{4}$이고, 파를 심은 부분은 전체의 $\frac{3}{4}$의 $\frac{1}{2}$이므로 파를 뽑은 부분은 전체의

$\frac{\overset{1}{\cancel{3}}}{4}\times\frac{1}{\underset{1}{\cancel{2}}}\times\frac{\overset{1}{\cancel{2}}}{\underset{1}{\cancel{3}}}=\frac{1}{4}$입니다.

단계	문제 해결 과정
①	파를 뽑은 부분은 전체의 얼마인지 구하는 식을 세웠나요?
②	파를 뽑은 부분은 전체의 얼마인지 구했나요?

11

단계	문제 해결 과정
①	곱셈식에 알맞은 문제를 만들었나요?
②	문제에 알맞은 식을 쓰고 답을 구했나요?

2단원 단원 평가 Level 1

16~18쪽

1 2, 3, 6

2 방법 1 13, 91, 15, 1 방법 2 $\frac{1}{6}$, 7, $\frac{1}{6}$

3 ㉡

4 지영, $13\frac{1}{3}$

5 $10\frac{1}{2}$, 14, $17\frac{1}{2}$

6 $1\frac{1}{14}$, $22\frac{1}{2}$

7 >

8 예) 6, 8

9 $\frac{1}{27}$

10 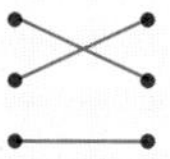

11 $3\frac{3}{4}\,\mathrm{cm}^2$

12 30개

13 ㉡

14 $\frac{1}{2}$ m

15 36 cm

16 2

17 $\frac{21}{64}$

18 $\frac{5}{6}$

19 $7\frac{1}{2}$ kg

20 $\frac{3}{4}$

3 ㉠ $\frac{1}{9}\times\frac{1}{4}=\frac{1}{36}$ ➡ $\frac{1}{36}<\frac{1}{9}$

4 지영: $\overset{8}{\cancel{16}}\times\frac{5}{\underset{3}{\cancel{6}}}=\frac{40}{3}=13\frac{1}{3}$

민수: $\overset{3}{\cancel{15}}\times\frac{7}{\underset{2}{\cancel{10}}}=\frac{21}{2}=10\frac{1}{2}$

5 $1\frac{3}{4}\times6=\frac{7}{\underset{2}{\cancel{4}}}\times\overset{3}{\cancel{6}}=\frac{21}{2}=10\frac{1}{2}$

$1\frac{3}{4}\times8=\frac{7}{\underset{1}{\cancel{4}}}\times\overset{2}{\cancel{8}}=14$

$1\frac{3}{4}\times10=\frac{7}{\underset{2}{\cancel{4}}}\times\overset{5}{\cancel{10}}=\frac{35}{2}=17\frac{1}{2}$

6 $\frac{6}{7}\times1\frac{1}{4}=\frac{\overset{3}{\cancel{6}}}{7}\times\frac{5}{\underset{2}{\cancel{4}}}=\frac{15}{14}=1\frac{1}{14}$

$1\frac{1}{14}\times21=\frac{15}{\underset{2}{\cancel{14}}}\times\overset{3}{\cancel{21}}=\frac{45}{2}=22\frac{1}{2}$

7 $4\times1\frac{5}{6}=\overset{2}{\cancel{4}}\times\frac{11}{\underset{3}{\cancel{6}}}=\frac{22}{3}=7\frac{1}{3}$

$\overset{4}{\cancel{28}}\times\frac{5}{\underset{3}{\cancel{21}}}=\frac{20}{3}=6\frac{2}{3}$

➡ $7\frac{1}{3}>6\frac{2}{3}$

8 분자의 곱이 1이므로 분모의 곱이 48이 되는 두 수를 구합니다.

9 단위분수는 분모가 클수록 작은 분수이므로

$\frac{1}{3}>\frac{1}{4}>\frac{1}{7}>\frac{1}{9}$입니다.

따라서 가장 큰 수와 가장 작은 수의 곱은

$\frac{1}{3}\times\frac{1}{9}=\frac{1}{27}$입니다.

10 $6\times\frac{7}{8}\times3\frac{1}{7}=\overset{3}{\cancel{6}}\times\frac{\overset{1}{\cancel{7}}}{\underset{\underset{2}{\cancel{4}}}{\cancel{8}}}\times\frac{\overset{11}{\cancel{22}}}{\underset{1}{\cancel{7}}}=\frac{33}{2}=16\frac{1}{2}$

$\frac{4}{9}\times\frac{1}{6}\times2\frac{5}{8}=\frac{\overset{1}{\cancel{4}}}{9}\times\frac{1}{\underset{2}{\cancel{6}}}\times\frac{\overset{7}{\cancel{21}}}{\underset{2}{\cancel{8}}}=\frac{7}{36}$

$\frac{1}{2}\times\frac{5}{\underset{4}{\cancel{12}}}\times\overset{3}{\cancel{9}}=\frac{15}{8}=1\frac{7}{8}$

11 (직사각형의 넓이)=(가로)×(세로)

$=2\frac{1}{4}\times1\frac{2}{3}=\frac{\overset{3}{\cancel{9}}}{4}\times\frac{5}{\underset{1}{\cancel{3}}}$

$=\frac{15}{4}=3\frac{3}{4}$ (cm^2)

12 (동생에게 준 구슬 수)$=\overset{6}{\cancel{54}}\times\frac{5}{\underset{1}{\cancel{9}}}=30$(개)

13 ㉠ $1\frac{1}{4}\times12=\frac{5}{\underset{1}{\cancel{4}}}\times\overset{3}{\cancel{12}}=15$

㉡ $2\frac{8}{15}\times10=\frac{38}{\underset{3}{\cancel{15}}}\times\overset{2}{\cancel{10}}=\frac{76}{3}=25\frac{1}{3}$

㉢ $\frac{5}{\underset{1}{\cancel{6}}}\times\overset{3}{\cancel{18}}=15$

14 (사용한 노끈의 길이)=(전체 노끈의 길이)$\times\frac{5}{8}$

$=\frac{\overset{1}{\cancel{4}}}{\underset{1}{\cancel{5}}}\times\frac{\overset{1}{\cancel{5}}}{\underset{2}{\cancel{8}}}=\frac{1}{2}$ (m)

15 (튀어 오른 공의 높이)$=\overset{12}{\cancel{60}}\times\frac{3}{\underset{1}{\cancel{5}}}=36$ (cm)

16 $\frac{\overset{1}{\cancel{5}}}{\underset{4}{\cancel{16}}}\times\frac{\overset{1}{\cancel{4}}}{\underset{3}{\cancel{15}}}=\frac{1}{12}$, $\frac{1}{4}\times\frac{1}{\square}=\frac{1}{4\times\square}$

$\frac{1}{12}<\frac{1}{4\times\square}$이므로 $12>4\times\square$이고, □는 1보다 큰 자연수이므로 이를 만족하는 □=2입니다.

17 만들 수 있는 진분수는 $\frac{3}{7}$, $\frac{3}{8}$, $\frac{7}{8}$이고 이 중에서 가장 큰 진분수는 $\frac{7}{8}$, 가장 작은 진분수는 $\frac{3}{8}$입니다.

➡ $\frac{7}{8}\times\frac{3}{8}=\frac{21}{64}$

18 (어떤 수)$-\frac{2}{3}=\frac{7}{12}$

➡ (어떤 수)$=\frac{7}{12}+\frac{2}{3}=\frac{7}{12}+\frac{8}{12}=\frac{15}{12}$

$=1\frac{3}{12}=1\frac{1}{4}$

따라서 바르게 계산한 값은 $1\frac{1}{4}\times\frac{2}{3}=\frac{5}{\underset{2}{\cancel{4}}}\times\frac{\overset{1}{\cancel{2}}}{3}=\frac{5}{6}$ 입니다.

서술형
19 예 (철근 $1\frac{4}{5}$ m의 무게)

=(철근 1 m의 무게)×(철근의 길이)

$=4\frac{1}{6}\times1\frac{4}{5}=\frac{\overset{5}{\cancel{25}}}{\underset{2}{\cancel{6}}}\times\frac{\overset{3}{\cancel{9}}}{\underset{1}{\cancel{5}}}=\frac{15}{2}=7\frac{1}{2}$ (kg)

평가 기준	배점(5점)
철근 $1\frac{4}{5}$ m의 무게를 구하는 식을 세웠나요?	2점
철근 $1\frac{4}{5}$ m의 무게를 구했나요?	3점

서술형
20 예 가 대신에 $\frac{3}{64}$을, 나 대신에 4를 넣습니다.

$\frac{3}{64}\heartsuit4=\frac{3}{\underset{\underset{4}{\cancel{16}}}{\cancel{64}}}\times\overset{1}{\cancel{4}}\times\overset{1}{\cancel{4}}=\frac{3}{4}$

평가 기준	배점(5점)
$\frac{3}{64}\heartsuit4$를 계산하는 식을 바르게 세웠나요?	2점
$\frac{3}{64}\heartsuit4$의 값을 바르게 구했나요?	3점

2단원 단원 평가 Level ❷ 19~21쪽

1 $\frac{3}{4}$	2 $\frac{9}{7}\times 21=27$
3 ㉣	4 (위에서부터) $4\frac{1}{2}$, $6\frac{2}{3}$
5 $7\frac{1}{3}$	6 >
7 63 kg	8 $\frac{1}{12}$
9 $\frac{3}{4}$ m	10 $1\frac{3}{5}$ kg
11 $10\frac{1}{2}$	12 $3\frac{1}{2}$
13 54	14 115 km
15 $\frac{1}{4}$	16 2, 3
17 $\frac{1}{6}$	18 $8\frac{2}{5}$
19 $7\frac{1}{2}$ cm^2	20 $6\frac{2}{5}$

1 $\frac{9}{10}\times\frac{5}{6}=\frac{3}{4}$

2 대분수를 가분수로 고친 후 계산합니다.

3 ㉠ $\frac{1}{4}\times\frac{1}{9}=\frac{1}{36}$ ㉡ $\frac{1}{6}\times\frac{1}{6}=\frac{1}{36}$

㉢ $\frac{1}{12}\times\frac{1}{3}=\frac{1}{36}$ ㉣ $\frac{1}{16}\times\frac{1}{2}=\frac{1}{32}$

4 $3\frac{3}{4}\times 1\frac{1}{5}=\frac{15}{4}\times\frac{6}{5}=\frac{9}{2}=4\frac{1}{2}$

$3\frac{3}{4}\times 1\frac{7}{9}=\frac{15}{4}\times\frac{16}{9}=\frac{20}{3}=6\frac{2}{3}$

5 $1\frac{5}{6}\times 4=\frac{11}{6}\times 4=\frac{22}{3}=7\frac{1}{3}$

6 $10\times 1\frac{3}{5}=10\times\frac{8}{5}=16$

$3\frac{1}{6}\times 4=\frac{19}{6}\times 4=\frac{38}{3}=12\frac{2}{3}$

7 $5\frac{1}{4}\times 12=\frac{21}{4}\times 12=63$ (kg)

8 $\frac{1}{4}\times\frac{1}{3}=\frac{1}{12}$

9 $\frac{9}{10}\times\frac{5}{6}=\frac{3}{4}$ (m)

10 $7\frac{1}{5}\times\frac{2}{9}=\frac{36}{5}\times\frac{2}{9}=\frac{8}{5}=1\frac{3}{5}$ (kg)

11 $1\frac{2}{5}\times 12\times\frac{5}{8}=\frac{7}{5}\times 12\times\frac{5}{8}=\frac{21}{2}=10\frac{1}{2}$

12 $1\frac{2}{5}\times\left(1\frac{1}{3}+1\frac{1}{6}\right)=1\frac{2}{5}\times\left(1\frac{2}{6}+1\frac{1}{6}\right)$

$=1\frac{2}{5}\times 2\frac{3}{6}=1\frac{2}{5}\times 2\frac{1}{2}=\frac{7}{5}\times\frac{5}{2}=\frac{7}{2}=3\frac{1}{2}$

13 (어떤 수)$=48\times\frac{5}{8}=30$이므로

어떤 수의 $1\frac{4}{5}$는 $30\times 1\frac{4}{5}=30\times\frac{9}{5}=54$입니다.

14 1시간 15분$=1\frac{15}{60}$시간$=1\frac{1}{4}$시간

(1시간 15분 동안 달린 거리)

$=92\times 1\frac{1}{4}=92\times\frac{5}{4}=115$ (km)

15 미소가 먹고 난 나머지는 전체의 $1-\frac{3}{8}=\frac{5}{8}$이므로

승현이가 먹은 피자는 전체의 $\frac{5}{8}\times\frac{2}{5}=\frac{1}{4}$입니다.

16 $\frac{1}{5}\times\frac{1}{\square}=\frac{1}{5\times\square}$이므로 $\frac{1}{16}<\frac{1}{5\times\square}<\frac{1}{8}$입니다.

단위분수는 분모가 클수록 분수의 크기가 작으므로

$8<5\times\square<16$입니다.

따라서 □ 안에 들어갈 수 있는 자연수는 2, 3입니다.

17 꽃을 좋아하는 여학생은 5학년 학생의 $\frac{5}{9}\times\frac{4}{5}$이고,
장미꽃을 좋아하는 여학생은 5학년 학생의
$\frac{5}{9}\times\frac{4}{5}\times\frac{3}{8}$입니다.
따라서 장미꽃을 좋아하는 여학생은 5학년 학생의
$\frac{\overset{1}{\cancel{5}}}{\underset{3}{\cancel{9}}}\times\frac{\overset{1}{\cancel{4}}}{\underset{1}{\cancel{5}}}\times\frac{\overset{1}{\cancel{3}}}{\underset{2}{\cancel{8}}}=\frac{1}{6}$입니다.

18 ㉠의 분모가 될 수 있는 수는 두 분자 5와 10의 공약수이므로 1과 5이고, 분자가 될 수 있는 수는 두 분모 14와 21의 공배수이므로 42, 84, 126, ...입니다.
㉠이 가장 작은 분수가 되려면 분모는 5와 10의 최대공약수이고 분자는 14와 21의 최소공배수이어야 하므로 $\frac{42}{5}=8\frac{2}{5}$입니다.

서술형
19 예 (직사각형의 넓이)=(가로)×(세로)

$$=3\frac{1}{3}\times2\frac{1}{4}=\frac{\overset{5}{\cancel{10}}}{\underset{1}{\cancel{3}}}\times\frac{\overset{3}{\cancel{9}}}{\underset{2}{\cancel{4}}}$$

$$=\frac{15}{2}=7\frac{1}{2}\ (\text{cm}^2)$$

평가 기준	배점(5점)
직사각형의 넓이를 구하는 식을 세웠나요?	2점
직사각형의 넓이를 구했나요?	3점

서술형
20 예 (어떤 수)$\div2\frac{2}{5}=1\frac{1}{9}$이므로

(어떤 수)$=1\frac{1}{9}\times2\frac{2}{5}=\frac{\overset{2}{\cancel{10}}}{\underset{3}{\cancel{9}}}\times\frac{\overset{4}{\cancel{12}}}{\underset{1}{\cancel{5}}}=\frac{8}{3}=2\frac{2}{3}$

입니다.
따라서 바르게 계산하면

$2\frac{2}{3}\times2\frac{2}{5}=\frac{8}{\underset{1}{\cancel{3}}}\times\frac{\overset{4}{\cancel{12}}}{5}=\frac{32}{5}=6\frac{2}{5}$입니다.

평가 기준	배점(5점)
어떤 수를 구했나요?	2점
바르게 계산한 값을 구했나요?	3점

3 합동과 대칭

서술형 문제 22~25쪽

1+ 나 /
예 두 도형을 포개었을 때 완전히 겹치기 때문입니다.

2+ 16 cm

3 점대칭도형입니다. /
예 한 점을 중심으로 180° 돌렸을 때 처음 도형과 완전히 겹치기 때문입니다.

4 예 선대칭도형에서 대응점끼리 이은 선분은 대칭축과 수직으로 만납니다.

5 21 cm
6 2개
7 6 cm
8 50°
9 20 cm
10 30°
11 32 cm^2

1+

단계	문제 해결 과정
①	합동인 도형을 찾았나요?
②	합동인 이유를 바르게 설명했나요?

2+ 예 (선분 ㄷㅂ)=(선분 ㄴㅂ)=8 cm이므로
(선분 ㄴㄷ)=(선분 ㄴㅂ)+(선분 ㄷㅂ)
=8+8=16 (cm)입니다.

단계	문제 해결 과정
①	선분 ㄷㅂ은 몇 cm인지 구했나요?
②	선분 ㄴㄷ은 몇 cm인지 구했나요?

3

단계	문제 해결 과정
①	점대칭도형인 것을 알고 있나요?
②	그 이유를 논리적으로 설명했나요?

4

단계	문제 해결 과정
①	대응점끼리 이은 선분과 대칭축 사이의 관계를 바르게 설명했나요?

5 예 변 ㄱㄴ의 대응변은 변 ㅇㅅ이므로 변 ㄱㄴ은 5 cm입니다.
변 ㄷㄹ의 대응변은 변 ㅂㅁ이므로 변 ㄷㄹ은 6 cm입니다.
따라서 사각형 ㄱㄴㄷㄹ의 둘레는
5+6+6+4=21 (cm)입니다.

단계	문제 해결 과정
①	변 ㄱㄴ과 변 ㄷㄹ은 몇 cm인지 구했나요?
②	사각형 ㄱㄴㄷㄹ의 둘레를 구했나요?

6 예 선대칭도형은 ㉠, ㉡, ㉢입니다.
이 중에서 점대칭도형을 찾으면 ㉡과 ㉢으로 모두 2개입니다.

단계	문제 해결 과정
①	선대칭도형을 모두 찾았나요?
②	①에서 찾은 선대칭도형 중 점대칭도형의 개수를 구했나요?

7 예 점대칭도형은 대응변의 길이가 같으므로 변 ㅈㄱ, 변 ㄱㄴ, 변 ㄴㄷ, 변 ㄷㄹ의 길이의 합은 둘레의 반인 30÷2=15 (cm)입니다.
따라서 변 ㄷㄹ은 15−(4+2+3)=6 (cm)입니다.

단계	문제 해결 과정
①	변 ㅈㄱ, 변 ㄱㄴ, 변 ㄴㄷ, 변 ㄷㄹ의 길이의 합은 둘레의 반인 것을 알고 있나요?
②	변 ㄷㄹ이 몇 cm인지 구했나요?

8 예 각 ㄴㄱㄷ의 대응각은 각 ㄹㅁㅂ이므로 70°입니다.
삼각형의 세 각의 크기의 합은 180°이므로 각 ㄱㄷㄴ은
180°−(70°+60°)=50°입니다.

단계	문제 해결 과정
①	각 ㄴㄱㄷ이 몇 도인지 구했나요?
②	각 ㄱㄷㄴ이 몇 도인지 구했나요?

9 예 (선분 ㄴㅇ)=(선분 ㅁㅇ)=6 cm이므로
(선분 ㅂㅇ)=16−6=10 (cm)입니다.
따라서 (선분 ㄷㅂ)=10×2=20 (cm)입니다.

단계	문제 해결 과정
①	선분 ㅂㅇ의 길이를 구했나요?
②	선분 ㄷㅂ의 길이를 구했나요?

10 예 선대칭도형에서 대응각의 크기는 서로 같으므로
(각 ㄷㅂㅁ)=(각 ㄷㄹㅁ)=90°입니다.
따라서 (각 ㅂㅁㄷ)=180°−60°−90°=30°입니다.

단계	문제 해결 과정
①	각 ㄷㅂㅁ의 크기를 구했나요?
②	각 ㅂㅁㄷ의 크기를 구했나요?

11 예 삼각형 ㄱㅂㄷ은 삼각형 ㄱㄹㄷ을 접은 것이므로 두 삼각형은 서로 합동입니다. 삼각형 ㄷㄴㄱ은 삼각형 ㄱㄹㄷ과 합동이므로 삼각형 ㄱㅂㄷ과도 합동이고, 삼각형 ㄱㄴㅁ과 삼각형 ㄷㅂㅁ도 합동입니다.
따라서 (변 ㄴㅁ)=(변 ㅂㅁ)=3 cm,
(변 ㄹㄷ)=(변 ㅂㄷ)=4 cm이므로 직사각형 ㄱㄴㄷㄹ의 넓이는 $(3+5)\times4=8\times4=32$ (cm^2)입니다.

단계	문제 해결 과정
①	변 ㄴㅁ과 변 ㄹㄷ의 길이를 각각 구했나요?
②	직사각형 ㄱㄴㄷㄹ의 넓이를 구했나요?

3단원 단원 평가 Level ❶ 26~28쪽

1 예 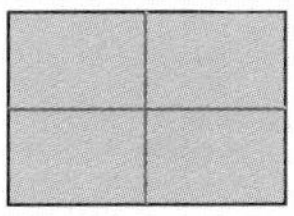
2 가와 바, 다와 라
3 4 cm
4 1개
5 ( )(○)( )
6 (위에서부터) 35, 7
7 (위에서부터) 75, 5
8 다
9 라
10 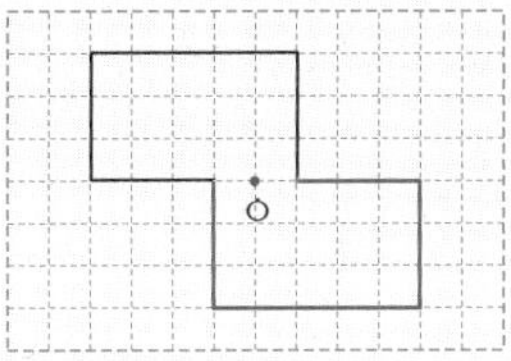
11 ㉢
12 15 cm
13 4개
14 5 cm
15 63°
16 148 cm
17 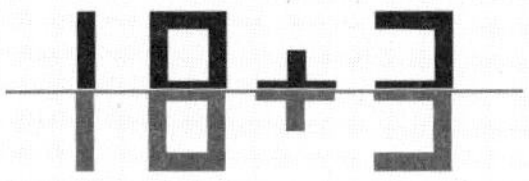 / 21
18 40 cm
19 84 cm^2
20 6 cm

1 모양과 크기가 같은 도형이 4개가 되도록 선을 긋습니다.

2 모양과 크기가 같아서 포개었을 때 완전히 겹치는 도형은 가와 바, 다와 라입니다.

3 합동인 도형에서 대응변의 길이는 같습니다. 변 ㅁㅂ의 대응변은 변 ㄹㄷ이므로 변 ㅁㅂ은 4 cm입니다.

4 점대칭도형에서 대칭의 중심은 항상 1개입니다.

5 어떤 점을 중심으로 180° 돌렸을 때 처음 모양과 완전히 겹치는 것은 '**ㄹ**'입니다.

6 선대칭도형에서 대응변의 길이와 대응각의 크기는 각각 같습니다.

7 점대칭도형에서 대응변의 길이와 대응각의 크기는 각각 같습니다.

8 가, 나, 라는 모양과 크기가 같아서 포개었을 때 완전히 겹치므로 서로 합동입니다.

9 가: 1개, 나: 1개, 다: 2개, 라: 5개

11 ㉢ 각 ㄱㄴㄷ의 대응각은 각 ㅇㅅㅂ입니다.

12 변 ㄱㄷ의 대응변은 변 ㄹㅁ이므로 3 cm입니다. 따라서 삼각형 ㄱㄴㄷ의 둘레는 $7+5+3=15$ (cm)입니다.

13 화장실을 표시하는 그림이 선대칭도형인 나라는 한국, 이란, 포르투갈, 브라질로 모두 4개입니다.

14 (변 ㅇㅅ)=(변 ㄹㅁ)=8 cm,
(변 ㅁㅂ)=(변 ㅅㅂ)=7 cm
따라서 변 ㄹㄷ과 변 ㄷㅇ의 합은
$40-(8+8+7+7)=10$ (cm)이므로
(변 ㄷㅇ)$=10\div2=5$ (cm)입니다.

15 삼각형 ㄱㄴㄷ에서 두 각이 각각 55°, 62°이므로
각 ㄷㄴㄱ은 $180°-(55°+62°)=63°$입니다.
점대칭도형에서 대응각의 크기는 같으므로
(각 ㄱㄹㄷ)=(각 ㄷㄴㄱ)=63°입니다.

16 (변 ㄱㅁ)=(변 ㄹㄷ)=14 cm,
(변 ㄹㅁ)=(변 ㄱㄴ)=34 cm
➡ (사각형 ㄱㄴㄷㄹ의 둘레)
$=34+52+14+34+14=148$ (cm)

17 $18+3=21$

18 완성한 선대칭도형은 다음과 같습니다.

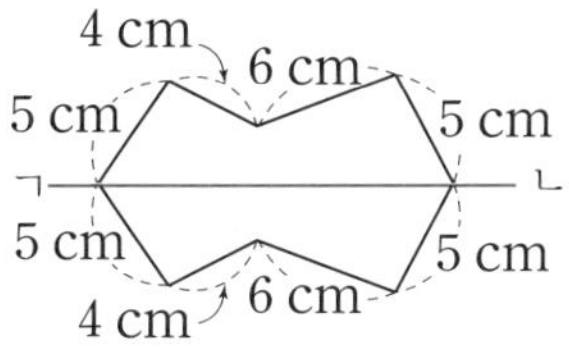

(선대칭도형의 둘레)
$=(5+4+6+5)\times2=20\times2=40$ (cm)

서술형

19 예 변 ㄱㄴ의 대응변은 변 ㅂㅅ이므로 12 cm입니다.
따라서 직사각형 ㄱㄴㄷㄹ의 넓이는
$7 \times 12 = 84\ (\mathrm{cm}^2)$입니다.

평가 기준	배점(5점)
직사각형 ㄱㄴㄷㄹ의 세로를 구했나요?	3점
직사각형 ㄱㄴㄷㄹ의 넓이를 구했나요?	2점

서술형

20 예 (선분 ㄴㅇ)=(선분 ㄹㅇ)=7 cm이므로
(선분 ㄱㄷ)$=26-(7+7)=12$ (cm)입니다.
대칭의 중심은 대응점끼리 이은 선분을 이등분하므로
(선분 ㅇㄷ)$=12 \div 2=6$ (cm)입니다.

평가 기준	배점(5점)
선분 ㄱㄷ의 길이를 구했나요?	3점
선분 ㅇㄷ의 길이를 구했나요?	2점

3단원 단원 평가 Level 2 　29~31쪽

1 다, 라　**2** 변 ㄹㄴ
3 각 ㄱㄷㄴ　**4** 5, 70
5 4쌍　**6** ㄹ, ㅍ에 ○표
7 가, 다, 바　**8** 다, 바
9

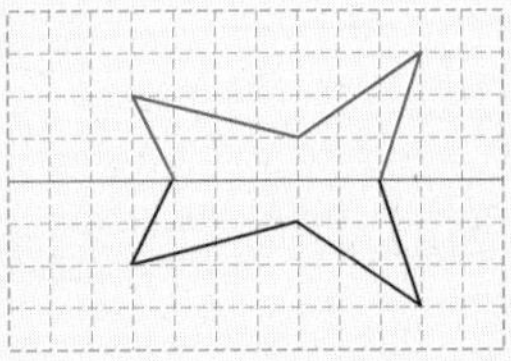

10 점 ㄹ, 점 ㅂ / 변 ㅁㅂ, 변 ㅁㄹ / 각 ㅁㄹㄷ, 각 ㅁㅂㅅ
11 25°　**12** 2 cm
13 8 cm　**14** 12 cm
15 41°　**16** $28\ \mathrm{cm}^2$
17 60°　**18** 60°
19 15 cm　**20** $128\ \mathrm{cm}^2$

1 도형 다와 도형 라는 모양과 크기가 같아서 포개었을 때 완전히 겹칩니다.

2 점 ㄱ의 대응점은 점 ㄹ이고, 점 ㄷ의 대응점은 점 ㄴ이므로 변 ㄱㄷ의 대응변은 변 ㄹㄴ입니다.

3 점 ㄴ의 대응점은 점 ㄷ이므로 각 ㄹㄴㄷ의 대응각은 각 ㄱㄷㄴ입니다.

4 변 ㅁㅂ의 대응변은 변 ㄴㄱ이므로 5 cm이고,
각 ㅁㅇㅅ의 대응각은 각 ㄴㄷㄹ이므로 70°입니다.

5 삼각형 ㄱㄴㅁ과 삼각형 ㄷㄹㅁ, 삼각형 ㄱㅁㄹ과 삼각형 ㄷㅁㄴ, 삼각형 ㄱㄴㄷ과 삼각형 ㄷㄹㄱ, 삼각형 ㄱㄴㄹ과 삼각형 ㄷㄹㄴ은 서로 합동입니다.

6 각 글자를 어떤 점을 중심으로 180° 돌렸을 때 처음 모양과 같은 것은 ㄹ, ㅍ입니다.

7 어떤 직선을 따라 접어서 완전히 겹치는 도형을 선대칭도형이라고 합니다.

11 (각 ㄱㄷㄹ)=(각 ㄱㄴㄹ)$=65^\circ$, (각 ㄱㄹㄷ)$=90^\circ$
➡ (각 ㄷㄱㄹ)$=180^\circ-65^\circ-90^\circ=25^\circ$

12 (선분 ㄷㅂ)=(선분 ㄹㅁ)=(선분 ㅈㄱ)=10 cm
(선분 ㄷㅅ)$=10-6=4$ (cm)
(선분 ㄷㅇ)$=4 \div 2=2$ (cm)

13 (변 ㄱㄴ)=(변 ㅇㅁ)=5 cm이고
사각형 ㄱㄴㄷㄹ의 둘레가 31 cm이므로
(변 ㄴㄷ)$=31-11-5-7=8$ (cm)입니다.
따라서 변 ㅁㅂ의 대응변은 변 ㄴㄷ이므로
(변 ㅁㅂ)=(변 ㄴㄷ)=8 (cm)입니다.

14 (선분 ㄷㅇ)=(선분 ㄱㅇ)=18 cm이므로
(선분 ㄱㄷ)$=18+18=36$ (cm)입니다.
따라서 (선분 ㄴㄹ)$=60-36=24$ (cm)이므로
(선분 ㅇㄴ)=(선분 ㅇㄹ)$=24 \div 2=12$ (cm)입니다.

15 원의 반지름의 길이는 같으므로 삼각형 ㅇㄷㄹ은 이등변삼각형입니다.
(각 ㄹㅇㄷ)=(각 ㄴㅇㄱ)$=98^\circ$이므로
(각 ㅇㄹㄷ)=(각 ㅇㄷㄹ)$=(180^\circ-98^\circ) \div 2=41^\circ$

16 완성한 선대칭도형은 다음과 같습니다.

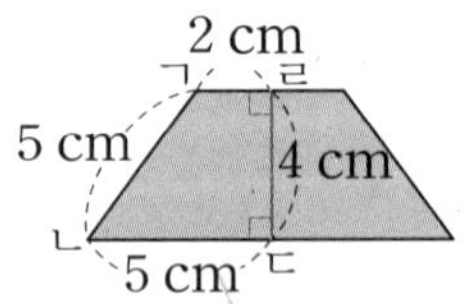

따라서 완성한 선대칭도형의 넓이는
사다리꼴 ㄱㄴㄷㄹ 넓이의 2배가 됩니다.
➡ $(2+5) \times 4 \div 2 \times 2=28\ (\mathrm{cm}^2)$

17 (각 ㄱㄷㄴ)=(각 ㄹㄴㄷ)$=30^\circ$이므로
(각 ㄴㅁㄷ)$=180^\circ-30^\circ-30^\circ=120^\circ$
➡ (각 ㄹㅁㄷ)$=180^\circ-120^\circ=60^\circ$

18 삼각형 ㄱㄹㅂ과 삼각형 ㅁㄹㅂ은 서로 합동이므로
각 ㄱㄹㅂ의 대응각은 각 ㅁㄹㅂ입니다.
(각 ㄱㄹㅂ)=(180°−40°)÷2=70°
➡ (각 ㄱㅂㄹ)=180°−50°−70°=60°

서술형
19 ⓔ 변 ㄹㅂ의 대응변은 변 ㄱㄴ이므로
(변 ㄹㅂ)=(변 ㄱㄴ)=4 cm입니다.
따라서 삼각형 ㄹㅁㅂ의 둘레는 6+5+4=15 (cm) 입니다.

평가 기준	배점(5점)
변 ㄹㅂ의 길이를 구했나요?	3점
삼각형 ㄹㅁㅂ의 둘레를 구했나요?	2점

서술형
20 ⓔ 삼각형 ㄱㄷㄹ과 삼각형 ㄱㄷㅂ은 서로 합동이므로
(변 ㄱㄹ)=(변 ㄱㅂ)=10+6=16 (cm)이고
(변 ㄹㄷ)=(변 ㅂㄷ)=8 cm입니다.
따라서 직사각형 ㄱㄴㄷㄹ의 넓이는
16×8=128 (cm^2)입니다.

평가 기준	배점(5점)
변 ㄱㄹ과 변 ㄹㄷ의 길이를 구했나요?	3점
직사각형 ㄱㄴㄷㄹ의 넓이를 구했나요?	2점

4 소수의 곱셈

서술형 문제 32~35쪽

1⁺ 27.44

2⁺ 방법 1 예 분수의 곱셈으로 계산합니다.

$53 \times 0.9 = 53 \times \frac{9}{10} = \frac{53 \times 9}{10} = \frac{477}{10} = 47.7$

방법 2 예 자연수의 곱셈으로 계산합니다.

$53 \times 9 = 477$

($9 \to 0.9$: $\frac{1}{10}$배, $477 \to 47.7$: $\frac{1}{10}$배)

$53 \times 0.9 = 47.7$

3 ㉡ / 예 ㉠ 7.9의 0.75는 8의 0.75배 정도로 어림하면 7보다 작고, ㉡ 3.5의 2.1배는 3.5의 2배인 7보다 크고, ㉢ 2.8의 2.2배는 3의 2.2배인 6.6보다 작으므로 7보다 작습니다. 따라서 계산 결과가 7보다 큰 것은 ㉡입니다.

4 56.4 cm^2

5 은행나무

6 7 L

7 3.8 km

8 6, 7, 8, 9, 10

9 32.832 m^2

10 42.735 km

11 38.43 kg

1⁺ 예 4.9×5.6의 소수점 아래 자리 수의 합은 2이므로 2744에서 소수점을 왼쪽으로 두 칸 옮기면 27.44가 됩니다.

단계	문제 해결 과정
①	4.9×5.6의 소수점 아래 자리 수의 합을 구했나요?
②	4.9×5.6의 값을 구했나요?

2⁺

단계	문제 해결 과정
①	한 가지 방법으로 계산했나요?
②	다른 한 가지 방법으로 계산했나요?

3

단계	문제 해결 과정
①	계산 결과를 알맞게 어림했나요?
②	계산 결과가 7보다 큰 것을 찾았나요?

4 예 (평행사변형의 넓이)=(밑변의 길이)×(높이)이므로 9.4×6=56.4 (cm^2)입니다.

단계	문제 해결 과정
①	평행사변형의 넓이를 구하는 식을 세웠나요?
②	평행사변형의 넓이를 구했나요?

5 예 은행나무의 높이를 cm 단위로 나타내면 1 m는 100 cm이므로 3.721 m는 372.1 cm입니다. 372.1>356.9이므로 은행나무의 높이가 더 높습니다.

단계	문제 해결 과정
①	m를 cm로 또는 cm를 m로 바르게 나타냈나요?
②	어느 나무가 더 높은지 구했나요?

6 예 2주일은 7+7=14(일)입니다.
따라서 현지가 2주일 동안 마신 우유는 모두 0.5×14=7 (L)입니다.

단계	문제 해결 과정
①	2주일은 며칠인지 구했나요?
②	현지가 2주일 동안 마신 우유의 양을 구했나요?

7 예 1000 m=1 km이므로 1 km 900 m=1.9 km입니다.
따라서 고운이가 집에서 서점까지 다녀온다면 1.9×2=3.8 (km)를 걸은 셈입니다.

단계	문제 해결 과정
①	1 km 900 m를 km 단위로 나타냈나요?
②	고운이가 몇 km를 걸은 셈인지 구했나요?

8 예 3.5×1.7=5.95, 2.4×4.2=10.08
5.95<□<10.08이므로 □ 안에 들어갈 수 있는 자연수는 6, 7, 8, 9, 10입니다.

단계	문제 해결 과정
①	두 식의 계산 결과를 구했나요?
②	□ 안에 들어갈 수 있는 자연수를 모두 구했나요?

9 예 (새로운 꽃밭의 가로)=7.6×1.2=9.12 (m)이고, (새로운 꽃밭의 세로)=3×1.2=3.6 (m)입니다.
따라서 (새로운 꽃밭의 넓이)=9.12×3.6
=32.832 (m^2)입니다.

단계	문제 해결 과정
①	새로운 꽃밭의 가로와 세로를 구했나요?
②	새로운 꽃밭의 넓이를 구했나요?

10 예 3시간 30분=$3\frac{30}{60}$시간=$3\frac{5}{10}$시간=3.5시간입니다.
따라서 경민이가 갈 수 있는 거리는 12.21×3.5=42.735 (km)입니다.

단계	문제 해결 과정
①	3시간 30분은 몇 시간인지 소수로 나타냈나요?
②	경민이가 갈 수 있는 거리를 구했나요?

11 ㉮ 아버지의 몸무게는 진호의 몸무게의 1.5배이므로 $42.7 \times 1.5 = 64.05$ (kg)입니다.
동생의 몸무게는 아버지의 몸무게의 0.6배이므로 $64.05 \times 0.6 = 38.43$ (kg)입니다.

단계	문제 해결 과정
①	아버지의 몸무게를 구했나요?
②	동생의 몸무게를 구했나요?

4단원 단원 평가 Level ❶ 36~38쪽

1 36, 36, 252, 2.52
2 (1) 34.76 (2) 347.6
3 1.16, 2.32, 3.48
4 6.8, 1.7, 8.5
5 324, 32.4
6 (1) < (2) >
7 ⑤
8 
9 0.73
10 0.038
11 가
12 18.6 km
13 승현
14 72250원
15 6.3 kg
16 4.5×0.4 (또는 0.45×4)
17 5.72 m
18 38.16
19 7□7⊡5□5 / ㉮ 70.5×1.1을 70의 1배 정도로 어림하면 70보다 더 큰 값이 되기 때문입니다.
20 48 L

3 $0.58 \times 2 = 1.16$
$0.58 \times 4 = 2.32$
$0.58 \times 6 = 3.48$

4 2.5를 $2 + 0.5$로 생각하여 계산합니다.

5 ㉠$= 54 \times 6 = 324$
㉡은 0.1이 324개이므로 32.4입니다.

6 (1) $0.94 \times 6 = 5.64$ ⓒ< 6.4
(2) $42 \times 0.15 = 6.3$ ⓒ> 4.2

7 ①, ②, ③, ④ 4706
⑤ 47.06

8 $2.7 \times 3.61 = 27 \times 0.361 = 9.747$
$2.7 \times 36.1 = 0.27 \times 361 = 97.47$

9 2.98은 298의 0.01배이고, 2.1754는 21754의 0.0001배입니다.
$2.98 \times \square = \square \times 2.98$이므로 $73 \times 298 = 21754$를 이용하면 □ 안에 알맞은 수는 73의 0.01배인 0.73입니다.

10 ㉮ $0.32 \times 0.8 = 0.256$
㉯ $0.6 \times 0.49 = 0.294$
➡ ㉮<㉯이므로 ㉯−㉮$= 0.294 - 0.256 = 0.038$입니다.

11 (가의 넓이)$= 3.5 \times 3.5 = 12.25$ (cm^2)
(나의 넓이)$= 4.5 \times 2.6 = 11.7$ (cm^2)
➡ $12.25 > 11.7$이므로 정사각형 가의 넓이가 더 넓습니다.

12 (화산 폭발 소리를 들을 수 있는 거리)
$=$(소리가 1초 동안 가는 거리)$\times 12.4$
$= 1.5 \times 12.4$
$= 18.6$ (km)

13 나무의 길이를 같은 단위로 나타내어 길이를 비교합니다.
1 m$=$100 cm이므로 0.51 m$=$51 cm입니다.
따라서 $51 > 50.1$이므로 승현이가 키우는 나무가 더 깁니다.

14 할인해준 돈이 $85000 \times 0.15 = 12750$(원)이므로 수미가 내야 할 돈은 $85000 - 12750 = 72250$(원)입니다.

15 (미라가 사용한 고령토의 무게)$= 10 \times 0.37$
$= 3.7$ (kg)
➡ (남은 고령토의 무게)$= 10 - 3.7$
$= 6.3$ (kg)

16 0.45×0.4는 0.18이어야 하는데 잘못 눌러서 1.8이 나왔으므로 4.5×0.4를 눌렀거나 0.45×4를 누른 것입니다.

17 (이어 붙인 색 테이프의 전체 길이)
$=$(색 테이프 9개의 길이)$-$(겹친 부분의 길이의 합)
$= 0.68 \times 9 - 0.05 \times 8$
$= 6.12 - 0.4$
$= 5.72$ (m)

18 곱셈식 □.□×□.□에서 자연수 자리에는 큰 수인 5와 7을 넣고 소수 첫째 자리에는 작은 수인 2와 3을 넣습니다. $7.2 \times 5.3 = 38.16$, $7.3 \times 5.2 = 37.96$이므로 곱이 가장 크게 되는 곱셈식은 $7.2 \times 5.3 = 38.16$입니다.

서술형
19

평가 기준	배점(5점)
70.5×1.1을 70의 1배 정도로 어림했나요?	3점
70에 가깝게 소수점을 찍었나요?	2점

서술형
20 예 9월은 30일까지 있습니다.
따라서 유정이가 9월 한 달 동안 마시는 생수의 양은
$1.6 \times 30 = 48$ (L)입니다.

평가 기준	배점(5점)
9월의 날수는 며칠인지 구했나요?	2점
9월 한 달 동안 마시는 생수의 양을 구했나요?	3점

4단원 단원 평가 Level ❷ 39~41쪽

1 (1) 2.15 (2) 17.12 **2** 9.6
3 (위에서부터) 0.252, 2.43
4 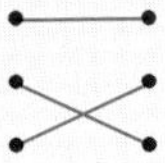 **5** 13.5
6 < **7** 7.83, 25.839
8 (1) 42 (2) 0.1 (3) 0.184 (4) 85000
9 13.8 cm **10** 3.75 km
11 23.22 cm² **12** 16.12
13 ㉡ **14** ①
15 7.25 km **16** 8개
17 63 **18** 1.95 km
19 75.9 g **20** 10.2 L

2 $0.8 \times 12 = 9.6$

3 $0.9 \times 0.28 = 0.252$
$0.9 \times 2.7 = 2.43$

4 곱하는 수의 0의 개수만큼 소수점이 오른쪽으로 옮겨집니다.

5 $2.7 \times 5 = 13.5$

6 $4.78 \times 3.5 = 16.73$, $2.8 \times 6.43 = 18.004$
➡ $16.73 < 18.004$

7 $5.4 \times 1.45 = 7.83$, $7.83 \times 3.3 = 25.839$

8 곱하는 수의 0이 하나씩 늘어날 때마다 곱의 소수점을 오른쪽으로 한 칸씩 옮기고, 곱하는 소수의 소수점 아래 자리 수가 하나씩 늘어날 때마다 곱의 소수점을 왼쪽으로 한 칸씩 옮깁니다.

9 (마름모의 둘레)=(한 변의 길이)×4
$= 3.45 \times 4 = 13.8$ (cm)

10 (철인 3종 경기의 거리)=(한 종목의 거리)×(경기 수)
$= 1.25 \times 3 = 3.75$ (km)

11 (평행사변형의 넓이)=(밑변의 길이)×(높이)
$= 4.3 \times 5.4 = 23.22$ (cm²)

12 $0.8 \times 1.55 \times 13 = 1.24 \times 13 = 16.12$

13 □ 안에 알맞은 수를 각각 구하면 ㉠ 0.1, ㉡ 4.3입니다.
➡ $0.1 < 4.3$

14 ① (소수 한 자리 수)×(소수 한 자리 수)
➡ (소수 두 자리 수)
② (소수 두 자리 수)×(소수 한 자리 수)
➡ (소수 세 자리 수)
③ (소수 한 자리 수)×(소수 세 자리 수)
➡ (소수 네 자리 수)
④ (소수 한 자리 수)×(소수 두 자리 수)
➡ (소수 세 자리 수)
⑤ (소수 두 자리 수)×(소수 두 자리 수)
➡ (소수 네 자리 수)

15 75분=1시간 15분이고
1시간 15분$=1\frac{15}{60}$시간=1.25시간입니다.
➡ (75분 동안 달린 거리)$=5.8 \times 1.25 = 7.25$ (km)

16 $3.8 \times 6.4 = 24.32$, $4.2 \times 7.8 = 32.76$
따라서 24.32와 32.76 사이에 있는 자연수는 25, 26, 27, 28, 29, 30, 31, 32로 모두 8개입니다.

17
　㉠.㉡
× ㉢.㉣

높은 자리 숫자가 클수록 곱도 커지므로 ㉠과 ㉢에 먼저 큰 수를 써넣으면 8.㉡×7.㉣이 됩니다.
$8.5 \times 7.4 = 62.9$, $8.4 \times 7.5 = 63$이므로 가장 큰 곱은 63입니다.

18 2분 30초$=$2.5분이므로 기차와 터널의 길이의 합은
$0.92\times2.5=2.3$ (km)입니다.
350 m$=$0.35 km이므로
(터널의 길이)$=2.3-0.35=1.95$ (km)입니다.

서술형
19 예 (사과 한 개의 무게)$=$(귤 한 개의 무게)$\times2.3$
$=23\times2.3=52.9$ (g)
따라서 귤 한 개와 사과 한 개의 무게의 합은
$23+52.9=75.9$ (g)입니다.

평가 기준	배점(5점)
사과 한 개의 무게를 구했나요?	3점
귤 한 개와 사과 한 개의 무게의 합을 구했나요?	2점

서술형
20 예 3시간 24분$=3\frac{24}{60}$시간$=3\frac{4}{10}$시간$=3.4$시간
따라서 기계 5대를 3시간 24분 동안 움직이는 데 필요한 연료는 $0.6\times5\times3.4=10.2$ (L)입니다.

평가 기준	배점(5점)
3시간 24분은 몇 시간인지 소수로 나타냈나요?	2점
필요한 연료는 모두 몇 L인지 구했나요?	3점

5 직육면체

서술형 문제 42~45쪽

1⁺ 30 cm **2⁺** 6

3 예 직육면체는 직사각형 6개로 둘러싸여 있습니다. 주어진 도형은 사다리꼴 2개와 직사각형 4개로 둘러싸여 있으므로 직육면체가 아닙니다.

4 ㉡ / 예 한 면과 수직으로 만나는 면은 모두 4개입니다.

5 예 정육면체의 모서리를 잘라서 펼친 그림을 정육면체의 전개도라고 합니다. 주어진 그림을 접었을 때 겹치는 면이 있으므로 정육면체의 전개도가 아닙니다.

6 108 cm **7** 6개

8 예 겨냥도는 보이는 모서리는 실선으로, 보이지 않는 모서리는 점선으로 그려야 합니다. 주어진 겨냥도는 보이지 않는 모서리까지 실선으로 그려서 잘못 그렸습니다.

9 64 cm **10** 9 cm

11 26 cm

1⁺ 예 면 ㄱㄴㄷㄹ과 평행한 면은 면 ㅁㅂㅅㅇ입니다. 따라서 면 ㅁㅂㅅㅇ의 모서리의 길이의 합은 $5+10+5+10=30$ (cm)입니다.

단계	문제 해결 과정
①	직육면체에서 평행한 면을 찾았나요?
②	평행한 면의 모서리 길이의 합은 몇 cm인지 구했나요?

2⁺ 예 전개도에서 면 가와 평행한 면의 눈의 수는 1입니다. 따라서 면 가의 눈의 수는 $7-1=6$입니다.

단계	문제 해결 과정
①	전개도에서 면 가와 평행한 면의 눈의 수를 찾았나요?
②	면 가의 눈의 수를 구했나요?

3

단계	문제 해결 과정
①	직육면체의 뜻을 알고 있나요?
②	직육면체가 아닌 이유를 바르게 설명했나요?

4

단계	문제 해결 과정
①	잘못 설명한 것을 찾았나요?
②	잘못 설명한 것을 바르게 고쳤나요?

5

단계	문제 해결 과정
①	정육면체의 전개도의 뜻을 알고 있나요?
②	정육면체의 전개도가 아닌 이유를 바르게 설명했나요?

6 예 정육면체의 모서리의 길이는 모두 같고, 모서리의 수는 12개입니다. 따라서 모든 모서리의 길이의 합은 $9\times12=108$ (cm)입니다.

단계	문제 해결 과정
①	정육면체의 모서리의 특징에 대하여 알고 있나요?
②	정육면체의 모든 모서리의 길이의 합을 구했나요?

7 예 정육면체에서 보이지 않는 면은 3개, 보이지 않는 모서리는 3개입니다.
따라서 보이지 않는 면과 보이지 않는 모서리의 수의 합은 $3+3=6$(개)입니다.

단계	문제 해결 과정
①	보이지 않는 면과 보이지 않는 모서리의 수를 구했나요?
②	보이지 않는 면과 보이지 않는 모서리의 수의 합을 구했나요?

8

단계	문제 해결 과정
①	직육면체의 겨냥도를 그리는 방법을 알고 있나요?
②	겨냥도를 잘못 그린 이유를 바르게 설명했나요?

9 예 길이가 5 cm, 4 cm, 7 cm인 모서리는 4개씩 있습니다.
따라서 모든 모서리의 길이의 합은
$(5+4+7)\times4=64$ (cm)입니다.

단계	문제 해결 과정
①	각각의 모서리의 수를 구했나요?
②	모든 모서리의 길이의 합을 구했나요?

10 예 (선분 ㅊㅈ)=(선분 ㅋㅌ)=(선분 ㅍㅌ)=6 cm이고, (선분 ㅈㅇ)=(선분 ㄱㄴ)=3 cm입니다.
따라서 (선분 ㅊㅇ)=(선분 ㅊㅈ)+(선분 ㅈㅇ)
=6+3=9 (cm)입니다.

단계	문제 해결 과정
①	선분 ㅊㅈ과 선분 ㅈㅇ은 몇 cm인지 구했나요?
②	선분 ㅊㅈ과 선분 ㅈㅇ의 길이의 합으로 선분 ㅊㅇ이 몇 cm인지 구했나요?

11 예 사용한 색 테이프는 10 cm인 곳 2군데, 3 cm인 곳 2군데입니다.
따라서 사용한 색 테이프의 길이는
$10\times2+3\times2=20+6=26$ (cm)입니다.

단계	문제 해결 과정
①	색 테이프를 붙인 곳의 길이를 알고 있나요?
②	사용한 색 테이프의 길이를 구했나요?

5단원 단원 평가 Level ❶ 46~48쪽

1 6, 정육면체

2

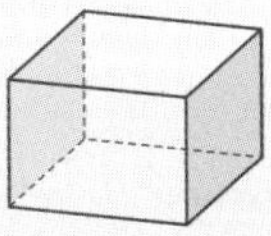

3 ①, ⑤

4

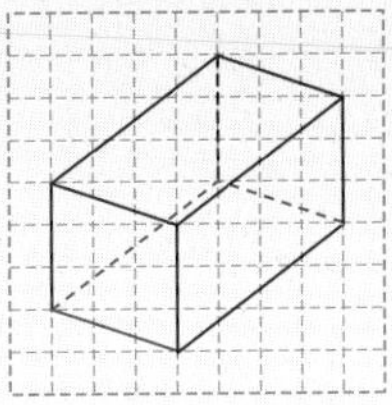

5 (위에서부터) 12, 6

6 90°

7 면 마

8 51 cm

9

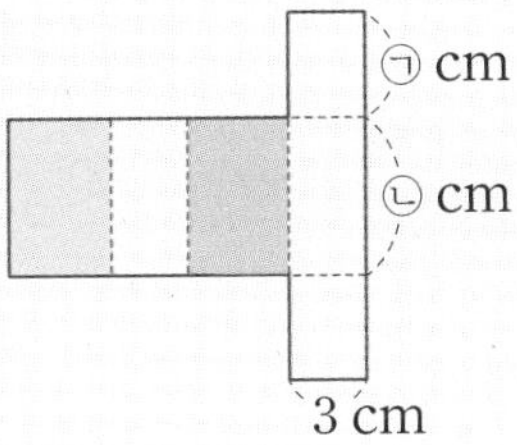

10 4, 6

11 ㉢

12 60 cm

13 선분 ㅈㅊ

14 나

15 56 cm, 72 cm

16 60 cm

17

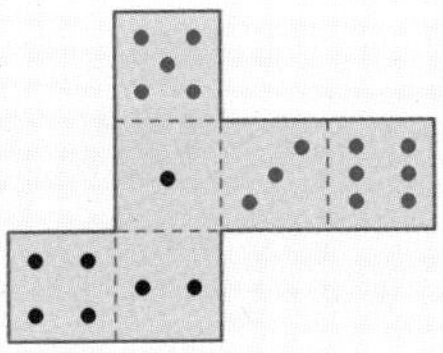

18 ㉢

19 전개도가 아닙니다. / 예 전개도를 접었을 때 서로 마주 보고 있는 면의 모양과 크기가 같지 않기 때문입니다.

20 7 cm

3 직사각형 6개로 둘러싸인 도형은 ①, ⑤입니다.

4 보이는 모서리는 실선으로, 보이지 않는 모서리는 점선으로 그려 겨냥도를 완성합니다.

5 직육면체에서 서로 평행한 모서리의 길이는 같습니다.

6 면 ㄱㅁㅂㄴ과 면 ㄴㅂㅅㄷ은 서로 수직이므로 두 면이 이루는 각은 90°입니다.

7 면 다와 수직으로 만나지 않는 면은 면 다와 평행한 면인 면 마입니다.

8 보이는 모서리의 길이는 5 cm, 4 cm, 8 cm가 각각 3개씩입니다. ➡ $(5+4+8)\times3=51$ (cm)

9 전개도를 접었을 때 색칠한 면과 평행한 면을 찾습니다.

10 전개도를 접었을 때 겨냥도의 모양과 일치하도록 선분의 길이를 써넣습니다.

11 ㉢ 보이지 않는 꼭짓점은 1개입니다.

12 정육면체는 12개의 모서리의 길이가 모두 같으므로 모든 모서리의 길이의 합은 $5\times12=60$ (cm)입니다.

13 점 ㄱ과 점 ㅈ, 점 ㅎ과 점 ㅊ이 만나므로 선분 ㄱㅎ과 겹치는 선분은 선분 ㅈㅊ입니다.

14 모양과 크기가 같은 면이 2개씩 3쌍인 직육면체는 다이므로 민주가 가진 직육면체는 다입니다.
서로 모양과 크기가 같은 면이 4개인 직육면체는 가이므로 예지가 가진 직육면체는 가입니다.
따라서 소라가 가진 직육면체는 나입니다.

15 ㉠ $(2+5+7)\times4=56$ (cm)
㉡ $6\times12=72$ (cm)

16 직육면체의 모양은 오른쪽과 같습니다.
따라서 모든 모서리의 길이의 합은 $(5+3+7)\times4=60$ (cm)입니다.

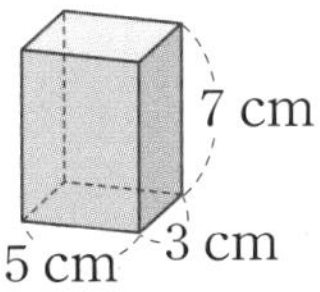

17

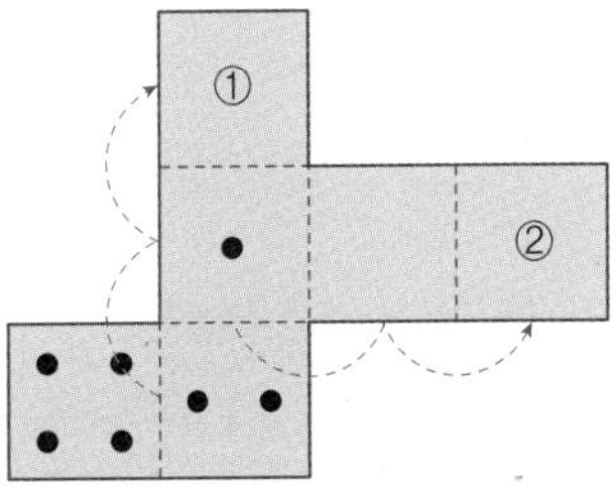

한쪽 방향으로 한 개의 면을 건너 뛰면 평행한 면을 찾을 수 있습니다. 주사위 눈 2와 평행한 면은 면 ①이므로 눈 5개를 그려 넣습니다. 주사위 눈 1과 평행한 면은 면 ②이므로 눈 6개를 그려 넣습니다.

18 ㉠ 전개도를 접었을 때 빨간색 면과 보라색 면은 서로 평행하므로 ㉠은 아닙니다.
㉡ 전개도를 접었을 때 파란색 면은 초록색 면의 왼쪽에 있으므로 ㉡은 아닙니다.

서술형
19

평가 기준	배점(5점)
직육면체의 전개도인지 아닌지 바르게 답했나요?	2점
직육면체의 전개도가 아닌 이유를 바르게 설명했나요?	3점

서술형
20 ㉮ 보이지 않는 모서리는 3개이고, 모든 모서리의 길이는 같습니다. 따라서 정육면체의 한 모서리의 길이는 $21 \div 3 = 7$ (cm)입니다.

평가 기준	배점(5점)
보이지 않는 모서리의 수를 구했나요?	3점
정육면체의 한 모서리의 길이를 구했나요?	2점

5단원 단원 평가 Level ❷ 49~51쪽

1 4개
2 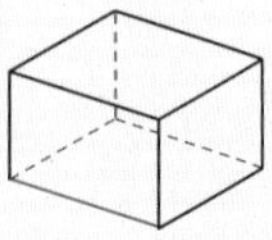
3 면 ㄴㅂㅁㄱ
4 84 cm
5 26 cm
6 ㉢
7 선분 ㅇㅅ
8 면 가, 면 다, 면 마, 면 바
9 26 cm
10 4
11 ㉮ 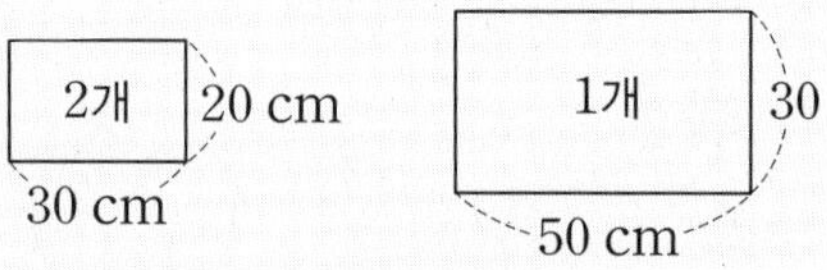

12 점 ㅁ, 점 ㅈ
13 면 ㄹㅁㅂㅅ
14 면 ㅎㄷㅌㅍ, 면 ㄷㄹㅅㅌ, 면 ㄹㅁㅂㅅ, 면 ㅋㅇㅈㅊ
15 ㉢
16 76 cm
17 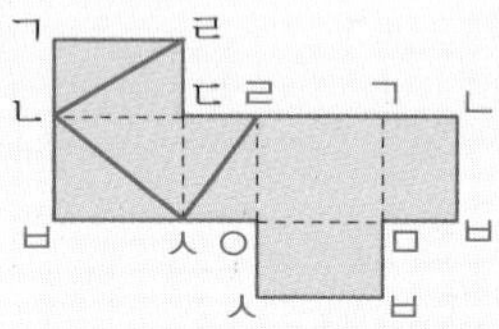

18 5
19 3가지
20 4

1 직육면체에서 평행한 모서리는 길이가 같으므로 길이가 8 cm인 모서리는 모두 4개입니다.

2 보이는 모서리는 실선으로, 보이지 않는 모서리는 점선으로 그려 겨냥도를 완성합니다.

3 면 ㄷㅅㅇㄹ과 평행한 면은 마주 보는 면인 면 ㄴㅂㅁㄱ입니다.

4 정육면체의 모서리는 12개이고 길이가 모두 같으므로 모든 모서리 길이의 합은 $7 \times 12 = 84$ (cm)입니다.

5 보이지 않는 모서리는 점선으로 표시된 3개이고, 그 길이는 각각 4 cm, 7 cm, 15 cm입니다.
따라서 보이지 않는 모서리 길이의 합은
$4 + 7 + 15 = 26$ (cm)입니다.

6 ㉢의 전개도를 접으면 겹치는 면이 있으므로 정육면체의 전개도가 아닙니다.

7 전개도를 접었을 때 점 ㄹ과 점 ㅇ, 점 ㅁ과 점 ㅅ이 만나므로 선분 ㄹㅁ과 겹치는 선분은 선분 ㅇㅅ입니다.

8 면 라와 수직인 면은 면 라와 평행한 면인 면 나를 제외한 나머지 면입니다.

9 색칠한 면과 평행한 면은 가로가 7 cm, 세로가 6 cm인 직사각형입니다.
➡ $7 + 6 + 7 + 6 = 26$ (cm)

10 길이가 같은 모서리는 4개씩 3쌍이므로 길이가 서로 다른 모서리의 길이의 합은 $52 \div 4 = 13$ (cm)입니다.
$6 + 3 + \square = 13$, $\square = 13 - 9 = 4$

11 가로 50 cm, 세로 20 cm인 직사각형 모양 2개와 가로 30 cm, 세로 20 cm인 직사각형 모양 2개, 가로 50 cm, 세로 30 cm인 직사각형 모양 1개가 필요합니다.

12 전개도를 접으면 점 ㄱ, 점 ㅁ, 점 ㅈ이 만납니다.

13 면 ㅎㄷㅌㅍ과 평행한 면은 마주 보는 면인 면 ㄹㅁㅂㅅ입니다.

14 면 ㅌㅅㅇㅋ과 수직인 면은 면 ㅌㅅㅇㅋ과 평행한 면인 면 ㄱㄴㄷㅎ을 제외한 나머지 면입니다.

15 ㉠ 눈의 수가 1인 면과 6인 면, ㉡ 눈의 수가 4인 면과 3인 면은 서로 평행한 면이므로 이웃한 면에 올 수 없습니다.

16 직육면체의 겨냥도를 그려 보면 오른쪽과 같으므로 모든 모서리 길이의 합은 $(9 + 4 + 6) \times 4 = 19 \times 4 = 76$ (cm)입니다.
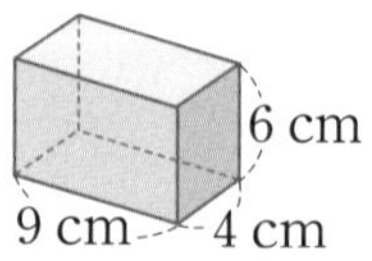

17 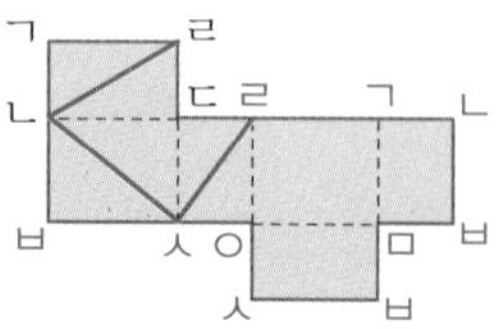

전개도에 꼭짓점의 기호를 알맞게 쓴 후 점 ㄹ과 점 ㄴ, 점 ㄴ과 점 ㅅ, 점 ㅅ과 점 ㄹ을 각각 연결합니다.

18 1과 수직인 면에는 2, 3, 4, 5가 쓰여져 있고, 3의 왼쪽 면에는 2가, 오른쪽 면에는 5가 쓰여져 있습니다.
따라서 2와 5가 쓰여진 면은 마주 보는 면입니다.

서술형
19 ㉠ 직육면체에는 모양과 크기가 같은 면이 2개씩 3쌍 있습니다. 따라서 모양과 크기가 같은 면끼리 같은 색을 칠하려면 3가지 색이 필요합니다.

평가 기준	배점(5점)
직육면체의 면의 성질을 알고 있나요?	2점
몇 가지 색이 필요한지 구했나요?	3점

서술형
20 ㉠ 면 가와 평행한 면의 눈의 수는 4이므로 면 가의 눈의 수는 3이고, 면 나와 평행한 면의 눈의 수는 6이므로 면 나의 눈의 수는 1입니다.
따라서 눈의 수의 합은 $3+1=4$입니다.

평가 기준	배점(5점)
면 가와 면 나의 눈의 수를 각각 구했나요?	각 2점
면 가와 면 나의 눈의 수의 합을 구했나요?	1점

6 평균과 가능성

서술형 문제 52~55쪽

1+ 44개　　2+ 연재

3 ㉢ / 예 숫자 면과 그림 면이 모두 나올 수 있기 때문에 일이 일어날 가능성은 반반입니다.

4 ㉢, ㉠, ㉡　　5 180 kg

6 0　　7 3명

8 176 cm　　9 $\frac{1}{2}$

10 98점

11 방법 1 예 예상한 평균: 92점
평균을 92점으로 예상한 후 (85, 99), (90, 94)로 수를 옮기고 짝 지어 자료의 값을 고르게 하여 구한 시험 점수의 평균은 92점입니다.
방법 2 예 과목별 점수를 모두 더한 수인 $85+90+99+94=368$을 과목 수인 4로 나누면 92가 됩니다. 따라서 시험 점수의 평균은 92점입니다.

1+ 예 낳은 오리알 수는 $46+35+48+52+39=220$(개)이고, 날수는 5일이므로 하루에 낳은 오리알 수의 평균은 $\frac{220}{5}=44$(개)입니다.

단계	문제 해결 과정
①	전체 오리알 수와 날수를 각각 구했나요?
②	하루에 낳은 오리알 수의 평균은 몇 개인지 구했나요?

2+ 예 연재의 기록의 평균은 $\frac{24+30+18+24}{4}=\frac{96}{4}=24$ (m)이고, 미선이의 기록의 평균은 $\frac{14+21+36+17}{4}=\frac{88}{4}=22$ (m)이므로 연재가 더 잘했다고 볼 수 있습니다.

단계	문제 해결 과정
①	두 사람의 공 던지기 기록의 평균을 각각 구했나요?
②	누가 공 던지기를 더 잘했는지 구했나요?

3

단계	문제 해결 과정
①	숫자 면이 나올 가능성을 바르게 찾았나요?
②	숫자 면이 나올 가능성의 이유를 바르게 설명했나요?

4 예 ㉠은 가능성이 '반반이다'입니다. ㉡은 가능성이 '불가능하다'입니다. ㉢은 가능성이 '확실하다'입니다. 따라서 가능성이 높은 순서대로 기호를 쓰면 ㉢, ㉠, ㉡입니다.

단계	문제 해결 과정
①	각각의 가능성을 말로 나타냈나요?
②	가능성이 높은 것부터 순서대로 기호를 썼나요?

5 예 남학생 5명의 몸무게의 평균이 36 kg이므로 몸무게의 합은 $36\times5=180$ (kg)입니다.

단계	문제 해결 과정
①	평균을 이용하여 몸무게의 합을 구하는 식을 세웠나요?
②	몸무게의 합을 바르게 구했나요?

6 예 주사위를 굴렸을 때 나올 수 있는 눈의 수는 1, 2, 3, 4, 5, 6입니다. 이 중 나온 눈의 수가 7일 가능성은 '불가능하다'이고, 이를 수로 나타내면 0입니다.

단계	문제 해결 과정
①	가능성을 말로 표현했나요?
②	가능성을 수로 나타냈나요?

7 예 (지우네 모둠 학생들의 키의 평균)
$=\frac{145+138+140+152+135}{5}$
$=\frac{710}{5}=142$ (cm)
키의 평균은 142 cm이므로 키의 평균보다 작은 학생은 호찬, 정민, 진호로 3명입니다.

단계	문제 해결 과정
①	지우네 모둠 학생들의 키의 평균을 구했나요?
②	키의 평균보다 작은 학생 수를 구했나요?

8 예 멀리뛰기 기록의 평균이 176 cm이므로 5명의 멀리뛰기 기록의 합은 $176\times5=880$ (cm)입니다.
따라서 정완이의 멀리뛰기 기록은
$880-(183+165+174+182)=176$ (cm)입니다.

단계	문제 해결 과정
①	5명의 멀리뛰기 기록의 합을 구했나요?
②	정완이의 멀리뛰기 기록을 구했나요?

9 검은 바둑돌이 전체의 절반이므로 꺼낸 바둑돌이 검은 바둑돌일 가능성은 '반반이다'입니다.
이를 수로 나타내면 $\frac{1}{2}$입니다.

단계	문제 해결 과정
①	가능성을 말로 표현했나요?
②	가능성을 수로 나타냈나요?

10 예 네 과목의 총점은 $90\times4=360$(점) 이상이어야 하므로 국어 점수는 적어도
$360-(86+84+92)=360-262=98$(점)이어야 합니다.

단계	문제 해결 과정
①	평균을 이용하여 네 과목의 총점이 몇 점 이상이어야 하는지 구했나요?
②	국어 점수는 적어도 몇 점이어야 하는지 구했나요?

11

단계	문제 해결 과정
①	한 가지 방법으로 평균을 구했나요?
②	다른 한 가지 방법으로 평균을 구했나요?

6단원 단원 평가 Level 1

56~58쪽

1

○	○	○	○
○	○	○	○
○	○	○	○
현지	태희	연정	형준

2 3개

3 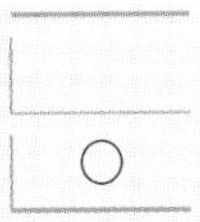

4 1, 2 / 4 / $\frac{12}{4}$ / 3

5 (○)(　)(　)

6 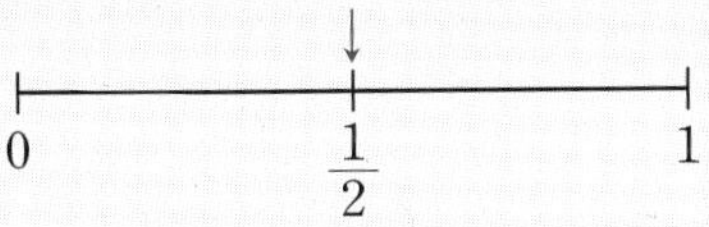

7 115타

8 예 다섯째 주의 타자는 평균 115타보다 높은 기록을 얻어야 합니다.

9 가현

10 시우

11 예 올해 5학년이므로 내년에는 6학년이 될 것입니다.

12 $\frac{1}{2}$

13 1.4시간

14 5.6시간

15 2.4시간

16 44, 22, 2

17 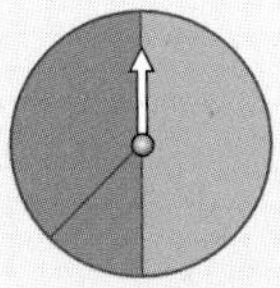

18 20살

19 적게 한 편입니다.

20 ㉢

4 $(\text{평균})=\frac{(\text{자료 값을 모두 더한 수})}{(\text{자료의 수})}$
$=\frac{5+4+1+2}{4}=\frac{12}{4}=3$(개)

5 주사위 눈의 수는 1, 2, 3, 4, 5, 6이므로 주사위 눈의 수가 0이 나올 가능성은 '불가능하다'입니다.

6 파란색과 빨간색이 반반씩 색칠된 회전판을 돌릴 때 화살이 빨간색에 멈출 가능성은 '반반이다'이므로 수로 표현하면 $\frac{1}{2}$입니다.

7 넷째 주까지의 타자 기록의 평균은
$\frac{120+110+120+110}{4}=\frac{460}{4}=115$(타)입니다.

9 11월이 지나면 12월이므로 일이 일어날 가능성은 '확실하다'입니다.

10 지금 5학년이므로 내년에 4학년이 될 가능성은 '불가능하다'입니다.

12 6장의 카드 중 3장의 카드가 ◆이므로 ◆ 카드를 뽑을 가능성은 '반반이다'이고 수로 표현하면 $\frac{1}{2}$입니다.

13 $\frac{1.5+2+1+0.5+2}{5}=\frac{7}{5}=1.4$(시간)

14 두 모둠의 하루 운동 시간의 평균이 같으므로 진수네 모둠의 하루 운동 시간의 평균은 1.4시간입니다.
따라서 한 명당 평균 1.4시간씩 4명이므로 모두
$1.4\times4=5.6$(시간)입니다.

15 $5.6-(1+0.8+1.4)=2.4$(시간)

16 ㉠ 책 220권을 학급 5반이 모아야 하므로 한 학급당 책을 평균 $\frac{220}{5}=44$(권)씩 모아야 합니다.
㉡ 한 학급당 학생이 평균
$(20+24+23+22+21)\div5=22$(명)입니다.
㉢ 한 명당 책을 평균 $44\div22=2$(권)씩 모아야 합니다.

17 화살이 노란색에 멈출 가능성이 가장 높기 때문에 회전판에서 가장 넓은 곳이 노란색이 됩니다. 화살이 빨간색에 멈출 가능성이 파란색에 멈출 가능성의 3배이므로 노란색을 색칠한 부분 다음으로 넓은 부분에 빨간색, 가장 좁은 부분에 파란색을 색칠합니다.

18 율동 동아리 회원의 나이의 평균은

$\frac{17+15+16+12}{4}=\frac{60}{4}=15$(살)입니다.

새로운 회원이 한 명 더 들어와서 전체 회원의 나이의 평균에서 $1\times5=5$(살)만큼 더 늘어난 것이므로 새로운 회원의 나이는 $15+5=20$(살)입니다.

서술형
19 예 (평균)$=\frac{18+23+15+16}{4}=\frac{72}{4}=18$(회)

훈재의 윗몸 말아 올리기 기록은 모둠 기록의 평균인 18회보다 적으므로 평균보다 적게 한 편입니다.

평가 기준	배점(5점)
정수네 모둠의 윗몸 말아 올리기 기록의 평균을 구했나요?	3점
훈재의 기록은 평균보다 적게 한 편인 것을 설명했나요?	2점

서술형
20 예 ㉠이 일어날 가능성은 '반반이다'이고, ㉡이 일어날 가능성은 '불가능하다'이고, ㉢이 일어날 가능성은 '확실하다'입니다.

따라서 일이 일어날 가능성이 가장 높은 것은 ㉢입니다.

평가 기준	배점(5점)
각각의 일이 일어날 가능성을 구했나요?	3점
일이 일어날 가능성이 가장 높은 것을 찾았나요?	2점

6단원 단원 평가 Level 2

59~61쪽

1 확실하다 **2** 37쪽

3 0 **4** $\frac{1}{2}$

5 39 **6** 가 가게

7 8개 **8** 12개

9 3360대 **10** 소라

11 114 cm **12** 버스

13 ㉢, ㉠, ㉡ **14** 2명

15 6개 **16**

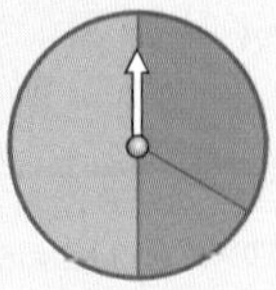

17 수학, 12점 **18** 37 kg

19 ㉠ **20** 140 cm

1 카드는 모두 4 이하의 수이므로 4 이하인 수가 나올 가능성은 '확실하다'입니다.

2 (평균)$=(55+43+30+34+23)\div5$

$=185\div5=37$(쪽)

3 검은색 바둑돌을 꺼낼 가능성은 '불가능하다'이므로 이를 수로 표현하면 0입니다.

4 빨간색과 파란색이 반씩 칠해진 과녁에서 파란색을 맞힐 가능성은 '반반이다'이므로 이를 수로 표현하면 $\frac{1}{2}$입니다.

5 (평균)$=(39+48+46+30+32)\div5$

$=195\div5=39$

6 (가 가게의 인형 판매량의 평균)

$=\frac{198+204+193+209}{4}=\frac{804}{4}=201$(개)

(나 가게의 인형 판매량의 평균)

$=\frac{206+200+196+190}{4}=\frac{792}{4}=198$(개)

7 $(9+7+8)\div3=24\div3=8$(개)

8 (가와 나 모둠 학생들의 붙임딱지 수의 합)

$=9+7+8+16+18+14+12=84$(개)

(가와 나 모둠 학생들의 평균 붙임딱지 수)

$=84\div7=12$(개)

9 $480\times7=3360$(대)

10 (정우의 평균 타자 속도)

$=(186+188+182+204)\div4$

$=760\div4=190$(타)

(소라의 평균 타자 속도)

$=(184+204+190+186)\div4$

$=764\div4=191$(타)

따라서 소라의 평균 타자 속도가 더 빠릅니다.

11 (4회까지 멀리뛰기 기록의 합)

$=115\times4=460$ (cm)

따라서 4회 기록은

$460-118-112-116=114$ (cm)입니다.

12 버스와 트럭이 한 시간 동안 달린 평균 거리를 구하여 비교합니다.

버스: $435\div5=87$ (km)

트럭: $340\div4=85$ (km)

따라서 버스가 더 빨리 달린 셈입니다.

13 가능성을 수로 표현하면 ㉠ $\frac{1}{2}$, ㉡ 0, ㉢ 1입니다.
➡ ㉢>㉠>㉡

14 (평균)$=(13+17+18+20)\div4$
$=68\div4=17$(권)
따라서 읽은 책의 수가 평균보다 많은 학생은 미라, 소원으로 모두 2명입니다.

15 흰색 공을 꺼낼 가능성이 $\frac{1}{2}$이므로 흰색 공과 검은색 공을 꺼낼 가능성은 같습니다.
따라서 흰색 공은 6개입니다.

16 화살이 노란색에 멈출 가능성이 가장 높으므로 회전판에서 가장 넓은 곳이 노란색입니다. 화살이 파란색에 멈출 가능성이 빨간색에 멈출 가능성의 2배이므로 노란색을 색칠한 부분 다음으로 넓은 부분에 파란색, 가장 좁은 부분에 빨간색을 칠합니다.

17 4과목 점수의 평균을 3점 올리려면 총점을
$4\times3=12$(점) 올려야 하므로 $100-12=88$(점)보다 낮은 점수를 받은 수학을 12점 올려야 합니다.

18 가람이네 모둠 학생들의 몸무게의 합은
$42\times5=210$ (kg)입니다.
수찬이의 몸무게를 □kg이라고 하면 해교의 몸무게는 (□+3) kg입니다.
43+□+3+44+□+46=210,
□+□=74, □=37
따라서 수찬이의 몸무게는 37 kg입니다.

서술형
19 예 일이 일어날 가능성은 ㉠은 '반반이다', ㉡은 '확실하다'입니다. 따라서 가능성이 더 낮은 것은 ㉠입니다.

평가 기준	배점(5점)
각각의 일이 일어날 가능성을 구했나요?	4점
가능성이 더 낮은 것을 찾았나요?	1점

서술형
20 예 해 모둠 학생들의 키의 합은
$142.4\times13=1851.2$ (cm),
달 모둠 학생들의 키의 합은
$137.4\times12=1648.8$ (cm)이므로
두 모둠 학생들의 키의 합은
$1851.2+1648.8=3500$ (cm)입니다.
따라서 두 모둠 학생들의 평균 키는
$3500\div25=140$ (cm)입니다.

평가 기준	배점(5점)
두 모둠 학생들의 키의 합을 구했나요?	3점
두 모둠의 전체 학생들의 평균 키를 구했나요?	2점

다음에는 뭐 풀지?

최상위로 가는 '맞춤 학습 플랜' STEP 4 Book

다음에 공부할 책을 고르기 어려우시다면, 현재 성취도를 먼저 체크해 보세요.
최상위로 가는 맞춤 학습 플랜만 있다면 내 실력에 꼭 맞는 교재를 선택할 수 있어요!
단계에 따라 내 실력을 진단해 보고, 다음 학습도 야무지게 준비해 봐요!

첫 번째, 단원평가의 맞힌 문제 수 또는 점수를 모두 더해 보세요.

단원		맞힌 문제 수	OR 점수 (문항당 5점)
1단원	1회		
	2회		
2단원	1회		
	2회		
3단원	1회		
	2회		
4단원	1회		
	2회		
5단원	1회		
	2회		
6단원	1회		
	2회		
합계			

※ 단원평가는 각 단원의 마지막 코너에 있는 20문항 문제지입니다.